“十二五”普通高等教育本科国家级规划教材

简明化工制图

第三版

林大钧 编著

化学工业出版社

·北京·

本书为“十二五”本科国家级规划教材。本书主要内容包括机械制图基础、计算机绘图、化工设备图、化工工艺图四个部分。机械制图基础部分包括形体形成分析、典型化工设备形体、投影和基本视图、尺寸标注等。计算机绘图部分主要介绍应用 AutoCAD 软件进行三维造型、生成二维工程图样、文字注写和尺寸标注。化工设备图部分在零件图和装配图的介绍里详细讲解了机械零件图样表达、技术要求、极限与配合、化工设备零部件结构和表达、装配图的特殊表达、绘制和阅读化工设备图的方法等。化工工艺图部分包括了化工工艺流程图、设备布置图、管道布置图等。

本书基于国家精品资源课编写，配套 PPT 和视频课件可通过扫描书后二维码使用。《简明化工制图（第三版）习题集》同时出版。

本书可供过程装备与控制工程、化学工程、化工工艺、精细化工、生物化工、制药专业教学使用（各专业可以根据培养方案选学其中内容），也可供化工及相关专业人员参考。

图书在版编目（CIP）数据

简明化工制图/林大钧编著. —3 版. —北京：化学工业出版社，2016.8（2023.10重印）
“十二五”普通高等教育本科国家级规划教材
ISBN 978-7-122-27235-5

Ⅰ.①简… Ⅱ.①林… Ⅲ.①化工机械-机械制图-高等学校-教材 Ⅳ.①TQ050.2

中国版本图书馆 CIP 数据核字（2016）第 123954 号

责任编辑：李玉晖　　装帧设计：韩　飞
责任校对：宋　玮

出版发行：化学工业出版社（北京市东城区青年湖南街 13 号　邮政编码 100011）
印　　装：三河市延风印装有限公司
787mm×1092mm　1/16　印张 18½　插页 1　字数 483 千字　2023 年 10月北京第 3 版第 7 次印刷

购书咨询：010-64518888　　售后服务：010-64518899
网　　址：http://www.cip.com.cn
凡购买本书，如有缺损质量问题，本社销售中心负责调换。

定　　价：39.80 元

前　言

本书是在前两版的基础上，根据教育部工程图学教学指导委员会最新制订的“普通高等院校工程图学课程教学基本要求”及近年来发布的与机械制图有关的国家标准，吸收近几年的教学改革经验修订而成的。

本书在以下几方面有重要变化。

1. 每章结尾增加本章小结，帮助读者了解本章重点、难点。

2. 计算机绘图部分（第4、12章），绘图软件更新为AutoCAD 2012版，使其与近几年来AutoCAD软件版本的升级换代一致。

3. 书后附多个二维码，读者可使用智能手机或平板电脑扫描二维码，上网观看相关的资源。

4. 本书配套了36讲课程视频，读者可扫描书后二维码观看课程录像。

5. 本书另配有教学PPT课件及视频，可供教授本课程的教师参考使用，读者也可扫描书后二维码观看课程的课件与课件视频。

6. 与本书配套出版《简明化工制图（第三版）习题集》（含解题过程与答案的视频）以方便教与学。

本书继承了前两版的下列特点：

实用——本书重点讲述了投影与形体生成的关系，增加了三维造型与视图、草图的联系，用三维造型阅读组合体视图、生成轴测图和进行构形想象等内容，使学生学习后能形成较强空间思维能力和计算机绘图能力。

适用——本书是以化工图样为主的教材，所以它适用于培养化工类人才的高校，既符合此类学生的培养目标，又便于教师因材施教。

先进——本书所选内容贴近工程实际，使学生在掌握经典的技术和方法之后，可用本书中的新技术、新方法、新标准去解决化工设计中的图示表达问题，为学生毕业后进入化工领域工作打下坚实的基础。

通俗——本书语言流畅、深入浅出、容易读懂，以实例说明问题，在应用实例中掌握理论，使学生轻松掌握所学知识技能，达到事半功倍的效果。

精练——本书选材详细而不冗长，简略得当。对学生必须掌握的新技术、新方法详细讲，讲透、讲到位。既为教师提供良好的教学内容，又为教师根据教学对象调整教学内容留出了空间。

可操作——本书所有的计算机绘图或造型实例均是能够操作的，且是有实际意义的案例。通过举一反三的应用，使学生能够在更高层次上创造性地应用教材中的新思想、新技术、新方法去解决问题。

本书可作为高等院校化工类各专业的教材，亦可供其他相近的专业使用或参考。

鉴于时间、水平和能力的限制，书中难免有不妥之处，恳请广大读者批评指正。

作　者

2016年6月

第一版前言

图样是人类借以表达、构思、分析和交流思想的基本工具之一，在工程技术中的应用尤为广泛。任何工程项目或设备的施工制作以及检验、维修等必须以图样为依据。在化工生产与科研领域，化学工作者与化工生产技术人员也会经常接触有关的图样，因而要求能看懂一般化工设备图和具备绘制简单的零件图及工艺流程图的能力。本书就是为了适应这一需要，按照教学大纲要求编写的。在编写过程中从教学实际出发，注重图示原理和方法等内容在阐述上的优化组合，并以使用为目的介绍草图、轴测图、构形想象等内容，力求这些内容成为养成较强形象思维能力和较强绘图表达能力的有效的辅助性方法。书中突出化工设备和工艺图的通用性和典型性，并注意与机械制图基本原理的有机结合和融会贯通。基于化工设备设计中，计算机绘图作为辅助设计的重要手段以及设计从三维开始的趋势，本书相应介绍了AutoCAD绘图软件的使用，以及三维造型的一般方法和步骤。还介绍了由三维造型生成二维工程图样的基本方法。为了便于国际技术交流，书中还介绍了有关的国外图样画法与规定。

为便于教学，本书配有化工制图多媒体辅助教学系统光盘，主要包含电子教案和部分习题解答等内容。

本书的编写以“实用、适用、先进”为原则并体现“通俗、精练、可操作”的编写风格，以解决多年来在教材中存在的过深、过高且偏离实际的问题。

实用——本书重点讲述了投影与形体生成的关系，使学生学习后能形成较强空间思维能力和计算机三维造型能力。

适用——本书是以化工图样为主的教材，所以它适用于培养化工类人才的高校，既符合此类学生的培养目标又便于教师因材施教。

先进——本书所选内容是新技术、新方法、新标准。使学生在掌握经典的技术和方法之后，可用教材中的新技术、新方法、新标准去解决化工设计中的图示表达问题，为学生毕业后进入化工领域工作打下坚实的基础。

通俗——本书语言流畅、深入浅出、容易读懂。以实例说明问题，在应用实例中掌握理论，使学生轻松掌握所学知识技能，达到事半功倍的效果。

精练——本书选材精炼，详细而不冗长，简略得当。对学生必须掌握的新技术、新方法详细讲、讲透、讲到位。既为教师提供良好的教学内容又为教师根据教学对象调整教学内容留出了空间。

可操作——本书所有的计算机绘图或造型实例均是容易操作的，且是有实际意义的案例。通过举一反三的应用，使学生能够在更高层次上创造性地应用教材中的新思想、新技术、新方法去解决问题。

本书可作为高等院校化工类各专业的教材，亦可供其他相近的专业使用或参考。

对书中的不足之处和存在问题恳请读者提出宝贵意见与建议。

编　者

2005年3月

第二版前言

图样是人类借以表达、构思、分析和交流思想的基本工具之一，在工程技术中的应用尤为广泛。任何工程项目或设备的施工制作以及检验、维修等必须以图样为依据。在化工生产与科研领域，化学工作者与化工生产技术人员也会经常接触有关的图样，因而要求能看懂一般化工设备图和具备绘制简单的零件图及工艺流程图的能力。本书就是为了适应这一需要，按照教学大纲要求编写的。在编写过程中从教学实际出发，注重图示原理和方法等内容在阐述上的优化组合，并以使用为目的介绍草图、轴测图、构形想象等内容，力求这些内容成为养成较强形象思维能力和较强绘图表达能力的有效的辅助性方法。基于化工设备设计中，计算机绘图作为辅助设计的重要手段以及设计从三维开始的趋势，本书相应介绍了AutoCAD绘图软件的使用，以及三维造型的一般方法和步骤。还介绍了由三维造型生成二维工程图样的基本方法。为了便于国际技术交流，书中还介绍了有关的国外图样画法与规定。

在编写过程中，力求选图的典型性和实用性，文字叙述简明扼要，内容安排上，除突出化工设备和工艺图的通用性和典型性外，还注意与机械制图基本原理的有机结合和融会贯通。书中引用了最新的国家标准和相关标准。

本书的编写以“实用、适用、先进”为原则并体现“通俗、精练、可操作”的编写风格以解决多年来在教材中存在的过深、过高且偏离实际的问题。

实用——本书重点讲述了投影与形体生成的关系，使学生学习后能形成较强空间思维能力和计算机三维造型能力。

适用——本书是以化工图样为主的教材，所以它适用于培养化工类人才的高校，既符合此类学生的培养目标又便于教师因材施教。

先进——本书所选内容是当今的新技术、新方法、新标准。使学生在掌握经典的技术和方法之后，可用教材中的新技术、新方法、新标准去解决化工设计中的图示表达问题，为学生毕业后进入化工领域打下坚实的基础。

通俗——本书语言流畅、深入浅出、容易读懂。以实例说明问题，在应用实例中掌握理论，使学生轻松掌握所学知识技能，达到事半功倍的效果。

精练——本书选材精练。详细而不冗长，简略得当。对学生必须掌握的新技术、新方法详细讲，讲透、讲到位。既为教师提供良好的教学内容又为教师根据教学对象调整教学内容留出了空间。

可操作——本书所有的计算机绘图或造型实例均是容易操作的，且是有实际意义的案例。通过举一反三的应用，使学生能够在更高层次上创造性地应用教材中的新思想、新技术、新方法去解决问题。

本书可作为高等院校化工类各专业的教材，亦可供其他相近的专业使用或参考。

对书中的不足之处和存在问题恳请读者提出宝贵意见与建议。

作　者

2011年2月

目 录

第 1 章 三维造型与形体分析 ······ 1
1.1 概述 ······ 1
1.2 简单形体的形成——扫描体 ······ 1
1.3 组合形体的形成 ······ 2
1.4 化工设备与零件的形成过程分析 ······ 4
1.5 部件初始表达方案 ······ 10
1.6 本章小结 ······ 13
第 2 章 投影体系和基本视图 ······ 15
2.1 概述 ······ 15
2.2 投影的基本概念 ······ 15
2.3 投影体系与基本视图的形成 ······ 16
2.4 六面基本视图间的投影联系 ······ 18
2.5 三视图的画法 ······ 20
2.6 视图与三维造型的联系 ······ 21
2.7 本章小结 ······ 24
第 3 章 组合体绘制与视图阅读 ······ 25
3.1 概述 ······ 25
3.2 视图中线框及图线的含义 ······ 25
3.3 组合体的形状特征与相对位置特征 ······ 30
3.4 组合体视图的优化表达方法 ······ 33
3.5 组合体的视图画法 ······ 35
3.6 组合体视图的尺寸标注 ······ 38
3.7 组合体视图阅读与三维造型的联系 ······ 41
3.8 本章小结 ······ 45
第 4 章 AutoCAD 绘图软件及应用 ······ 47
4.1 概述 ······ 47
4.2 AutoCAD 基础知识 ······ 47
4.3 基本图形的绘制和精确定位点 ······ 52
4.4 基本编辑命令 ······ 56
4.5 AutoCAD 绘图步骤 ······ 62
4.6 AutoCAD 文字注写、尺寸标注 ······ 63
4.7 AutoCAD 区域填充 ······ 69
4.8 AutoCAD 图块操作 ······ 70
4.9 AutoCAD 标注技术要求 ······ 72
4.10 零件图的绘制 ······ 76
4.11 装配图的绘制 ······ 77
4.12 本章小结 ······ 84

第5章　轴测投影图与构形基础 …… 85
5.1　概述 …… 85
5.2　轴测投影图的基础知识 …… 85
5.3　正轴测投影图 …… 87
5.4　斜轴测投影图 …… 91
5.5　轴测投影剖视图 …… 94
5.6　构形想象 …… 95
5.7　轴测图、构形想象与三维造型的联系 …… 98
5.8　本章小结 …… 99
第6章　草图与构形想象 …… 100
6.1　概述 …… 100
6.2　草图基础知识 …… 100
6.3　空间想象（构思中的草图方法） …… 103
6.4　测绘零件草图 …… 106
6.5　草图与三维造型的联系 …… 107
6.6　本章小结 …… 108
第7章　机件形状的表达方法 …… 109
7.1　概述 …… 109
7.2　基本视图与辅助视图 …… 109
7.3　剖视 …… 111
7.4　断面 …… 117
7.5　局部放大图 …… 119
7.6　简化画法和规定画法 …… 120
7.7　剖视图阅读与尺寸标注 …… 123
7.8　本章小结 …… 126
第8章　化工设备常用零部件图样及结构选用 …… 128
8.1　概述 …… 128
8.2　化工设备常用零部件制造的技术文件之一——零件图 …… 131
8.3　化工设备常用零部件结构简介 …… 150
8.4　化工设备常用零部件制造的技术文件之二——装配图 …… 164
8.5　本章小结 …… 168
第9章　零件的连接及其画法 …… 171
9.1　概述 …… 171
9.2　焊接的表示法 …… 171
9.3　螺纹连接的表示法 …… 175
9.4　键、销连接的表示法 …… 179
9.5　本章小结 …… 182
第10章　化工工艺图 …… 184
10.1　概述 …… 184
10.2　管道及仪表流程图 …… 184
10.3　设备布置图 …… 188
10.4　管道布置图 …… 196

10.5 管段图 …… 201
10.6 本章小结 …… 203
第 11 章 化工设备图 …… 205
11.1 概述 …… 205
11.2 化工设备图的视图表达 …… 205
11.3 尺寸标注 …… 211
11.4 零部件序号和管口符号 …… 212
11.5 标题栏、明细表、管口表、技术特性表 …… 213
11.6 图面技术要求和注 …… 215
11.7 技术数据表 …… 216
11.8 化工设备图的绘制 …… 218
11.9 化工设备图的阅读 …… 220
11.10 本章小结 …… 224
第 12 章 AutoCAD 三维化工制图 …… 226
12.1 概述 …… 226
12.2 AutoCAD 三维化工设备制图 …… 226
12.3 三维编辑 …… 235
12.4 三维编辑与实体修改 …… 240
12.5 化工设备零部件的三维造型 …… 247
12.6 根据三维模型生成二维工程图样 …… 250
12.7 化工管道三维配置 …… 264
12.8 本章小结 …… 268
第 13 章 机械制图外国标准简介 …… 269
13.1 概述 …… 269
13.2 第三角投影法和第一角投影法的对比 …… 269
13.3 第三角投影法的基本视图与投影法特征标记 …… 270
13.4 国际标准 ISO 128《图示原理》 …… 271
13.5 美国标准 ANSI Y14.3《多面视图和剖视图》 …… 272
13.6 日本 JISB 0001 制图标准简介 …… 274
13.7 螺纹的画法 …… 275
13.8 齿轮的画法 …… 276
13.9 国外图样画法示例 …… 276
13.10 本章小结 …… 278
附录 …… 279
附录 1 国家标准有关内容 …… 279
附录 2 剖面符号 …… 283
附录 3 几何作图 …… 284
附录 4 尺寸注法 …… 285
参考文献 …… 288

第1章　三维造型与形体分析

1.1　概述

工程中常用正投影方法获得正投影图来表达三维物体，也常由平面图形通过计算机造型获得三维物体。正投影方法将三维物体降为二维投影图，三维造型方法将二维的平面图形升为三维物体，它们之间有一定的内在联系。

物体的形状是多种多样的。为了准确、完整、清晰、合理地表达物体，应对物体的形成规律、形状特征、相对位置特征等加以分析。用正投影原理获得的二维投影图形表达物体是重要基础，而形体分析、构形想象、计算机三维造型等方法则是由二维图形理解空间形体的基本方法。本章主要阐述简单形体的形成、组合体的形成、机器的形成过程分析、机器初始表达方案的组成等内容。

1.2　简单形体的形成——扫描体

扫描体是一条线，一个面沿某一路径运动而产生的形体。扫描体包含两个要素，一个是被运动的元素，称为基体，它可以是曲线、表面、立体；另一个是基体运动的路径，路径可以是扫描方向、旋转轴等。常见的扫描体有拉伸形体、回转形体等。

1.2.1　拉伸形体

具有一定边界形状的平面沿其法线方向平移一段距离，该平面称为基面，具有物体的形状特征，它所扫过的空间称为拉伸形体。如图 1-1 所示的物体均为拉伸形体。扫描本章二维码可以观看。

图 1-1　拉伸形体的形成

1.2.2　回转形体

常见的回转形体有圆柱、圆锥、圆球、圆环。回转形体是一个平面图形绕与其共面的轴旋转半周或一周扫过的空间，该平面图形及旋转轴具有回转形体的形状特征。圆柱是包含轴的矩形平面绕轴旋转半周扫过的空间，见图 1-2（a)。圆锥是包含轴的等腰三角形平面绕轴旋转半周扫过的空间，见图 1-2（b）。球是包含轴的圆平面绕轴旋转半周扫过的空间，见图 1-2（c）。圆环是一圆平面绕轴旋转一周扫过的空间，该轴位于圆所在平面上，但与圆不相交，见图 1-2（d）。扫描本章二维码可以观看。在视频中，根据旋转面关于旋转轴的对称性，圆柱、圆锥、圆球均由对称图形绕轴旋转一周形成。显然，其结果与完整的旋转面绕轴旋转半周是一致的。拉伸形体、旋转形体都是三维软件具有的基本造型功能。

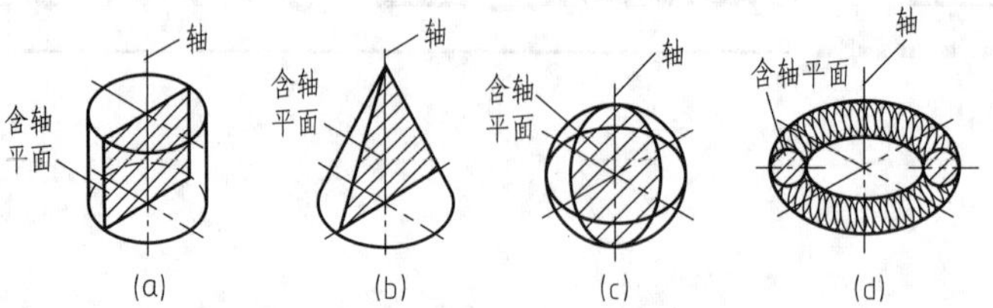

图 1-2 回转形体的形成

1.3 组合形体的形成

应用布尔运算可以获得由各种简单形体组成的组合形体，称为组合体。布尔运算是一种实心体的逻辑运算。在拉伸形体和旋转形体的基础上，可以运用并集、差集、交集 3 种布尔运算方法对这些形体进行组合，通过增添或去除形体的材料来建立组合体的模型。布尔运算也是三维软件所具有的基本功能。

1.3.1 并集运算

并集运算是将两个或多个实心体合并成一个实心体。如图 1-3（a）、（b）是底板、竖板造型，它们都是拉伸形体，（c）是底板与竖板的并集。扫描本章二维码可以观看。

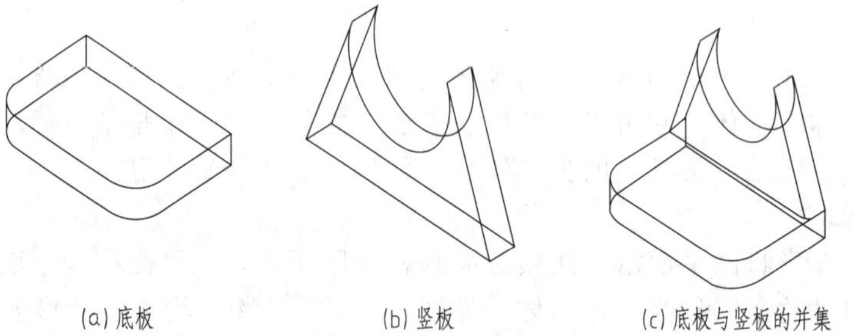

图 1-3 底板、竖板及其并集

1.3.2 差集运算

差集运算是两个实体做减法运算，就像用去除材料的方法对零件进行机械加工。如当需要在底板上设计两个孔时，可以造型两个圆柱，如图 1-4（a）所示，然后将底板与圆柱作差集运算即可得到带孔的底板，如图 1-4（b）所示。扫描本章二维码可以观看。

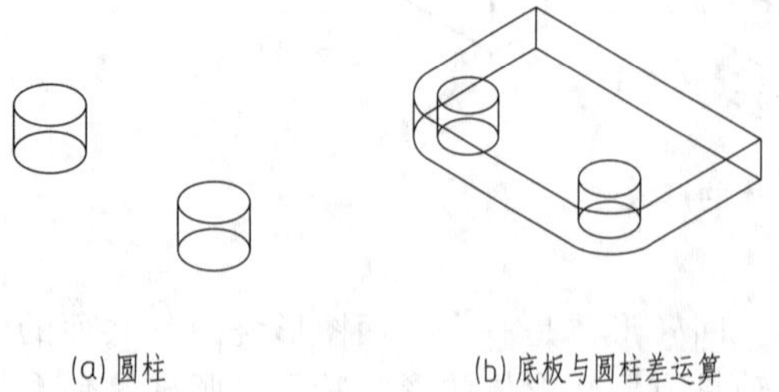

图 1-4 底板与圆柱的差集

根据上述分析，可知图 1-5 所示的轴承座的实体是图 1-6 中的带孔底板、竖板、支承板、圆管三通等部分的并集，而该圆管三通可以认为是由两个外圆柱的并集与两个内圆柱的并集作差运算而形成的，如图 1-7 所示。扫描本章二维码可以观看。

图 1-5　轴承座

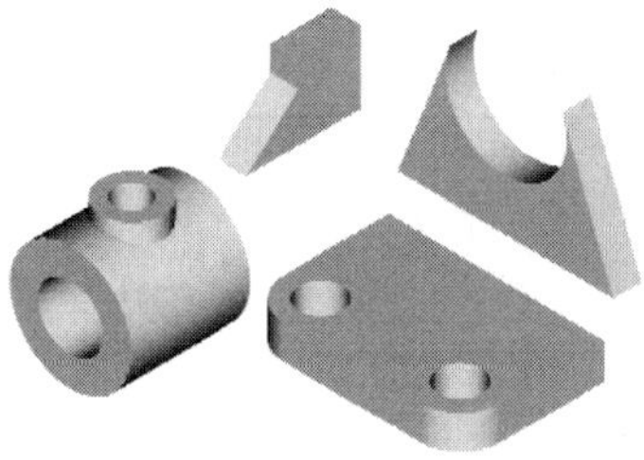

图 1-6　带孔底板、竖板、支承板、圆管三通

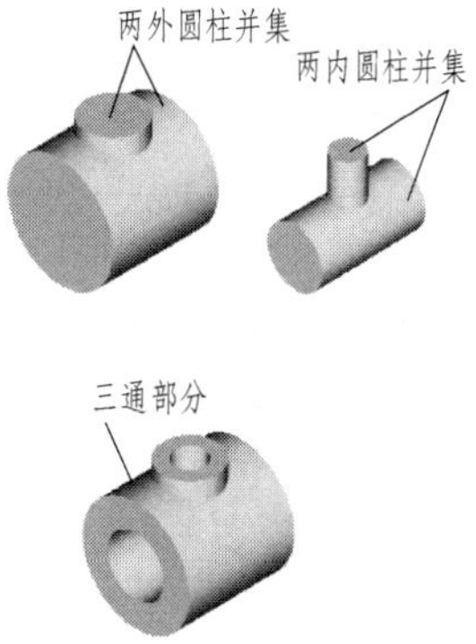

图 1-7　三通的形成

1.3.3　交集运算

交集运算可以获得两个实心体的公共部分。如图 1-8（e）所示的螺母上、下端部形状，可以看作是由圆锥与六棱柱求交集获得其公共部分，经过复制翻转得到的。之后再与六棱柱作并集后得到螺母外形，其过程如图 1-8（a）～(e）所示。扫描本章二维码可以观看。

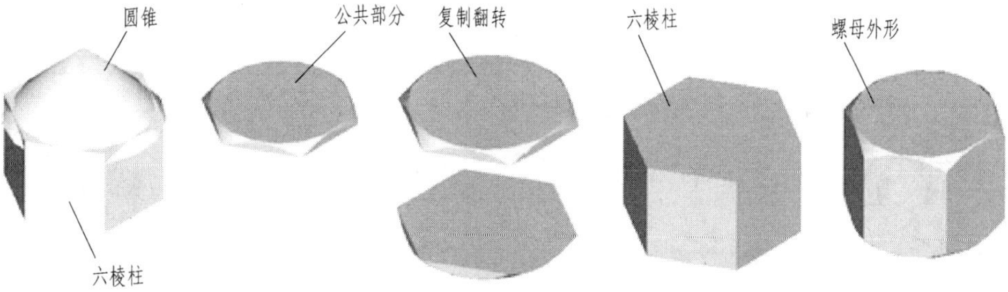

(a) 圆锥与六棱柱求交　(b) 公共部分　(c) 复制翻转　(d) 六棱柱　(e) 螺母外形

图 1-8　螺母外形的造型过程

应用布尔运算可以获得各种组合体的造型。因此，对组合体的理解实际上是要弄清楚形成组合体的各种简单形体的造型方法和组合简单形体所用的布尔运算方法。图 1-5 轴承座的造型分析见表 1-1。

表 1-1　轴承座造型分析

简单形体	特征形状	形成方式	运算方式
底板 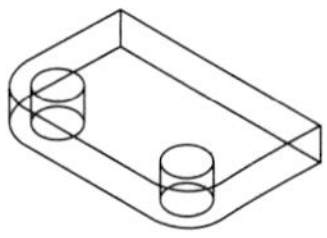	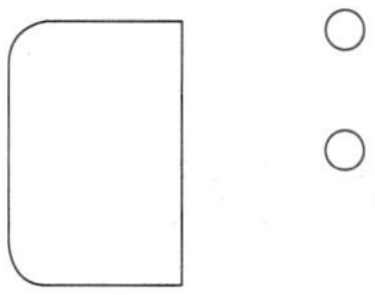	拉伸＋移动，将两圆柱移到圆孔位置	差运算

续表

简单形体	特征形状	形成方式	运算方式
竖板 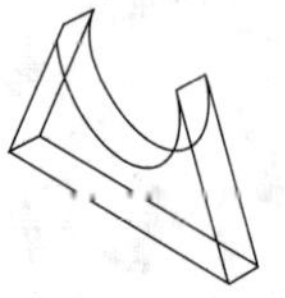	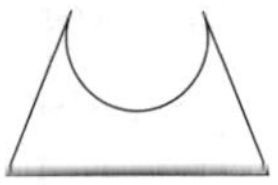	拉伸	
支承板 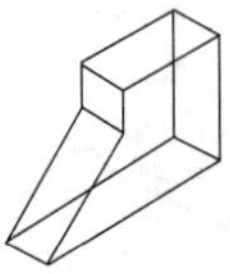	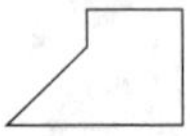	拉伸	
三通外形 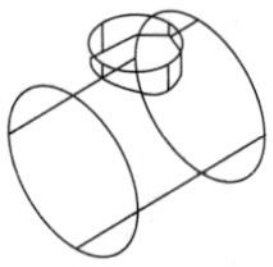	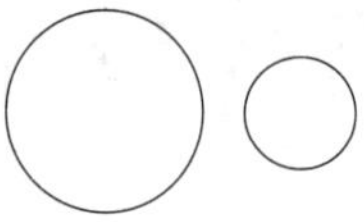	拉伸＋其中一个圆柱旋转 90°，并通过移动使两个圆柱轴线垂直相交	并集运算
三通内形 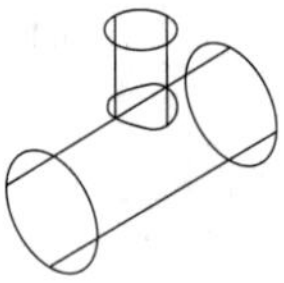	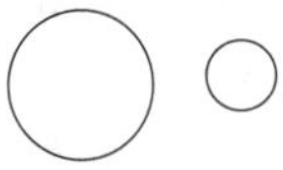	拉伸＋其中一个圆柱旋转 90°，并通过移动使两个圆柱轴线垂直相交	并集运算
三通部分 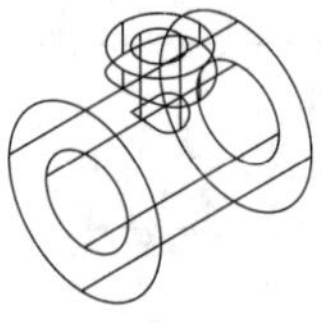	内、外两部分 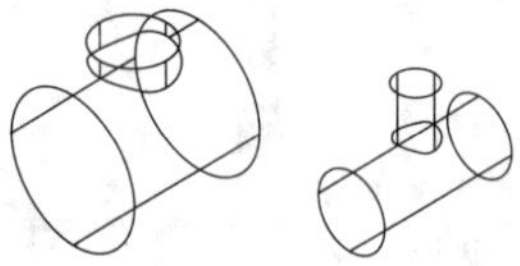	通过移动使三通内外形两部分的圆柱轴线重合	差运算

表 1-1 把形状比较复杂的物体分析成是由几个简单几何形体组合构成的，同时指出了每一个简单形体的形成方式，以及简单形体之间的相对位置和简单形体的组合方式，这有利于将问题化繁为简，化难为易，便于对物体的仔细观察和深刻理解。

1.3.4 三维操作

在组合体造型过程中，对各简单形体造型时可先不考虑其位置，在形体造出之后，再通过三维操作将它们安置到各自应在的位置上，然后进行布尔运算形成组合体。常用的三维操作方法有三维移动、三维旋转、三维对齐、三维镜像、三维阵列等。与简单形体造型、布尔运算一样，三维操作也是三维软件的一个功能，这些内容都将在第 4 章中予以介绍。

1.4 化工设备与零件的形成过程分析

各种化工设备虽然操作要求不同，结构形状也各有差异，但是往往都有一些作用相同的零部件，如筒体、封头、人孔、支座、补强圈、接管与法兰等等。化工设备上的通用零部件，大都已经标准化，如图 1-9 就是由上述各种零部件组成的化工设备卧式容器。

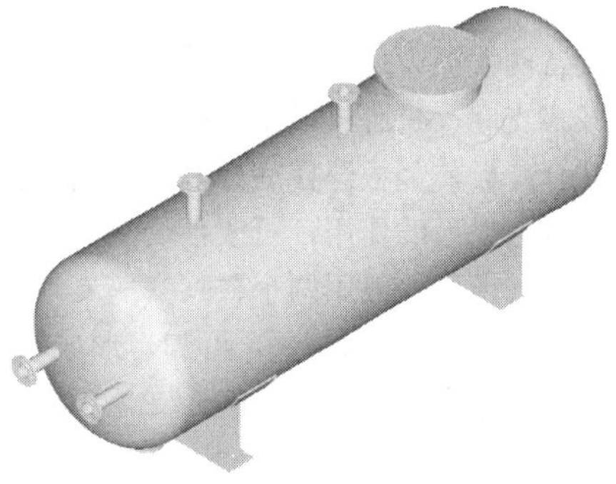

图 1-9　化工设备卧式容器

1.4.1　设备形成过程分析

图 1-10 是化工设备常用的零部件直观图。其中主要包括以下几部分。

(1) 筒体　筒体是设备的主体部分，以圆柱形筒体应用最广，其大小是由工艺条件要求确定的。圆柱形筒体的主要尺寸是直径、高度和壁厚三项数据。当直径小于 500mm 时，可用无缝钢管作筒体。筒体较长时，可由若干筒节焊成。由图 1-10 (a) 可知，筒体的形状是回转体。

(2) 封头　封头是设备的重要组成部分，它与筒体一起构成设备的壳体。常见的封头形式有椭圆形、球形、碟形、锥形及平板等。封头和筒体可直接焊接，形成不可拆卸的连接，也可以分别焊上法兰，用螺栓、螺母锁紧构成可拆卸连接。图 1-10 (b) 为一对椭圆形封头，它的纵剖面呈半椭圆形，其形状是回转体。

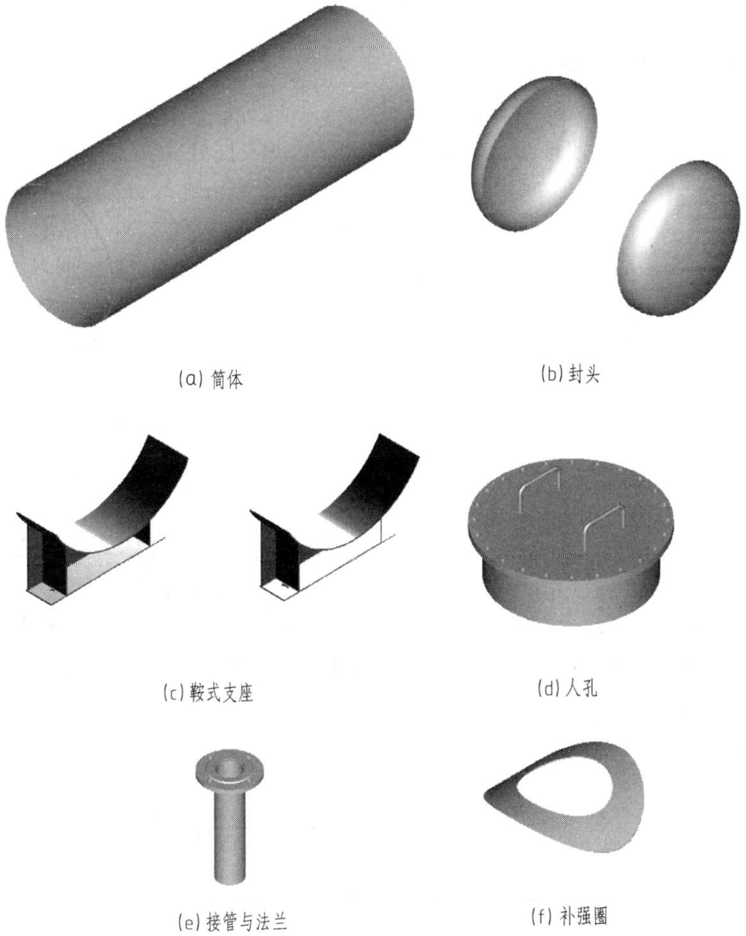

图 1-10　化工设备零部件

（3）支座　设备的支座用来支承设备的重量和固定设备的位置。支座有适用于立式设备和卧式设备两大类，分别按设备的结构形状、安放位置、材料和载荷情况而有多种形式。图 1-10（c）为鞍式支座，是卧式设备中应用最广的一种支座。它是由一块竖板支撑着一块鞍形（与设备外形相贴合）板，竖板焊在底板上，中间焊接若干块筋板，组成鞍式支座，以承受设备负荷。鞍形板实际起着垫板的作用，可改善受力分布情况，但当设备直径较大，壁厚较薄时，还需另衬加强板。卧式设备一般用两个鞍式支座支承，当设备过长，超过两个支座允许的支承范围时，应增加支座数目。由图 1-10（c）可知，形成鞍式支座的各块板都是拉伸形体。

（4）人孔　为了便于安装、检修或清洗设备内部的装置，需要在设备上开设人孔或手孔。人孔、手孔的基本结构相似。如图 1-10（d）所示为一人孔。通常在短筒节上焊一法兰，盖上人孔盖，用螺栓、螺母连接压紧，两个法兰密封面之间放有垫片，人孔盖上带有手柄。人孔是一个部件，构成此部件的各零件有的是回转形体，如法兰、短筒节，有的是拉伸形体，如手柄。

（5）法兰　法兰是连接在筒体、封头或管子一端的一圈圆盘，盘上均匀分布若干个螺栓孔，两节筒体（或管子）通过一对法兰用螺栓连接在一起。图 1-10（e）为一管法兰，它的形状是拉伸形体。

（6）补强圈　设备上开孔过大，将削弱设备器壁的设计强度，因此，需采用补强圈加强器壁强度，补强圈的结构如图 1-10（f）所示，它的形状可认为是两个轴线正交，且完全贯通的圆筒体的公共部分。

1.4.2 机械零件三维模型造型设计

机械零件造型设计和一般组合体模型设计的主要区别是在造型过程中需要考虑零件的工艺特征和实用功能。为了有效地形成零件造型经验，将零件分为轴类、盘盖类、箱体类、支架类和常用件等分别加以介绍。

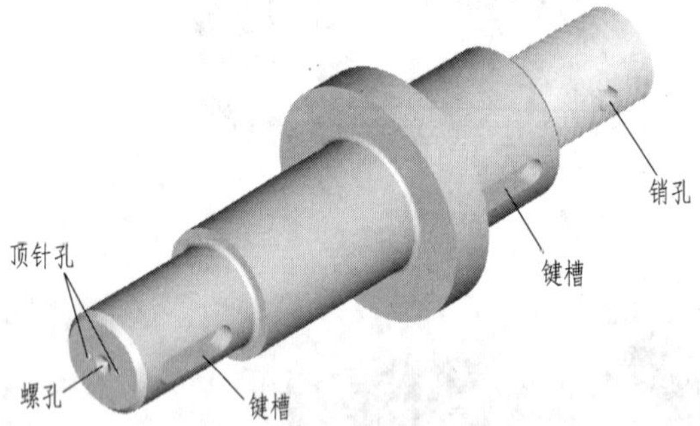

图 1-11　轴类零件

1.4.2.1　轴类零件的造型

轴类零件的基本形状是同轴回转体，如图 1-11 所示。轴类零件主要在车床上加工。因此，它的轴线呈水平位置。轴类零件主要由同轴回转体和其他结构如孔、槽等（螺纹退刀槽、砂轮越程槽）等组成。根据轴的结构形状，设计轴的基础特征形状如图 1-12 所示（注意，右端螺纹的空间形状应该是螺旋体，此处是用近似的表达方法，即用锯齿形平面图形旋转所得形体代替螺纹）。将基础特征绕轴线旋转，即可得到轴零件的毛坯，再在毛坯轴上加工其他结构。这一过程在几何造型上可以先造出毛坯轴，再造出键、销钉、螺钉、顶针圆柱等实体，如图 1-13 所示，最后将毛坯轴与键、销钉、螺钉、顶针圆柱等作差运算，生成图 1-11 所示的轴。扫描本章二维码可以观看。

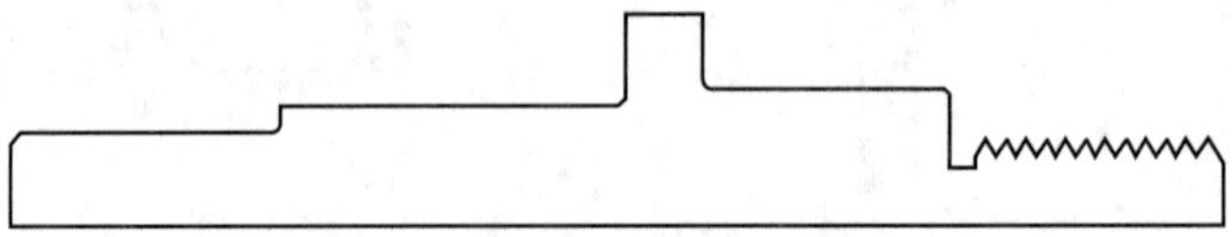

图 1-12　轴的基础特征形状

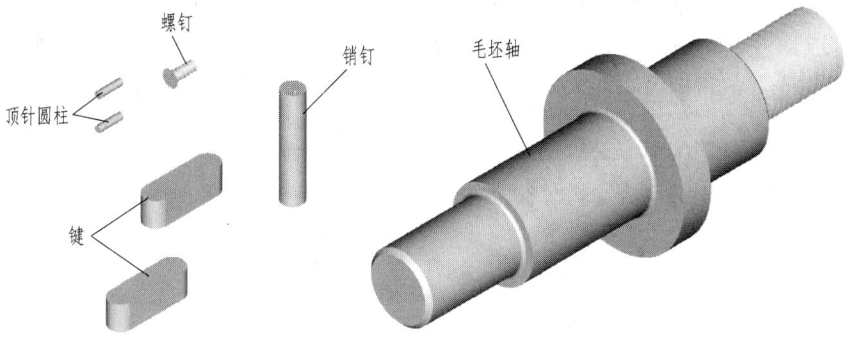

图 1-13　轴造型的各个部分

1.4.2.2　盘类零件的造型

盘类零件的基本形状是扁平的盘状。这类零件一般有法兰、端盖、阀盖、齿轮等，它们的主要形状大体上是回转体，通常还带有各种形状的凸缘，均布的圆孔和肋等局部结构。图 1-14 是一个法兰零件。由法兰零件的结构形状可知其基础特征形状如图 1-15 所示。当基础特征绕轴旋转，就生成法兰零件的毛坯，再造出螺孔圆柱、密封槽等实体，然后用法兰毛坯减去螺孔圆柱、密封槽实体，就完成了法兰零件的造型，如图 1-16 所示。扫描本章二维码可以观看。

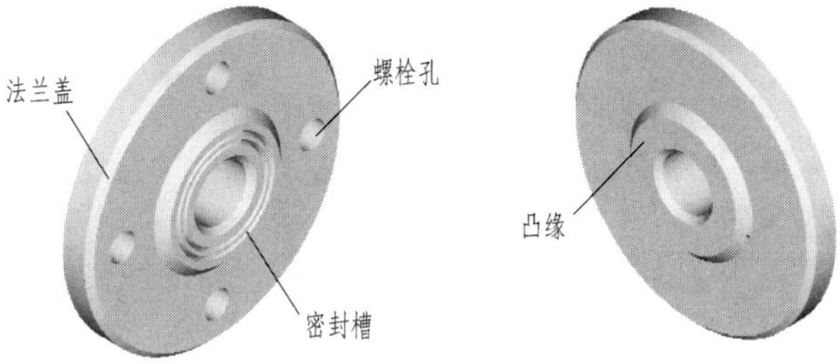

图 1-14　法兰零件

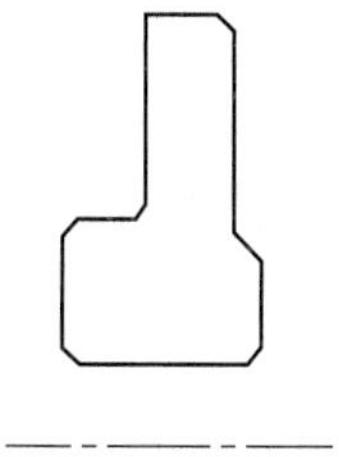

图 1-15　法兰的基础特征形状

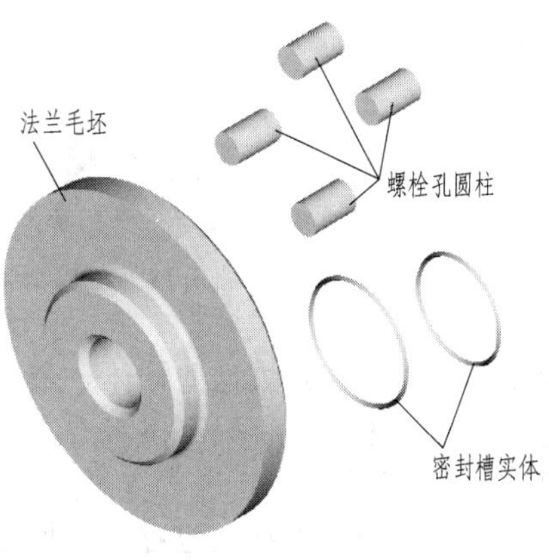

图 1-16　法兰造型的各个部分

1.4.2.3　支架类零件的造型

支架类零件结构形状较复杂，常有倾斜、弯曲的结构。图 1-17（a）为一支架零件，分析支架结构形状，可知支架的基础特征有上、下二部分，如图 1-17（b）、（c）所示。根据基础特征分别造出支架的上、下二部分形状，将下部形状与上部大圆柱作并运算后与上部小圆柱作差运算，即得支架零件的毛坯。再做出底部竖板圆孔的柱体和上部圆筒上的圆孔柱体，如图 1-18 所示。

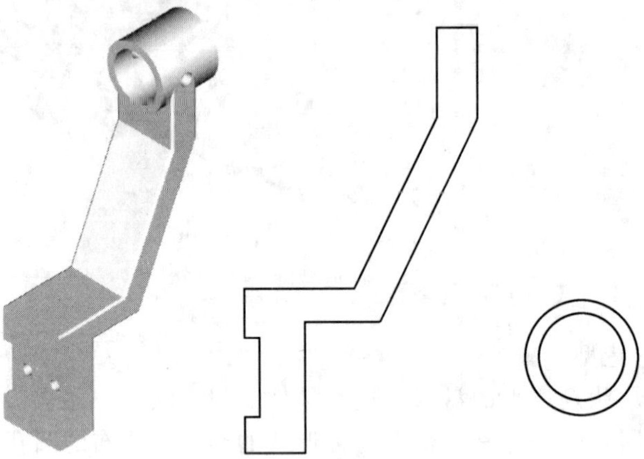

图 1-17　支架零件及其基础特征

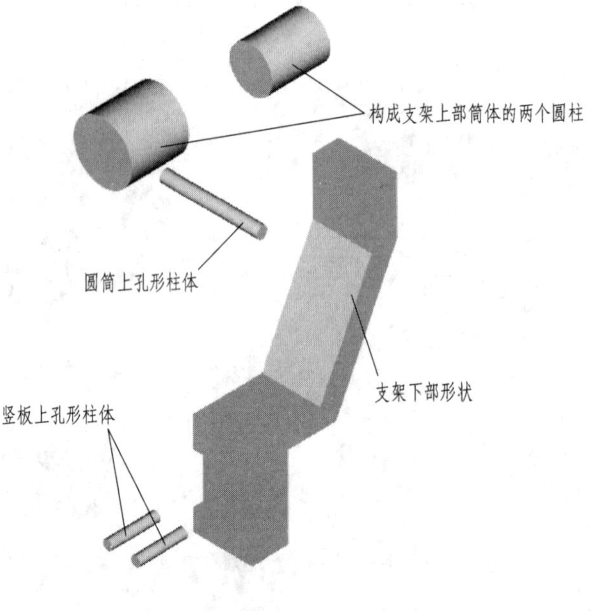

图 1-18　组成支架的毛坯和细节部分

然后用支架零件毛坯减去这些柱体，最后对支架中间连接板的边缘作倒圆角加工，即完成支架的造型。扫描本章二维码可以观看。

1.4.2.4　箱体类零件造型

箱体类零件主要用来支承、包容、保护运动零件或其他零件，其结构特点是：

① 根据其作用常有内腔、轴承孔、凸台和肋等结构；

② 为了安装零件后再将箱体安装到机座上，箱体上常有安装底板、安装孔、螺孔和销孔等；

③ 箱壁部分常有安装箱盖、轴承盖等零件的凸台、凹坑、螺孔等结构。

图 1-19 是蜗轮蜗杆箱体零件。分析该零件的结构形状，蜗轮蜗杆箱由箱体和底座组成，另外再加上两个圆柱形凸台和一个 8 字形突台。箱体和底座基础特征形状分别见图 1-20。应用拉伸造型和差、并运算即可得到对应的形体，如图 1-21 所示。扫描本章二维码可以观看。

图 1-19　蜗轮蜗杆箱体零件

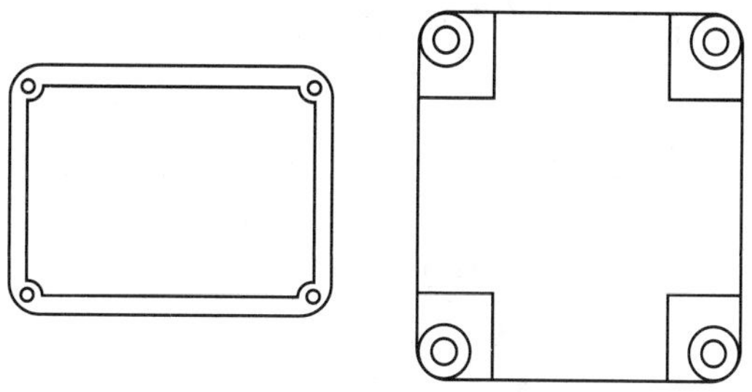

(a) 箱体基础特征形状　　(b) 底座基础特征形状

图 1-20　主体基础特征形状

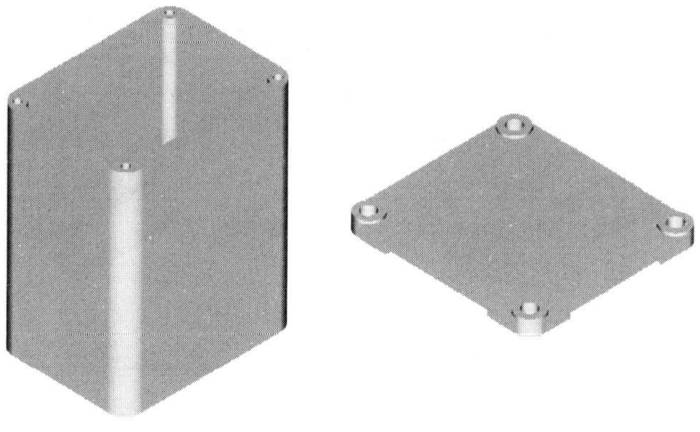

(a) 箱体形状　　(b) 底座形状

图 1-21　主体形状

从上述内容可知，对各类零件进行三维造型时，要抓住零件的特征形状，因为实体造型是特征形状的集合，用什么特征来构成零件，以及这些特征生成简单形体后进行布尔运算的先后次序都很重要。所以在用特征形状生成零件前，先要构思零件的生成方案，方案构思得好，生成零件既简单又方便，还便于修改。考虑不当生成就复杂，甚至无法生成。构思方案一般以模块化、简单化为原则。构思方案的步骤一般为：

1）分析零件。分析零件由哪几部分组成，进一步分析每部分又由哪些几何形体组成。

对某些复杂零件先把它分解成一些简单形体，分别生成各简单形体后，通过移动、旋转等三维操作及布尔运算，将各简单形体合并成一个零件。例如，对复杂的对称零件，只生成一半，镜像生成与它对称的部分，然后将两部分通过布尔运算合并成一个零件。大多数的零件要分析其由哪些几何体组成，然后思考用哪些特征来生成，以及生成特征的次序，构思一个优化的生成方案。

2）寻找合适的基础特征，作为创建零件时生成的第一个特征，以后生成的特征可以基础特征展开。选择基础特征有两条原则，即尽可能简单或者它能形成零件具有代表性的特征。选择好基础特征就选好了生成零件的基础。

3）在基础特征的基础上先粗略生成零件，即先生成一个零件的毛坯。

4）最后细致处理零件，相当于在毛坯上做精加工以生成零件的细节，一般打孔、倒圆、倒角在最后做。

1.5 部件初始表达方案

图 1-22 是一个柱塞泵，图 1-23 是其装配分解图。扫描本章二维码可以观看。

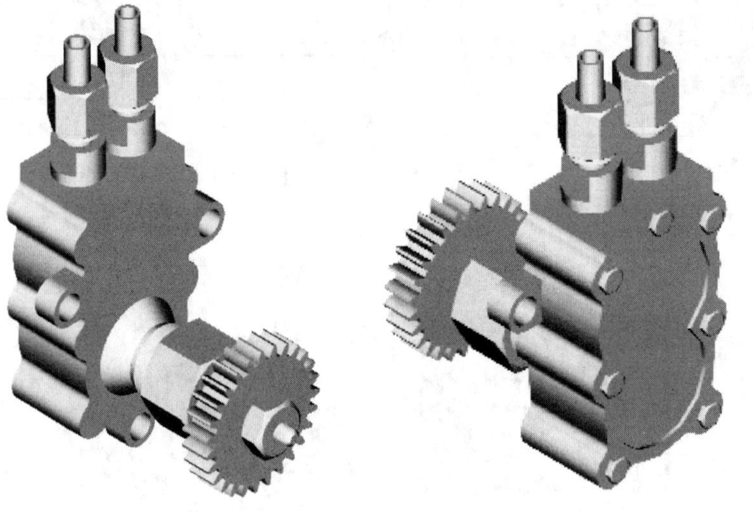

图 1-22 柱塞泵装配体

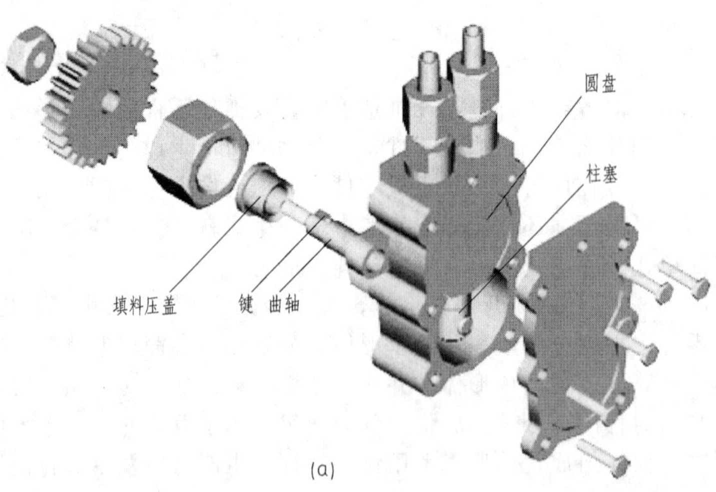

(a)

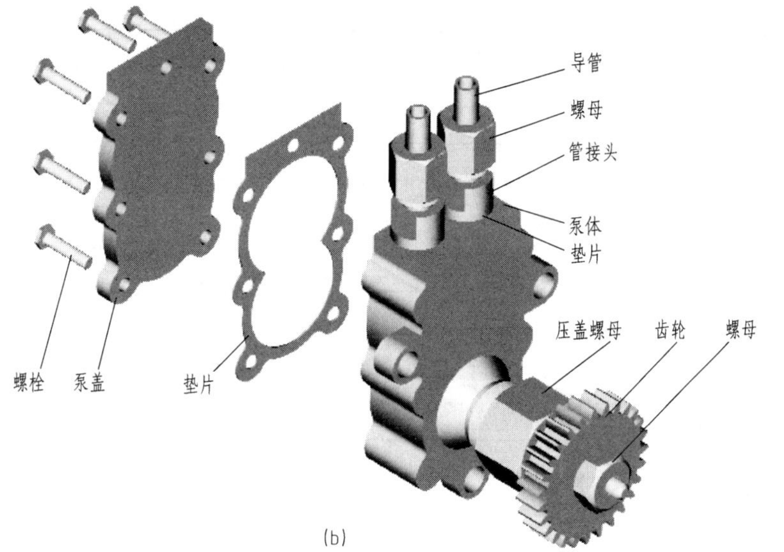

图 1-23　装配分解图

图 1-24 是柱塞泵装配示意图，表 1-2 是其零件明细表。柱塞泵是用来输送流体的设备，在生产中经常需要将流体从一处输送至另一处，或从低压力处输送到高压力处。柱塞泵共分两部分。

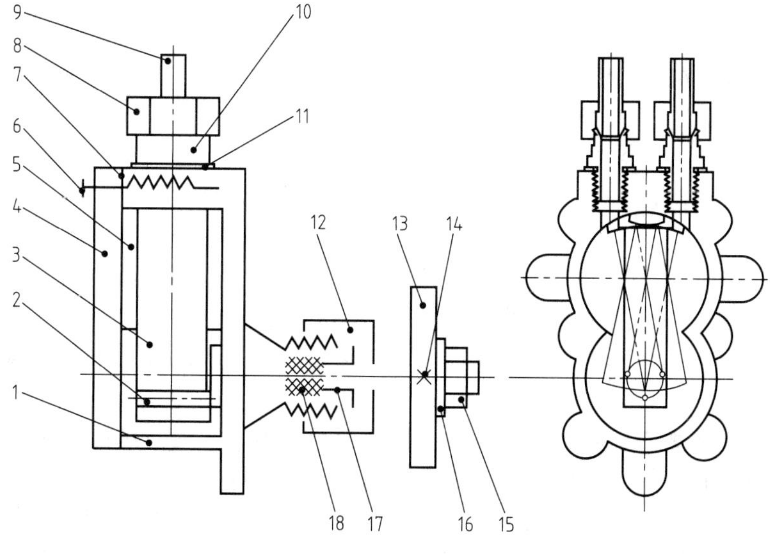

图 1-24　装配示意图

表 1-2　柱塞泵零件明细栏

18	填料	1	油麻绳	
17	填料压盖	1	Q235A	
16	垫圈	1	Q235A	GB 97.1—2002　10—140HV
15	螺母	2	Q235A	GB/T 6170　M10
14	键 5×12	1	Q235A	GB/T 1096—2003
13	齿轮	1	Q235A	$Z=27$　$m=3$

续表

12	压盖螺母	1	Q235A	
11	垫片	2	Q235A	
10	管接头	2	Q235A	
9	导管	2	工业用纸	
8	螺母	2	Q235A	
7	垫片	1	Q235A	
6	螺栓	7	Q235A	GB/T 5781—2000 M8×35
5	圆盘	1	HT150	
4	泵盖	1	HT150	
3	柱塞	1	45	
2	曲轴	1	45	
1	泵体	1	HT150	
序号	名称	数量	材料	备注

柱塞泵			比例			
			件数			
制图			重量		共 张	第 张
校对			（单位）			
审核						

一是输送流体部分，主要由泵体、柱塞、曲轴等组成，由装配示意图并结合装配分解图、装配部件图可知，在柱塞泵中动力靠齿轮传输，齿轮旋转带动曲轴旋转，由于曲轴的大小轴轴线有偏心距，导致装在曲轴小轴上的柱塞一方面要上下移动，另一方面要前后摆动，柱塞上部装在圆盘孔内，因此柱塞的运动导致圆盘孔内容积大小的变化，同时圆盘孔的方位也在变化。流体从前面的导管进入，经管接头内孔道，随着柱塞下移，圆盘随柱塞前后摆动，当圆盘孔口对着泵体上与管接头孔道轴线一致的内孔时，流体就流入了圆盘孔内腔，当柱塞运动到最下端的位置时流体就充满了内腔。由于运动的连续性，柱塞运动到最下位置后要向上移动同时向后摆动，这一运动就使充满内腔的流体被推出后面的管接头经导管流向其他地方。

二是防漏装置，由于曲轴一端伸出泵体外，为了防止泵内流体沿轴、孔间隙泄漏，必须有防漏装置，在伸出端用填料塞满曲轴周围的空隙，然后用填料压盖和压盖螺母压紧填料，达到防漏的目的。

设计柱塞泵除了要考虑功率、流量、流体黏度、各零件所用的材料等物理因素外，还应根据柱塞泵的功能设计各零件的形状及零件之间的装配连接关系。如对泵体形状的设计，由于泵体内要包容圆盘、柱塞、曲轴这些零件，因此就设计了 8 字形内腔及装配曲轴的圆孔，如图 1-25 所示。扫描本章二维码可以观看。泵体上部前后两个孔是为流体通过管接头进入圆盘内孔而设计的。该孔上端设计了一段螺纹可用于连接管接头。为了防止流体沿曲轴轴向泄漏，泵体内装配曲轴大轴的内孔设计成阶梯形状，以使曲轴装入泵体后在孔内剩余的空间内可填充填料。泵体后端的螺纹结构则是为了连接压盖螺母，通过旋紧压盖螺母产生的轴向力由填料压盖传递给填料，使填料在轴向力作用下而径向膨胀从而起到阻止流体沿填料与曲轴的间隙泄漏。泵体端面上的七个螺孔则是为连接泵盖而设计的螺栓孔。为了使柱塞泵整体能安装在支架上，所以泵体上设计了三个安装凸台，凸台上的圆孔是连接柱塞泵与支架的螺栓连接孔。根据上述分析按照轴承座造型分析的方法将泵体零件各部分造型分析列于表 1-3 中。柱塞泵其他零件的造型分析表请读者参照泵体零件的形体设计自行分析完成。

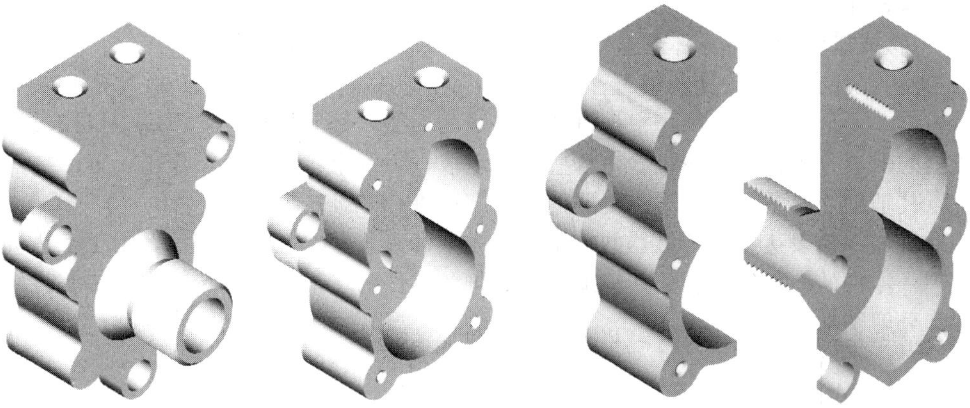

(a) 从右面看到的泵体　(b) 从左面看到的泵体　(c) 泵体剖切图

图 1-25　泵体

表 1-3　柱塞泵泵体的造型

基本形体	基础特征形状	造型与运算方式	基本形体	基础特征形状	造型与运算方式
泵体主体形状	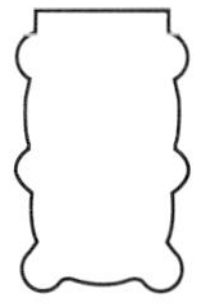	拉伸	六角螺栓连接螺孔		旋转后与泵主体作差运算
泵体主体内 8 字孔形状	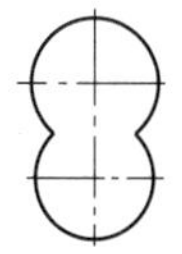	拉伸后与泵主体作差运算	导管连接螺孔		旋转后与泵主体作差运算
带锥体的圆柱外螺纹	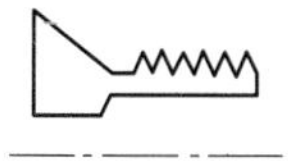	旋转后与泵主体作并运算	安装曲轴处的光孔		拉伸后与泵主体作差运算
凸台	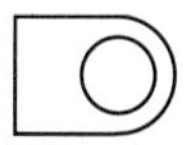	拉伸＋差运算			

注：表中带锥体的圆柱外螺纹、六角柱连接螺孔、导管连接螺孔中的螺纹部分均为近似造型。

1.6　本章小结

本章主要由简单形体的形成、组合体的形成、机器的形成过程分析、机器初始表达方案等内容组成。

（1）简单形体的形成

1）拉伸形体　基本要素有封闭的平面图形、拉伸方向、拉伸距离。

2）回转形体　基本要素有封闭的平面图形、旋转轴、旋转角度。

（2）组合体的形成

1）平移或旋转各简单形体到达指定位置，形成简单形体的位置组合。

2）运用并、交、差运算获得组合体。

（3）机器的形成过程分析　根据机器要完成的功能，按照机械设计原理、机械设计方法分析机器的形成过程，包括该机器由哪些零件组成，每一个零件起什么作用，零件之间如何连接等，其辅助手段是通过对组成机器的各个零件进行三维造型。

（4）机器初始表达方案　机器的初始表达方案常由装配示意图来表示，用于表达机器的工作原理、零件的种类等内容。其辅助手段是将各零件的三维造型进行三维组装获得机器整体图形和分解图形。

第2章 投影体系和基本视图

2.1 概述

在制造机器及加工机械零件时，需要用工程图表达它们的形状结构、大小及加工要求。工程图是按一定的投影方法和技术规定将物体表达在图纸上的一种技术文件，它是表达设计思想和进行技术交流的媒体，也是工程施工、零件加工的依据，工程图的主要内容是图形，这种图形必须能够全面、清晰、准确地反映物体的形状结构及大小，且绘制简便。为了达到这样的要求，工程图中的图形是用“正投影法”绘制而得到的正投影图。本章主要阐述投影的基本知识、视图的基本概念、视图的形成、视图的投影规律和视图与三维造型的联系等内容。

2.2 投影的基本概念

投影是日常生活中最常见的现象。如图 2-1 所示，在光线照射下，物体在墙面上会产生一个影子，这个影子的图形在某些方面反映出该物体的特征形状，这种现象称为投影。扫描本章二维码可以观看。此现象中有四个要素：光源（灯）、支架、光线和墙面。现将此四个要素抽象为投射中心、物体、投射线和投影面，它们构成中心投影系统。中心投影的投射线集中于一点，投影的大小将随着物体与投射中心（或投影面）的距离变动而改变。所以，这种投影图形不能直接反映物体的真实形状和大小，并且也不易绘制。如果假想将投射中心移到无穷远处，使投射线相互平行并垂直于投影面，得到的投影就不会随物体到投影面的距离变化而变化，如图 2-2（a）所示。

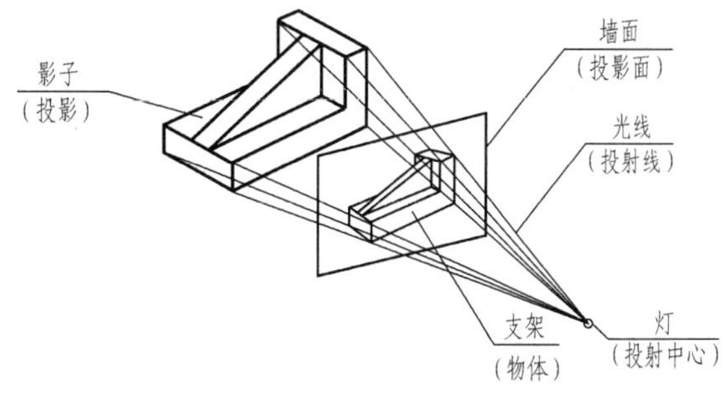

图 2-1　中心投影法

而且当物体的表面平行于投影面时，其投影能反映这些表面的真实形状和大小，这样绘制就较简单，如图 2-2（b）所示。这种以一束相互平行并且垂直于投影面的投射线将物体向投影面进行投射的方法称为“正投影法”。扫描本章二维码可以观看。用正投影获得的投影图形称为“正投影图”，它能满足工程图的有关要求。

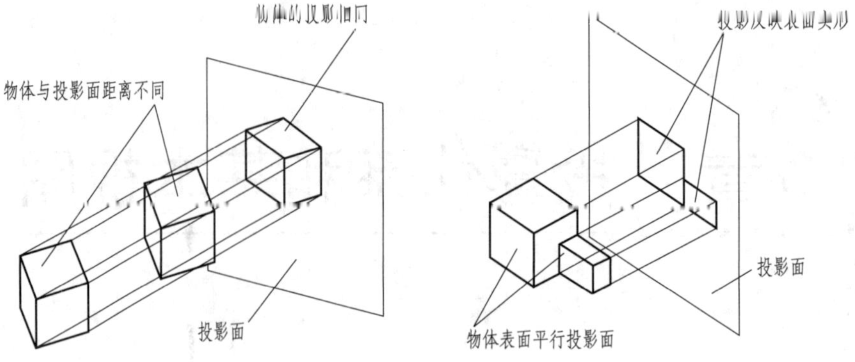

(a) 物体的投影与其到投影面的距离无关　　(b) 投影反映物体表面实形

图 2-2　物体与投影的相关性

2.3　投影体系与基本视图的形成

在图 2-3 中，物体的表面 *A*、*B* 平行于投影面 *V*，所以其投影反映 *A*、*B* 表面的实形。*D* 表面垂直于投影面，其投影积聚成为一条直线段。而 *C* 表面倾斜于投影面，其投影边数不变，但面积变小了。对物体上其他表面的投影可作类似的分析。扫描本章二维码可以观看。根据上述分析可知平面的正投影有如下特性：①平面平行投影面，投影反映平面实形——真实性；②平面垂直投影面，投影积聚为直线——积聚性；③平面倾斜投影面，投影边数不变但面积变小——类似性。由观察可知 *A*、*B* 两平面之间的距离，*A*、*C* 两平面之间的夹角，*D*、*F* 平面的大小等在投影图上均未得到反映。这些信息可用与 S 垂直的方向对物体作正投影加以确定，但与 *S* 垂直的方向有无数个，应根据表达需要及作图方便进行选择。如增设投影面 *H* 垂直于投影面 *V*，然后从上向下对物体作投射，在 *H* 投影面上就反映了 *A*、*B* 两平面之间的距离和 *A*、*C* 两平面之间的夹角，见图 2-4。扫描本章二维码可以观看。

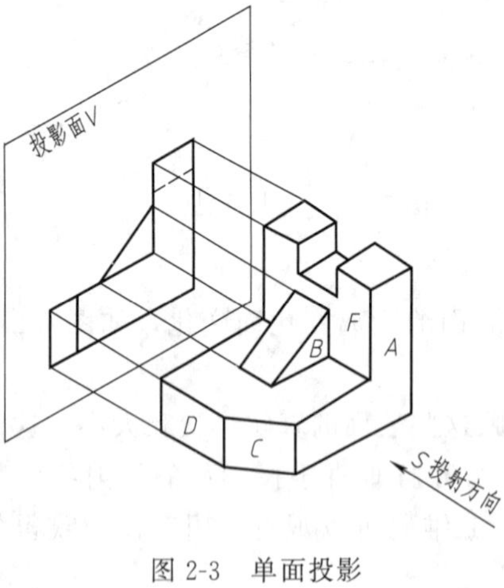

图 2-3　单面投影

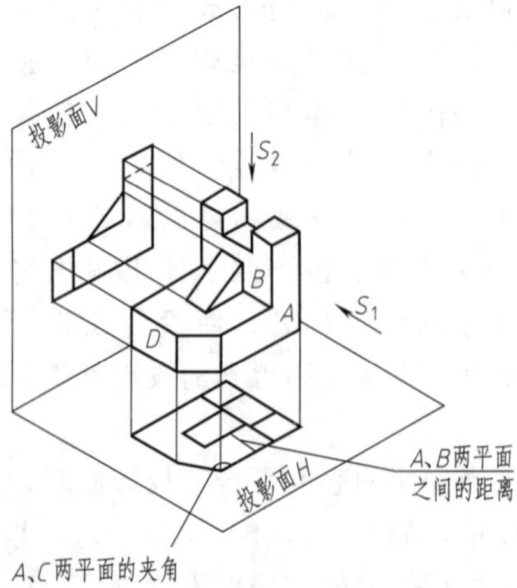

图 2-4　两面投影

同样道理，为了表达 D、F 面的实形，可再增设一投影面 W 使其与 V、H 投影面两两垂直，然后从左向右对物体作投射，在 W 投影面上就反映出 D、F 两平面的真实形状与大小，见图 2-5。扫描本章二维码可以观看。当然，也可选用 V_1、H_1、W_1 投影面来获得物体另外三个方向的正投影，见图 2-6。在投影过程中，若将投射线当作观察者的视线，则可将物体的正投影称为视图。观察者、物体、视图三者的位置关系是物体处于观察者与视图之间。由图 2-6 可知 V 与 V_1、H 与 H_1、W 与 W_1 是三对相互平行的投影面，对应的投射方向也相互平行但方向相反。扫描本章二维码可以观看。按照制图国家标准规定，图样上可见轮廓线用粗实线表示，不可见轮廓线用虚线表示。因此，每一对投影面上的视图除部分图线有虚实区别外，图形完全一致，把这样两个投影面称为同形投影面。在图 2-6 中，三对同形投影面构成一个六投影面体系，这六个投影面均为基本投影面，分别取名为：

V，V_1——正立投影面（正面直立位置）。

H，H_1——水平投影面（水平位置）。

W，W_1—侧立投影面（侧立位置）。

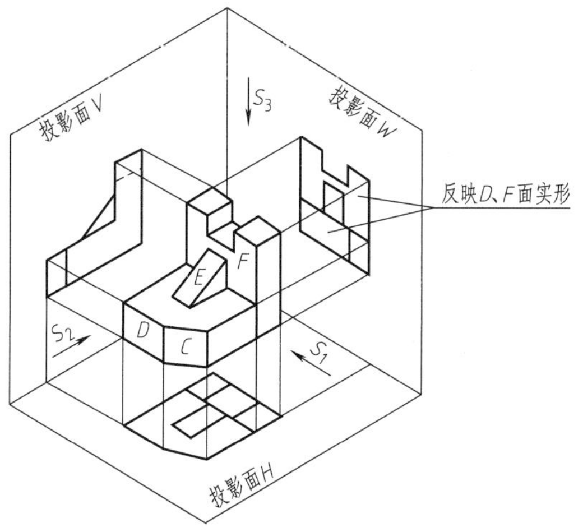

图 2-5　三面投影

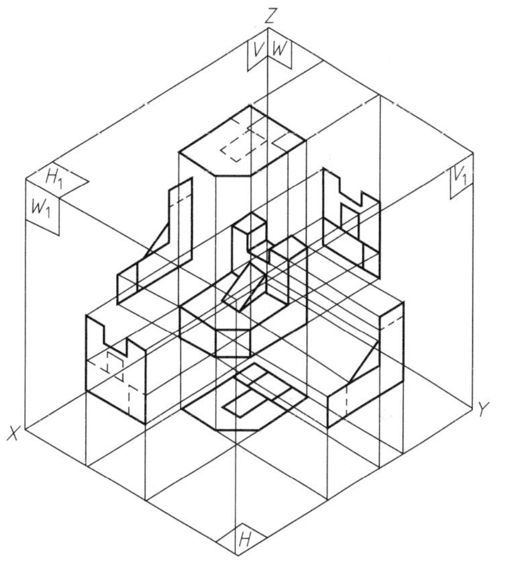

图 2-6　六面投影体系

把 V、H 两投影面的交线称为 X 投影轴，V、W 两投影面的交线称为 Z 投影轴；H、W 两投影面的交线称为 Y 投影轴。把 X、Y、Z 三投影轴的交点称为原点 O。将置于六投影面体系中的物体向各个投影面作投射，可得六面基本视图，它们是：

主视图（正立面图）——由前向后投射在 V 投影面上所得的视图

左视图（左侧立面图）——由左向右投射在 W 投影面上所得的视图

俯视图（平面图）——由上向下投射在 H 投影面上所得的视图

右视图（右侧立面图）——由右向左投射在 W_1 投影面上所得的视图

仰视图（底面图）——由下向上投射在 H_1 投影面上所得的视图

后视图（背立面图）——由后向前投射在 V_1 投影面上所得的视图

为了能在同一张图纸上画出六面视图，规定 V 投影面不动，H 投影面绕 X 轴向下旋转 90°，V_1 投影面绕其与 W 投影面的交线向前旋转 90°再与 W 投影面一起绕 Z 轴向右旋转 90°，H_1 投影面绕其与 V 投影面交线向上旋转 90°，W_1 投影面绕其与 V 投影面交线向左旋转 90°，见图 2-7。通过上述各项旋转即可在同一平面上获得六面基本视图。扫描本章二维码可以观看。

当六个基本视图按图 2-8 配置时一律不标注视图名称。扫描本章二维码可以观看。

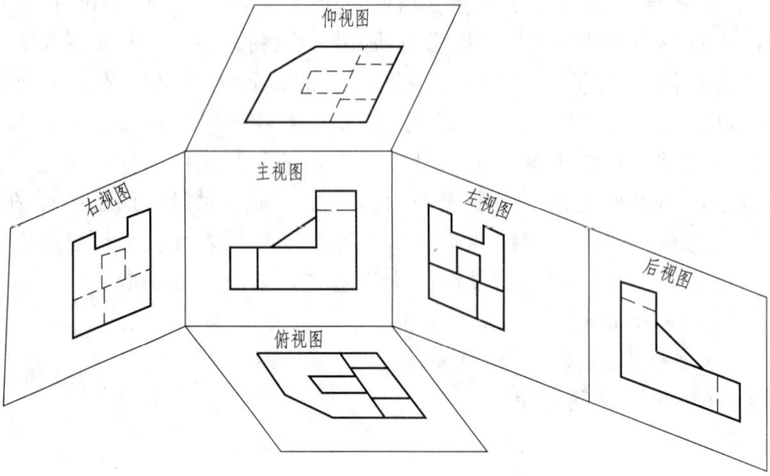

图 2-7 六面基本视图的形成

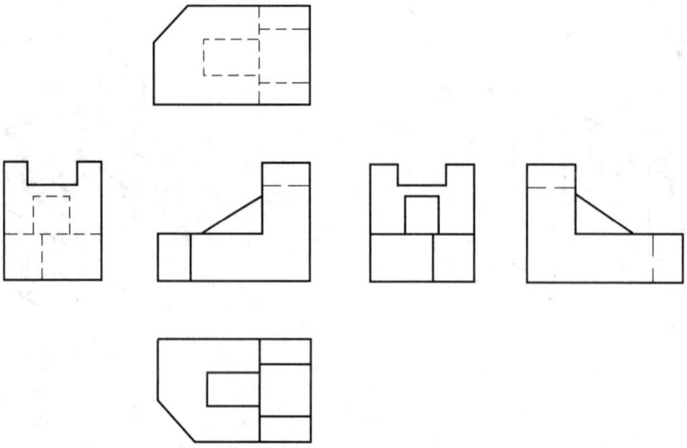

图 2-8 六面基本视图

2.4 六面基本视图间的投影联系

由六面基本视图的形成和六个投影面的展开过程可以理解六面基本视图是怎样反映物体的长、宽、高三个尺寸，从而明确六个视图间的投影联系。

若将前述 V、H、W 三个投影面的交线 X、Y、Z 三条投影轴的方向依次规定为长度、宽度和高度方向，当置于投影体系中的物体其长、宽、高尺寸方向与 X，Y，Z 轴一致时，从图 2-9 可以看出：主、后视图反映了物体的长和高；俯、仰视图反映了物体的长和宽；左、右视图反映了物体的高和宽。也就是六个视图中有四个视图共同反映同一物体的一个尺度方向。扫描本章二维码可以观看。结合图 2-9 可知主、后、俯、仰视图反映物体的长度；主、后、左、右视图反映物体的高度；俯、仰、左、右视图反映物体的宽度。

六个视图之间的投影联系可概括为：主、俯、仰视图长对正，与后视图长相等；主、

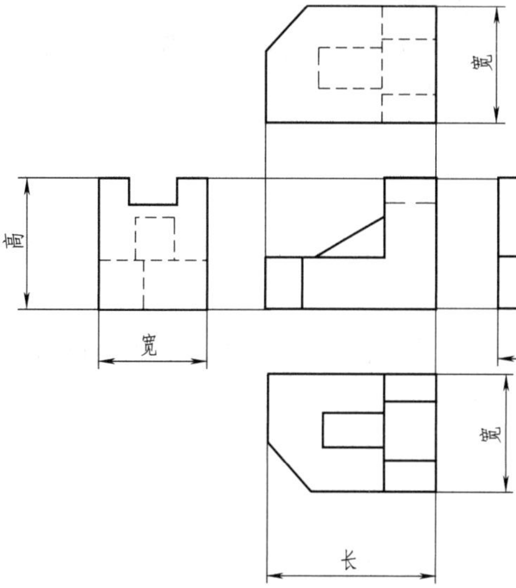

图 2-9　视图之间的投影联系

左、右、后视图高平齐；左、右、俯、仰视图宽相等。这就是“三等规律”。用视图表达物体时，从局部到整体都必须遵循这一规律。物体除有长、宽、高尺度外，还有同尺度紧密相关的上、下、左、右、前、后方位。一般认为，高是物体上下之间的尺度，长为物体左右之间的尺度，宽是物体前后之间的尺度。对照上述六个视图的三等规律，参照图 2-10 可知：

“等长”说明主、俯、仰、后视图共同反映物体的左、右方位，而后视图远离主视图一侧是物体的左边，靠近主视图一侧是物体的右边。扫描本章二维码可以观看。

“等高”说明主、后、左、右视图共同反映物体的上下方位。

“等宽”说明左、右、俯、仰视图共同反映物体的前后方位，并且各视图远离主视图的一侧是物体的前边，靠近主视图的一侧是物体的后边。

以上就是六个视图反映物体的方位关系，它可以看成是“三等规律”的补充说明。

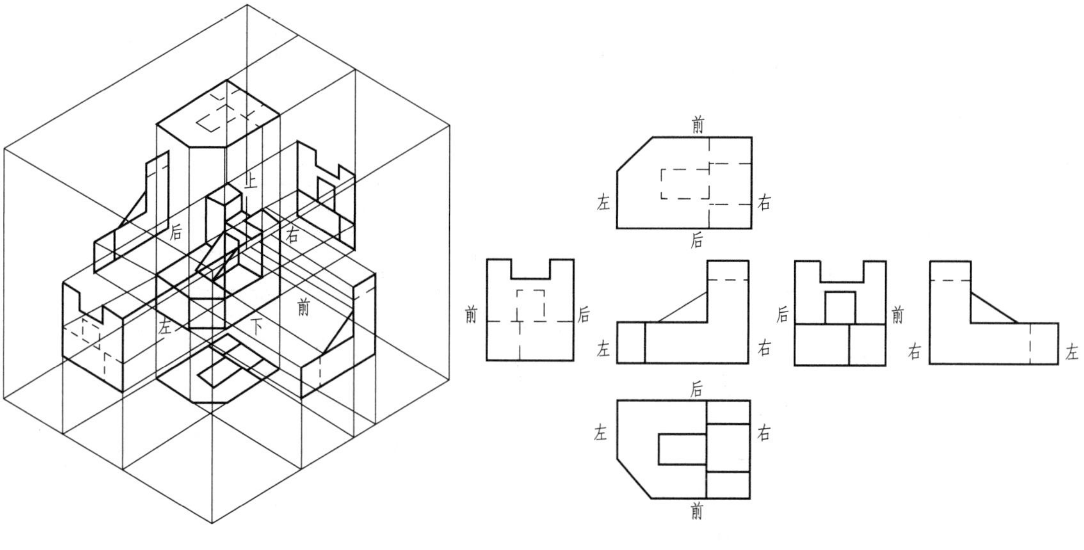

(a) 直观图上的方位关系　　(b) 投影图上的方位关系

图 2-10　视图反映物体的方位关系

三等规律中尤其要注意左、右、俯、仰视图宽相等及主、后、视图长相等，因为这两条在视图上不像高平齐与长对正那样明显。而方位关系中应特别注意前后方位，因为这个方位关系也不像上下、左右两个方位那样显而易见。

2.6 三视图的画法

下面举例说明物体三视图的画法。

【例 2-1】 画出图 2-11（a）所示的物体的三视图。扫描本章二维码可以观看。

解：（1）分析

这个物体是在“┛”弯板的左端中部开了一个方槽，右边切去一角后形成的。

（2）作图

根据分析，画图步骤如下（参看图 2-11）。

1）画弯板的三视图（图 2-11b）先画反映弯板形状特征的主视图，然后根据投影规律画出俯、左两视图。

2）画左端方槽的三面投影（图 2-11c），由于构成方槽的三个平面的水平投影都积聚成直线，反映了方槽的形状特征，所以应先画出其水平投影。

3）画右边切角的投影（图 2-11d）由于形成切角的平面垂直于侧面，所以应先画出其侧面投影，根据侧面投影画水平投影时，要注意量取尺寸的起点和方向。图 2-11（e）是加深后的三视图。

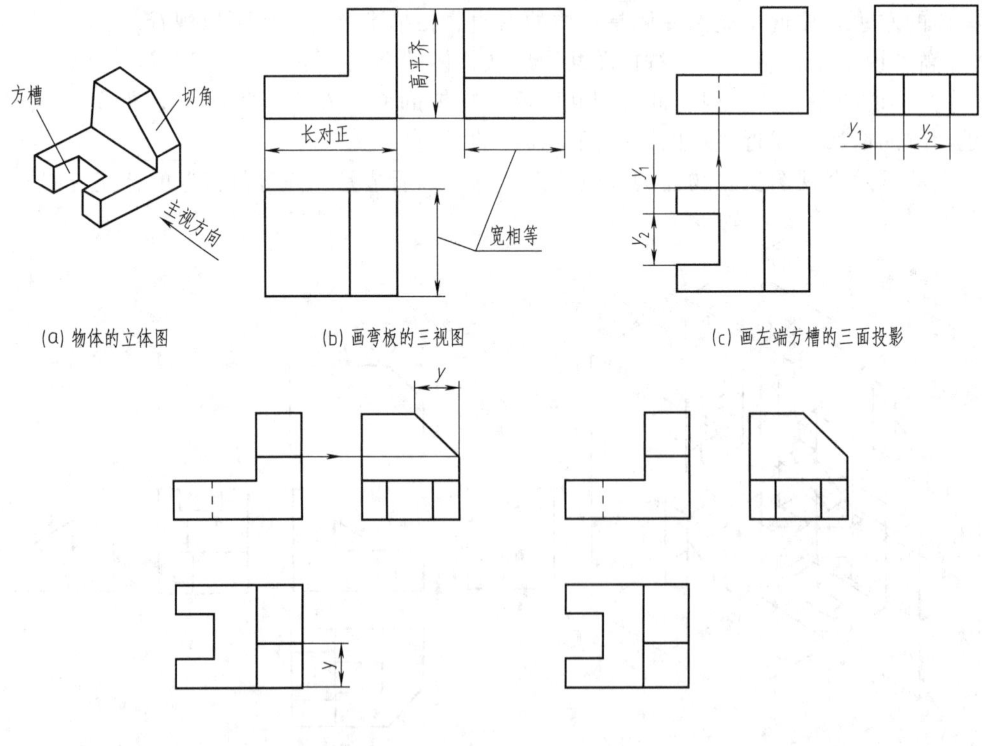

(a) 物体的立体图　(b) 画弯板的三视图　(c) 画左端方槽的三面投影

(d) 画右边切角的三面投影　(e) 加深后的三视图

图 2-11　物体三视图的画法

上例是为了说明视图的画法，究竟如何选主视图投影方向，如何确定最佳视图方案等均未及考虑。为了使所画图样准确、表达方案合理，应掌握有关形体表达的基础知识。

上面介绍的是平面立体三视图的画法，当物体为回转体时，根据回转体的形成方式，在画回转体视图时，要画出轴线的投影，其投影在反映轴线实长的视图上用点画线表示，在与轴线垂直的投影面上用互相垂直的点画线的交点表示。

图 2-12 是常见回转体圆柱、圆锥、圆球、圆环的视图。扫描本章二维码可以观看。

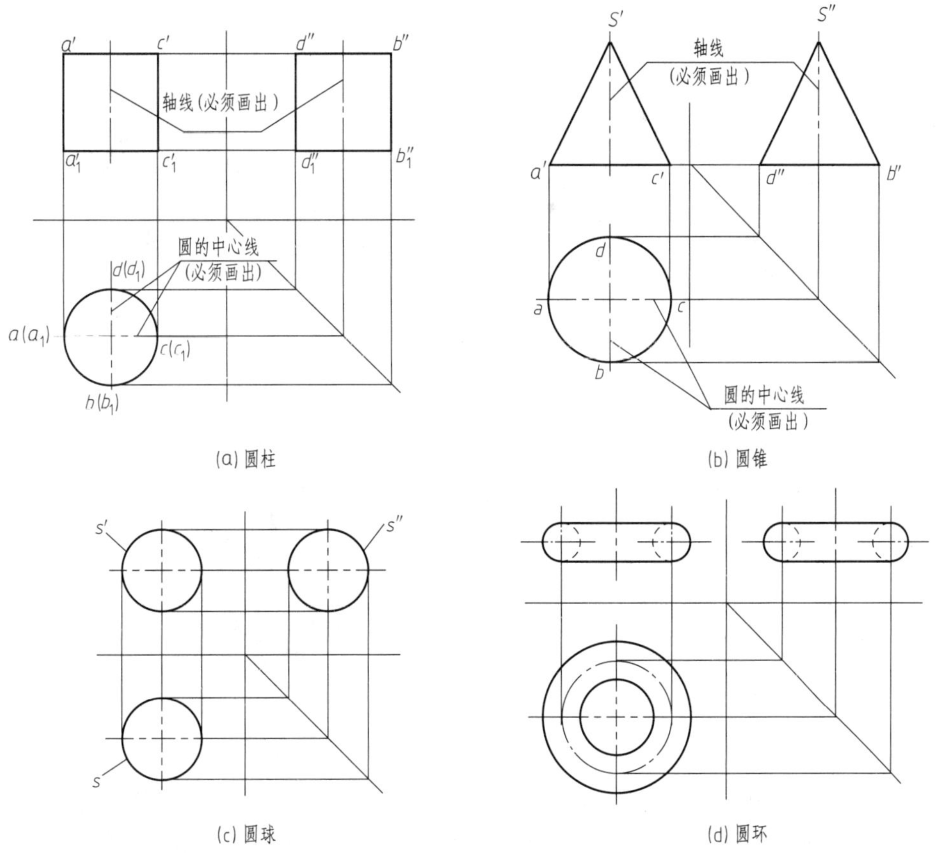

图 2-12　常见回转体三视图

2.6　视图与三维造型的联系

根据物体基本视图的形成原理，在二投影面体系中，将图 2-13（a）中的主视图、左视图的外轮廓作为基面，如图（b）所示，分别对它们进行拉伸。其中，主视图拉伸距离为左视图总宽 120mm，左视图拉伸距离为主视图总长 140mm，如图 2-14（a）所示。由于左视图是物体向 W 投影面投影后随投影面一起旋转 90°后到 V 投影面上的，因此将由左视图拉伸的形体逆旋转 90°，如图 2-14（b）所示。平移该形体与由主视图拉伸形成的形体重叠如图 2-14（c）所示。求交运算形成图 2-14（d）所示的物体。扫描本章二维码可以观看。

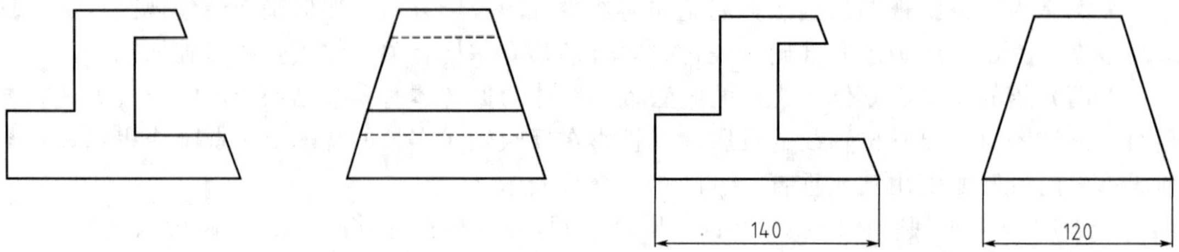

(a) 物体的主、左视图　　(b) 两视图的外轮廓

图 2-13　物体的视图与视图外轮廓

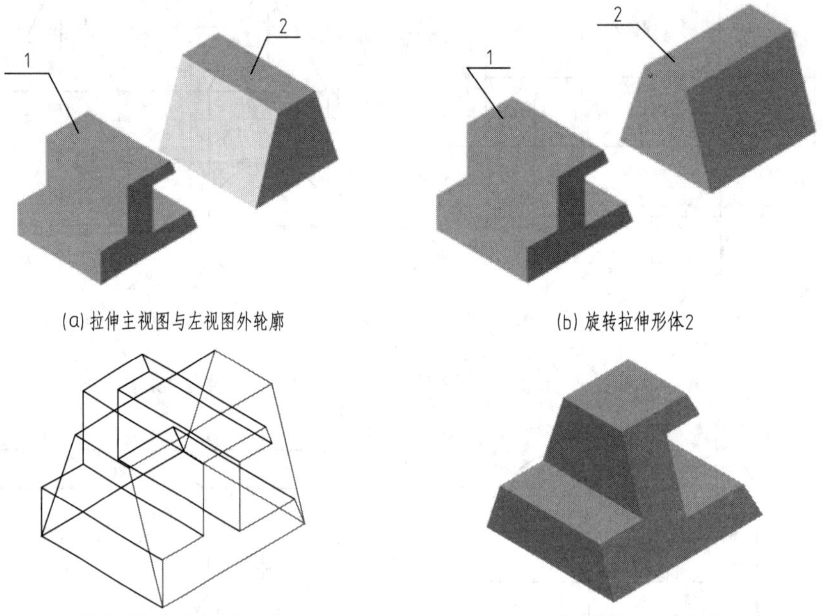

(a) 拉伸主视图与左视图外轮廓　　(b) 旋转拉伸形体2

(c) 平移拉伸形体2与拉伸形体1完整重叠　　(d) 拉伸形体1、2求交运算

图 2-14　平面立体的形成与其投影的关系

根据上述分析可知，在三维造型中，对基面进行拉伸与实体沿该基面法线方向的投射是一个逆向过程。所以，基面可以看作是拉伸形体沿该基面法线方向投射得到的一个视图。一般而言，物体的两个视图包含了其三维尺度，所以主视图拉伸的距离就是左视图的宽度，而左视图拉伸的距离就是主视图的长度。另外，主、左视图共同反映物体的高度，因此两个拉伸形体的公共部分就包含了物体的三维尺度，从而确定了物体的形状。这一原理不仅适合于平面立体，也适合于曲面立体。如图 2-15 为一曲面立体的主、左视图，按上述原理将主视图拉伸左视图的宽度，将左视图的外轮廓拉伸主视图的长度，如图 2-16（a）所示，将由左视图拉伸的形体旋转 90°，如图 2-16（b）所示。平移该形体与由主视图拉伸形成的形体重叠，如图 2-16（c）所示。求交运算形成的结果即为由物体主、左视图重建的模型，如图 2-16（d）所示。扫描本章二维码可以观看。上述形体形成过程中，左视图拉伸后需旋转 90°，是因为左视图是由物体向侧立投影面投射后，再旋转侧立投影面与主视图所在投影面共面得到

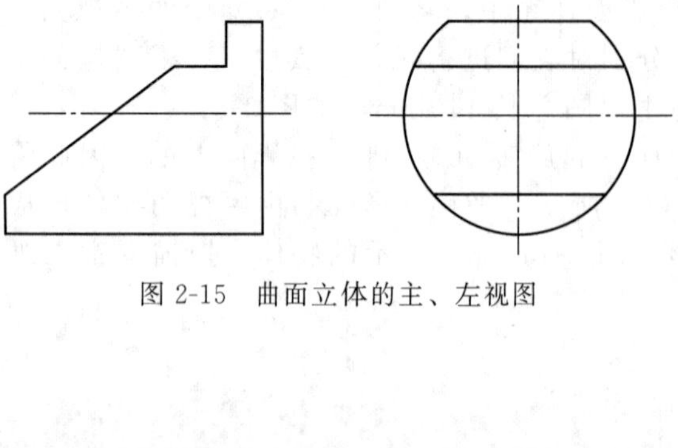

图 2-15　曲面立体的主、左视图

的，所以由左视图拉伸出来的简单形体需绕 Z 轴反方向旋转 90°才符合立体的空间位置。同理，如果利用主、俯视图重建物体，则需将拉伸俯视图形成的简单形体绕 X 轴反方向旋转 90°后再作平移、重叠、求交处理。

如图 2-17（a）所示为一物体的主、俯视图，其形体的重建过程如图（b）～图（g）所示。扫描本章二维码可以观看。

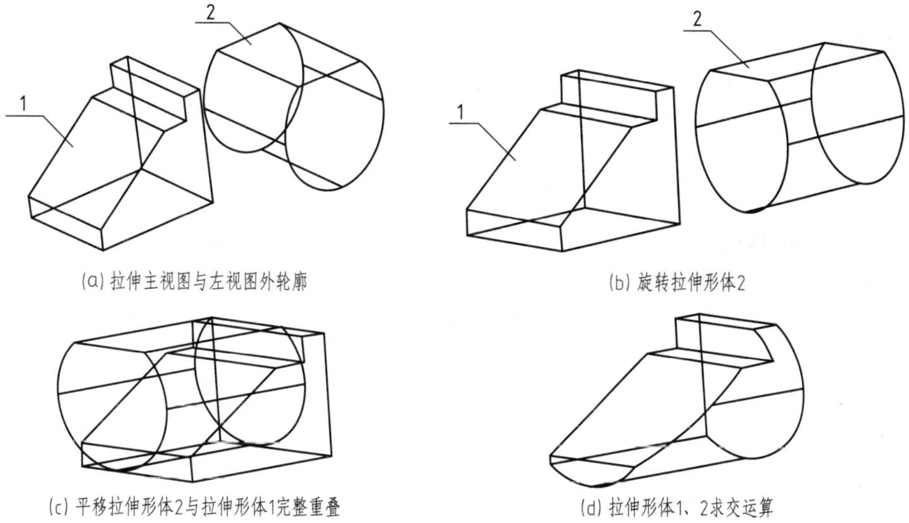

图 2-16　曲面立体的形成与其投影的关系

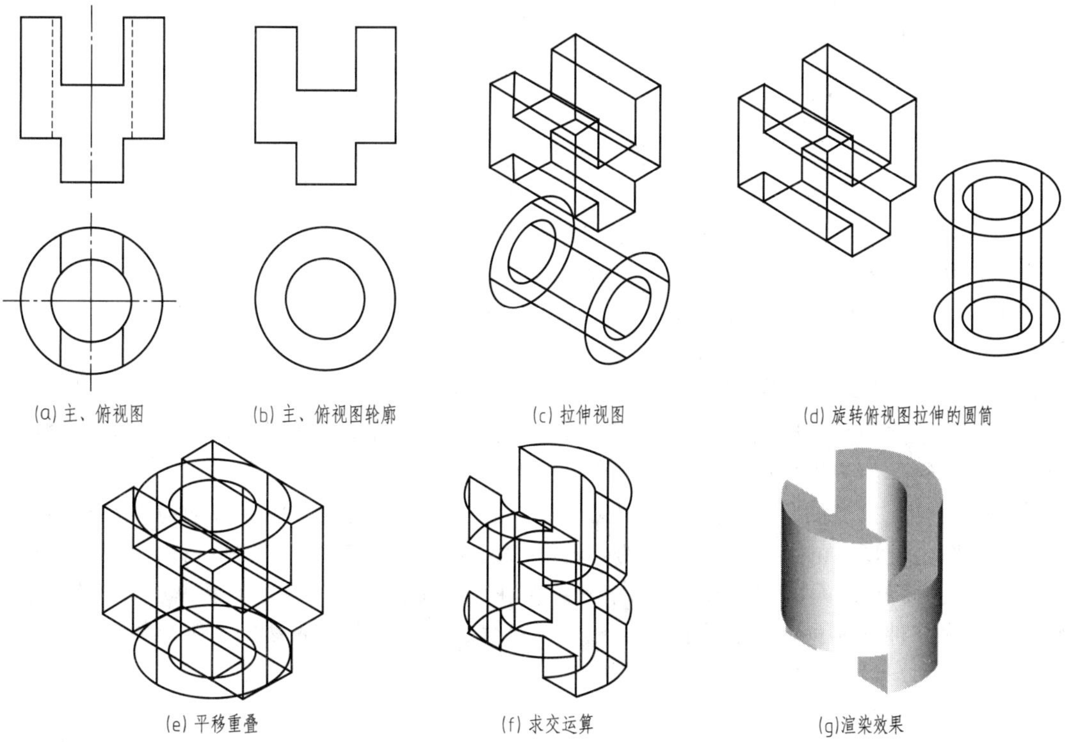

图 2-17　主、俯视图构造形体的过程

2.7 本章小结

本章主要由投影的基本知识、基本视图、三维造型与视图的联系等内容组成。

（1）投影的基本知识

1）投影法的种类

① 中心投影法：投射线汇交于一点的投影法。

② 平行投影法：投射线互相平行的投影法。

2）正投影的概念　正投影的投射线互相平行且与投影面垂直。

3）平面正投影的基本性质

① 当平面与投影面平行时，平面的投影为实形，这种性质叫正投影的真实性。

② 当平面与投影面垂直时，平面的投影积聚成为直线，这种性质叫正投影的积聚性。

③ 当平面与投影面倾斜时，平面的投影会变小，但平面多边形的投影仍是边数不变的多边形，这种性质叫正投影的类似性。

（2）基本视图

1）视图的基本概念　用正投影法所绘制的物体投影图叫做视图。

2）基本视图的形成

① 由三对同形投影面构成的投影面体到系叫做六投影面体系，在其上按正投影原理画出的视图叫做六面基本视图。

② 各个基本视图的名称：

由前向后投射，在 V 投影面上得到的视图称主视图；

由左向右投射，在 W 投影面上得到的视图称左视图；

由上向下投射，在 H 投影面上得到的视图称俯视图；

由右向左投射，在 W_1 投影面上得到的视图称右视图；

由下向上投射，在 H_1 投影面上得到的视图称仰视图；

由后向前投射，在 V_1 投影面上得到的视图称后视图。

（3）基本视图的投影规律

① 主、俯、仰、后视图长对正，与后视图长相等；

② 主、左、右、后视图高平齐；

③ 左、右、俯、仰视图宽相等。

（4）三维造型与视图的联系　在六面基本视图中，非同形的两个视图（如主、左视图）总是包含了物体的三维尺度，将每一视图可见的外轮廓作为基面，沿着与该视图相反的投射方向进行拉伸，拉伸的距离由另一个视图确定（如主视图的外轮廓沿 y 方向拉伸，拉伸的距离由左视图上宽度尺寸确定。左视图的外轮廓沿前 x 方向拉伸，拉伸的距离由主视图上长度尺寸确定）。将其中一个拉伸形体绕两个视图所在的投影面交线 z 轴反旋转 90°，并平行移动到与另一个拉伸形体重合，然后作交运算即可获得这两个视图所表达的三维形体。

第3章 组合体绘制与视图阅读

3.1 概述

由两个或两个以上的基本形体所组成的形体称为组合体。从几何形体的角度来看，组合体的视图是基本形体视图的组合。因此，用视图表达组合体时，应先对组合体作形体分析以便获得优化的视图表达方案。机械零件的形体也可认为是组合体，但其增添了工艺结构。本章主要阐述组合体绘制与阅读、组合体尺寸标注、组合体视图与三维造型的关系等内容。

3.2 视图中线框及图线的含义

3.2.1 表面连接关系

组合体由简单形体组合而成，分析简单形体之间的表面连接关系有利于组合体的绘制和阅读。在组合体中，相互结合的两个简单形体表面之间有不平齐、平齐、相交和相切等关系，如图 3-1 所示，扫描本章二维码可以观看。

在图样上画出交线的投影能帮助我们分清各形体之间的界限。有助于看懂视图。图 3-1（d）所示的交线可以看作是由平面截切圆柱表面所产生的交线，这些截平面与立体表面的交线称为截交线，截交线的投影由截平面与圆柱面的相对位置而定。图 3-1（e）所示的交线是两圆柱表面相交而产生的交线，这种两立体表面的交线称为相贯线，相贯线的投影由两圆柱面的大小及其相对位置确定。图中两圆柱相对位置为轴线垂直相交，其相贯线的近似画法是以圆弧代替，圆弧半径是大圆柱的半径。

结合图 3-1 可以看出：

1）视图上每一条线可以是物体上下列要素的投影

① 两表面交线的投影；

② 垂直面的投影；

③ 曲面转向轮廓线的投影。

2）视图上每一封闭线框（由图线围成的封闭图形）可以是物体上不同位置的平面、曲面或孔的投影。

3）视图上相邻的封闭线框必定是物体上相交的或有相对层次关系的两个面（或其中一个是孔）的投影。请读者结合图例自行分析上述性质。掌握好这些性质将有助于准确地画图、看图。

3.2.2 表面交线的性质与画法

如图 3-2 所示，尖劈和阀芯表面上箭头所指的线段可以看作是由平面截切圆锥和球表面

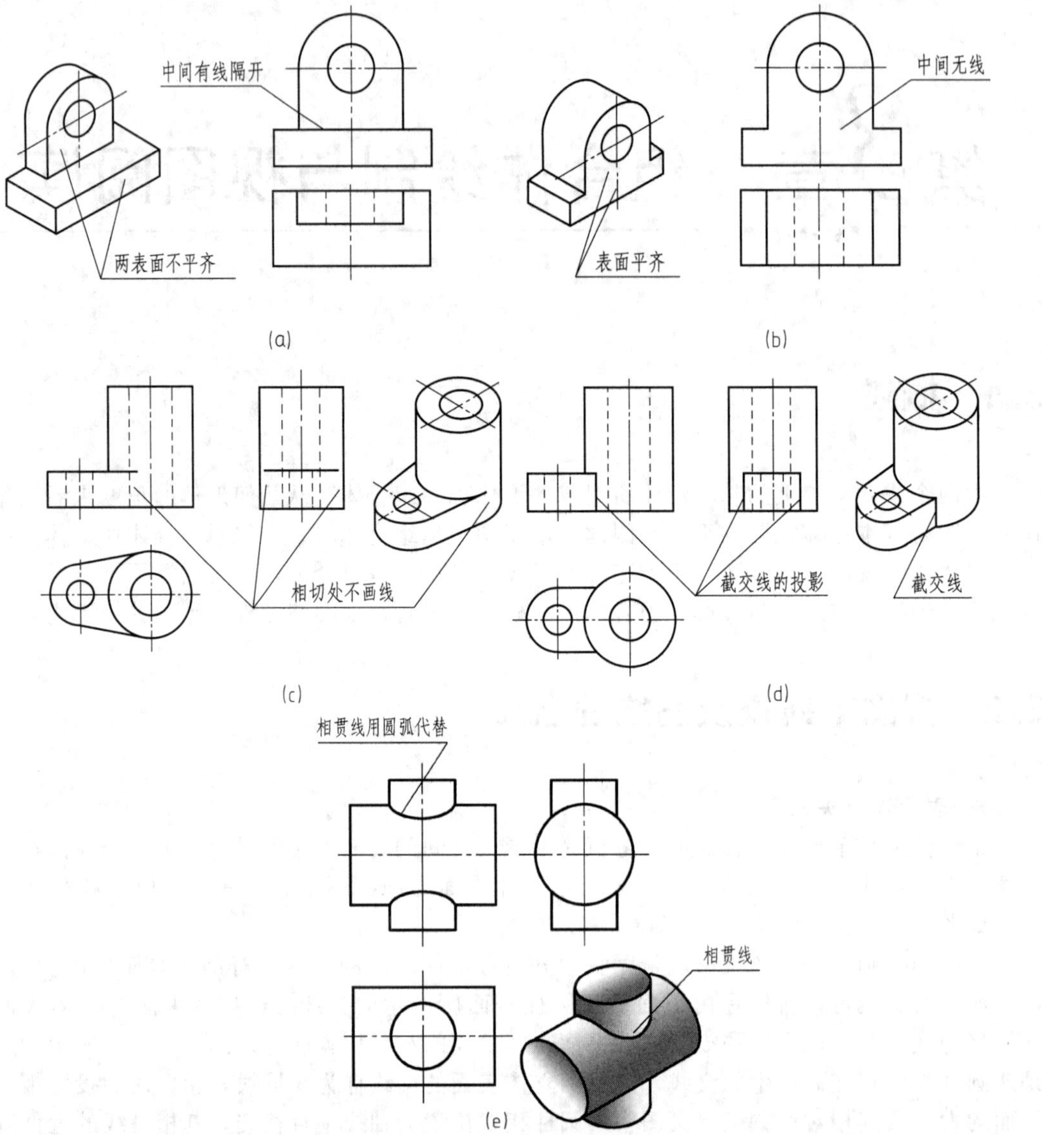

图 3-1　表面连接关系

所产生的交线，这些截平面与立体表面的交线称为截交线，扫描本章二维码可以观看。图 3-3 所示的三通管和容器端盖表面上箭头所指的线段是两曲面表面相交而产生的交线，这种两立体表面的交线称为相贯线，扫描本章二维码可以观看。

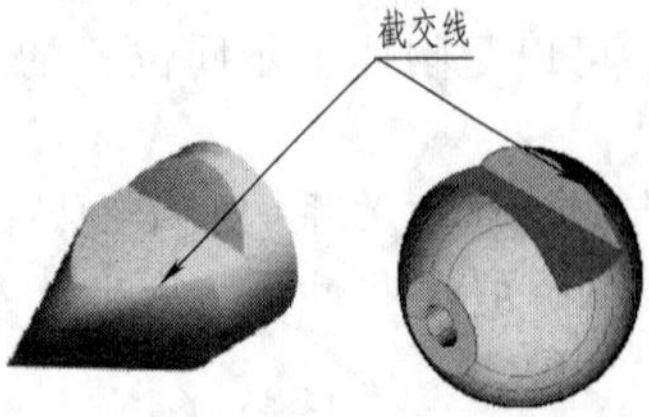

(a)　(b)

图 3-2　截交线示意图

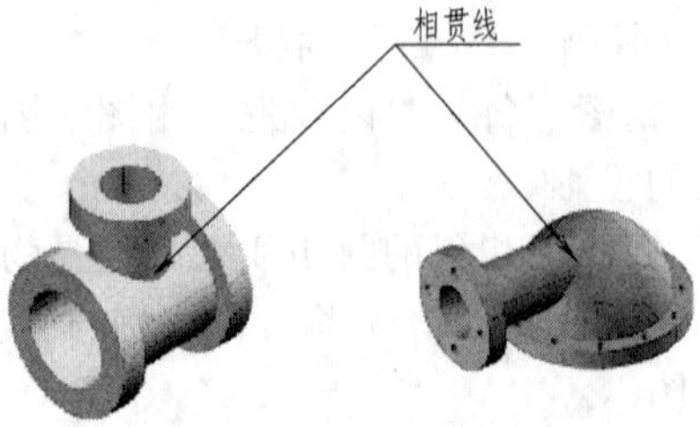

(a)　(b)

图 3-3　相贯线示意图

显然，截交线的形状与曲面立体形状及截平面与曲面立体相对位置有关，截交线是平面与曲面立体的共有线，系由截平面与曲面立体表面共有点构成。常见的圆柱表面交线见表 3-1。

表 3-1　圆柱的截交线形状

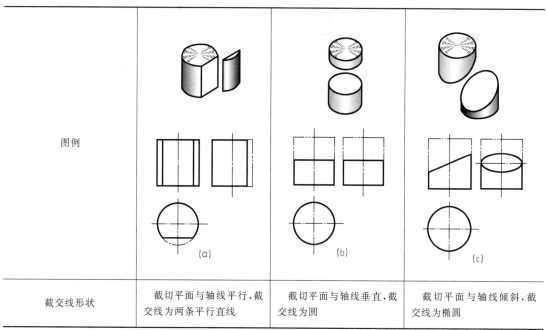

图例	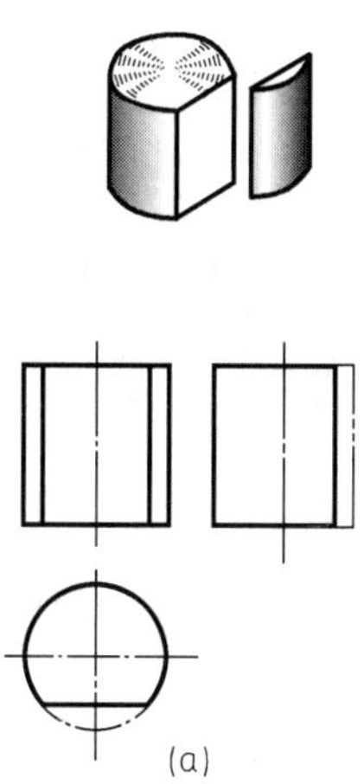 (a)	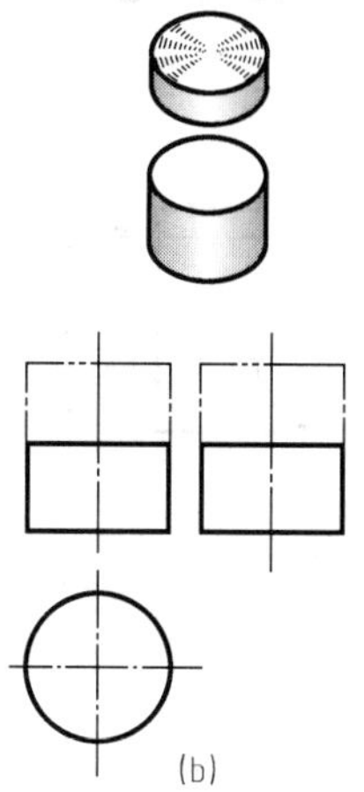 (b)	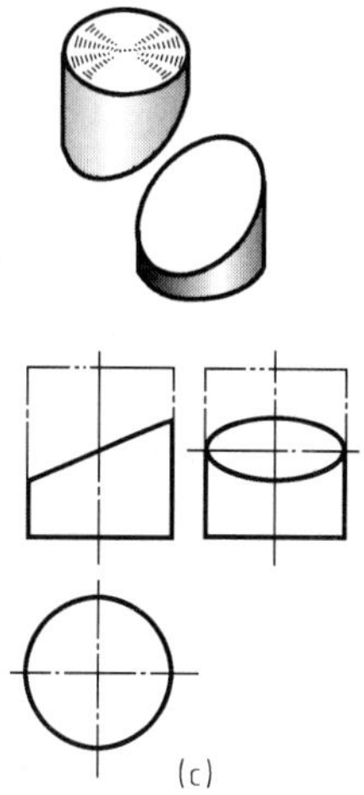 (c)
截交线形状	截切平面与轴线平行，截交线为两条平行直线	截切平面与轴线垂直，截交线为圆	截切平面与轴线倾斜，截交线为椭圆

了解圆柱各种截交线形状有利于截交线的求作。

1）交线若为直素线，截平面必平行于圆柱轴线、垂直于圆柱的圆端面，见图 3-4、图 3-5，扫描本章二维码可以观看。因此，可先在圆柱投影为圆的视图上确定交线的位置（交线在该投影面上的投影积聚为点），再按“三等规律”画出交线的其他投影。

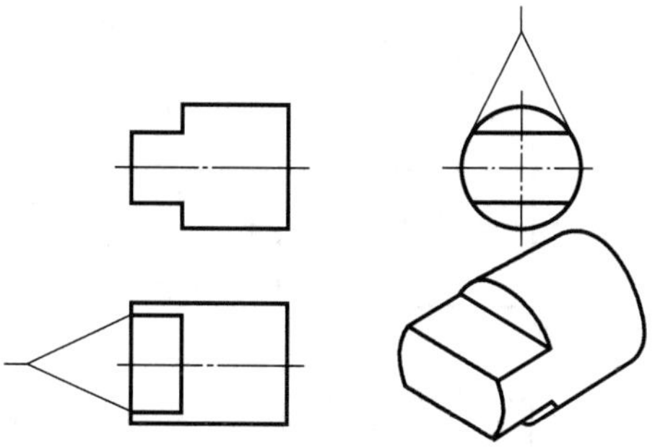

图 3-4　截交线画法一

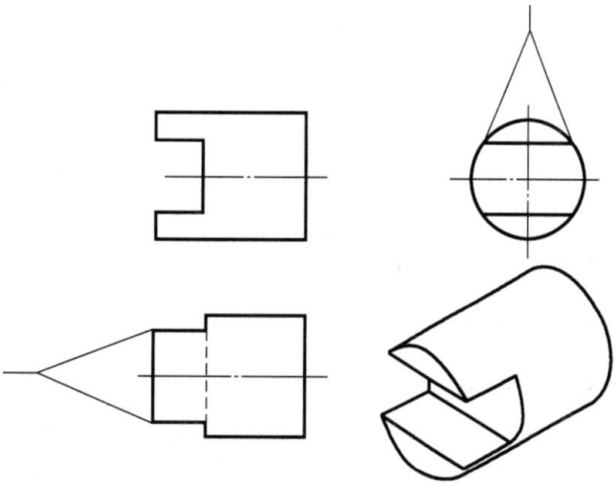

图 3-5　截交线画法二

2）截平面垂直圆柱轴线，被截后的圆柱（或部分圆柱）其视图与原视图相比仅仅是轴向短了一段，见表 3-1（b）、图 3-6 所示物体的右端。

3）截平面倾斜于轴线，交线为椭圆（或部分椭圆），见表 3-1（c）和图 3-6 所示物体的中部，扫描本章二维码可以观看。根据交线由截平面与曲面共有点构成这一性质，把交线看

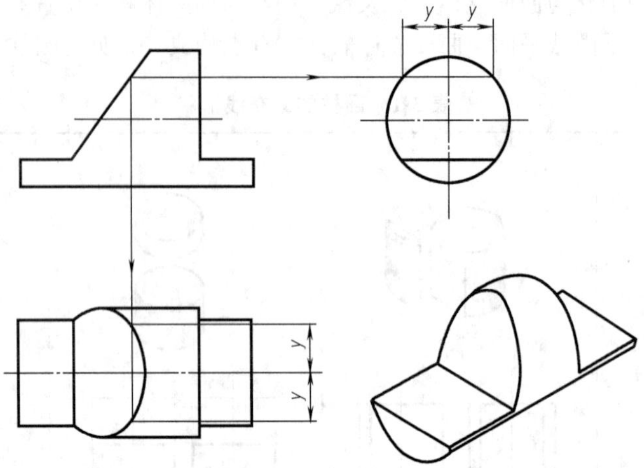

图 3-6　截交线画法三

作属于截平面，现截平面正面投影积聚为直线段，因此交线正面投影就是此直线段。把交线看作属于圆柱面，与圆柱轴线垂直的投影面上圆柱投影为圆，这个圆有投影积聚性。因此，交线的水平投影（表 3-1c）就积聚在那个圆上，而对图 3-6 而言，交线的侧面投影积聚在部分圆周上。于是问题变为已知交线的两个投影求第三投影的问题。可从交线的已知投影着手求出交线上若干个点的未知投影，再用曲线将这些点光滑连起来构成交线的投影。

为了较好地把握交线投影的范围与形状，将待求点分为两类。一类称为特殊点，是指交线上最高、最低、最左、最右、最前、最后点的投影，这是一类决定交线范围的点。另一类称为一般点，这类点决定交线的投影形状，可根据需要适当选作。两类点中特殊点重在分析，一般点的求作可从已知投影着手按“三等规律”求出未知投影，如图 3-6 所示。

相贯线是两曲面立体表面的交线，一般是封闭的空间曲线，是两曲面共有点的集合。求作相贯线投影的一般步骤是根据立体或给出的投影，分析两曲面立体的形状、大小及轴线的相对位置，判定相贯线的形状特点及其各投影的特点，从而采用适当的作图方法。下面主要介绍两圆柱的相贯线的作图方法。

【例 3-1A】 求作图 3-7（a）所示两圆柱面的相贯线的投影。

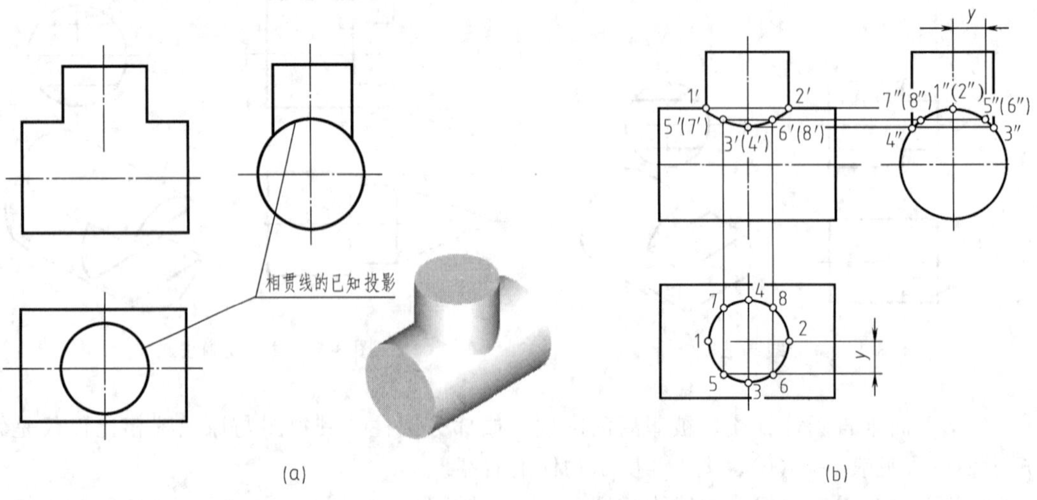

图 3-7　相贯线求法

1）分析　形体分析：由视图可知这是两个直径不同、轴线垂直相交的两圆柱面相交，相贯线为一封闭的，前后、左右对称的空间曲线，如立体图所示。

投影分析：由于大圆柱的轴线垂直于侧面，小圆柱的轴线垂直于水平面，所以相贯线的侧面投影为圆弧、水平投影为圆，只有其正面投影需要求作。

2）作图　作特殊点（图 3-7b）。和截交线类似，相贯线上的特殊点主要是转向轮廓线上的共有点和极限点。本例中，转向轮廓线上的共有点Ⅰ、Ⅱ、Ⅲ、Ⅳ又是极限点。利用线上取点法，由已知投影 1，2，3，4 和 1″2″3″4″，求得 1′2′3′4′。

作一般点（图 3-7b）。图中表示了作一般点 5′和 6′的方法，即先在相贯线的已知投影（侧面投影）上任取一重影点 5″，6″，找出水平投影 5，6，然后作出 5′，6′。光滑连接各共有点的正面投影，即完成作图，扫描本章二维码可以观看。

【例 3-1B】　表面相交的三种基本形式。

相交的曲面可能是立体的外表面，也可能是内表面，因此就会出现图 3-8 所示的两外表面相交、外表面与内表面相交和两内表面相交三种基本形式，它们的相贯线的形状和作图的方法都是相同的，扫描本章二维码可以观看。

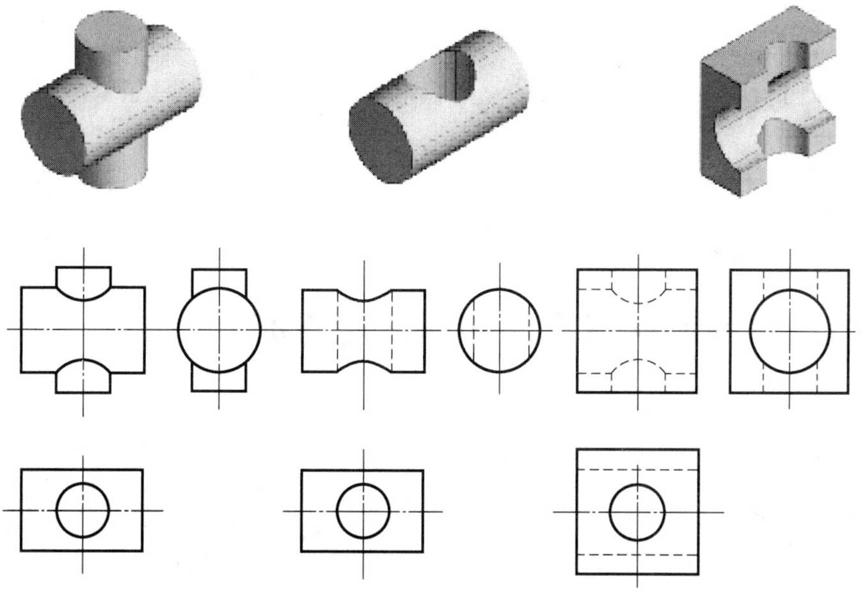

图 3-8　表面相交三种情况

【例 3-1C】　相交两圆柱面的直径大小和相对位置变化对相贯线的影响。

两圆柱面相交时，相贯线的形状和位置取决于它们直径的相对大小和轴线的相对位置。表 3-2 表示两圆柱面的直径大小相对变化时对相贯线的影响，表 3-3 表示两圆柱轴线的位置变化对相贯线的影响，这里特别要指出的是当轴线相交的两圆柱面直径相等，即两圆柱内可容纳一公切球面时，相贯线是椭圆，且椭圆所在的平面垂直于两条轴线所决定的平面。

表 3-2　两圆柱直径大小变化对相贯线的影响

两圆柱直径的关系	水平圆柱较大	两圆柱直径相等	水平圆柱较小
相贯线的特点	上、下两条空间曲线	两个互相垂直的椭圆	左右两条空间曲线
投影图	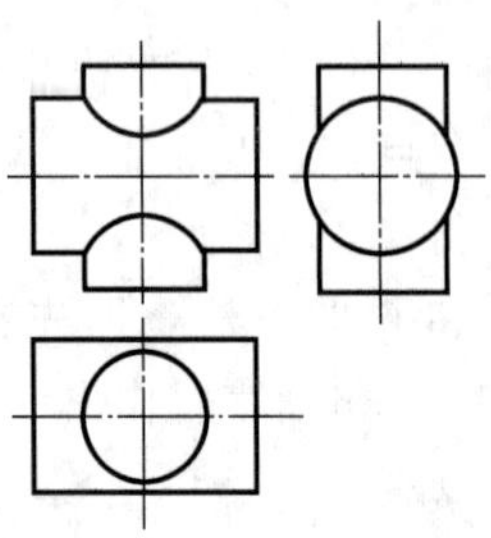	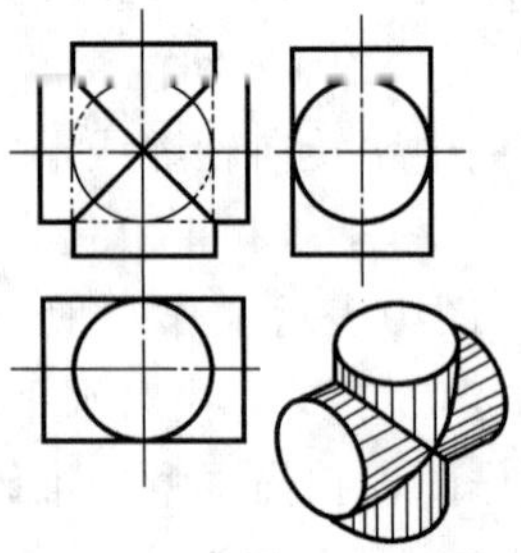	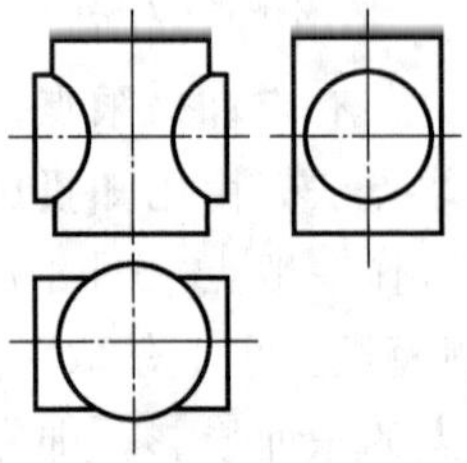

表 3-3　两圆柱轴线相对位置变化对相贯线的影响

两轴线垂直相交	两轴线垂直交叉		两轴线平行
	全贯	互贯	
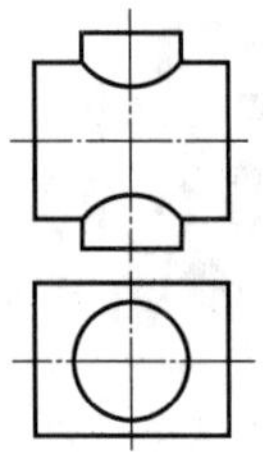	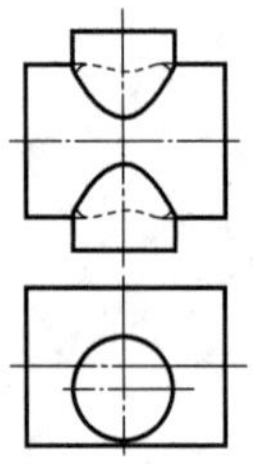	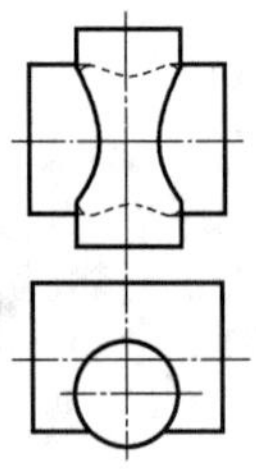	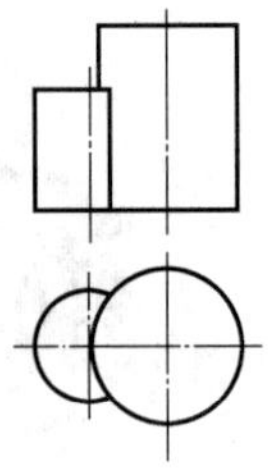

3.3　组合体的形状特征与相对位置特征

3.3.1　叠加式组合体的形状特征

所谓形状特征是指能反映物体形成的基本信息。如拉伸形体的基面，回转形体的含轴平面等。因此形状特征是相对观察方向而言的。如图 3-9 所示的拉伸形体，扫描本章二维码可以观看。从前面观察具有反映该物体形成的基本信息的形状特征，而从上向下看就不体现形状特征了。组合体由若干简单形体组合而成，可把反映多数简单形状特征的那个方向作为反映组合体形状特征的观察主要方向。

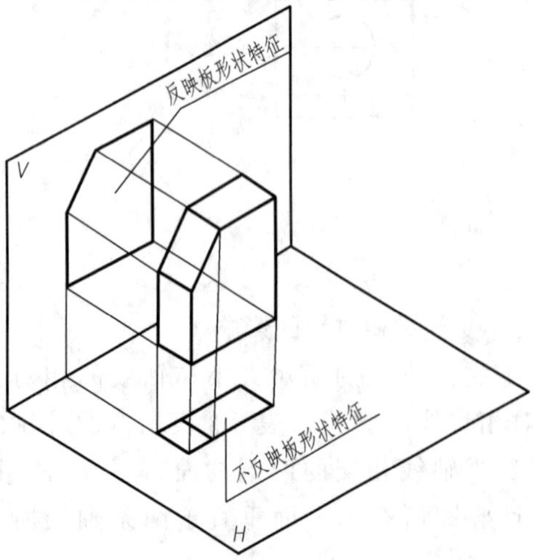

图 3-9　视图反映形状特征与观察方向有关

图 3-10（a）所示组合体可看作由三块简单体组合而成，见图 3-10（b）。经分析可知，S_2 方向有两个简单体反映形状特征，而 S_1、S_3 方向仅一个简单体反映形状特征，因此应以 S_2 方向作为组合体形状特征观察方向。为了进行定量分析，把某方向具有形状特征的简单体数与组合体中含有的简单体总数之比称作组合体在

该方向下的形状特征系数 S，即

$$S(\text{某方向的形状特征系数})=\frac{\text{具形状特征的简单体数}}{\text{简单体总数}}$$

这样就可以通过比较不同方向下的形状特征系数来选择最能反映组合体形状特征的观察方向。显然，在 $0\leqslant S\leqslant 1$ 区间内，S 越大越好。按此定义，上述组合体三个方向的形状特征系数分别为 $S_1=\frac{1}{3}$，$S_2=\frac{2}{3}$，$S_3=\frac{1}{3}$，因 S_2 最大，故应取 S_2。

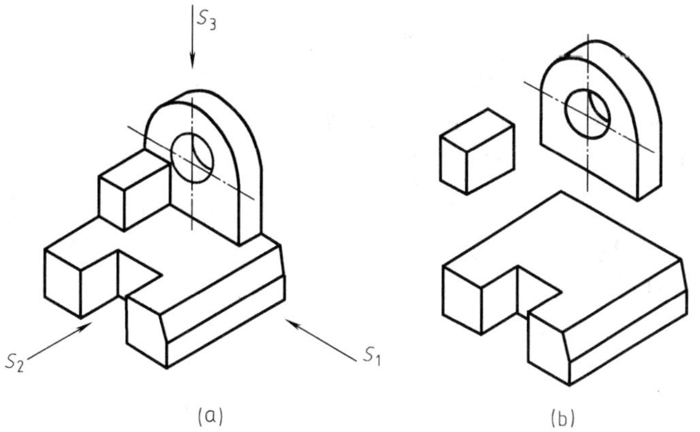

图 3-10　组合体形状特征分析方法

3.3.2　叠加式组合体的相对位置特征

相对位置特征是指两简单体具有的上下、左右、前后之间的相对位置关系。如从某方向观察，能看到其中两对关系，则对由 n 个简单形体组成的组合体在该方向可看到 $2C_n^2$ 种相对位置关系。把确定每两个简单体在某观察方向下两对位置关系的定位尺寸之和与 $2C_n^2$ 之比称为该方向下组合体相对位置特征系数 L，即

$$L(\text{某方向的形状特征系数})=\frac{\text{确定简单体相对位置关系的定位尺寸数}}{2C_n^2}$$

注意：

1） 当两简单体有对称平面时，与对称平面垂直的方向上不需要定位尺寸，见图 3-11（a）。

2） 当两简单体有表面平齐关系时，与平齐表面垂直的方向上不需要定位尺寸，见图 3-11（b）。

3） 叠加方向上不需要定位尺寸，见图 3-11（c）。扫描本章二维码可以观看。

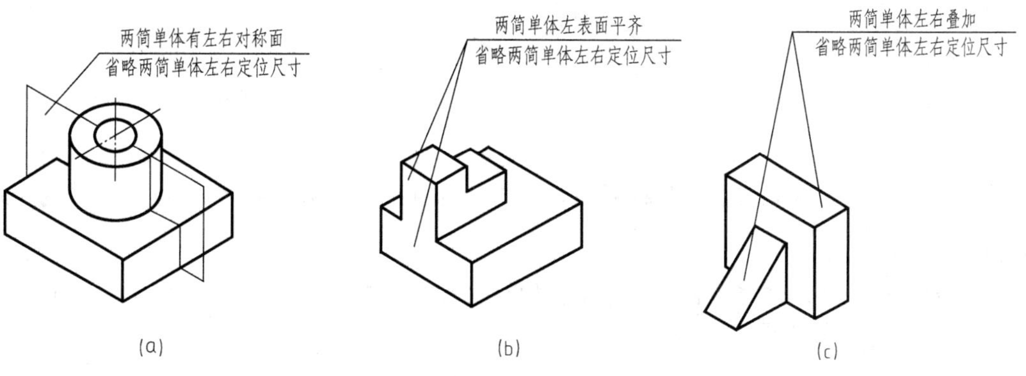

图 3-11　可省略定位尺寸的条件

按上述定义，如图 3-10（a）所示，组合体的 $2C_3^2=6$，而 S_1，S_2，S_3三方向下定位尺寸之和分别为 1、0、1，因此可算出各个方向下组合体相对位置特征系数为 $L_1=\frac{1}{6}$，$L_2=0$，$L_3=\frac{1}{6}$。显然，在 $0\leqslant L\leqslant 1$ 区间内 L 越大，对应方向下的相对位置特征越明显。

3.3.3 切割式组合体形状特征与相对位置特征

图 3-12 为一导块，扫描本章二维码可以观看。从形体上看导块属于切割式的组合体。对切割为主的组合体可按其最大外型轮廓长、宽、高构建一个长方体，见图 3-13。扫描本章二维码可以观看。对照图 3-12 可以得到一个切割顺序。即在长方体上切去Ⅰ、Ⅱ、Ⅲ块后形成导块。由于形体与空间是互为表现的，没有足够的空间，形体无法被容纳。没有一定的形体作限定，空间只能被感受为无限的宇宙空间的概念，空间只是一片空白，其本身没有什么意义。但形体出现以后，形体就占了空间，而那些未占据的空间就影响了形体的实际效果。对导块来讲长方体是空间，被切去的三块是它未占据的空间，称为导块的补形体。因此在长方体空间内导块的形状由其补形体决定。于是，对切割式的组合体，其形状与相对位置特征可由补形体的形状特征和相对位置特征来表示。即从某方向看，有形状特征的补形体数与补形体总数之比称作组合体在该方向的形状特征系数 S。由图 3-13 可知三块补形体均为 A 向拉伸形体，于是可得导块 A 向形状特征系数 $S_A=\frac{3}{3}=1$，同理可分析出 $S_B=\frac{1}{3}=0.33$，$S_C=\frac{1}{3}=0.33$。对导块的相对位置特征系数的确定，应先计算确定补形体与相关形体从某方向看到的两种位置关系的独立尺寸数之和 P。相关形体概念见图 3-14。扫描本章二维码可以观看。

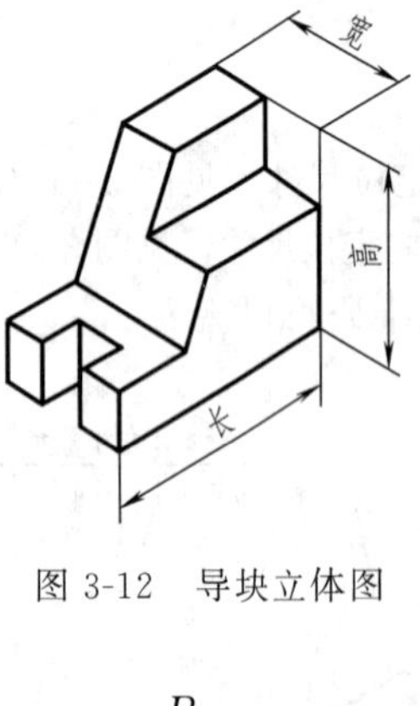

图 3-12 导块立体图

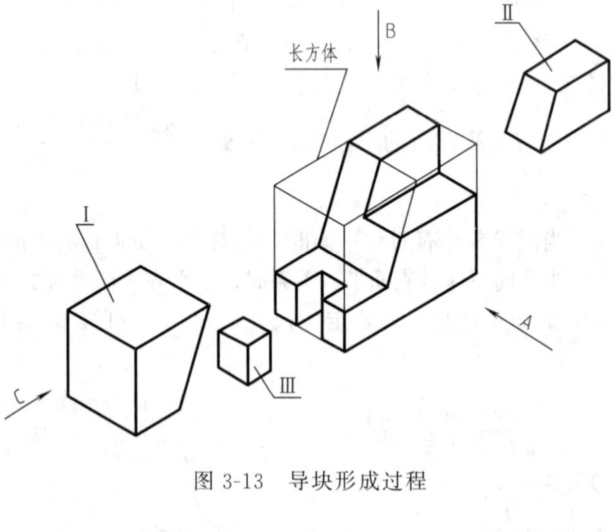

图 3-13 导块形成过程

将 $L_r=\frac{P}{2C_n^2}$定义为相关位置特征系数，其中 n 为补形体总数。而将 $L=1-L_r$作为导块的相对位置特征系数。

对 A 向，确定补形体与其相关形体位置的独立尺寸数为（Ⅰ)(Ⅰ$_r$）=0，(Ⅱ)(Ⅱ$_r$）=0，(Ⅲ)(Ⅲ$_r$)=0，由此得 $P=0$，$L_A=1$；

对 B 向，(Ⅰ)(Ⅰ$_r$)=0，(Ⅱ)(Ⅱ$_r$)=0，(Ⅲ)(Ⅲ$_r$)=1，由此得 $P=1$，$L_B=\frac{5}{6}$；

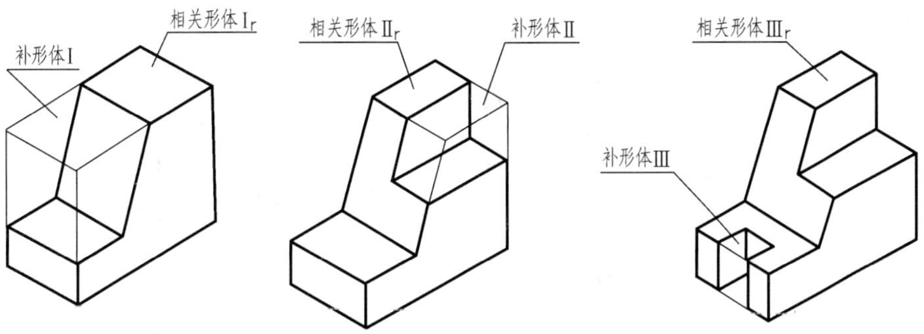

图 3-14　相关形体

对 C 向，(Ⅰ)(Ⅰr) =0，(Ⅱ)(Ⅱr)=0，(Ⅲ)(Ⅲr)=1，由此得 $P=1$，$L_C=\frac{5}{6}$。

由上述分析可知 A 向的形状特征与相对位置特征最为显著。应该指出，形状特征与相对位置特征的计算有时较为繁琐。事实上，当物体比较简单时，凭借经验也可选定好的主视图投影方向，因此可以经验与计算相结合。当经验难以有效判定时辅以计算可使所选主视图投影方向有理论依据。

3.4　组合体视图的优化表达方法

国家制图标准提供了基本视图、辅助视图等多种表达方法，可供表达物体时选用，用几个视图，用哪几个视图要视具体物体的复杂程度而定，这里有一个表达方案优化的问题。最少视图数是指在不考虑用尺寸标注方法辅助表达物体的条件下完整、唯一地表达物体所需的最少视图数量。从形体形成的角度看，当物体的形成规律确定后，该物体的形状亦就随之而定。因此，表达物体所需的最少视图数问题，可以从确定物体形成规律所需的最少视图这一角度来考虑。

3.4.1　拉伸形体最少视图数

拉伸形体由基面形状及拉伸距离两方面决定，由于拉伸方向为基面法向，因此，至少采用两个视图才能确定拉伸形体的形状。由于在物体的表达方案中，主视图必不可少，因此含独立意义的两个视图有主左、主右、主俯、主仰四组。究竟采用哪一组视图？主视图必须反映基面实形，另一视图反映基面的拉伸方向与拉伸距离。

如图 3-15 (a) 所示物体为拉伸形体，扫描本章二维码可以观看。其主视图必须反映物体基面三角形实形，而反映拉伸方向及距离可采用俯、左、右、仰视图。图 3-15 (b) 中采用了俯视图。

3.4.2　回转形体的最少视图数

回转体是一个含轴的平面绕面内的轴旋转半周或一周形成的。因此回转体的最少视图数是指确定平面形状和回转轴的最少视图数。对圆柱、圆锥、圆环它们的回转轴与回转平面是唯一的，因此这些回转体的最少视图数是两个，如图 3-16 所示。

3.4.3　由简单拉伸形体构成的组合体的最少视图数

根据简单拉伸形体最少视图数的确定方法可知，由简单拉伸体构成的组合体的最少视图数取决于不同方向的基面个数，如图 3-17 (a) 所示组合体由两个简单拉伸形体组成，扫描

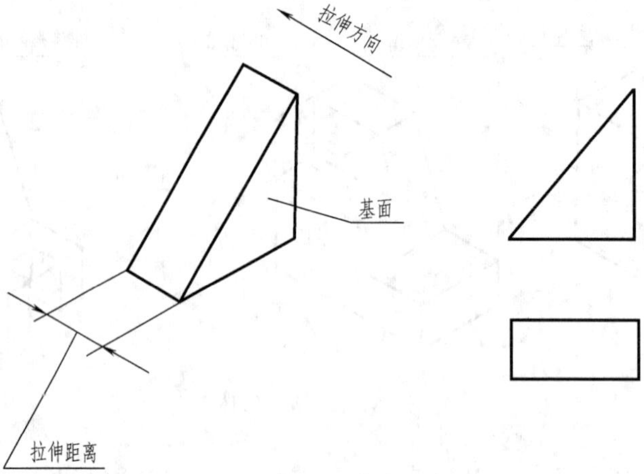

(a) (b)

图 3-15 拉伸形体的视图数

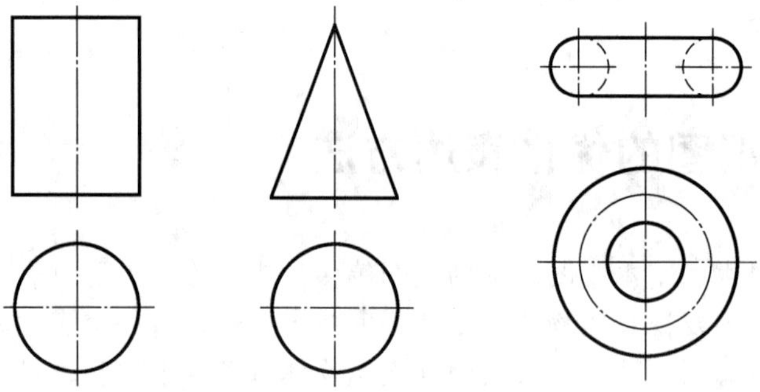

(a) (b) (c)

图 3-16 回转体的视图数

本章二维码可以观看。凹槽块由凹形基面沿 A 向拉伸形成，三角板由三角形基面沿 B 向拉伸形成，因此采用 A、B 两个方向下对应的视图可以唯一确定其形状，如图 3-17（b）所示，而图 3-18 所示组合体至少三个视图才能唯一确定其形状，扫描本章二维码可以观看，因为该组合体三部分拉伸体不同向的基面有三个，请读者自行分析。

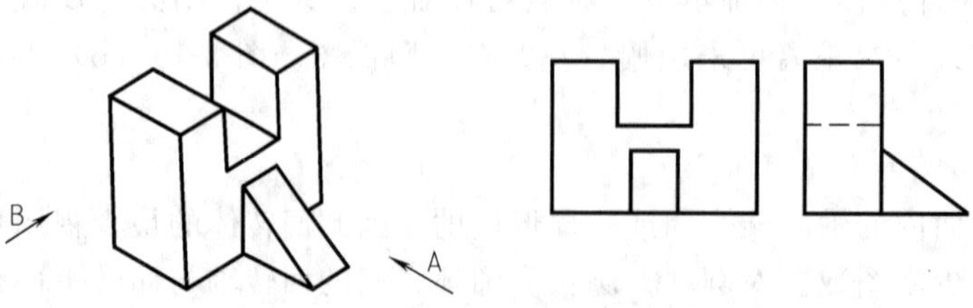

(a) (b)

图 3-17 简单拉伸体构成的组合体视图数

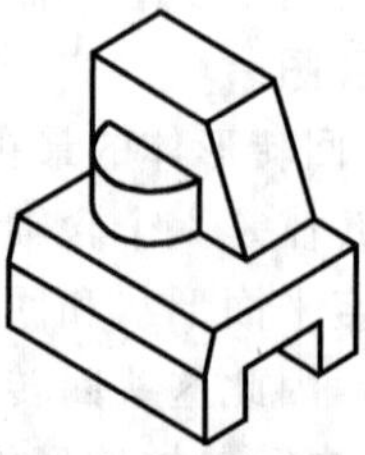

图 3-18 组合体视图分析

3.4.4 优化的视图方案

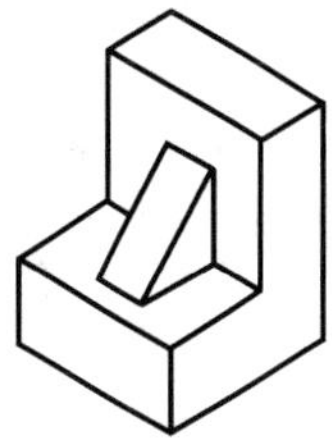

图 3-19　物体的直观图

表达物体的视图方案应准确、完整、清晰、合理。优化的视图方案必须遵循以下原则：

1）主视图应形状特征、相对位置特征显著。

2）信息必须完整，可见信息尽可能多。

3）视图数量最少。

其中 2）、3）两点需作比较后加以选择。如图 3-19 所示的物体采用图 3-20 的三种表达方案（扫描本章二维码可以观看）中，图 3-20（a）所示的第一种方案主视图投影方向不能最好地反映形状和相对位置特征，没有考虑最少视图数；图 3-20（b）所示的第二种方案左视图上不可见信息多，并且也没有考虑最少视图数；而图 3-20（c）所示的第三种方案符合优化的视图方案的原则。

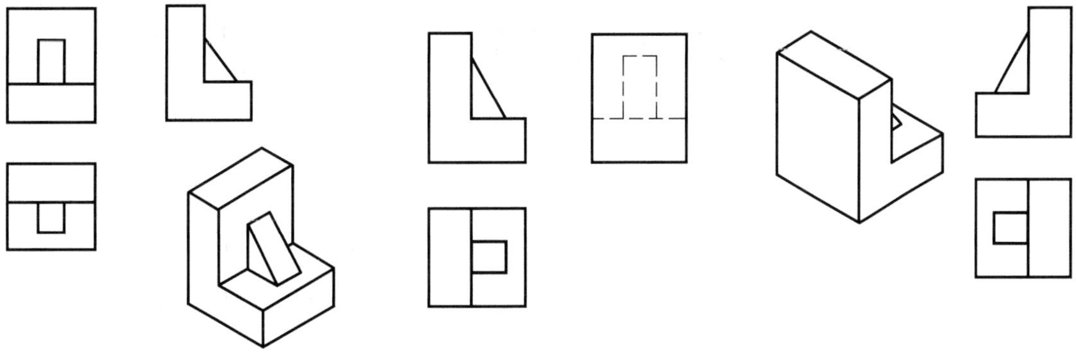

(a)　(b)　(c)

图 3-20　物体表达方案比较

3.5 组合体的视图画法

画组合体视图的基本方法是形体分析法，即将组合体合理地分解成若干基本形体，根据各形体间的相对位置和表面连接关系，逐步地进行作图，现以叠加式和切割式两种组合形式举例说明。

3.5.1 叠加式组合体视图的画法

根据前述优化视图方案的三点要求，组合体的画法步骤一般是：

1）作形体分析；

2）分析形状、相对位置特征，选取主视图投影方向；

3）按可见信息尽可能多、视图数量最少原则配置其他视图；

4）选择适当的绘图比例和图纸幅面；

5）布置幅面，画各视图主要中心线和定位基准线；

6）为提高画图速度，保证视图间的正确投影关系，并使形体分析与作图保持一致，应分清各组合部分逐一绘制每一部分的视图。

完成底稿后必须仔细检查、修改错误，擦去不必要的线条，再按国标规定加深线型。

图 3-21（a）所示的轴承座是以叠加为主的一个组合体。可理解为由五个部分组成，见图 3-21（b），扫描本章二维码可以观看。

五个组成部分中凸台、轴承，支承板、肋板都是简单拉伸形体，它们的基面有三个不同的方

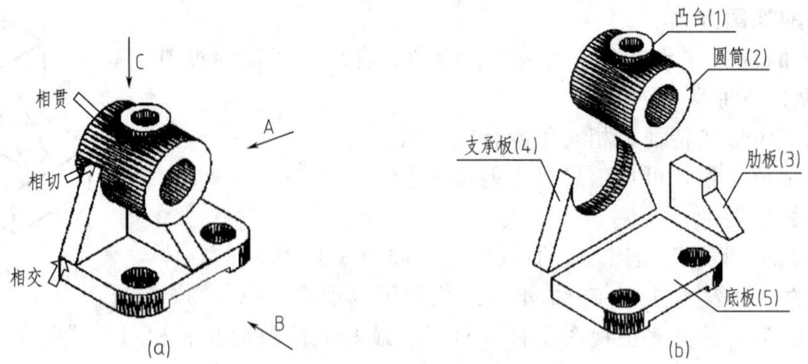

图 3-21 轴承座及其各组成部分的直观图

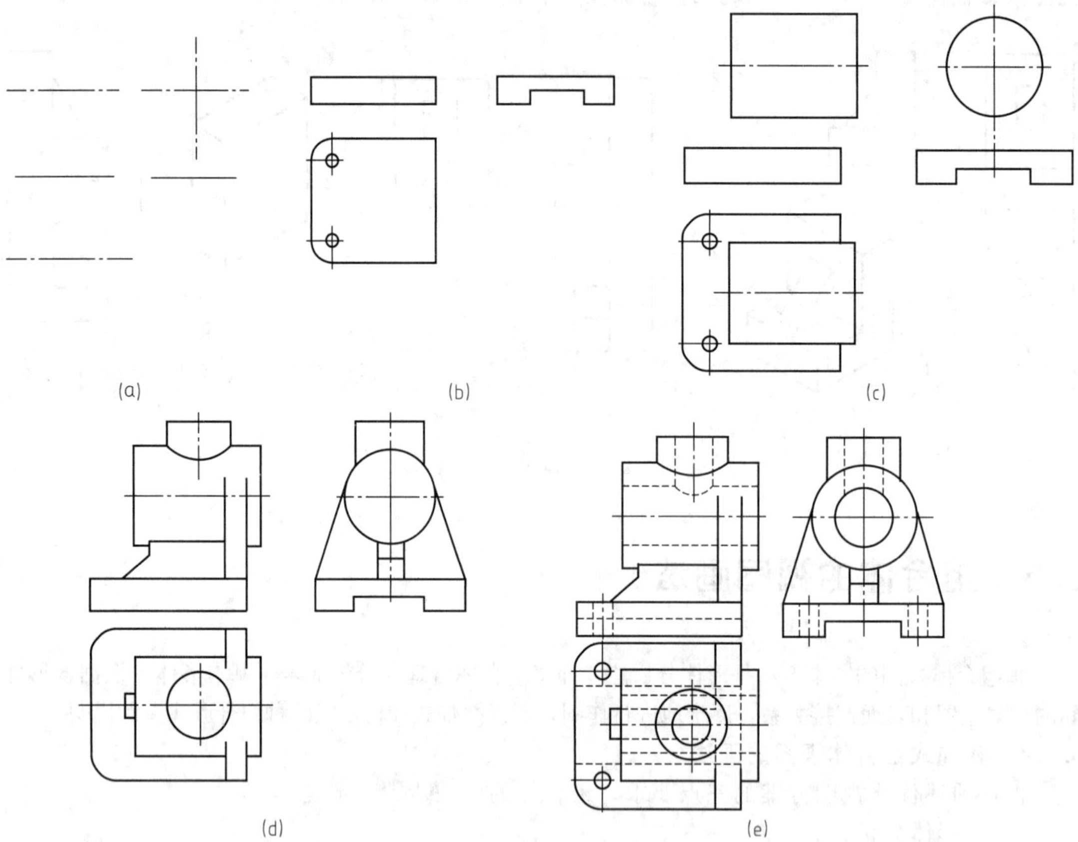

图 3-22 轴承座视图的画图过程

向，因此最少视图数为三个。考虑到各视图上可见信息尽可能多，选 A 方向为主视图投射方向，选 B 方向投射得到左视图，选 C 方向投射得到俯视图，最后确定主、俯、左三视图表达方案。在确定图纸幅面和绘图比例后，具体作图步骤见图 3-22。扫描本章二维码可以观看。

3.5.2 切割式组合体视图的画法

对基本形体进行切割而形成的组合体即为切割式组合体。绘制这类组合体视图时，通常先画出未切割前完整的基本形体的投影；然后画出切割后的形体，各切口部分应从截面具有积聚性的视图画起；再画其他视图。现以导块为例说明其画图方法和步骤。

选 A 方向作为主视图投射方向。导块的形体分析及作图步骤见图 3-23 和图 3-24，扫描本章二维码可以观看。

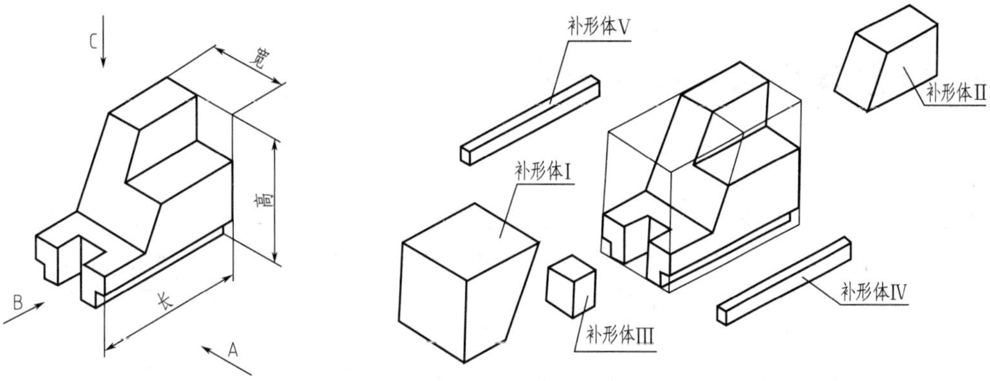

图 3-23　导块形体分析

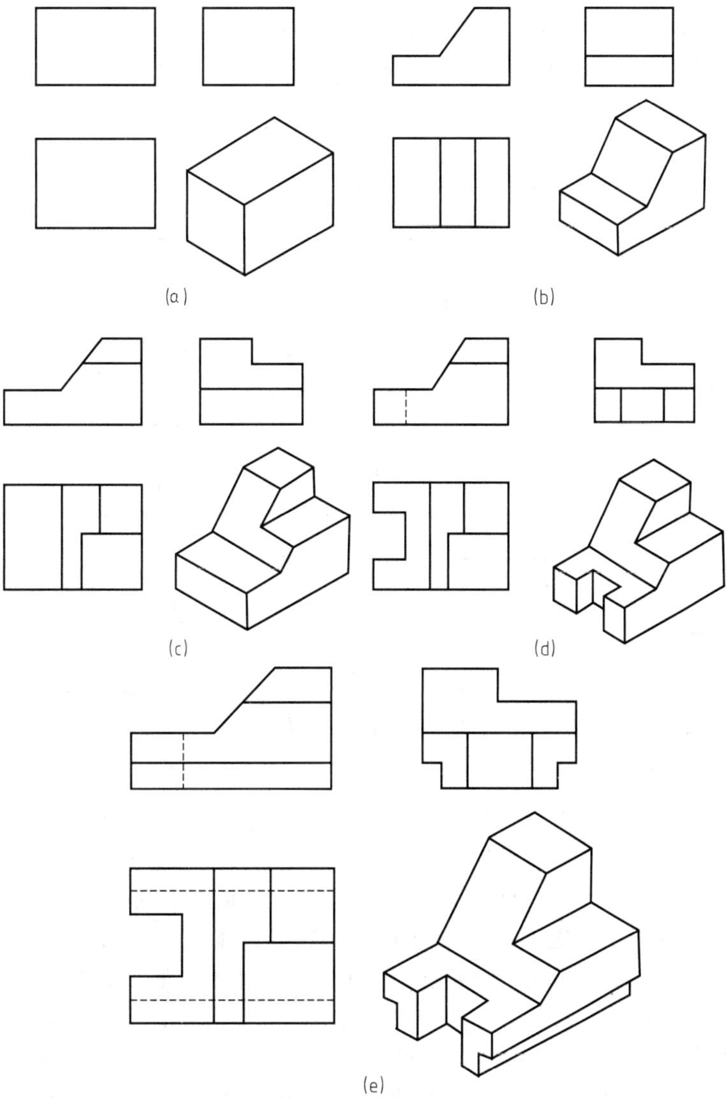

图 3-24　导块画图过程

3.6 组合体视图的尺寸标注

3.6.1 尺寸标注的基本要求

组合体视图起到了表达组合体结构与形状的作用，而在组合体视图上标注尺寸是为了确定组合体的结构与形状的大小。因此标注组合体尺寸时必须做到完整、正确、清晰。

完整——尺寸必须完全确定组合体的形状和大小，不能有遗漏，一般也不应有重复尺寸。

正确——必须按国家标准中有关尺寸注法的规定进行标注。

清晰——每个尺寸必须注在适当位置，尺寸分布要合理，既要便于看图，又要使图面清晰。

3.6.2 组合体视图的尺寸注法

为了有规则地在组合体视图上标注尺寸，必须注意以下几点：

1）应先了解基本几何形体的尺寸注法，这种尺寸称为定形尺寸，见表 3-4。

2）用形体分析法分析组成组合体的各基本几何形体，以便参考表 3-4 注出各基本几何体的定形尺寸。

表 3-4 常见形体尺寸注法

尺寸数量	一个尺寸	两个尺寸		三个尺寸
回转体尺寸标注	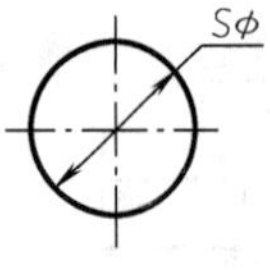	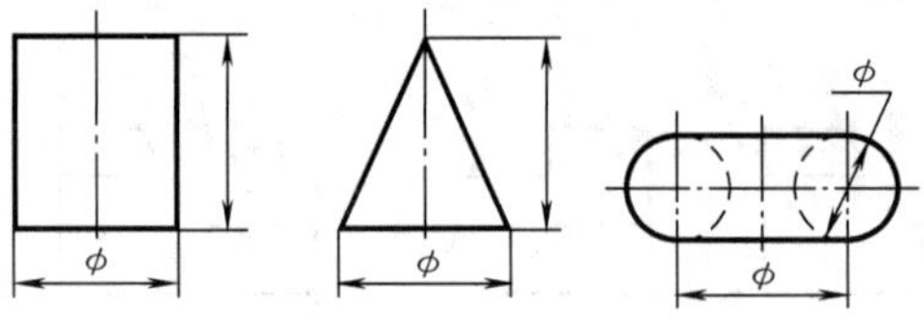		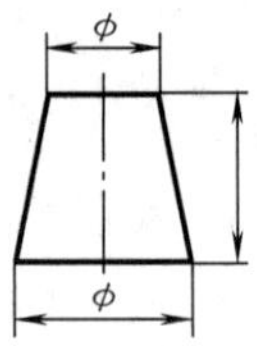
尺寸数量	三个尺寸	三个尺寸	四个尺寸	五个尺寸
平面立体尺寸标注	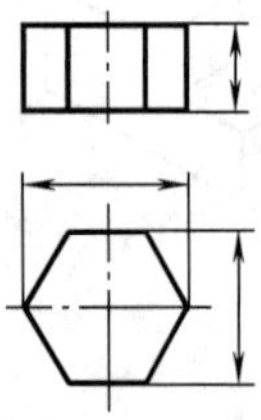	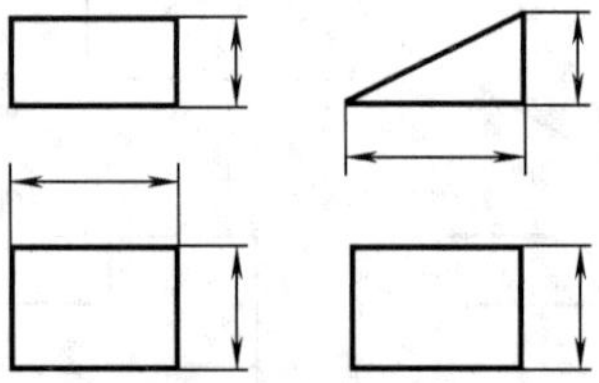	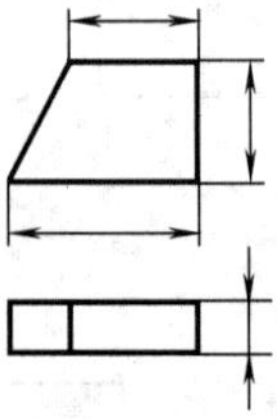	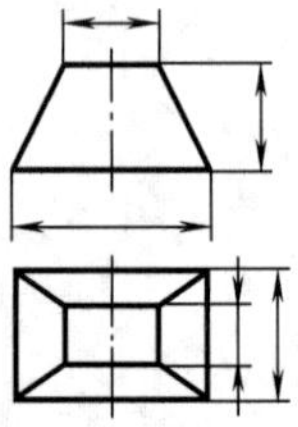

3）标注基本几何形体之间的相对位置尺寸，这种尺寸称为定位尺寸。两个基本几何形体一般有上下、左右、前后三个相对位置，因此对应有三个定位尺寸。但当两基本几何形体在某一方向处于叠加、平齐、对称、同轴等形式时，在相应方向上不需注定位尺寸，见表 3-5。标注尺寸时，应在长、宽、高三个方向上选好组合体上某一几何要素作为标注尺寸的起点，这个起点就称为尺寸基准。例如组合体上的对称平面、底面、端面、回转体轴线等几何元素常被用作尺寸基准，见图 3-26（c）。通常应标注组合体长、宽、高三个方向的总体尺寸，但当组合体的一端为回转面时，该方向总体尺寸不注，见图 3-25（a），总高由曲面中心位置尺寸 H 与曲面半径 R_1 决定，总长由两小圆孔中心距 L 与曲面半径 R_2 决定。图 3-25（b）中直接标注总高与总长是错误的，这种注法在作图和制造时都不符合要求，扫描本章二维码可以观看。

表 3-5　省略标注定位尺寸的条件

省略一个定位尺寸	省略两个定位尺寸	省略三个定位尺寸
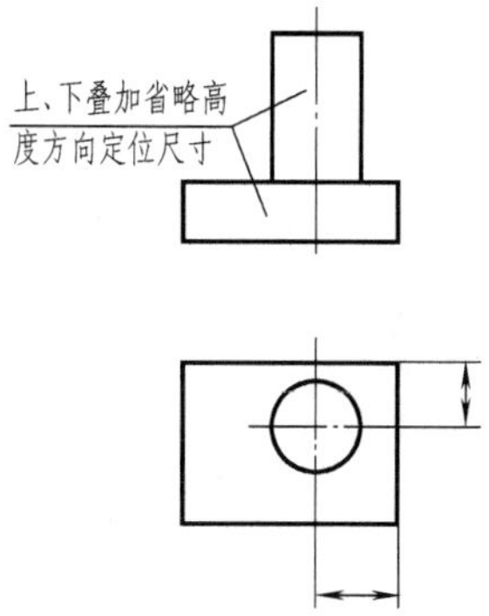	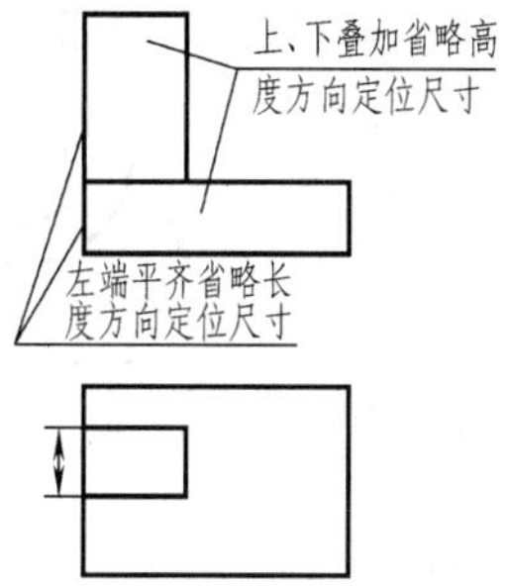	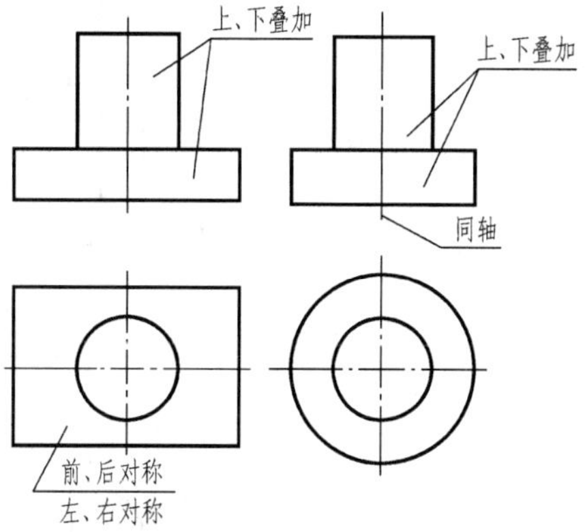

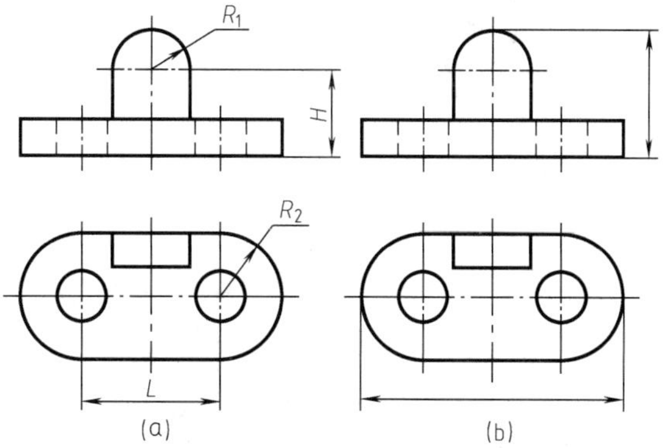

图 3-25　不直接标注总体尺寸示例

3.6.3　尺寸标注举例

以图 3-26（a）所示轴承座为例介绍尺寸标注方法，扫描本章二维码可以观看。

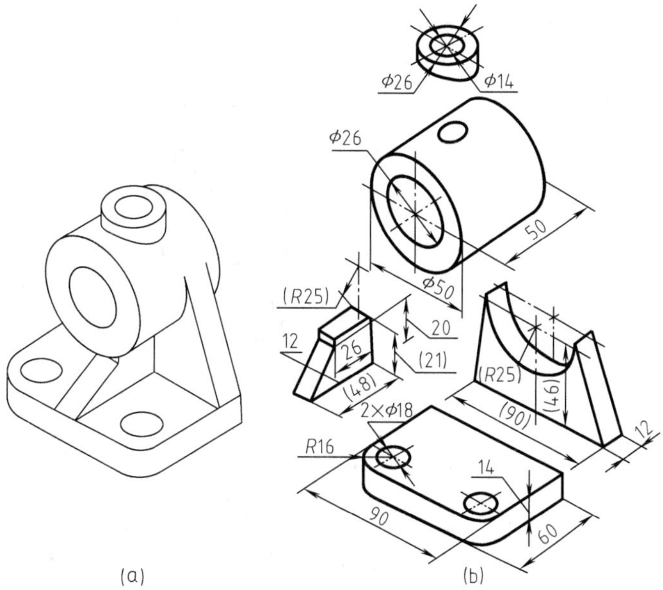

图 3-26

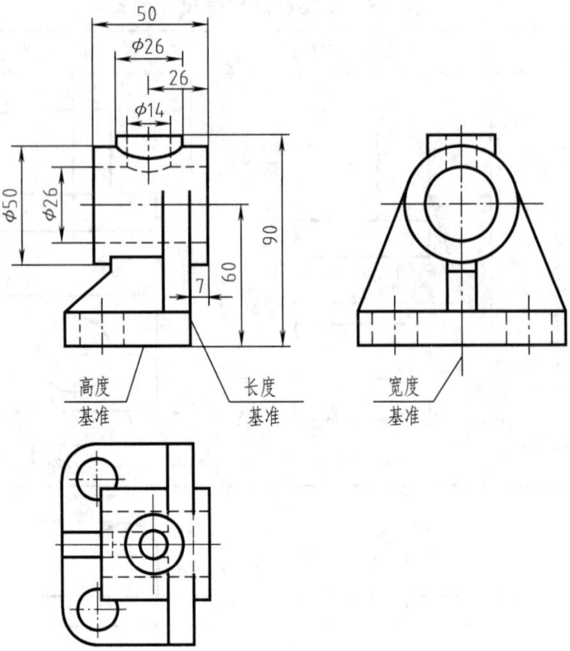

(c)

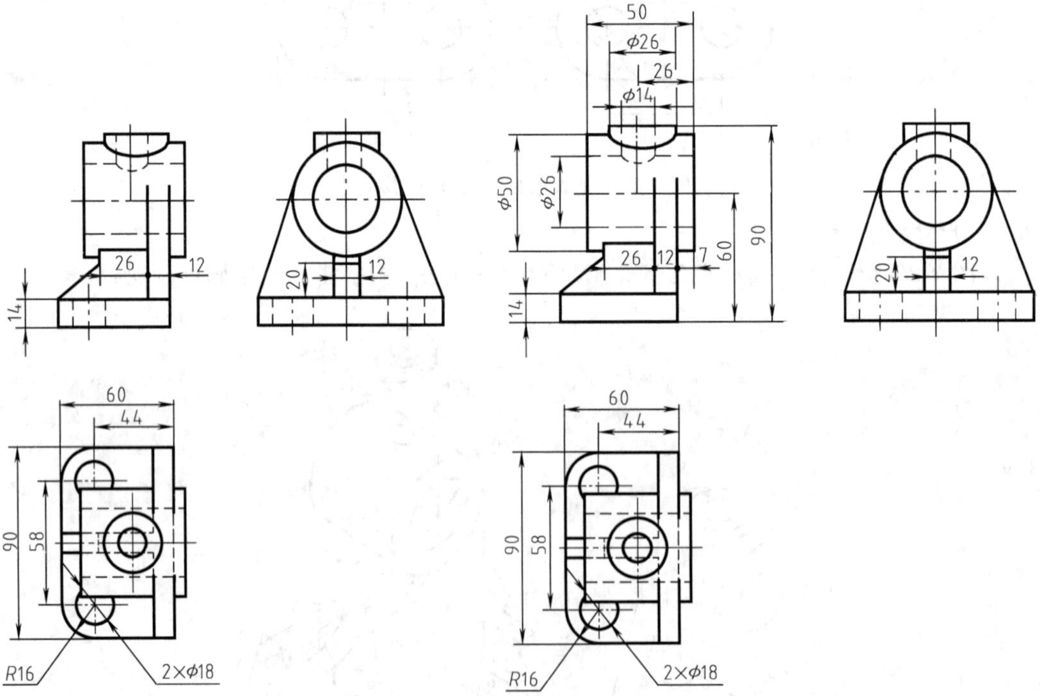

(d) (e)

图 3-26 轴承座尺寸标注

① 形体分析将组合体分解成 5 个简单部分，参考表 3-4、表 3-5 初步考虑各部分尺寸，见图 3-26（b）。注意，图中带括号的尺寸是在另一部分已注出或由计算可得出的重复尺寸。

② 确定尺寸基准，标注定位尺寸，总体尺寸，见图 3-26（c）。

③ 标注各部分定形尺寸，见图 3-26（d）。

④ 校核，审查得最后的标注结果，见图 3-26（e）。

定形尺寸有几种类型：第一种为自身完整的尺寸标注，如轴承圆筒体的两个直径、一个圆柱长度尺寸就确定了它的形状。第二种为与总体尺寸、定位尺寸一起构成完整的尺寸，如底板，其宽即轴承座总宽，底板上孔有两个定位尺寸；凸台高由总高、筒体高度定位尺寸及轴承孔半径加以确定。第三种为由相邻形体确定的尺寸，如支承板，虽然图上仅注了一个厚度尺寸，但其下端与底板同宽，上端与轴承圆柱相切，因此，形状是确定的，而肋板的长却可由底板长和支承板厚（长度方向）加以确定。

为保证组合体视图的清晰与正确，标注尺寸时应注意以下几点。

① 尺寸应尽量注在形状特征最明显的视图上，如底板上尺寸 90，60。

② 应尽量避免在虚线或其延长线上标注尺寸，因此 2×ϕ18，注在圆上。

③ 圆弧半径尺寸应注在投影为圆弧实形的视图上，如 R16。

④ 表示同一结构的有关尺寸应尽可能集中标注，如底板上圆孔的定形、定位尺寸 2×ϕ18、58、44 均注在俯视图上，ϕ14、ϕ26 均注在主视图上。

⑤ 与两个视图有关的尺寸，应尽可能注在两视图之间，如高度定位尺寸与总高尺寸 60、90。

⑥ 同一方向的连续尺寸，应排在一条线上，如 26，12，7。

⑦ 尺寸应尽可能注在视图外部，如图中所注的大多数尺寸都注在视图外部。

⑧ 尺寸线与尺寸界线应尽可能避免相交，为此同一方向上的尺寸应将小尺寸排在里面，大尺寸排在外面，如 ϕ26、ϕ50。

⑨ 对具有相贯线的组合体，必须注出相交两形体的定形、定位尺寸，不能对相贯线标注尺寸，如图中 ϕ26、ϕ50、26，即确定了 ϕ26，ϕ50 两圆柱表面的相贯线。

对具有截交线的形体，则应标注被截形体的定形尺寸和截平面的定位尺寸，不能标注截交线的尺寸，如图中肋板厚 12 与轴承直径 ϕ50 就确定了肋板表面与轴承圆柱面的截交线。

3.7　组合体视图阅读与三维造型的联系

读图的主要内容是根据组合体的视图想象出其形状。由于视图是二维图形，组合体表达方案由几个视图组合而成。因此，由视图想形体时，既要分析每个视图与形体形状的对应关系，又要注意视图间的投影联系。

3.7.1　叠加为主的组合体视图的阅读

叠加式组合体容易被理解为是由一些简单形体按一定的叠加方式形成。在读图时先把组合体视图分解成若干个简单体视图，通过对各简单体的理解达到对整体的认识。这种方法可称为分解视图想象形体法。如阅读图 3-27 所示的组合体时，从主视图着手结合其他视图容易将组合体视图分解成四个简单体的视图，并想象出它们的形状，见图 3-28。当这些部分都读懂后，对照组合体视图可知各部分在组合体中所处的位置，最后形成对整体的认识，见图 3-29，扫描本章二维码可以观看。

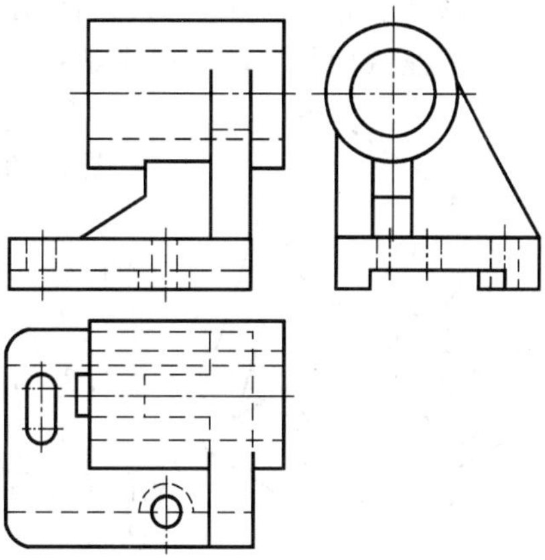

图 3-27　读组合体视图

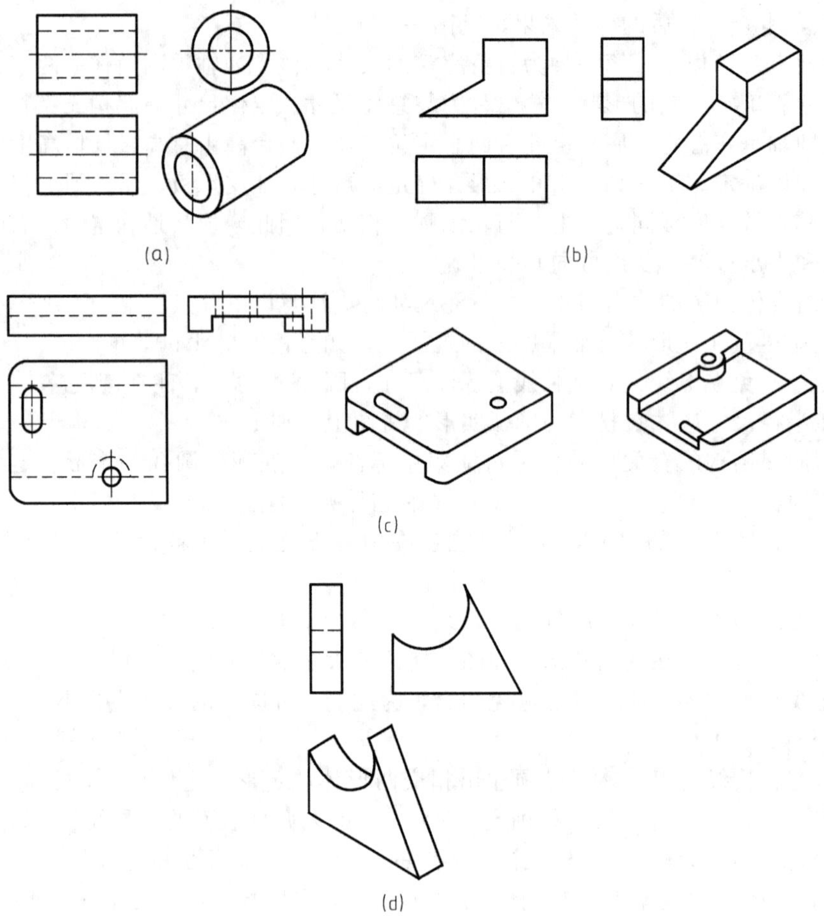

图 3-28 组合体分解

3.7.2 切割为主的组合体视图的阅读

对外表面主要由平面构成的切割式组合体可以该组合体最大外形轮廓长、宽、高构建一个长方体箱。在此基础上根据已知视图，分析被切割部分的形状来理解组合体的形状。

读图 3-30（a）所示两视图，想出组合体形状，扫描本章二维码可以观看。

① 根据组合体总长、宽、高构建长方体箱，见图 3-30（b）。

② 由左视图外轮廓可以理解在长方体上前后各切割一块，见图 3-30（c）。

③ 由主视图外轮廓可以理解在剩下部分左上角切割一块，见图 3-30（d）。

④ 主视图虚线及左视图上的长方形表明组合体内部切割一个长方体孔，见图 3-30（e）。经三次切割形成了图 3-30（d）所示组合体，理解这一切割过程也就是由视图想象组合体的过程。

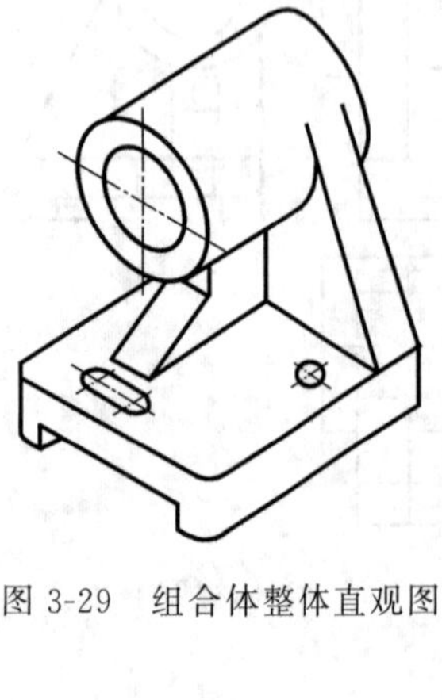

图 3-29 组合体整体直观图

3.7.3 用三维造型的方法阅读组合体视图

上述内容是组合体视图的传统阅读方法，如果从三维造型角度看问题，可能更有利于对组合体的理解，也就是把对组合体视图阅读的过程转化为对组合体进行三维造型的过程，在此过程中应将上述视图分解法或切割法与第 2 章所述的计算机三

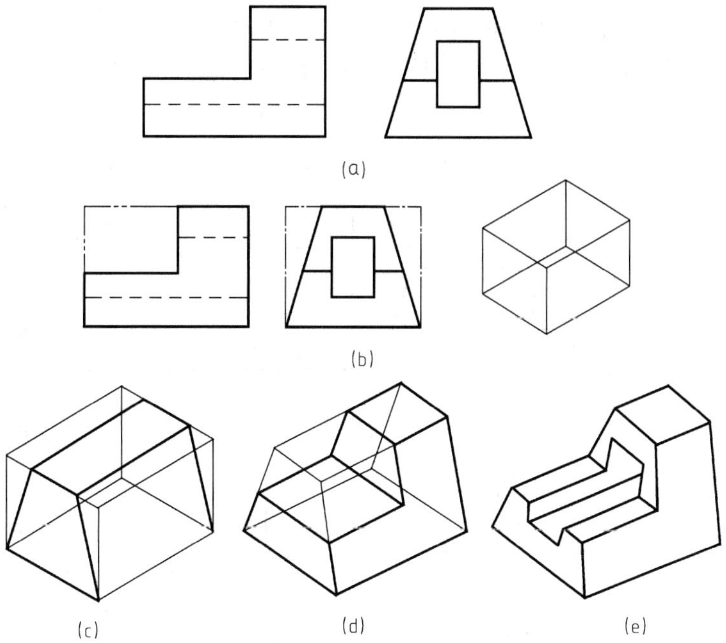

图 3-30　读组合体视图

维造型与视图的联系这一节的内容结合起来分析，当在三维软件中将组合体分块造型，然后组合各块形体，一方面可验证对每一块形状的理解，另一方面在利用移动、镜像等命令进行组合时可以看清楚各部分的相对位置，最终也就自然地读懂了该组合体，可以在此基础上进一步补充其他视图或进行剖切等处理。如图 3-31 所示为一组合体的主、俯视图，先根据主、俯视图可见轮廓，如图 3-32 所示，将视图分解成主筒体、次筒体、半筒体、接管、凸台、

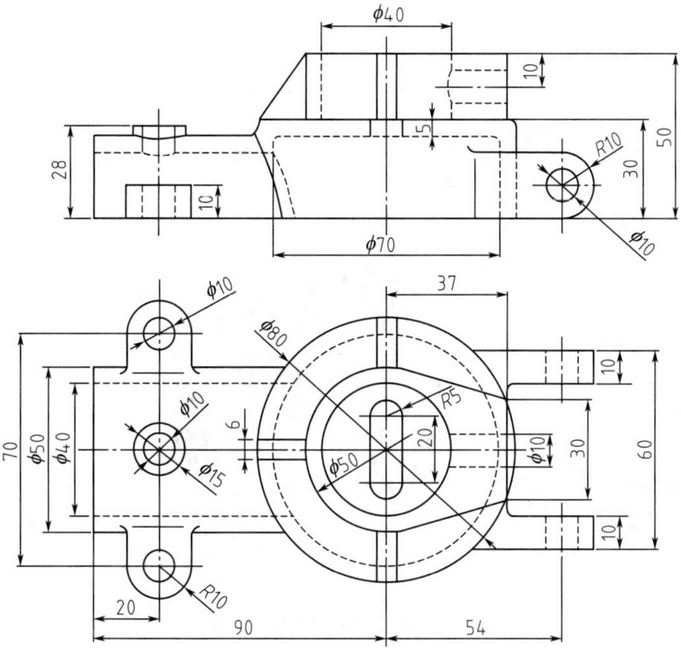

图 3-31　组合体视图

耳板、肋板等简单部分，从俯视图可知该组合体前后对称，左侧两个 $R10$ 的凸台形状相同，右侧两块 $R1$ 耳板的形状相同及三块肋板的形状也都相同，对形状相同部分造型时只需造出一个，然后复制即可。在简单部分造型时，应结合视图虚线部分所表达的内部形状一起造出，如图 3-33 所示。

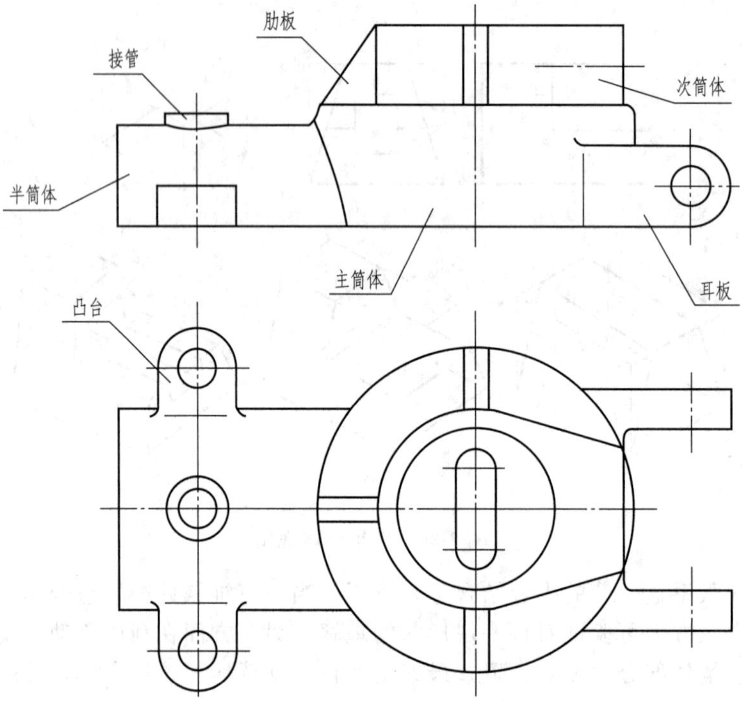

图 3-32 组合体视图划分

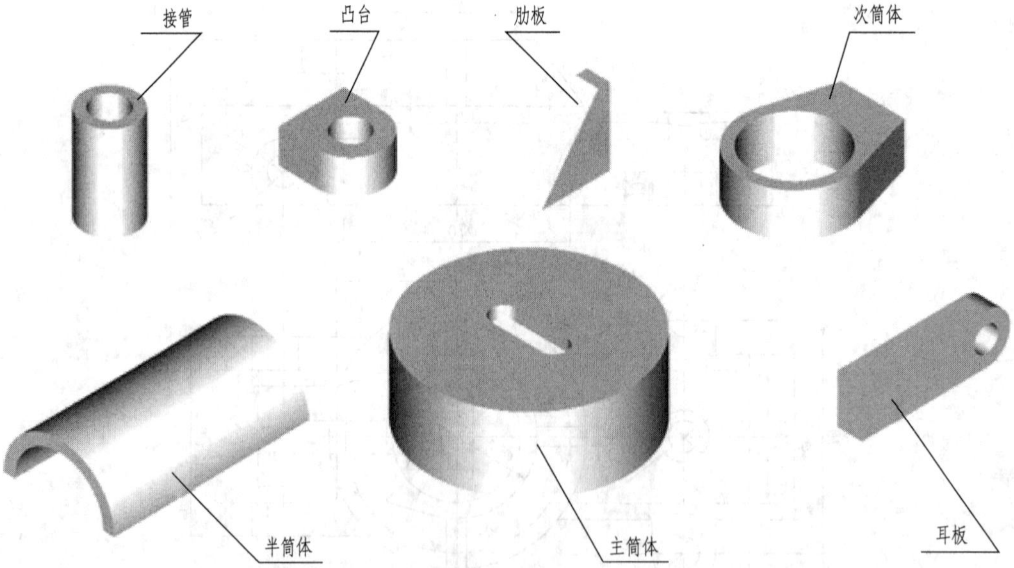

图 3-33 组合体分块造型

最终将各部分移动到视图所示相对位置，再做并运算，即得到组合体整体造型，如图 3-34 所示，扫描本章二维码可以观看。

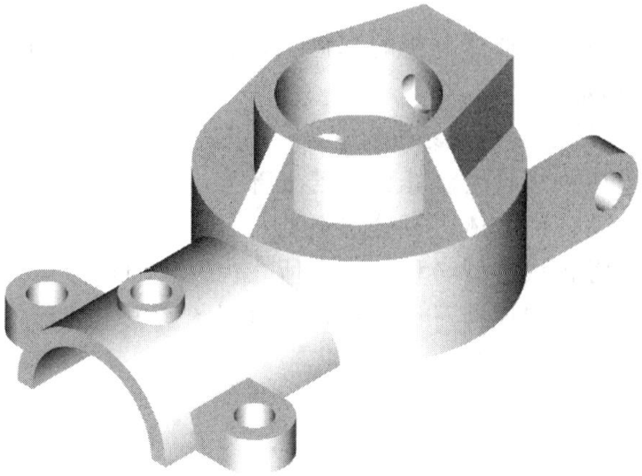

图 3-34　组合体三维造型

3.8　本章小结

本章主要由组合体绘制与阅读、组合体尺寸标注、组合体视图与三维造型的关系等内容组成。

（1）组合体绘制与阅读

1）视图选择　主视图按自然位置安放，选择最能反映组合体形状特征的方向作为主视图投射方向。

2）图样画法

① 叠加式　逐次画出各基本形体的投影，注意它们之间连接处的画法。

② 切割式　先画出完整基本形体的投影，再画出切口部分交线的投影。

3）阅读组合体视图

① 读图时注意的问题

a. 要把几个视图按投影关系联系起来进行分析。

b. 注意找出反映组合体各部分形体形状特征的视图。

c. 分析视图中的封闭线框，合理划分基本形体。

② 组合体的投影分析

a. 视图与三维组合体的关系。

b. 视图上的几何元素与三维组合体上几何元素的对应关系。

c. 视图与视图几何元素的对应关系。

③ 读图方法

a. 形体分析法　通过划分封闭线框把组合体划分为基本形体（或表面）的形状和位置，综合起来想出整体形状。

b. 线面分析法　对投影，看懂各基本形体（或表面）的形状和位置，综合起来想出整体形状。

（2）组合体尺寸标注

1）基本形体的尺寸标注　标注长、宽、高三个方向的尺寸。

2）带缺口的基本形体的尺寸标注　注形体的定形尺寸和截平面的定位尺寸。不注交线的定形、定位尺寸。

3）组合体的尺寸标注　在形体分析的基础上，首先选定三个方向的尺寸基准，再逐次标注各形体的定形尺寸和定位尺寸。

（3）组合体视图与三维造型的关系

1）用视图分解法或切割法将组合体分为若干部分。

2）利用三维造型软件将组合体进行分块造型。

3）根据组合体视图将各块造型平移到各自所在位置，通过并运算获得组合体三维模型。

4）将组合体视图与其三维模型对比分析，理解视图所表示的形体。

第4章 AutoCAD绘图软件及应用

4.1 概述

AutoCAD是由美国Autodesk公司开发的绘图软件包，具有易于掌握、使用方便，体系结构开放等特点，深受广大工程技术人员的欢迎。

自Autodesk公司于1982年12月发布的第一个版本AutoCAD1.0起，AutoCAD已经进行了近20次升级，其功能逐渐强大，且日趋完善。如今，AutoCAD已广泛应用于机械、建筑、电子、航空、航天、造船、石油化工、土木工程、冶金、地质、农业、气象、纺织、轻工业及广告等领域。

全世界已有2000多所大学和教育机构采用AutoCAD绘图软件进行教学。此外，世界上许多专业设计师、设计单位、科研人员及大型企业都在使用AutoCAD绘图软件。在中国，AutoCAD已成为工程设计领域广泛应用的计算机辅助绘图软件之一。

本章主要阐述AutoCAD绘图软件的绘图基础、三维实体造型基础等内容。

4.2 AutoCAD基础知识

4.2.1 用户界面

启动AutoCAD即进入用户界面，AutoCAD的用户界面与Windows标准应用程序界面相似，如图4-1所示。用户界面主要包括：标题栏、下拉菜单、工具栏、状态栏、绘图区、命令窗口、光标等。

（1）标题栏　标题栏位于应用程序主窗口的顶部，显示当前应用程序的名称，及当前文件的名称。标题栏的右上侧为最小化、最大化/还原和关闭按钮。用户可以用鼠标拖动标题栏移动窗口的位置。

（2）下拉菜单　AutoCAD的标准菜单条包括12个主菜单组，它们分别对应了12个下拉菜单组，下拉菜单的使用方式有三种。

1）将鼠标移到菜单上，单击鼠标左键，打开下拉菜单。在打开的下拉菜单中选择所需要的菜单。

2）AutoCAD为菜单栏中的菜单和下拉菜单中的选项均设置了相应的快捷键（又称热键），这些快捷键用下划线标出，如“视图V”。要打开某一下拉菜单，用户可以先按住<Alt>键，然后按下热键字母即可。下拉菜单打开后，用户可直接键入快捷键字母选中相应的选项。

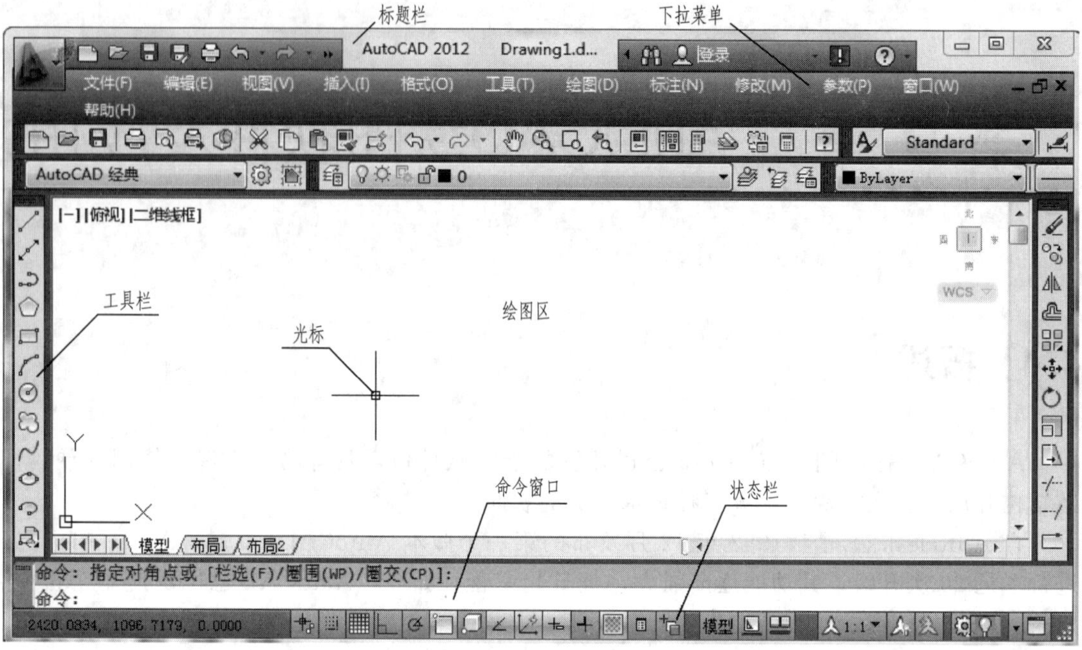

图 4-1 AutoCAD 界面

3）有些菜单组提供了快捷方式。这些快捷方式标在菜单组的右侧，如<Ctrl+2>对应于“工具”中的“设计中心”。

对于某些菜单项，如果后面跟有省略符号“…”，则表明该选项包含一个子菜单，子菜单中有更详细的选项组。

（3）工具栏　尽管下拉式菜单提供了全部选项，但其操作起来并不是最简单。为此 AutoCAD 将一些常用的命令以工具栏的形式提供给用户，它是一种替代命令或下拉式菜单的简便工具。在 AutoCAD 中，有 24 个已命名的工具栏，分别包含从 2～20 个不等的工具。用户可以通过选择“视图 V”下“工具栏（O）…”菜单开关任何工具栏，此时，系统将打开如图 4-2 所示的“自定义用户界面”对话框。也可将光标移到工具栏上，单击鼠标右键弹出“工具栏”菜单。

（4）状态条　状态栏位于 AutoCAD 窗口的底部，它反映了用户的工作状态。左边显示当前光标，右边有 13 个按钮，分别是捕捉模式、栅格显示、正交模式、极轴追踪、对象捕捉、三维对象捕捉、允许/禁止动态 UCS、动态输入、显示/隐藏透明度、快捷特性、选择循环等。用鼠标单击任一按钮，均可切换当前的工作状态（凹下为开）。

（5）绘图区与光标　绘图区是用户进行绘图的区域。“+”字光标用于绘图时点的定位和对象的选择。“+”字光标由用户的定点设备（如鼠标等）进行控制，它具有定位点和拾取对象两种状态。

（6）命令行及文本窗口　命令行是用户与 AutoCAD 进行交互式对话的地方，它用于显示系统的信息及用户输入的信息。AutoCAD 的文本窗口是记录 AutoCAD 命令的窗口，也可以说是放大的命令窗口。用户可通过选择视图（V）/显示（L）文本窗口（T）菜单打开它，也可按 F2 或执行 TEXTSCR 命令将其打开。如图 4-3 所示。

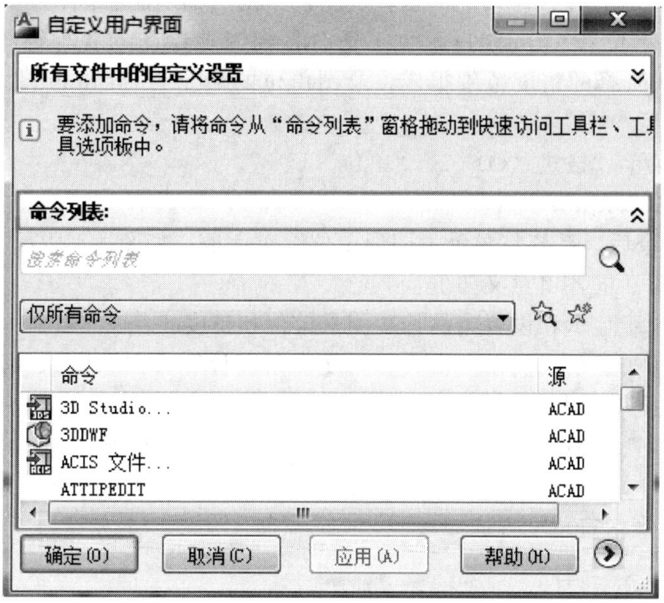

图 4-2　工具栏对话框

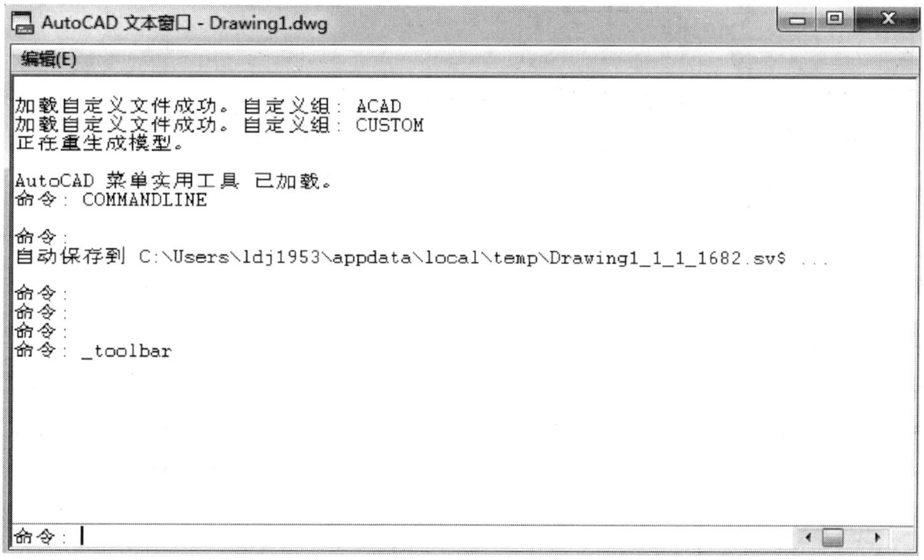

图 4-3　文本窗口

4.2.2　设置绘图环境

(1) 设置绘图界限 (L)　绘图界限是 AutoCAD 绘图空间中的一个假想绘图区域，相当于用户选择的图纸图幅的大小。设置绘图界限的命令为 Limits，该命令可用下列方法实现。

1) 选择下拉菜单中的“格式”/“图形界限 (I)”。

2) 在命令行输入：Limits。

Limits 命令输入后，系统的提示如下：

重新设置模型空间界限

指定左下角点或 [开(ON)/关(OFF)] (0.0000，0.0000)：

指定右上角点 (420.0000，297.0000)：

然后按<ENTER>键回到命令状态，至此，一张 A3 图幅的绘图界限就建立了。

(2) 设置绘图单位　AutoCAD 提供了适合任何专业绘图的各种绘图单位（如 in、ft、mm 等），而且可供选择的精度范围很广。绘图单位的命令为“Ddunits”，该命令可用下列方式实现：

1）选择下拉菜单“格式（O）”/“单位（U）”。

2）在命令行输入 Units。

执行 Units 命令后，系统将显示“图形单位”对话框，如图 4-4 所示。

“图形单位”对话框各项意义如下：

“长度”区，用于显示和设置当前长度测量单位和精度。

“角度”区，用于显示当前角度格式、精度和角度计算方向（默认为逆时针，选中“顺时针（C）”复选框为顺时针方向）。

3）使用“方向”按钮。单击“方向（D）”按钮可弹出控制方向的“方向控制”对话框，如图 4-5 所示。如选择“其他（O）”，则可通过屏幕上拾取两点或通过“角度（A）”编辑框中输入数值来指定角度方向。

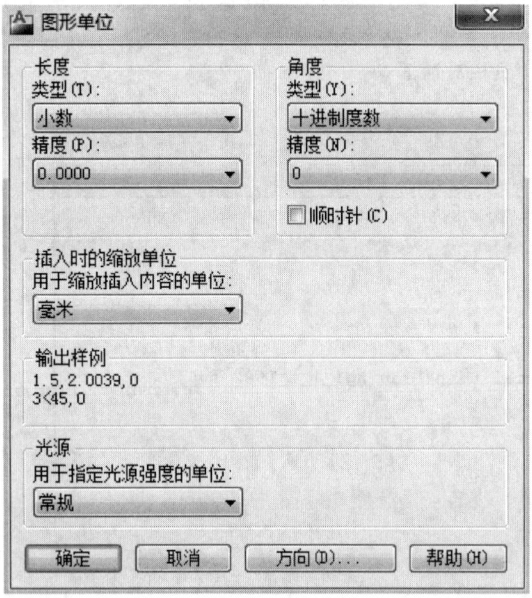

图 4-4　图形单位对话框

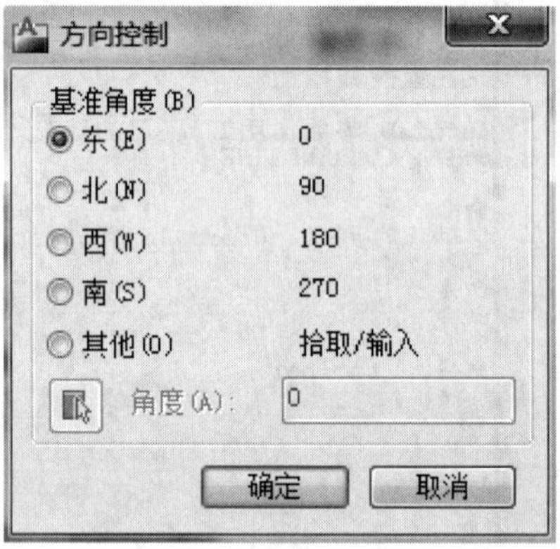

图 4-5　方向控制对话框

4.2.3　图层、颜色、线型和线宽

图层是用户用来组织图形的最为有效的工具之一。AutoCAD 的层是透明的电子纸，一层叠一层放置，用户可以根据需要增加和删除层，每层均可以拥有任意的 AutoCAD 颜色、线型和线宽。

(1) 图层的创建和使用　AutoCAD 提供了以下几种方法供用户创建和使用图层。

1）从图层工具条（见图 4-6）中选择图层工具。

2）选择下拉菜单中的“格式（O）”/“图层（L）”。

3）在命令行输入：Layer。

Layer 命令执行后，将显示如图 4-7 所示的“图层特性管理器”对话框，用户可利用该

图 4-6　图层工具框

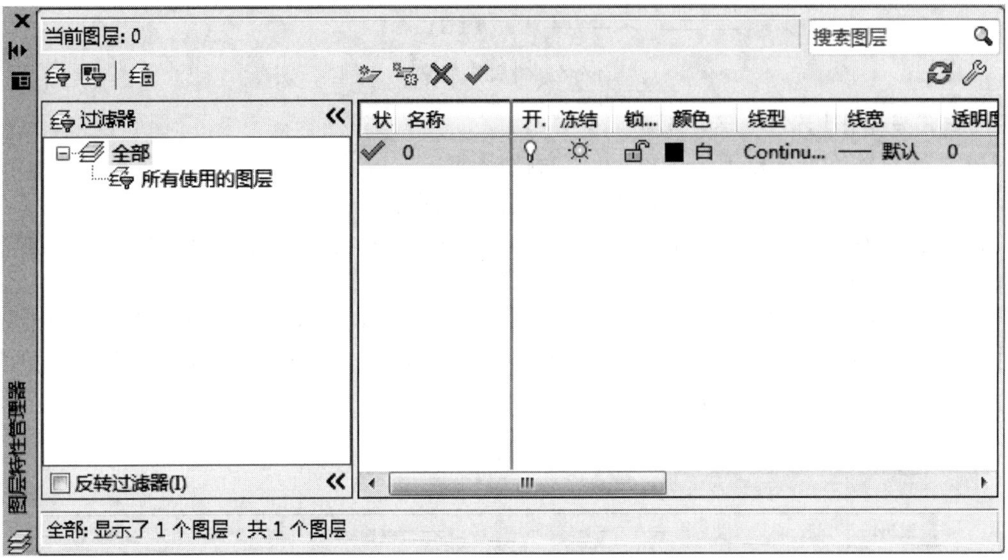

图 4-7　图层特性管理器对话框

对话框创建新图层，设置或修改层的状态及特性。

“图层特性管理器”对话框中各选项含义如下。

列表框：显示图形中各层的名称、状态、可见性、颜色、线型和线宽等。若用户想打开或关闭图层，可通过单击选定层名称右侧的“开”图标来实现。在所有视口冻结、锁定状态均为“开”时，才可改变其状态。当用户单击“颜色”、“线型”、或“线宽”时，系统将分别打开“选择颜色”对话框、“选择线型”对话框和“选择线宽”对话框，用户可通过这三个对话框为选定层指定颜色、线型和线宽，“打印样式”列用于显示图层颜色号，“打印”列用于设置是否打印该图层。

“新建（N）”按钮：用于建立新图层。

“删除”按钮：用于删除选定图层。

“当前（C）”按钮：用于显示和设置当前层，要设置当前图层，可首先在其下方的“层”列表中选定某一层，然后单击该按钮即可。

“显示细节（D）”按钮：用于显示选定图层的详细资料。

在 AutoCAD 中，每层都具有颜色和线型两种特性，AutoCAD 支持 255 种颜色和 40 种预定义线型。不同颜色和线型不但使得区分屏幕上的对象变得容易，而且还携带并传递着重要的绘图输出信息。

（2）图层状态控制和对象特性　AutoCAD 提供了几种方法来控制层的状态。一种是使用前面介绍的“图层特性管理器”对话框，另外一种是使用“图层”工具框中的图层控制工具。单击该工具右侧的“▼”符号，系统将显示图层列表，单击某个图层即可将该图层设置为当前图层。单击列表中的各符号即可修改各层的状态，图层控制工具的意义如图 4-8 所示。

一个图层可以有六种状态和条件表示特征，即开/关、加锁/解锁、冻结/解冻。它们按

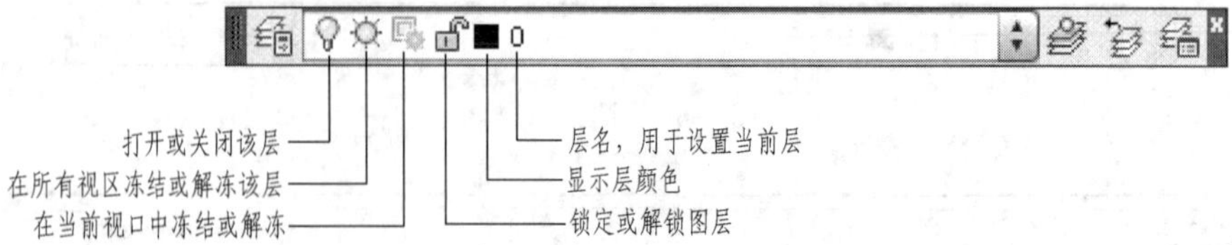

图 4-8 图层状态控制

下面的方式发生作用。

① 关 对象不可见也不可选取，但需刷新图形。

② 冻结 对象既不可见也不可选择，不需刷新图形。

③ 加锁 对象可见，可选取，可绘图，可以用对象捕捉命令捕捉该图层上的对象，但不能编辑已有图形。

编辑图形中图线比较密集的区域时，可以关闭图层来抑制对象的显示。当用户想使对象不可见且不进行刷新时，可以冻结图层。当用户想使对象可以看见以便引用，但又不想使对象被编辑时，可加锁图层。对象特性工具栏如图 4-9 所示。

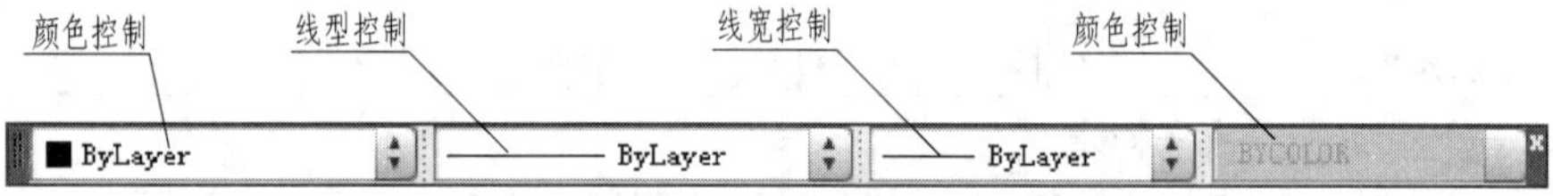

图 4-9 对象特性工具条

4.3 基本图形的绘制和精确定位点

4.3.1 基本图形的绘制

任何一幅图形都是由点、线、圆、椭圆、矩形、多边形等基本对象组成。因此，了解这些基本图形元素的画法是绘图的基础。

AutoCAD 的绘图命令可以用下列方法启动。

① 工具栏 如图 4-10 所示，使用绘图工具栏可以完成 AutoCAD 的主要绘图功能。

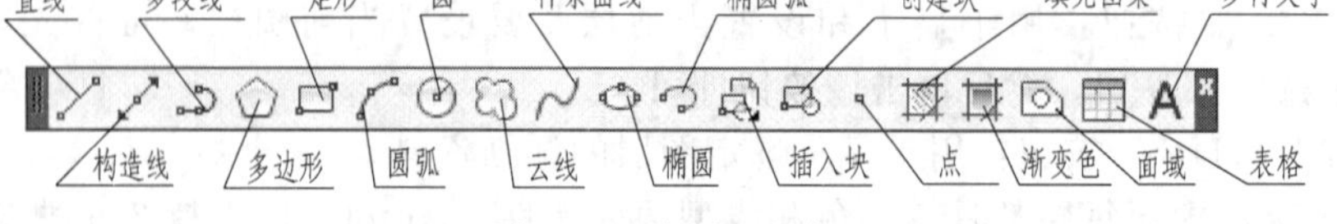

图 4-10 绘图工具条

② 下拉菜单 单击“绘图”命令，将弹出绘图下拉菜单。

③ 命令 输入相应命令后按 Enter 键。

4.3.1.1 绘制直线、射线和构造线

绘制直线只需给定其起点和终点即可。如果直线只有起点没有终点（或终点在无穷远处），则这类直线称为射线。如果直线既没有起点也没有终点，这类直线称为构造线。

(1) 绘制直线（Line） 在 AutoCAD 中，可以通过工具栏的直线工具，也可以选择下拉菜单“绘图（D）/直线（L）”，还可以通过命令 Line 来绘制直线。使用 Line 命令绘制直线时，可在“指定点：”提示符下输入 C(Close) 形成闭合折线。如图 4-11 所示的绘图步骤

如下。

命令：单击工具栏绘图中的直线工具

命令：_Line 指定第一点：在 A 点单击（指定直线起点）

指定下一点或［放弃（U）］：在 B 点单击（指定直线终点）

指定下一点或［放弃（U）］：在 C 点单击（指定第二条直线的终点）

指定下一点或［闭合（C）/放弃（U）］：C（连接 C 点和 A 点绘制第三条封闭直线）

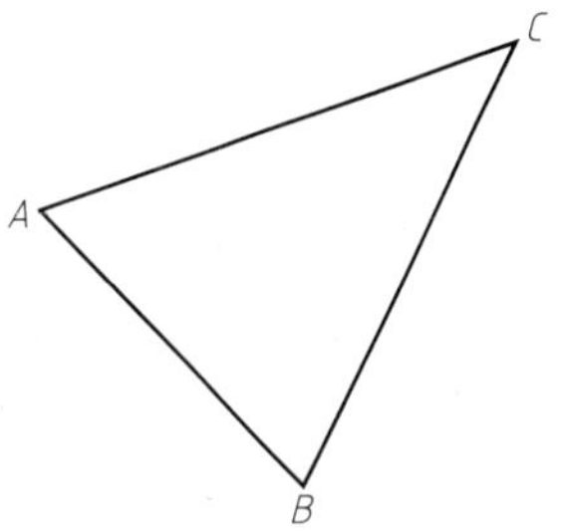

图 4-11　绘制直线示例

（2）绘制射线（Ray）　射线可以通过 Ray 命令绘制，也可以选择下拉菜单中的“绘图（D）”/“射线（R）”进行绘制。

（3）绘制构造线（Xline）　构造线常被用作辅助绘图线，用户可使用 Xline 命令绘制构造线，也可单击工具栏中的 Xline 或选择下拉菜单中的“绘图（D）”/“构造线（T）”进行绘制。

4.3.1.2　绘制圆和圆弧

（1）绘制圆（Circle）　画圆的命令可以通过键入 Circle 命令，也可通过工具栏中的圆工具或选择下拉菜单中“绘图（D）”/“圆（C）”项并单击下级子菜单来实现，如图 4-12 所示。

AutoCAD 提供了六种画圆的方法，即“圆心”和“半径”方式画圆（CR）；“圆心”和“直径”方式画圆（CD）；“三点”画圆（3P）；“两点”画圆（2P）；“切点、切点、半径”方式画圆（TTR）；“相切、相点、相切”方式画圆（TTT）。

（2）绘制圆弧（Arc）　AutoCAD 提供了 11 种绘制圆弧的方法，如图 4-13 所示。这些方式是根据起点、方向、中点、包角、终点、弦长等控制点来确定的，各种绘制圆弧的方法可以通过选择下拉菜单“绘图（D）”/“圆弧（A）”项，并单击下级子菜单实现。

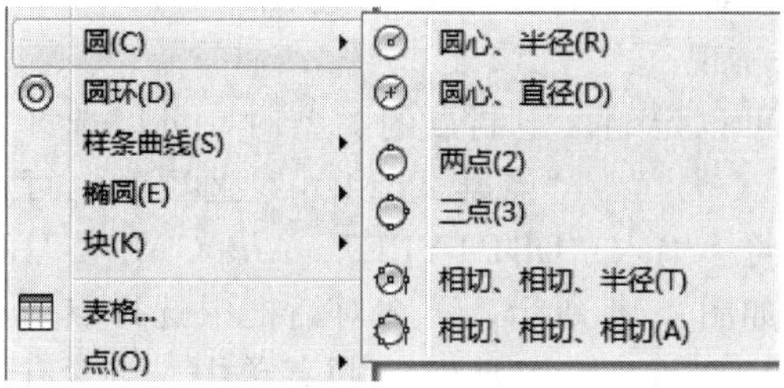

图 4-12　圆（C）下级子菜单

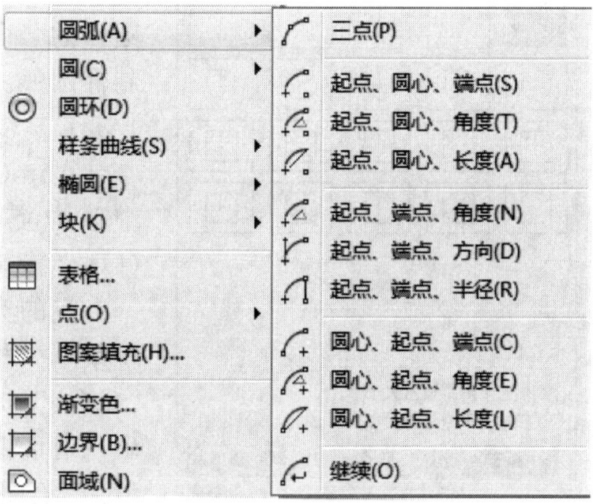

图 4-13　圆弧（A）下级子菜单

4.3.1.3　绘制矩形和正多边形

（1）绘制矩形（Rectangle）　绘制矩形可以通过 Rectangle 命令，也可通过单击工具栏矩形工具或选择下拉菜单中“绘图（D）”/“矩形（G）”菜单来完成。

绘制矩形时仅需提供其两个对角的坐标即可。在 AutoCAD 中，还可设置一些其他选项。

1）倒角（Chamfer） 设置矩形各个角的修饰。

2）标高（Elevation） 设置绘制矩形时的Z平面，不过在平面视图中将无法看出其区别。

3）圆角（Fillet） 设定矩形四角为圆角及半径大小。

4）厚度（Thickness） 设置矩形的厚度，即Z轴方向的高度。

5）宽度（Width） 设置线条宽度。

（2）绘制正多边形（Polygon） 在AutoCAD中，可以通过输入命令Polygon，也可以通过单击工具栏中的正多边形按钮或选择下拉菜单“绘图（D）”/“正多边形（Y）”来绘制正多边形。

正多边形的画法有三种，即内接法、外接法和根据边长画正多边形。

画图步骤如下：

① 在工具栏中选择正多边形按钮，启动Polygon命令；

② 在“输入边的数目<4>”提示符下输入边数；

③ 在“指定正多边形的中心点或［边（E)］:”提示符下选择边长或中心点.

④ 在“［内接于圆（I)/外切于圆（C)］〈I〉:”提示符下，选择外切或内接方式，“I”为内接，“C”为外切，内接可直接按Enter键确定。

⑤ 在“指定圆的半径”：提示符下，输入圆的半径。

4.3.1.4 绘制椭圆及椭圆弧

（1）绘制椭圆（Ellipse） 在AutoCAD绘图中，椭圆的形状主要由中心、长轴和短轴三个参数来描述。可以通过输入Ellipse命令，也可以通过单击工具栏的椭圆按钮或选择下拉菜单“绘图（D）”/“椭圆（E）”项来启动绘制椭圆的命令。

可以通过定义两区的方式、定义长轴以及椭圆转角的方式以及定义中心和两轴端点的方式来绘制椭圆。

（2）绘制椭圆弧 在AutoCAD绘图中，输入绘制椭圆弧的名令，然后确定椭圆弧的起始角和终止角即可绘制椭圆弧。

4.3.1.5 绘制点（Point）

AutoCAD画点的命令是Point，也可通过在工具栏中单击点按钮或选择下拉菜单“绘图（D）”/“点（O）”选项来实现。

点的类型可以定制。定制点的类型时，可以选择下拉菜单“格式（O）”/“点样式（P）”选项，也可在“命令:”提示符下输入“DDPTYPE”。AutoCAD屏幕弹出一对话框，如图4-14所示，可在对话框中选择点的类型。“绘图（D）”/“点（O）”下拉菜单中，包含有子菜单，子菜单有四个选项。

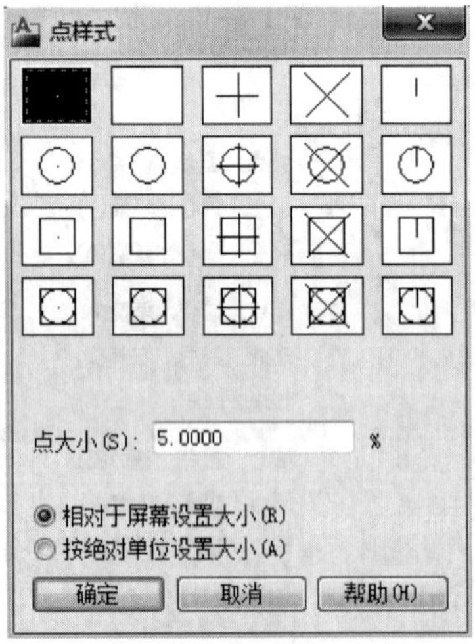

图4-14 点样式对话框

① 单击（Single Point） 画单个点。

② 多点（Multiple Point） 连续画多个点。

③ 定数等分（Divide） 画等分点。

④ 定距等分（Measure） 测定同距点。

4.3.1.6 徒手画线（Sketch）

在绘图过程中，有时需要绘制一些无规则的线条，因此Autocad提供了Sketch命令。

启动 Sketch 命令，移动光标在屏幕上可徒手画出任意形状的线条。

用户可通过以下方法徒手画线。

在“命令：”提示符下输入“Sketch”命令，按 Enter 键，出现如下提示：

记录增量<1.0000>：需要用户输入记录增量，即单元为直线段的长度，1.000 是系统默认值。指定记录增量后，命令行出现下列选项：

徒手画。画笔（P）/退出（X）/结束（Q）/记录（R）/删除（E）/连接（C）。（每个选项中的大写字母均是该选项的快捷输入方式，输入该字母，即选择了该选项）

Sketch 命令各选项的含义如下。

① 画笔（Pen）　控制抬笔或落笔，是一个切换开关。

② 退出（Exit）　结束 Sketch 命令，并记录刚才所绘图线。

③ 结束（Quit）　退出 Sketch 命令，不记录刚才所绘图线。

④ 记录（Record）　记录所绘图线，不退出“Sketch”命令。

⑤ 删除（Erase）　删除未记录的线段。

⑥ 连接（Connect）　此选项先使笔落下，然后从上一项所绘图线的终点开始继续画线。

4.3.2　精确定位点的方法

绘制图样中，精确定位点非常重要，AutoCAD 提供了几种方法来帮助用户精确定位点，它们分别是坐标、捕捉、正交、极坐标追踪、对象捕捉、对象捕捉追踪和点过滤器等。

（1）AutoCAD 的坐标系统

1）世界坐标系（world coordinate system）　AutoCAD 的默认坐标系为世界坐标系（WCS），如图 4-15 所示，X 轴的正方向水平向右，Y 轴的正方向垂直向上，Z 轴的正方向垂直屏幕向外，指向用户。坐标原点在绘图区的左下角。

2）用户坐标系　为了更好地辅助绘图，用户经常需要修改坐标系的原点和方向，这就是用户坐标系（UCS）。在 AutoCAD 中，用户可以在“命令：”提示符下键入“UCS”来创建用户坐标系，也可以选择“工具”/“新建 UCS”/“原点”菜单来创建。用户坐标系如图 4-16 所示，建立用户坐标系，可以很方便地确定点的位置，从而提高绘图效率。

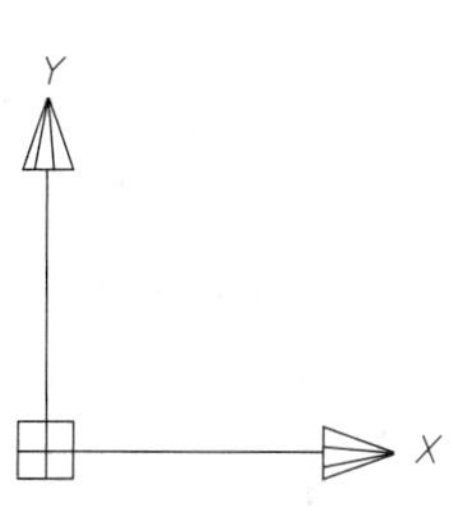

图 4-15　世界坐标系

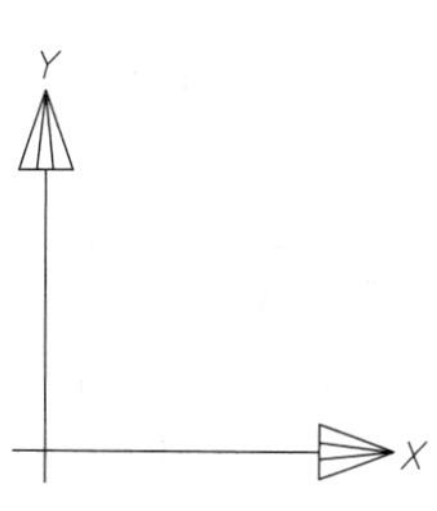

图 4-16　用户坐标系

（2）利用坐标选取点　为了方便绘制图形，经常需要利用坐标来准确定位。

1）绝对坐标　如用户知道点的绝对坐标或它们从（0，0）出发的角度及距离，则可从键盘上以以下几种方式输入坐标，如直角坐标、极坐标等。

① 直角坐标输入，用户可以用分数、小数等记数形式输入点（X，Y）坐标值，坐标间用逗号隔开，如（5，6）；（10，20）；（5.6，7.5）等。

② 极坐标输入，极坐标也是把输入看作对（0，0）的位移，只不过给定的是距离和角度。其中，距离和角度用“<”号隔开，且规定 X 正向为0°，Y 轴正向为90°，如5<90；8

<180 等，（X，Y）的直角坐标，也可以以极坐标形式输入，如图 4-17 所示。

2）相对坐标　使用绝对坐标是有局限性的，更多的情况下是知道一个点相对于另一个点的直角坐标和极坐标。

在 AutoCAD 中，直角坐标和极坐标所表示的相对坐标是在绝对坐标前加一“@”号，如“@2，3”和“@6<30”等，如图 4-18 所示。

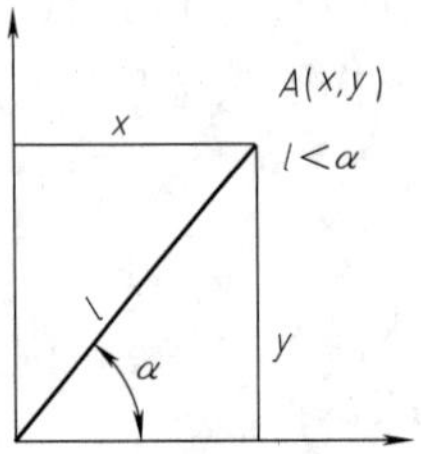

图 4-17　绝对指教坐标和极坐标

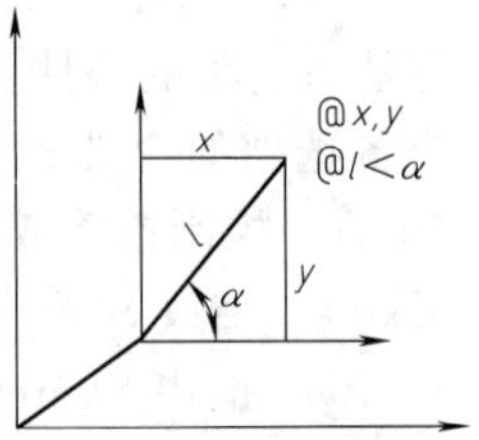

图 4-18　相对指教坐标和极坐标

（3）栅格、捕捉、正交、对象捕捉和追踪

1）显示栅格　显示栅格功能可在绘图区显示一些标定位置的小点，以便于定位对象。在 AutoCAD 中，可通过选择“工具”/“草图设置”菜单或执行“DSETTINGS”命令来设置栅格显示和捕捉间距等。

此外，还可以双击状态栏中的“栅格”按钮、按<F7>键来打开及关闭栅格显示，或执行 Crid 命令设置栅格显示。

2）设置捕捉　捕捉用于设定光标移动间距。在 AutoCAD 中，可通过选择“工具”/“草图设置”菜单执行 Snap 命令设置捕捉参数，或者单击状态条上的“捕捉”按钮打开及关闭捕捉。

3）正交模式　打开正交模式，意味着只能画水平线或垂直线。用户可单击状态条上的“正交”按钮，使用 Ortho 命令、按 F8 键或 Ctrl+O 打开或关闭正交模式。

4）设置极轴追踪　在“草图设置”对话框“极轴追踪”选项中选中“起用极轴追踪”复选框，或者单击状态栏中的“极轴”按钮或按 F10 键，均可打开极轴追踪。在极轴追踪模式下，屏幕上显示“极轴”标志。

5）对象捕捉　AutoCAD 为用户提供了众多的对象捕捉方式，图 4-19 显示了主要的对象捕捉方法。

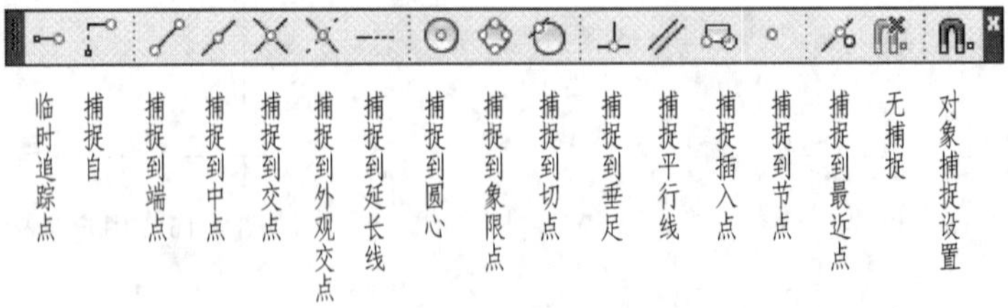

图 4-19　对象捕捉工具栏

4.4　基本编辑命令

AutoCAD 提供了丰富的图形编辑功能，利用这些功能可以实现快速、准确的绘图，熟练掌握编辑命令是提高绘图效率的重要手段。

编辑命令可以在命令行输入，也可以用下拉菜单“修改（Modify）”的选项或工具栏中的相应按钮来实现，如图 4-20 所示为修改工具栏。

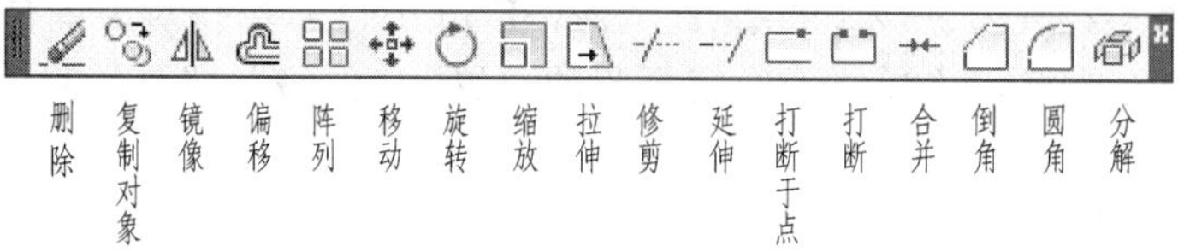

图 4-20　修改工具栏

4.4.1　选择编辑对象（Select）

编辑对象前一般要先选取对象，选择对象后，AutoCAD 用虚线显示它们。常用的选择方法如下。

（1）直接拾取　用鼠标将光标移到要选取的对象上，然后单击鼠标左键选取对象。此种方式为默认方式，可以选择一个或多个对象。

（2）选择全部对象　在命令行键入“All”，该方式可以选择除冻结层以外的全部对象

（3）窗口方式　用于在指定的范围内选取对象，在“选择对象”提示下，在指定第一个角点之后，从左向右拖动形成一个矩形窗口，完全被矩形窗口围住的目标被选中。

（4）窗口交叉方式　该方式不仅选取包含在矩形窗口中的对象，也会选取与窗口边界相交的所有对象，交叉选择是从右向左拖动一矩形窗口。

4.4.2　删除对象（Erase）

Erase 命令用于将选中的对象删除，如图 4-21 所示。操作步骤如下。

命令：Erase

选择对象：（拾取 A）找到 1 个

选择对象：（拾取 B）指定对角点：（拾取 C）找到 2 个，总计 3 个

选择对象：↙圆、矩形、三角形被删除。

使用 Oops 命令可以恢复最后一次用 Erase 命令删除的对象。

命令：Oops↙

这时图中被删除的三个图形全部恢复。

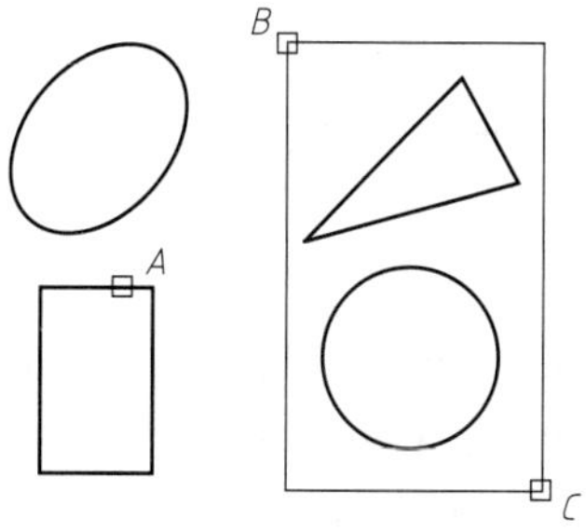

图 4-21　删除对象

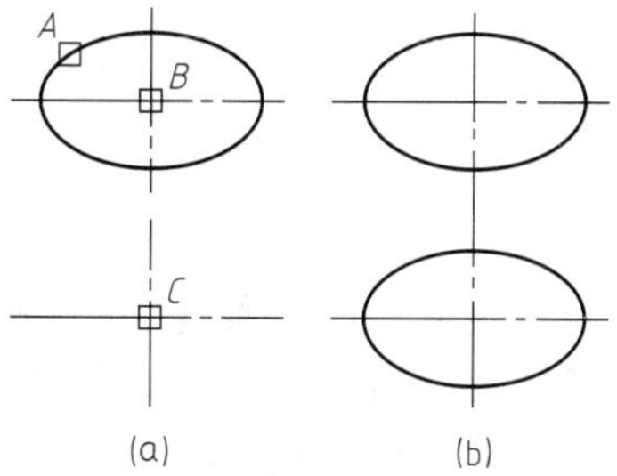

图 4-22　复制对象

4.4.3　复制对象（Copy）

Copy 命令可在当前图形中复制单个或多个对象，如图 4-22 所示。其操作步骤如下。

命令：Copy

选择对象：（拾取 A）找到 1 个

选择对象：↙

指定基点［位移（D）/模式（O）］<位移>：（拾取 B）

指定第二个点或<使用第一个点作为位移>：（拾取 C）

复制结果如图 4-22（b）所示。“基点”（BASE POINT）用作对象的参考点，基点的选择以较为靠近原目标为好，这样便于确定复制的位置。“位移”即要复制对象在 X，Y 和 Z 方向离基点的位置。

4.4.4 镜像复制对象（Mirror）

Mirror 命令用于生成所选对象与一临时镜像线的对称图形，原对象可保留也可删除，如图 4-23 所示。其操作步骤如下。

命令：Mirror

选择对象：：（拾取 A）

指定对角点：（拾取 B）找到 5 个

选择对象：↙

指定镜像线的第一个点：（拾取 C）

指定镜像线的第一个点：（拾取 D）

要删除源对象吗？［是（Y）/否（N）］<N>：

操作结果如图 4-23（b）所示。

4.4.5 偏移复制对象（Offset）

Offset 命令用于绘制在任何方向均与原对象平行的对象，若偏移的对象为封闭图形，则偏移后图形被放大或缩小。将图 4-24（a）中的直线向两边偏移 10，结果如图 4-24（b）所示，操作步骤如下。

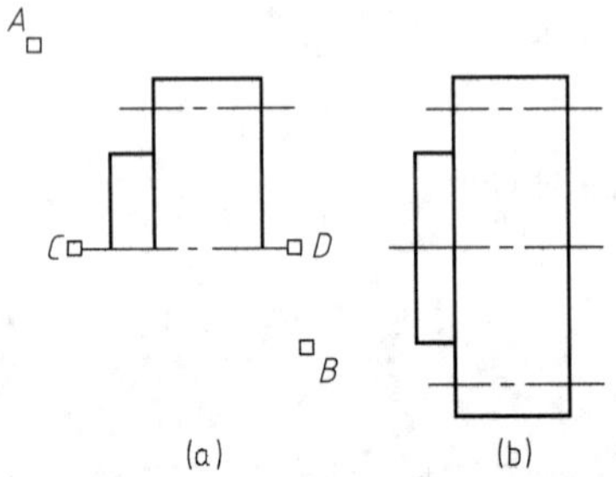

图 4-23 镜像复制对象

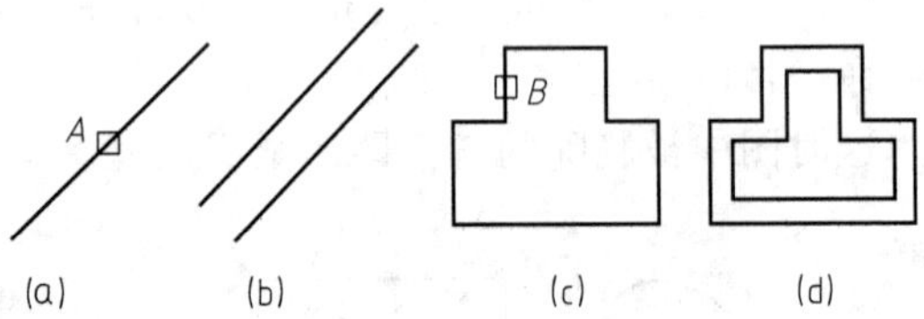

图 4-24 偏移复制

命令：Offset

指定偏移距离，或［通过（T）/删除（E）/图层（L）］<通过>：10↙

选择要偏移的对象，或［退出（E）/放弃（U）］<退出>：（拾取 A）

指定要偏移的那一侧上的点，或［退出（E）/多个（M）/放弃（U）］<退出>：（在直线的右下侧拾取一点）

图 4-24（d）是将图 4-24（c）的图形向内偏移 10 的结果，其操作步骤如下：

指定偏移距离，或［通过（T）/删除（E）/图层（L）］<通过>：10↙

选择要偏移的对象，或［退出（E）/放弃（U）］<退出>：（拾取 B）

指定要偏移的那一侧上的点，或［退出（E）/多个（M）/放弃（U）］<退出>：（在 T 图形内拾取一点）

4.4.6　阵列复制对象（Array）

Array 命令用于对所选对象进行矩形或环形复制，如图 4-25（a）所示。其操作步骤如下。

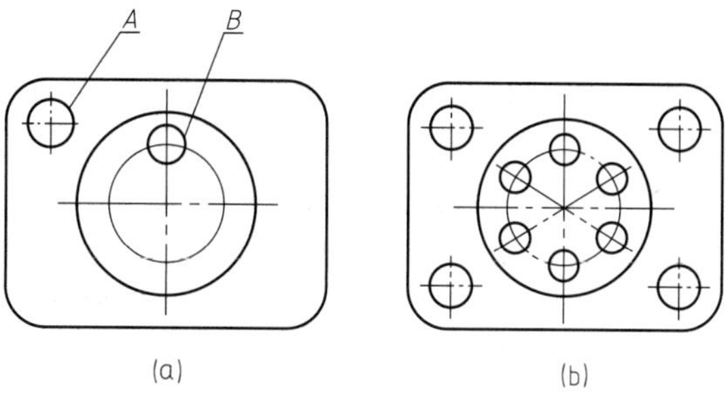

图 4-25　阵列复制对象

命令：Array
选择对象：(选择 A 所指的圆及中心线) 找到 3 个
选择对象：↙
输入阵列类型 [矩形（R）/路径（PA）/极轴（PO）]<矩形>：↙
输入行数或 [表达式（E）]<4>：2↙
输入列数或 [表达式（E）]<4>：2↙
指定行间距之间的距离或 [表达式（E）]<间距>：50↙
指定列间距之间的距离或 [表达式（E）]<间距>：80↙
命令：Array
选择对象：(选择 B 所指的圆及中心线) 找到 2 个
选择对象：↙
输入阵列类型 [矩形（R）/路径（PA）/极轴（PO）]<矩形>：P↙
指定阵列的中心点或 [基点（B）/旋转周（A）]：(捕捉大圆心)
输入项目数或 [项目间角度（A）/表达式（E）]：6↙
填充角度（+为逆时针，－为顺时针）或 [表达式（EX）]<360>：↙
按 "ENTER" 键接受或 [关联（AS）/基点（B）、项目（I）项目间角度（A）/填充角度（F）/行（ROW）/层（L）/旋转项目（ROT）/退出（X）]<退出>：
操作结果如图 4-25（b）所示。

4.4.7　旋转对象（Rotate）

Rotate 命令可以使图形对象绕某一基准点旋转，改变其方向，如图 4-26 所示，其操作步骤如下。

命令：Rotate
UCS 当前的正角方向：
ANGDIR＝逆时针
ANGBASE＝0
选择对象：(选取图 4-26a 图形) 找到 1 个
选择对象：↙指定基点：(捕捉 A)
指定旋转角度，或 [复制（C）/参考（R）]<0>：－45
操作结果如图 4-26（b）所示。

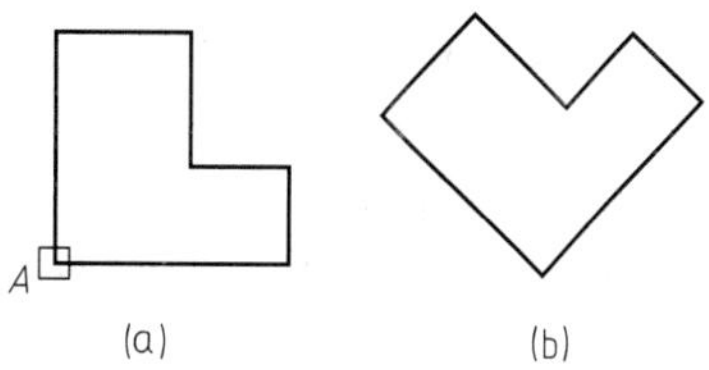

图 4-26　旋转对象

4.4.8 改变对象长度（Lengthen）

Lengthen 命令用于改变对象的总长度（变长或变短）或改变圆弧的圆心角，如图 4-27 所示。其操作步骤如下。

命令：Lengthen

选择对象或［增量（DE）/百分数（P）/全部（T）/动态（DY）］：DE↙

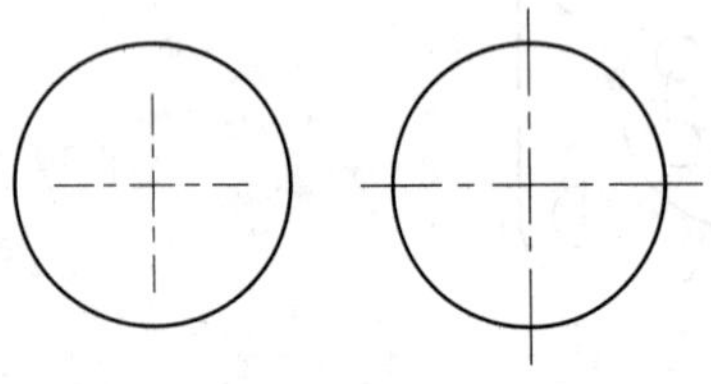

(a) (b)

图 4-27 改变中心线长度

输入长度增量或［角度（A）］：15↙

选择要修改的对象或［放弃（U）］：(拾取图 4-27a 中的水平中心线左端)

选择要修改的对象或［放弃（U）］：(拾取图 4-27a 中的水平中心线右端)

选择要修改的对象或［放弃（U）］：（(拾取图 4-27a 中的垂直中心线下端)

操作结果如图 4-27（b）所示。该命令中各选项的含义如下：

① 增量（Delta） 表示通过指定增量来改变对象，可以输入长度值或角度值，增量从离拾取点最近的对象端点开始量取，正值表示加长，负值表示缩短。

② 百分比（Percent） 表示通过指定百分比来改变对象。

③ 全部（Total） 表示要指定所选对象的新长度或角度。

④ 动态（Dynamic） 表示可以通过动态拖动来改变对象的长度。

4.4.9 裁剪对象（Trim）

Trim 命令用于以指定的剪切边为界修剪选定的图形对象，如图 4-28（a）所示，其操作步骤如下。

命令：Trim

当前设置：投影＝UCS，边＝元

选择剪切边…

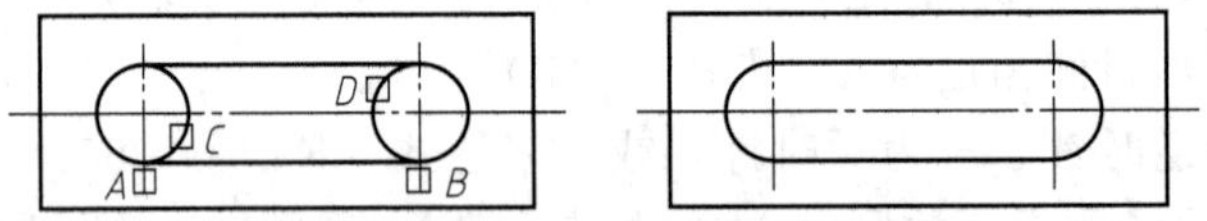

(a) (b)

图 4-28 裁剪对象

选择对象或＜全部选择＞：

选择对象：↙

选择要修剪的对象，或按住 Shift 键选择要延伸的对象，或［栏选（F）/窗交（C）/投影（P）/边（E）/删除（R）/放弃（U）］：↙

操作结果如图 4-28（b）所示。

图 4-29（a）所示为选择延伸边界选项进行修剪，操作步骤如下。

命令：Trim

当前设置：投影＝UCS 边＝元

选择剪切边…

选择对象或＜全部选择＞：↙

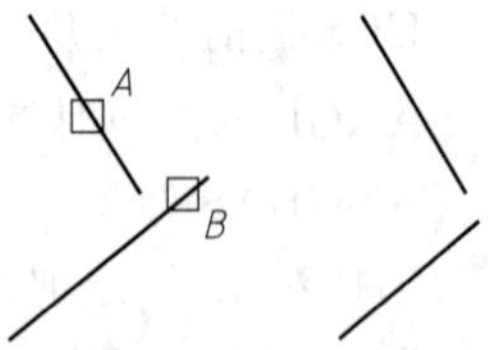

(a) (b)

图 4-29 边界延伸后的裁剪

选择对象：A↙

选择要修剪的对象，或按住 Shift 键选择要延伸的对象，或［栏选（F）/窗交（C）/投影（P）/边（E）/删除（R）/放弃（U）］：E

选择要修剪的对象，或按住 Shift 键选择要延伸的对象，或［栏选（F）/窗交（C）/投影（P）/边（E）/删除（R）/放弃（U）］：B↙

操作结果如图 4-29（b）所示。

4.4.10　延伸对象（Extend）

Extend 命令用于将选定的对象延伸到指定的边界，如图 4-30（a）所示，其操作步骤如下。

命令：Extend

当前设置：投影＝UCS 边＝元

选择剪切边…

选择对象或＜全部选择＞：↙

选择对象：A↙

选择要延伸的对象，或按住 Shift 键选择要延伸的对象，或［栏选（F）/窗交（C）/投影（P）/边（E）/删除（R）/放弃（U）］：E

选择要延伸的对象，或按住 Shift 键选择要延伸的对象，或［栏选（F）/窗交（C）/投影（P）/边（E）/删除（R）/放弃（U）］：B↙

操作结果如图 4-30（b）所示。

4.4.11　切断对象（Break）

Break 命令用于删除对象的一部分或将所选对象分解成两部分，如图 4-31（a）所示，其操作步骤如下。

命令：Break

选择对象：（拾取 A）

指定第二个打断点或［第一点（F）］：（拾取 B）

操作结果如图 4-31（b）所示。

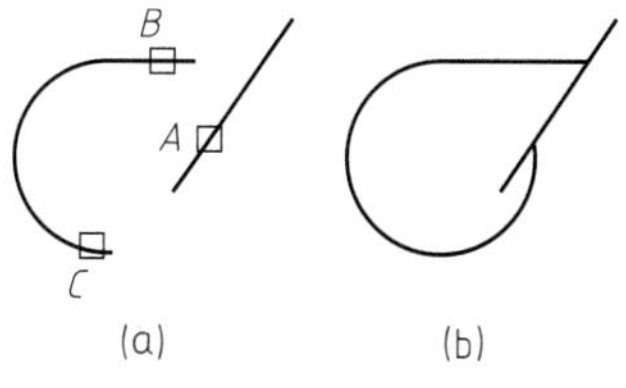

图 4-30　延伸对象

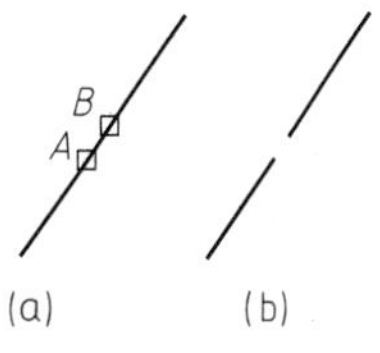

图 4-31　切断对象

4.4.12　倒角（Chamfer）

Chamfer 用于对两直线或多段线作有斜度的倒角。其操作步骤如下。

命令：Chamfer

（“修剪”模式）当前倒角距离 1＝15.0000。距离 2＝15.0000

选择第一条直线或［放弃（U）/多段线（P）/距离（D）/角度（A）/修剪（T）/方式（E）/多个（M）］：D

指定第一个倒角距离＜15.0000＞：1.5

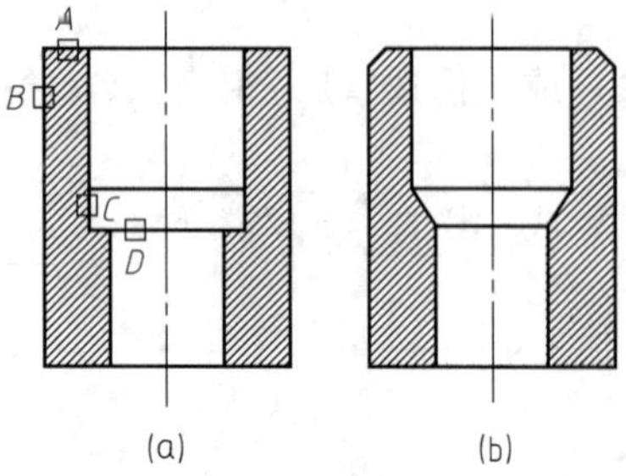

图 4-32 倒角

指定第二个倒角距离<15.0000>：1.5

选择第一条直线或［放弃（U）/多段线（P）/距离（D）/角度（A）/修剪（T）/方式（E）/多个（M）］：（拾取 A，如图 4-32a 所示）

选择第二条直线，或按住 Shift 键选择直线以应用角点或［距离（D）/角度（A）/方法（M）］：（拾取 B，如图 4-32a 所示）

用同样方法将右侧和内孔倒角，结果如图 4-32（b）所示。

4.5 AutoCAD 绘图步骤

一般绘制工程图的步骤如下。

1）开机进入 AutoCAD，从“文件”/“新建”下拉菜单给图形文件命名；

2）设置绘图环境，如绘图界限、尺寸精度等；

3）设置图层、线型、线宽、颜色等；

4）使用绘图命令或精确定位点的方法在屏幕上绘图；

5）使用编辑命令修改图形；

6）图形填充及标注尺寸，填写文本；

7）完成整个图形后，通过“文件”、“保存”选项存盘，然后退出 AutoCAD。

用 AutoCAD 绘制三视图，不但要熟练运用 AutoCAD 中的各种绘图命令和编辑命令，还要熟练运用辅助绘图工具，如目标捕捉（Osnap）、正交（Ortho）等。

例 利用计算机在 A4 图纸上绘制如图 4-33 所示的平面图形。

作图步骤如下。

1）通过“文件”/“新建”下拉菜单定义图形名：如“plane01”。

2）设置 A4 图纸幅面。

命令：（选择下拉菜单“格式”/“图形界限”）重新设置模型空间界限

指定左下角点［开（On）/关（Off）］<0.000，0.0000：0，0（指定绘图区左下角坐标）

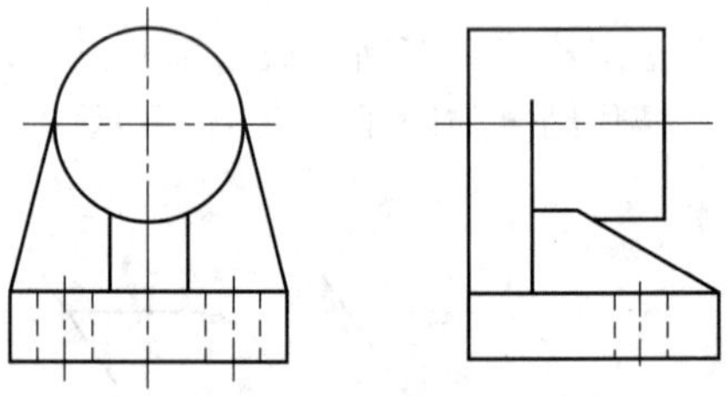
图 4-33 绘制视图

指定右下角点［On/Off］<420.0000，297.0000：297，210（指定绘图区右上角坐标）

命令：（再次发出 Limits 命令）

指定左下角点［开（On）/关（Off）］<0.0000，0.0000：ON（打开图限检查）

命令：（单击状态条上的网络图标，打开网格显示）

命令：

3）设置图层及线型：通过图层对话框设置图层名、线型和颜色，如 01 层为粗实线层，颜色为白色，02 层为点画线层，颜色为红色。

4）画图：将 02 层改为当前层，根据尺寸画中心线，如图 4-34（a）所示；将 01 层改为当前层，根据尺寸画已知线段，如图 4-34（b）所示；然后画公切线，如图 4-34（c）所示；最后画出左视图上的斜线和截交线，再用剪切命令“TRIM”剪去多余的圆柱轮廓线，如图 4-34（d）所示。

5）存盘后退出。

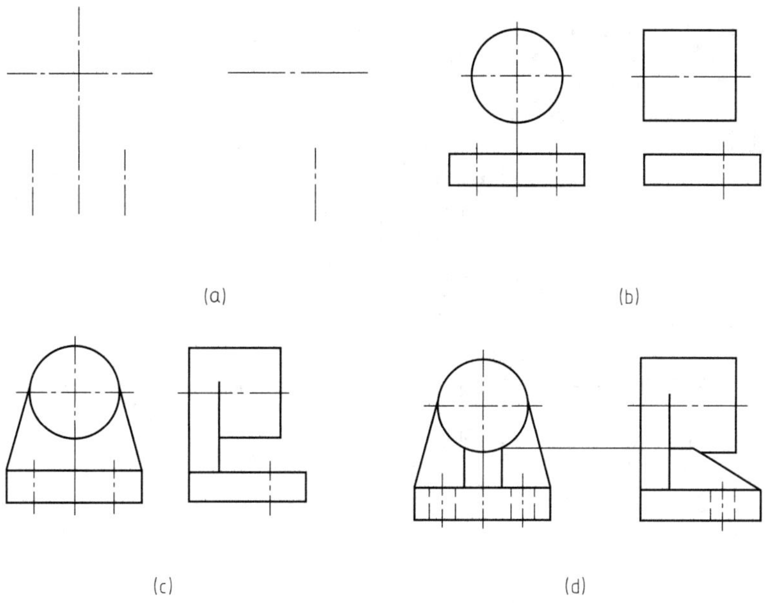

图 4-34　视图绘制过程

4.6　AutoCAD 文字注写、尺寸标注

4.6.1　文本注写

在实际绘图中，经常需要为图形添加一些注释性的说明，因此，必须掌握在图中添加文字的方法。

（1）文本类型设置　由于 AutoCAD 用途的多样性，需要多种文本类型，尤其是对我国用户而言，通常还要使用汉字。所以，设置文本类型是进行文字注写的首要任务。文本类型的设置命令为 Style，直接输入该命令或选择菜单“格式”/“文字样式”后，系统将显示如图 4-35 所示“文字样式”对话框，此时可使用已有类型，也可生成新类型。“文字样式”对话框中各按钮或选项含义如下。

1）“新建”按钮　用于建立新文本，为已有的式样更名和删除式样。

2）“字体”区和“大小”区　用于选定字体，指定字体格式及设置字体高度。

3）“效果”区　用于确定字体特征，包括“颠倒”“反向”“垂直”复选框，以及“宽度因子”和“倾斜角度”文本框。

4）“应用”按钮　用于确定对字体式样的设置。

（2）本输入　AutoCAD 提供了三个命令（Text、Dtext 和 Mtext）用于在图中输入文本。其操作步骤如下。

命令：Text

前文字样式：“Standard”文字高度：1.5000　注释性：否

指定文字的起点或［对证（J）/样式（S）］：

指定高度＜1.5000＞：10

指定文字的旋转角度＜0＞：

输入文字：

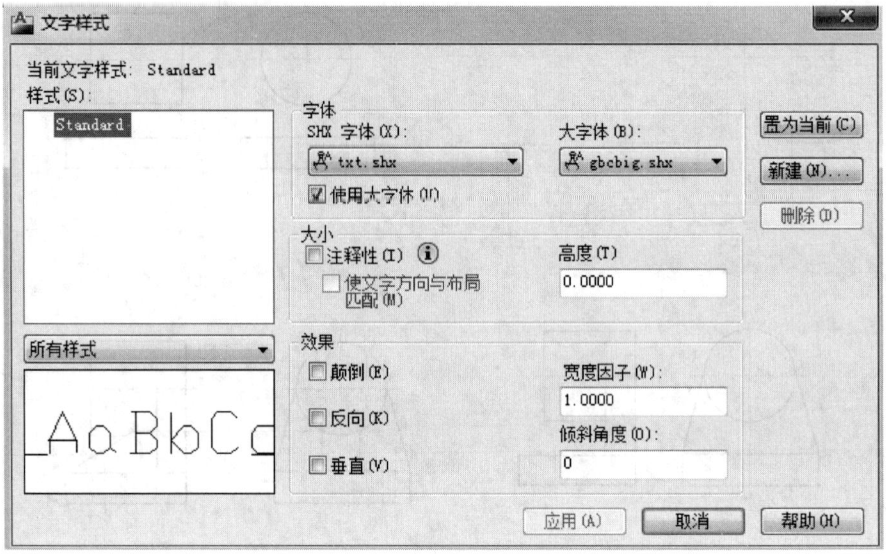

图 4-35　文字样式对话框

绘图时，有时需要添加一些键盘上没有的特殊字符，AutoCAD 提供了相应控制码。常用的控制码有：%%P——公差符号“±”；%%D——度符号“°”；%%C——圆的直径符号“ϕ”。

4.6.2　尺寸标注

AutoCAD 提供了方便、准确的尺寸标注功能。用户通过“标注”下拉菜单，标注工具栏（见图 4-36）或直接在命令行输入命令进行尺寸标注。

（1）标注样式　执行标注样式命令的方法如下。

1）下拉菜单选择“标注”、“标注样式”选项。

2）命令行输入 Dimstyle 命令。

执行上述命令后，AutoCAD 将打开“标注样式管理器”对话框，如图 4-37 所示。单击“新建”按钮，AutoCAD 将弹出“新建标注样式”对话框，如图 4-38 所示。

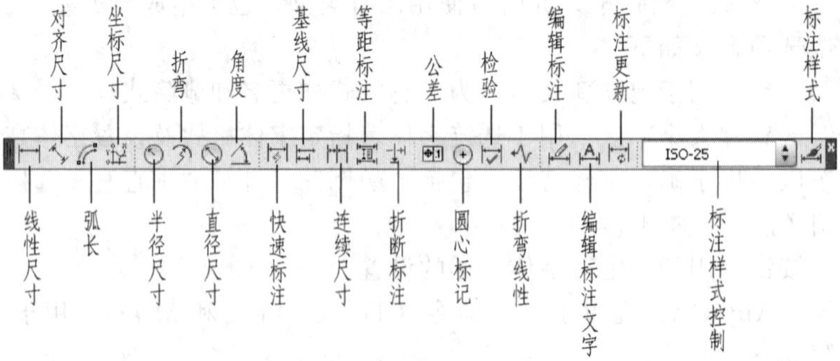

图 4-36　标注工具栏

可对其 7 个选项卡进行设置，建立所需的标注样式。各选项卡的作用如下。

1）线　用来设置尺寸线和延伸线的属性。

2）符号和箭头　用来设置箭头大小、圆心标记、折断标注等属性。

3）文字　用来设置尺寸文字的外观、位置及对齐方式。

4）调整　用来控制尺寸文字、尺寸线、尺寸箭头等的位置。

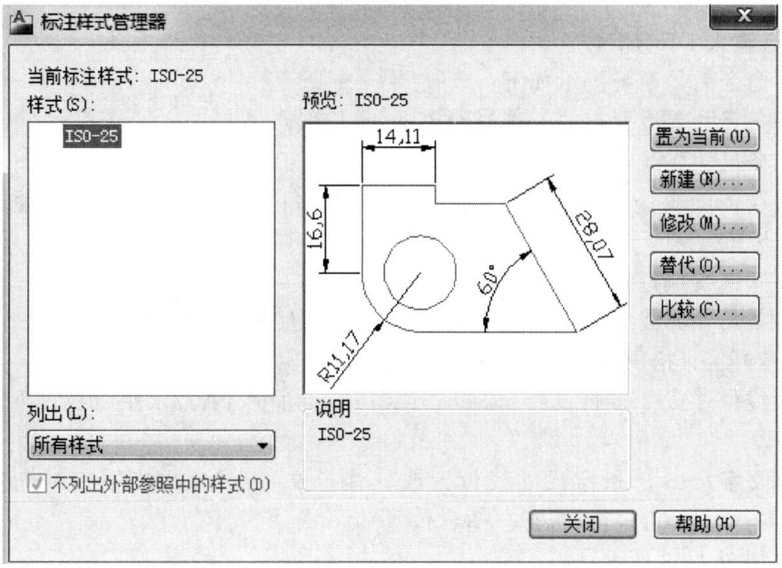

图 4-37　标注样式管理器

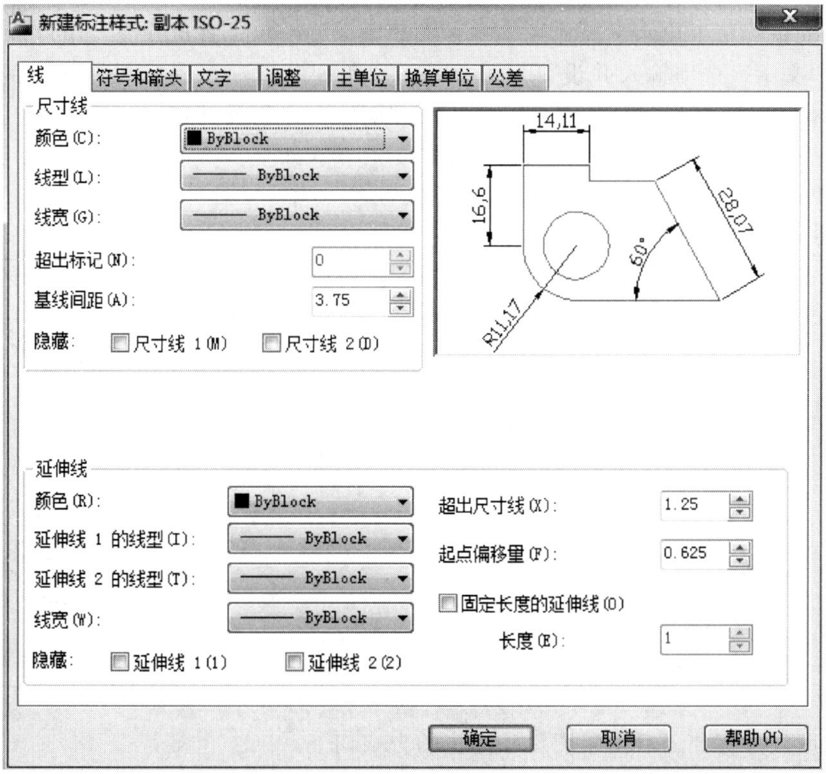

图 4-38　新建标注样式

5）主单位　用来设置主单位的格式与精度，以及尺寸文字的前缀与后缀。

6）换算单位　用来确定换算单位的格式。

7）公差　用来确定是否标注公差，若标注，以何种方式进行标注。

(2) 线性尺寸标注　启动线性尺寸标注命令的方式如下。

1）下拉菜单选择“标注”/“线性”选项。

2）命令行输入 DIMLIN。

执行上述命令后，系统提示如下：

指定第一条尺寸界线原点或<选择对象>：（拾取点 A）

指定第二条尺寸界线原点（拾取点 B）

指定尺寸线位置或［多行文字（M）/文字（T）/角度（A）/水平（H）/垂直（V）/旋转（R）］：（拾取点 E）

命令：↙（继续执行线性标注命令）

指定第一条尺寸界线原点或<选择对象>：↙（执行选择对象选项）

选择标注对象：（拾取直线 AD，上下拖动鼠标引出水平尺寸线）

指定尺寸线位置或［多行文字（M）/文字（T）/角度（A）/水平（H）/垂直（V）/旋转（R）］T↙

输入标注文字：15↙指定尺寸线位置或［多行文字（M）/文字（T）/角度（A）/水平（H）/垂直（V）/旋转（R）］：（选择一适合位置）

执行结果如图 4-39 所示。

用户选择标注对象后，AutoCAD 自动将该对象的两端点作为两条尺寸界线的起始点，自动测量出相应距离并标出尺寸，当两条尺寸界线的起始点不位于同一水平线或垂直线上时，上下拖动鼠标可引出水平尺寸线，左右拖动鼠标可引出垂直尺寸线。用户也可利用“多行文字”/“文字”选项输入并设置尺寸文字，“角度”选项可确定尺寸文字的旋转角度，“水平”/“垂直”选项可标注水平/垂直尺寸，“旋转”选项可旋转尺寸标注。

（3）对齐尺寸标注　启动对齐尺寸标注命令的方式如下。

1）下拉菜单选择“标注”/“对齐”选项。

2）命令行输入 Dimangular。

对齐尺寸标注命令的功能是使尺寸线与两尺寸界线的起点连线平行或与要标注尺寸的对象平行。其使用方法与线性尺寸标注相同，标注结果如图 4-40 所示。

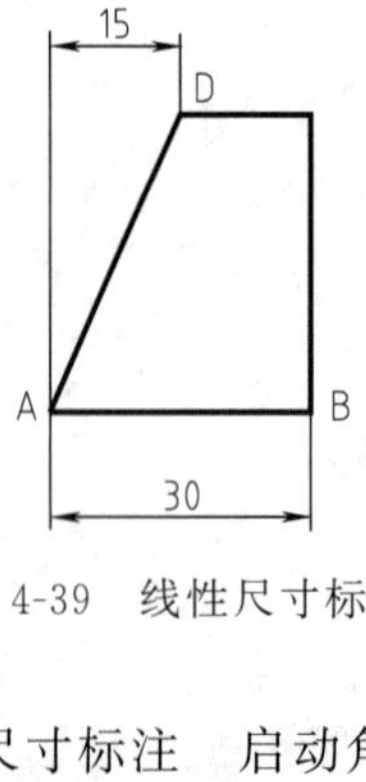

图 4-39　线性尺寸标注

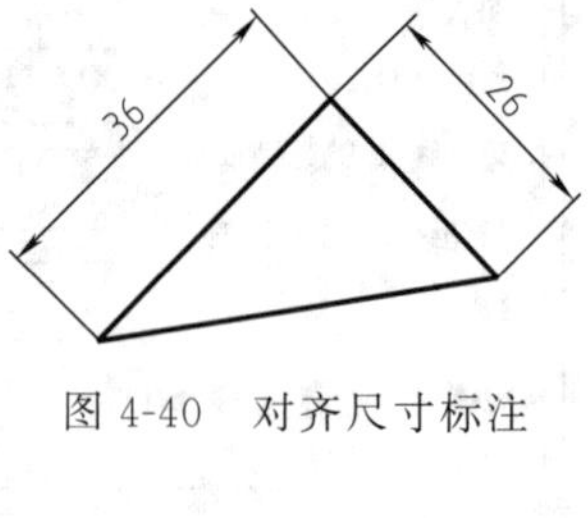

图 4-40　对齐尺寸标注

（4）角度尺寸标注　启动角度尺寸标注的方式如下。

1）下拉菜单选择“标注”/“角度”选项。

2）命令行输入 Dimangular。

执行上述命令后，系统提示如下：

选择圆弧、圆、直线或<指定顶点>

各选项的含义如下：

1）选择圆。用于标注圆上某段圆弧的包含角。该圆的圆心被置为所注角度的顶点，拾取点为一个端点，系统提示用户拾取第二个端点（该点可在圆上，也可不在圆上），尺寸界线通过所选取的两个点，如图 4-41（a）所示。

2）选择圆弧。用于直线标注圆弧的包含角，如图 4-41（b）所示。

3）选择直线。系统提示拾取第二条线段，并以它们的交点为顶点，标注两条不平行直线之间的夹角，如图 4-41（c）所示。

4）直接按 Enter，系统提示输入角的顶点、角的两个端点，AutoCAD 将根据给定的三个点标注角度，如图 4-41（d）所示。

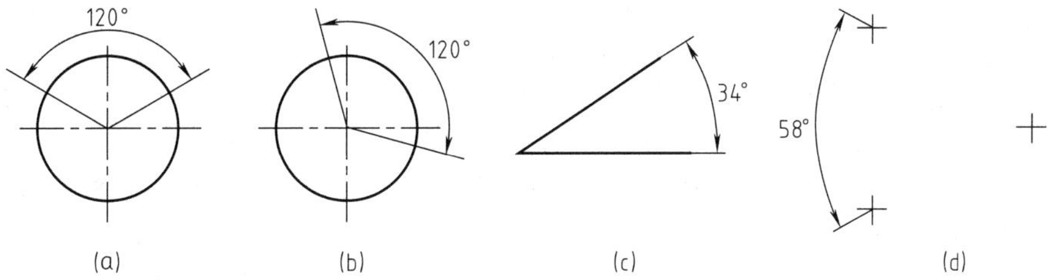

图 4-41　角度尺寸标注

（5）基线标注

1）拉菜单选择“标注”/“基线”选项。

2）命令行输入 Dimbaseline。

执行上述命令后，系统提示如下：

指定第二条尺寸界线原点或［放弃（u)/选择（S)］<选择>：

该提示中各选项的含义如下：

1）specify a second extension line origin。确定下一个尺寸的第二条尺寸界线的起点位置。

2）放弃。用于放弃前一次操作。

3）选择。用于重新确定作为基准的尺寸。

标注结果如图 4-42 所示。

（6）连续标注　启动连续标注的方式如下。

1）下拉菜单选择“标注”/“连续”选项。

2）命令行输入 Dimcontinue。

连续标注命令的功能是方便迅速地标注连续的线性或角度尺寸，其标注结果如图 4-43 所示。

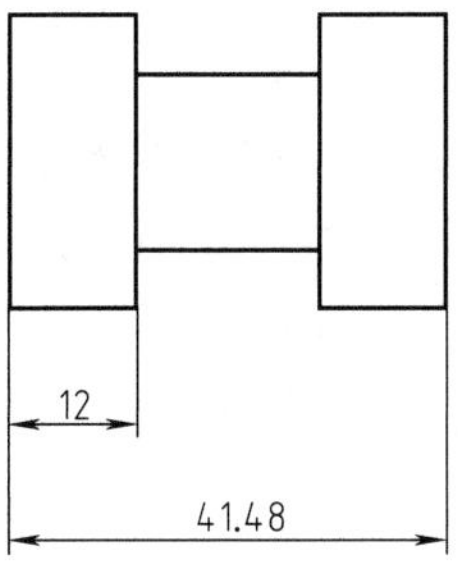

图 4-42　基线标注

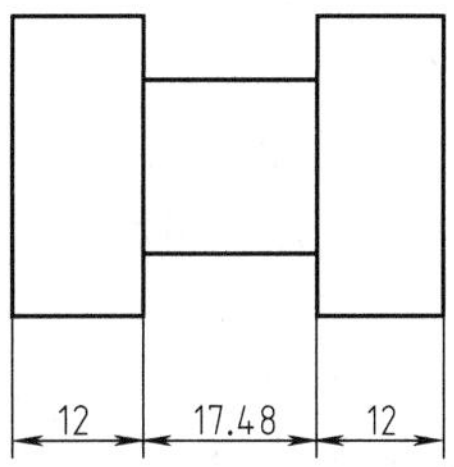

图 4-43　连续标注

（7）半径、直径和圆心标注　启动半径、直径和圆心标注命令的方式如下。

1）下拉菜单选择“标注”/“半径”“直径”或“圆心标记”选项。

2）命令行输入 Dimradius、Dimdiameter \ Dimcenter。

注意：① 当通过“多行文字”、“文字”选项重新确定尺寸文字时，应在输入的尺寸文字前加前缀“R”或“%%C”这样才能使标出的尺寸带半径符号“R”或直径符号“ϕ”。

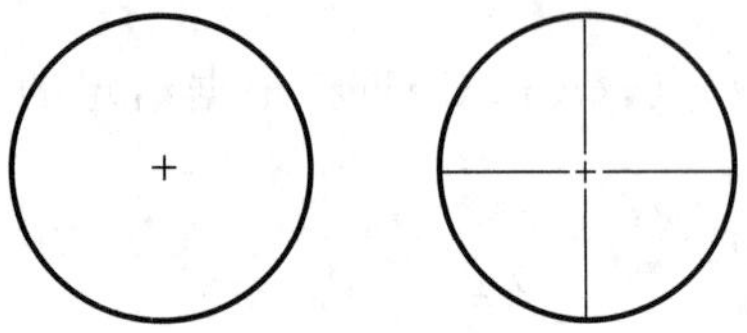

图 4-44　圆心标记

② 圆心标记的形式由系统变量“dimcen”确定。当该变量的值等于 0 时，不显示圆心标记或中心线；当该变量的值大于 0 时，作圆心标记，且该值是圆心长度的一半；当变量的值小于 0 时，画出中心线，且该值是圆心处小十字线长度的一半。如图 4-44 所示。

（8）引线标注　引线标注命令的功能是创建引线标注方式，为图形添加注释文本。执行引线标注命令后，系统提示如下。

命令：Leder↙

指定引线起点：

指定下一点：

指定下一点或［注释（A）/格式（F）/放弃（U）］<注释>：

其中主要选项功能如下。

1）指定下一点　直接输入一点，根据前面的点画出折线作为引线。

2）注释　输入注释或确定注释的类型，执行该选项，AutoCAD 提示：

输入注释文字的第一行或<选项>：用户可直接输入注释文本并按 Enter 键结束 Leader 命令；或者直接按 Enter 键执行“选项”选项，此时 AutoCAD 继续提示：

输入注释选项［公差（T）/副体（C）/块（B）/无（N）/多行文字（M）］<多行文字>：在该提示中，Tolerance 选项表示注释内容为几何公差，Copy 选项表示注释内容将是复制的多行文字、文字、块参照或为几何公差，Block 选项表示注释内容是插入的块，None 选项表示没有注释，Mtext 选项表示注释内容为通过多行文字编辑器输入的多行文字。

3）格式　用于确定引线和箭头的格式。执行该选项，AutoCAD 会提示：

输入引线格式选项［样条曲线（S）/直线（ST）/箭头（A）/无（N）］<退出>

在该提示中，Spline 和 Straight 选项分别表示引线为样条曲线和折线，Arror 选项表示将在引线的起始位置处画出箭头，None 选项表示在引线的起始位置没有箭头，Exit 选项表示将退出当前的格式选项操作，返回上一级提示。

（9）快速引线标注

1）下拉菜单　选择“标注”/“引线”选项。

2）命令行　输入 Qleader。

快速引线标注命的功能是：快速生成引线标注，并通过“引线设置”对话框命令行的提示进行设置。为图形添加注释文本，如图 4-45 所示，其中，“注释”选项卡用来设置引线标注的注释类型、多行文字选项、确定是否重复使用注释；“引线和箭头”选项卡用来设置引线和箭头的格式；“附着”选项卡用于确定多行文字注释相对于引线终点的位置。

（10）坐标尺寸标注　启动坐标尺寸标注命令的方式如下。

1）下拉菜单选择“标注”/“坐标”选项。

2）命令行输入 Dimordinare。

执行上述命令后，系统提示：

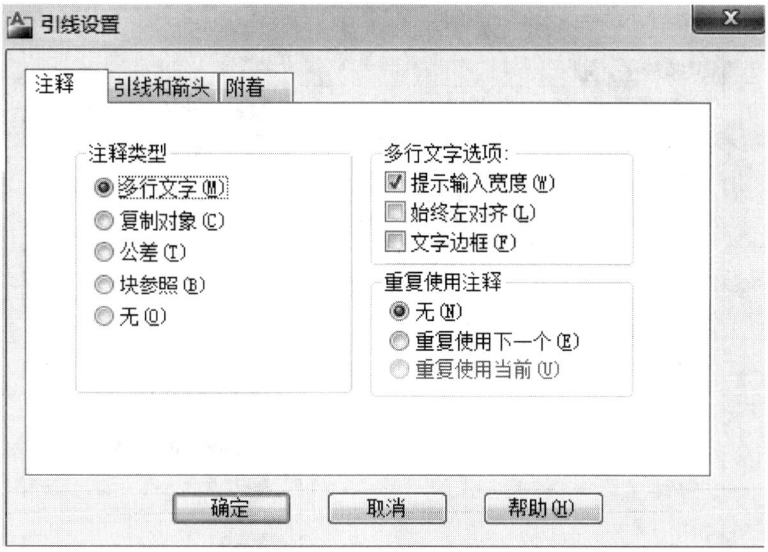

图 4-45　引线设置

指定点坐标：

指定引线端点或［X 坐标（X）/Y 坐标（Y）/多行文字（M）/文字（T）/角度（A）］

在确定引线的端点位置之前，应首先确定标注点的坐标，在此提示下相对于标注点上下移动光标，将标注点的 X 坐标，左右移动光标，则标注点的 Y 坐标。

坐标标注用于标注相对于坐标原点的坐标，用户可通过命令 Ucs 改变坐标系的原点位置。利用 AutoCAD 的快速标注功能，在不改变用户坐标的情况下改变坐标标注的零点值。

4.7　AutoCAD 区域填充

在图形表达中，为了标识某一区域的意义或用途，通常需要用某种图案填充，如剖视图中截断面的剖面符号。此时就需要使用 AutoCAD 系统提供的图案填充功能。

在 AutoCAD 中，用户可通过单击工具栏中的“二维填充”工具、下拉菜单“绘图”/“填充”或输入 Bhatch 命令来创建填充多边形。

在进行图案填充时，首先要确定填充的边界。定义边界的对象只能是直线、射线、多义线、样条曲线、圆弧、圆、椭圆、面域等，并且构成的一定是封闭区域。另外，作为边界的对象在当前屏幕上全部可见，才能正确地进行填充。

4.7.1　图案填充

启动图案填充命令后，系统将弹出如图 4-46 所示的“图案填充和渐变色”对话框，该对话框用以确定图案填充时的填充图案、填充区域及填充方式等内容。

用户可在“图案填充”选项卡中确定填充图案的类型，AutoCAD 允许用户使用系统提供的各种图案或用户自定义的图案。“图案”和“样例”的右侧反映的是当前图案的形式及名称，用户可分别单击图案右边或样例右侧选择其他图案形式。“角度”和“比例”下拉列表框可确定图案比例、角度等特性。

选择好图案后，就要确定填充区域的边界。用户可单击“拾取点”，回到绘图区，在希望填充的区域内任意点取一下，AutoCAD 将自动确定出包围该点的封闭填充边界。如果不

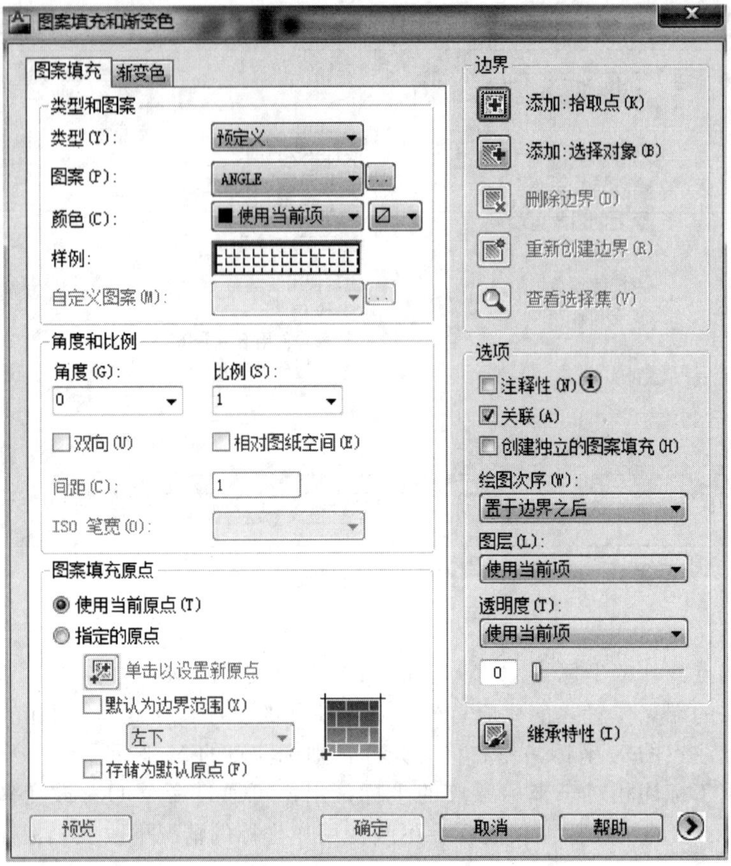

图 4-46 边界图案填充对话框

能形成一封闭的填充边界，则不能进行填充，AutoCAD 会给出提示信息。

用户也可通过“选项”区，以选取对象的方式确定填充区域的边界。

4.7.2 编辑填充图案

通过下拉菜单“修改”/“对象”/“图案”命令，用户可对已填充的图案进行诸如改变填充图案、改变填充比例和旋转角度等修改。

4.8 AutoCAD 图块操作

图块操作简称块操作，优点是方便快捷，可以减少很多重复性的绘图工作，特别是对于图样已经规范化的标准件常用件。

块操作主要分为两步：

1）块的定义 块定义的两个主要命令是 Block 和 Wblock。

2）块的插入 块插入的相应命令有 Insert 及 Ddinsert。

在定义块的时候还可以定义块的属性，其命令是 Attdef、Ddattdef，使用下拉菜单或工具栏也可以实现快捷操作。下面主要以螺纹连接件为例，介绍块定义和块插入操作。

（1）定义块 先画出需要定义为“块”的图形，如图 4-47 中的螺栓；为方便插入比例的调整和变换，最好画成如图 4-47 左边所示的图形，将螺栓定义为两个独立的图块，这样的独立图块达到一定数量后就能任意组合。例如，画其他形式的螺钉或螺纹时，外螺纹结束的倒角部分可以通用，操作十分方便快捷。

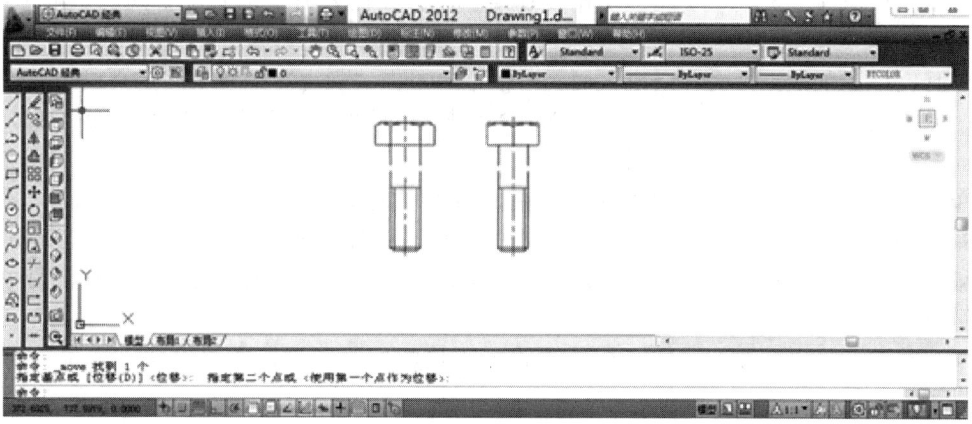

图 4-47　画图块图形

画好图样后，在“命令:”提示处输入“Block”或“Wblock”命令，输入命令后按 Enter 键，将出现如图 4-48 所示的对话框。

Block 和 Wblock 命令的最大区别在于 Block 定义的块只能在当前文件中使用；Wblock 定义的块被独立存储为一个文件，可以用于其他文件的块插入操作。所以，对于常用的块，如一些常用的标准件，最好使用 Wblock 命令，这样可以建立一个小型的块库，画装配图等图样时就十分方便。在如图 4-48 所示对话框的名称一栏中输入块的名称，如“螺栓-1”，这样可方便块的检索。

图 4-48　块定义对话框

在“基点”区输入插入基准点的坐标，也可以用鼠标左键单击“拾取点”左边的按钮直接点选。基准点是插入块时作为基准使用的点，一般在轴线上选择一个既方便确定，又可以利用 Snap 或 Osnap 工具进行捕捉的点。

选好点后，单击“选择对象”左边的按钮，选择需要作为插入块的线或图形。

选择图样、输入图名、找基准点，实际上并没有严格的次序。而且有时图块中可能需要文字，但有些不是固定的，如标题栏是固定的，而填写项目就不固定，这时就可以在定义块的同时定义图块的属性。块属性定义命令有 Attdef、Ddattdef，也可以在“绘制”下拉菜单中选择“图块属性”选项，块属性操作较复杂，而且和插入命令也有配合问题，限于篇幅，在这里就不深入展开。

选择完毕，单击鼠标右键结束，回到对话框，单击“确定”按钮块即定义成功。

(2) 插入块　需要插入某个已经定义好的块时，在“命令:”提示处输入命令 Insert 或 Ddinsert，将出现图 4-49 所示对话框。

单击“浏览”按钮找出需要插入的图块，如刚才定义的“螺栓-1”。在“比例”区中可以选择不同方向的伸缩比例，例如，当需要的直径是图样的两倍时，可以在相应 X、Y、Z 位置输入比例因子，这三个比例因子既可以相同也可以不同，根据需要选顶。对于使用比例画法的标准件，应保证比例的正确性。

然后单击“确定”按钮，在光标位置将出现块的虚线图形，在需要插入的位置单击左键，即可插入块。

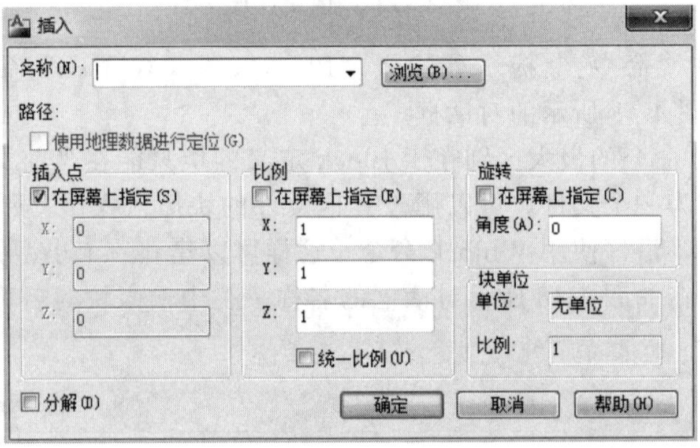

图 4-49　图块插入对话框

4.9　AutoCAD 标注技术要求

4.9.1　尺寸公差的标注

执行 Dimstyle 命令，选择下拉菜单“绘图”/“标注样式”，打开“标注样式管理器”对话框，单击“新建”或“修改”按钮，即可创建新尺寸标注类型或修改选定的尺寸标注类型。出现“新建标注样式”对话框时，选择“公差”项，如图 4-50 所示，用户可在此设置选用的公差类型和进行公差的其他设置。

系统提供了四种公差类型，其意义如下：

① 对称　以“测量值　公差”的形式标注尺寸。

② 极限偏差　以“测量值　上极限偏差、下极限偏差”的形式标注尺寸。

③ 极限尺寸　以“最大值　最小值”的形式标注尺寸。

④ 基本尺寸　以“测量值”的形式标注尺寸。

此外，利用“垂直位置”下拉列表可设置文本的对齐方式（上、中、下）。完成设置后，单击“确定”按钮可从“新建标注样式”对话框返回“标注样式管理器”对话框，单击“置

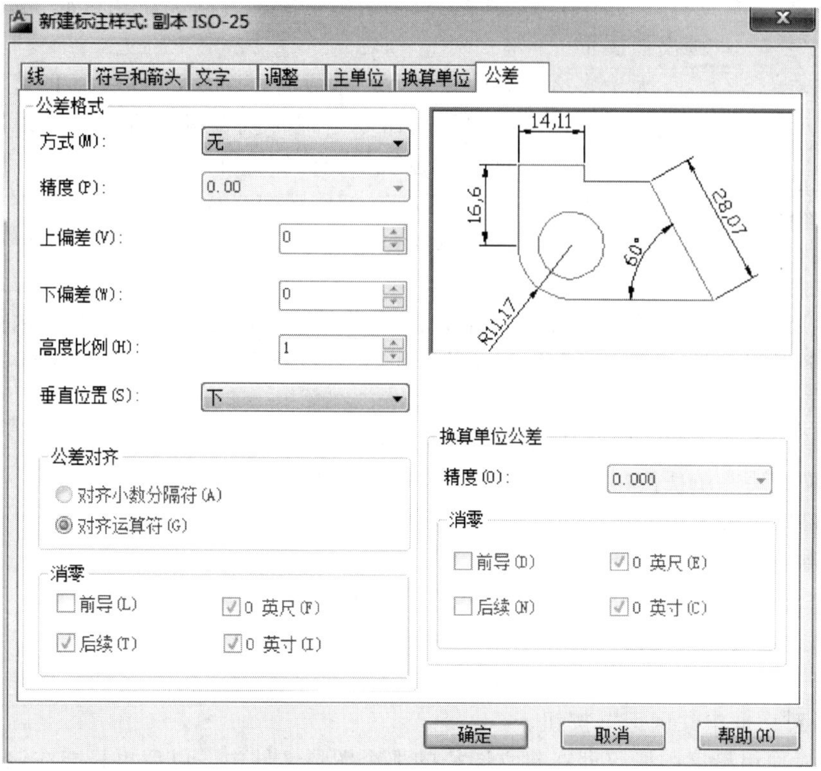

图 4-50　新建标注样式对话框

为当前”按钮可将创建的样式设置为当前样式。

4.9.2　几何公差的标注

由 Tolerance 命令或“标注”/“公差”下拉菜单打开“形位公差”对话框（图 4-51），单击“符号”列下方小黑块，系统弹出如图 4-52 所示对话框，用户可在该对话框中指定几何公差代号；单击“公差 1”和“公差 2”列下方左侧的小黑块，显示“ϕ”符号；单击“公差 1”和“公差 2”列下方右侧的小黑块，将弹出图 4-53 所示对话框，用户可从中选择材料标记。

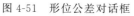

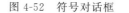

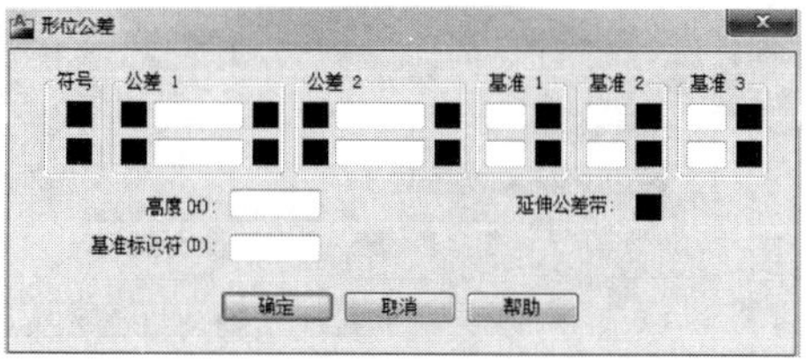

图 4-51　形位公差对话框

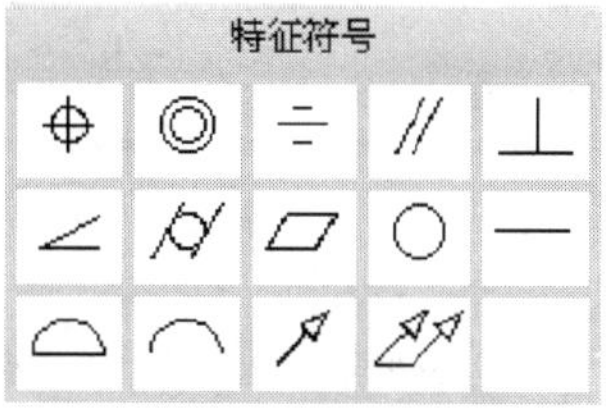

图 4-52　符号对话框

图 4-53　包容条件对话框

4.9.3　表面粗糙度标注

（1）创建表面粗糙度代号块　用计算机绘制零件图时，除了要标注尺寸外，还应标注其他技术要求，表面粗糙度就是其内容之一。图样上表面粗糙度的使用频率高，绘图时需要花费较多的时间和精力进行这一重复劳动。绘制机械装配图时，需要绘制的许多标准结构、标准零件，也存在重复劳动的问题。为了解决以上问题，可以把使用频率较高的图形定义成图

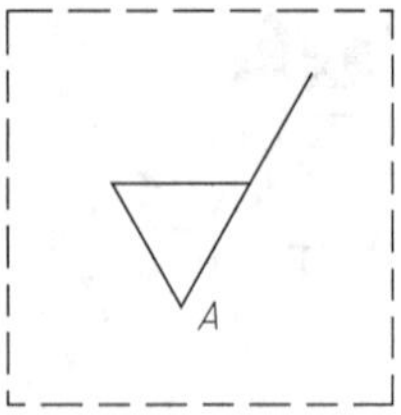

图 4-54 粗糙度符号图形

块存储起来，需要时，只要给出位置、方向和比例（确定大小），即可画出该图形。

无论多么复杂的图形，一旦成为一个块，AutoCAD 就将它当作一个整体看待，所以用编辑命令处理时就显得更方便。如果用户想编辑一个块中的某个对象，必须首先分解这个块，分解操作可使用分解图标按钮，也可使用 Explode。把图形定义成图块后，可以在本图形文件中使用，也可以将其单独存为一个文件，供其他图形文件引用。下面以表面粗糙度为例，介绍块的操作步骤。

图 4-54 所示为表面粗糙度的基本图形，该图形可以画在绘图区的任意空白处。单击图标按钮“创建块”或输入 Block 命令，将弹出如图 4-55 所示的“块定义”对话框。“对象”区中按钮的意义如下：

①“保留”单选按钮，定义块后仍保存原对象。

②“转换为块”单选按钮，定义块后，将选中对象转换为块。

③“删除”单选按钮，定义块后删除原对象。

定义图块的操作步骤为：

① 在“名称”下拉列表框中定义块名为“粗糙度”。

② 点击“拾取点”按钮，选择图 4-54 中的 A 点作为插入基准点。

③ 点击“选择对象”按钮，选择目标图形（图 4-54 中的虚线框）。

④ 单击对话框中“确定”按钮。

此时，表面粗糙度图块仅存在建立图块的那个图形文件中，以后也只能在该图形文件中调用该块，如果要在其他文件中调用该图块，则必须使用 Wblock 命令把图块定义写入磁盘文件。在命令行输入 Wblock，系统将显示图 4-56 所示的对话框。在对话框中输入块文件名，然后选择“保存”，关闭对话框，系统显示

图 4-55 块定义对话框

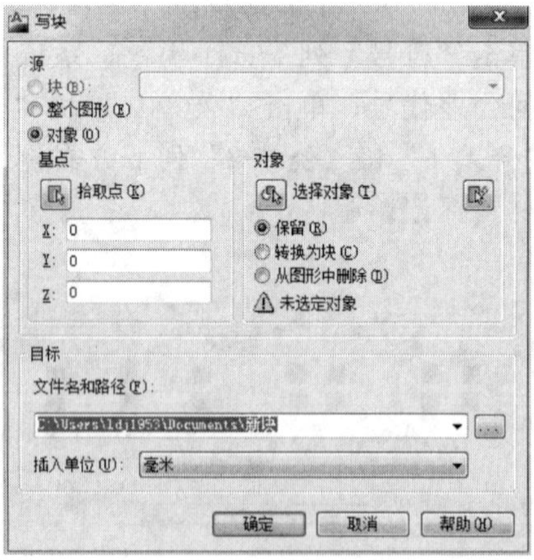

图 4-56 写块对话框

命令：块名称

要求用户输入已用 Block 命令定义过的块名，此时系统会把该块按给定的文件名进行存盘。当所建文件名与所建块的块名相同时，可输入“＝”。

（2）创建表面粗糙度代号块的属性　用户可使用 Attdef 命令或选择“绘图”/“块”/“定义属性”菜单来生成块属性。执行该命令后，系统弹出“属性定义”对话框，如图 4-57

所示。该对话框包括了“模式”、“属性”、“插入点”和“文字设置”等几部分。其中，“模式”区可设置属性为“不可见”、“固定”、“验证”或“预设”等；Attribute“属性”区中可输入属性标记、提示和默认值；“插入点”区用于定义插入点光标；“文字设置”区用于定义文本的对正、文字样式、高度及旋转角等。

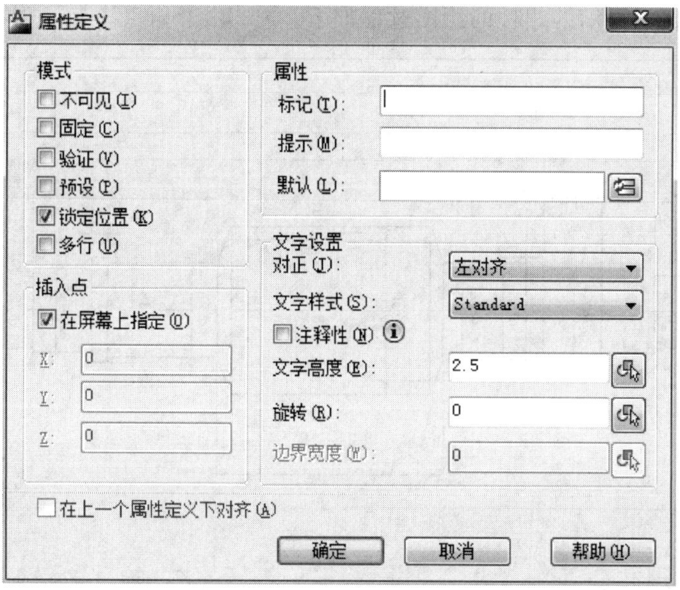

图 4-57 属性定义对话框

(3) 标注表面粗糙度代号 将定义成块的表面粗糙度代号标注在图形中，可在命令行输入 Insert 命令，也可选择“插入”/“块”菜单，系统将打开如图 4-58 所示的“插入”对话框，若插入本图形中的代号块，可从“名称”下拉列表中进行选择；若插入其他文件的代号块，可单击“浏览”按钮，然后从打开的“选择草图文件”对话框中进行选择。在“插入”对话框还可指定插入点、比例和旋转角。

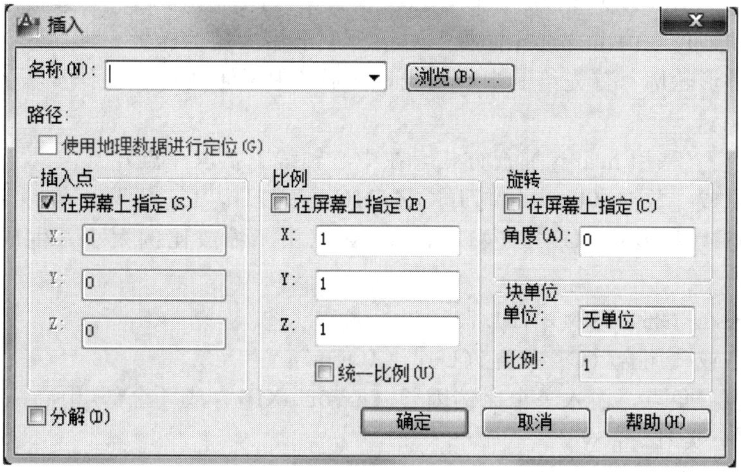

图 4-58 插入对话框

4.10 零件图的绘制

轴、套类零件一般是由同轴线的回转体组成的。其主视图通常按加工位置（即轴线水平）放置。如图 4-59 所示的蜗杆的绘图过程如下。

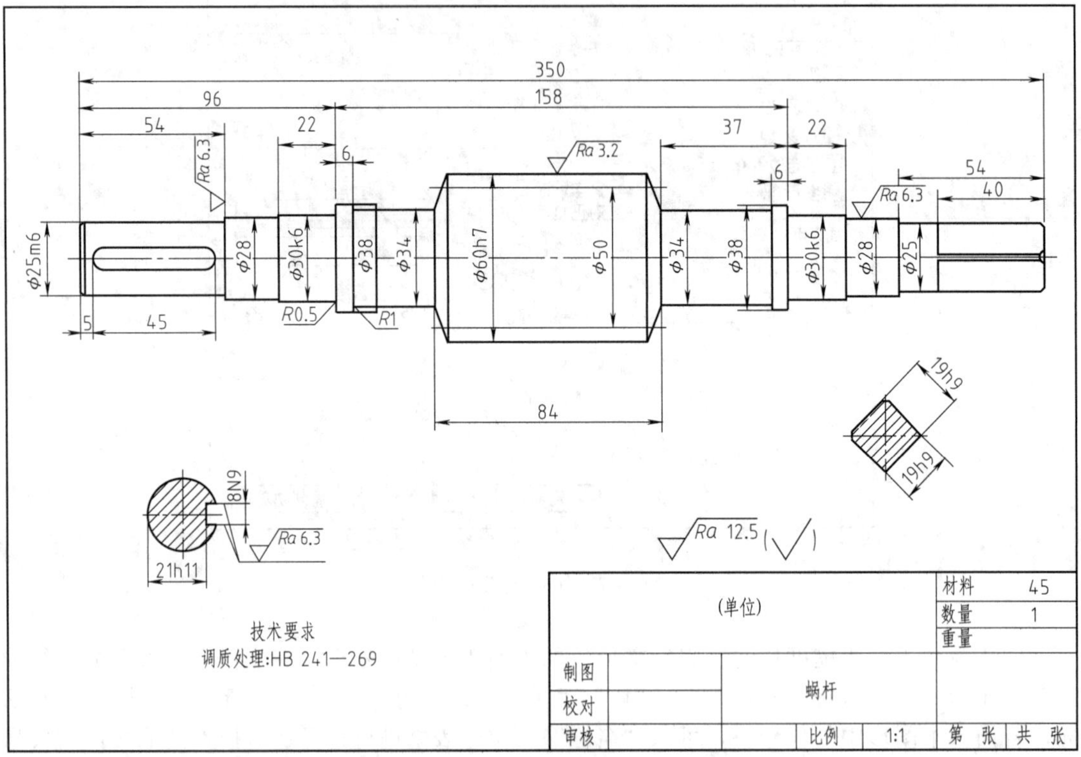

图 4-59 轴零件图

（1）绘制图框和标题栏　按所绘对象大小及所选绘图比例确定图幅，然后绘制图框与标题栏．也可选用 AutoCAD 自带的样板，这些样板已有图框与标题栏。如需用模板，只需单击“新建”按钮即可在弹出“选择样板”对话框中选用所需的样板。

（2）绘制外形轮廓　首先绘制中心轴线，然后绘制外形轮廓，操作步骤如下。

命令：Line↙

指定第一点：(采用 nearst 捕捉方式，在中心轴线上拾取一点)

指定下一点或［放弃（U)]：(打开 ORTHO 方式）1，1↙

指定下一点或［放弃（U)]：@1.5，1.5↙（由于缩放比例太小，生成零线段，故需调整缩放比例)

生成零线段在（26，4934，124.7319，0.0000)

指定下一点或［闭合（C)/放弃（U)]：ZOOM↙

>>指定窗口角点，输入一个比例因子（nx or nXP)，或［全部/中心/动态/延伸/上一个/比例/窗口]<实时>：w↙

>>指定第一个角点>>指定对角点：

指定下一点或［闭合（C)/放弃（U)]：@1.5，1.5↙

指定下一点或 [闭合（C）/放弃（U）]：54↙
指定下一点或 [闭合（C）/放弃（U）]：1.5↙
指定下一点或 [闭合（C）/放弃（U）]：20↙
指定下一点或 [闭合（C）/放弃（U）]：（继续画线操作，直至如图 4-60 所示）

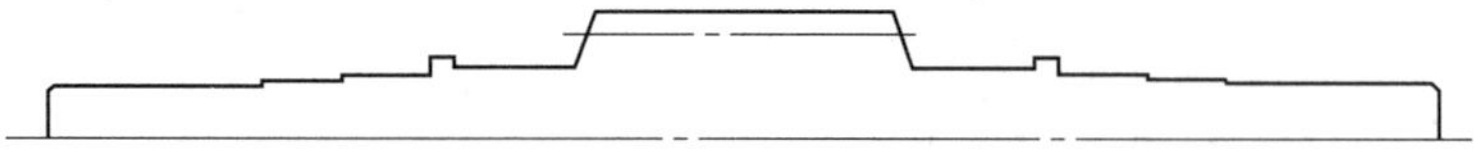

图 4-60　画出轴线上方图形

使用 Mirror 命令，将轴线上方的轮廓线镜像，并补画各直线段。对于键槽，可使用 Rectang 命令，利用“从”选项建立基点来确定键槽的位置。其操作步骤如下。

命令：Rectang↙
指定第一个角点或 [倒角（C）/标高（E）/圆角（F）/厚度（T）/宽度（W）]：F↙
指定矩形的圆角半径<0.0000>；4↙（键槽的半宽）
指定第一个角点或 [倒角（C）/标高（E）/圆角（F）/厚度（T）/宽度（W）]：from↙<偏移>：@5，−4↙
指定另一个角点或 [面积（A）/尺寸（D）/旋转（R）]：@45，8↙
然后完成所有图形，过程略。

（3）标注技术要求　由于采用的模板文件含有“表面粗糙度”块，输入 Insert 命令，出现如图 4-58 所示的“插入”对话框，进行相应设置后单击“确定”按钮，系统提示

指定插入点或 [基点（B）/比例（S）/X/Y/Z/旋转（R）]：

（4）插入图框、标题栏　前面已做好块 A3、BTL，插入块并按属性提示来填写标题栏内容，过程略。完成后的全图如图 4-59 所示。

4.11　装配图的绘制

装配图是表达机器或部件工作原理、装配关系以及连接关系的图样，也是进行装配、检验的技术资料。装配图的绘制是建立在零件图的基础之上的。传统的运用尺规绘制装配图的步骤是：首先根据所画机器、部件的工作原理和装配关系确定表达方案，其次确定绘图比例与图幅，最后开始绘图。用 AutoCAD 绘制装配图与传统的尺规绘制步骤基本相同。

运用 AutoCAD 绘制装配图的方法，一般可分为两种：直接绘制二维装配图；由三维实体模型绘制二维装配图。而就直接绘制二维装配图来说，又可分为：直接绘制法、图块插入法、插入图形文件法，以及用设计中心插入图块等方法。下面将几种绘图方法分别作介绍。

4.11.1　直接绘制二维装配图

图 4-61 是旋塞的装配图，图 4-62～图 4-65 是旋塞中几个零件的零件图。

该种方法最为简单，主要运用二维绘制、编辑、设置和层控制等各种功能，按照装配图的画图步骤将装配图绘制出来，该方法要求绘图人员对二维绘图功能熟练运用。

例如绘制图 4-61 旋塞的装配图，首先设图幅 A3 和绘图环境，从主要件阀体开始由外向里画主视图，即阀体→阀杆→垫圈→填料→压盖→螺栓逐个画出。在不影响定位的情况下，也可以由主要装配干线入手，由里向外画主视图，即阀杆→垫圈→填料→压盖→阀体→螺栓逐个画出。然后绘制俯视图。一定要用捕捉、追踪和正交等绘图工具，保证主、俯视图符合投影关系。图形画完后依次标注尺寸、编序号、填写明细栏。

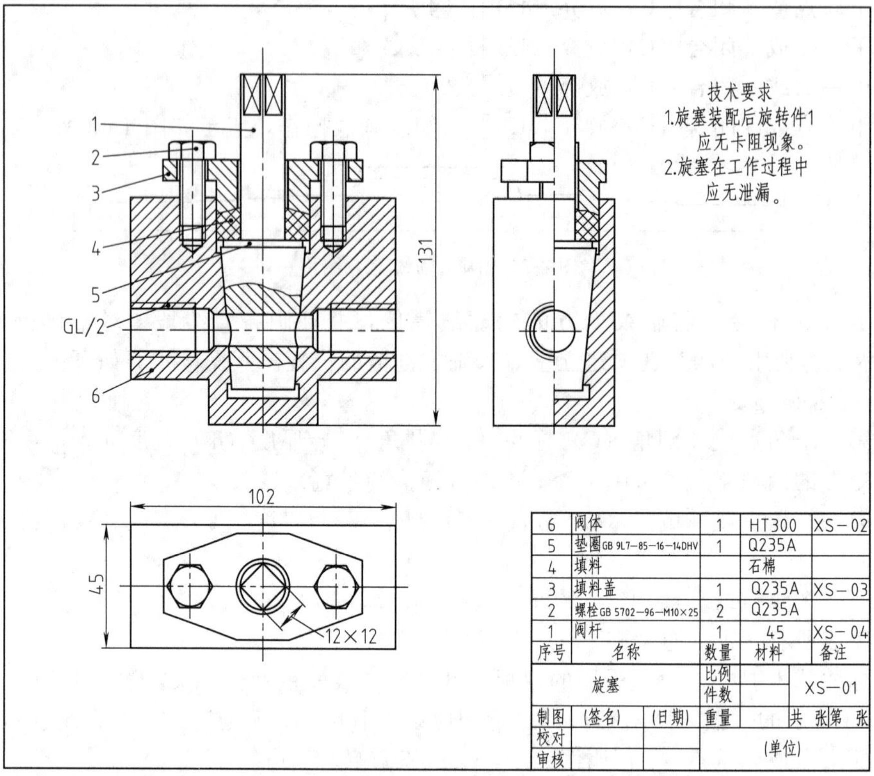
技术要求
1.旋塞装配后旋转件1应无卡阻现象。
2.旋塞在工作过程中应无泄漏。
1
2
3
4
5
GL/2
6
131
102
45
12×12
6 阀体 1 HT300 XS－02
5 垫圈GB 9L7—85—16—14DHV 1 Q235A
4 填料 石棉
3 填料盖 1 Q235A XS－03
2 螺栓GB 5702—96—M10×25 2 Q235A
1 阀杆 1 45 XS－04
序号 名称 数量 材料 备注
旋塞 比例 件数 XS—01
制图 (签名) (日期) 重量 共 张第 张
校对
审核 (单位)

图 4-61 旋塞装配图

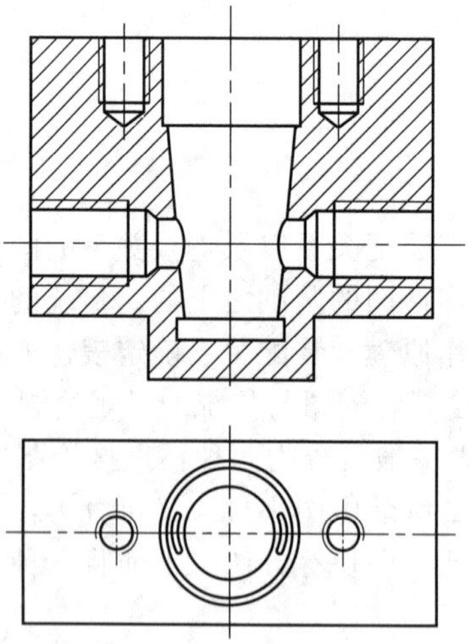

图 4-62 阀体

4.11.2 图块插入法

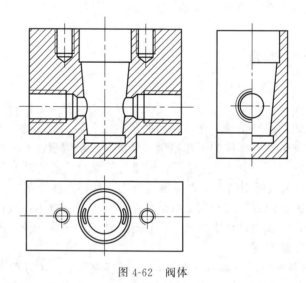

图块插入法是将组成机器或部件的各个零件的图形先做成图块，再按零件间的相对位置将图块逐个插入，拼画成装配图的一种方法。

由零件图拼画装配图需注意以下几点：

1）统一各零件图的绘图比例。

2）删除零件图中标注的尺寸。

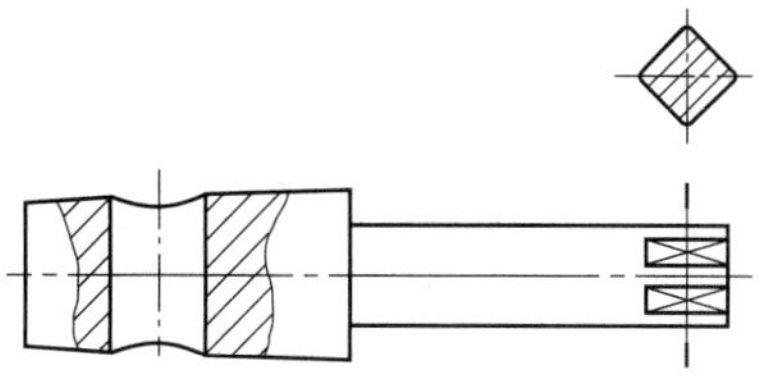

图 4-63　阀杆

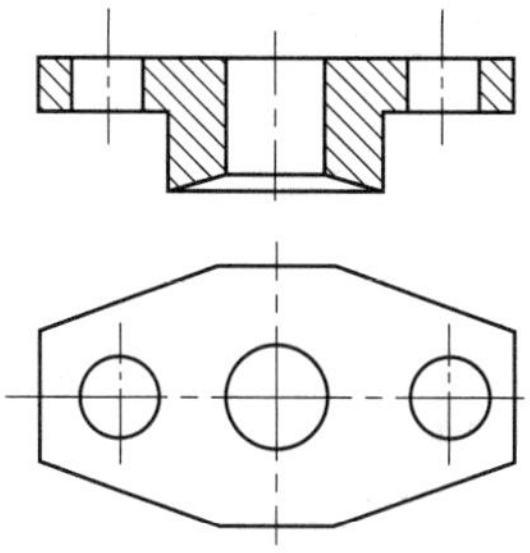

图 4-64　填料压盖

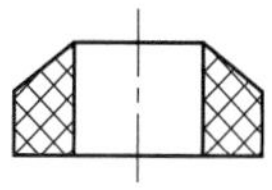

图 4-65　填料

装配图中的尺寸标注要求与零件图不同，零件图上的定形和定位尺寸在装配图上一般不需要标注，因此在做零件图块之前，应把零件图上的尺寸层关闭（这就是一般为什么将尺寸单设层的原因），做出的图块就不带尺寸。待装配图画完之后，再按照装配图上标注尺寸的要求标注尺寸。

3）删除或修改零件图中的剖面线。

《机械制图》国家标准规定：在装配图中，两个相邻金属零件的剖面线倾斜方向要相反或方向相同间隔不等。在做图块时要充分考虑到这一点，零件图块上剖面线的方向在拼画成装配图之后，必须符合《机械制图》国标规定，如果有的零件剖面线方向一时难以确定，做块时可以先不画剖面线，待拼画完装配图再按要求补画。如果零件图上有螺纹孔，拼画装配图时还要装入螺纹连接件（如阀体上的螺纹孔装配时要装入螺栓），那么螺纹连接部分的画法与螺纹孔不同，螺纹大、小径的粗、细线要有变化、剖面线也要重画。在这种情况下，为了使绘图简便，零件图上的剖面线先不画，甚至螺纹孔也可以先不画。待装配图上拼画完螺栓之后，再按螺纹连接规定画法将其补画全。

4）修改零件图的表达方法。

由于零件图与装配图的表达侧重点不同，所以在建立图块之前，要选择绘制装配图所需的图形，并进行修改，使其视图表达方法符合装配图表达方案的要求。

首先运用二维绘图功能，绘制图 4-62～图 4-65 所示零件图。各零件图的绘图比例统一为 1∶1，每一零件图设置 5 个图层：粗实线层、细实线层、点画线层、尺寸层和剖面线层。

（1）建立零件图块　以阀体为例，建立图块的步骤如下。

首先把阀体零件图打开，用层控制对话框将尺寸层和剖面线层关闭，将俯视图中的圆与螺纹投影擦去，然后做块，操作如下。

命令：Wblock↙

此时屏幕显示“写块”对话框，如图 4-66 所示。如果已建块，则在块格输入块名，如未建块，则选择对象，点选“拾取点”按钮，选择插入基点，如图 4-67 所示的“×”处，然后按“选择”按钮，选择阀体，在目标的文件命名和路径格中给出阀体块存放的路径与文件名，设好之后，单击“确定”按钮，完成阀体块文件的建立。

用同样的操作方法可将图 4-63 中阀杆的主视图做成图块，如图 4-68 所示。移出剖面可以单独做块，在拼画装配图时插入到俯视图中，擦去剖面线。

填料压盖、填料和螺栓的图块作法与阀体类似。

填料压盖和填料的图块与图 4-64 和图 4-65 相同，只是没有尺寸。压盖的主、俯视图做成两个图块，拼画装配图时分别拼插在装配图的主、俯视图中。若做成一个图块，拼画装配图时不能保证主、俯视图的准确位置，且不便修改。

螺栓的主、左视图也分别做块，如图 4-69 所示。

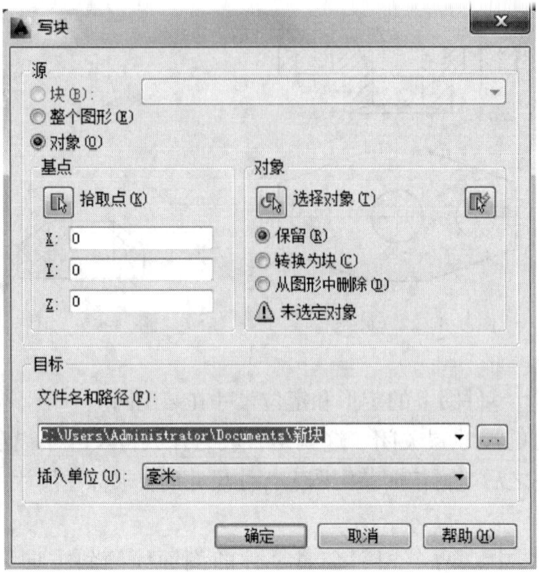

图 4-66 写块对话框

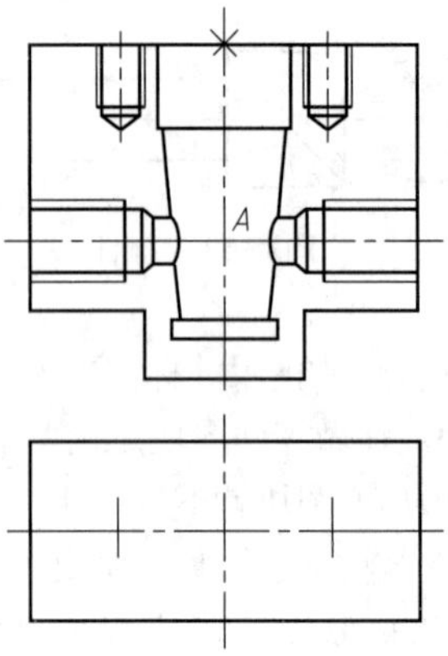

图 4-67 阀体图块

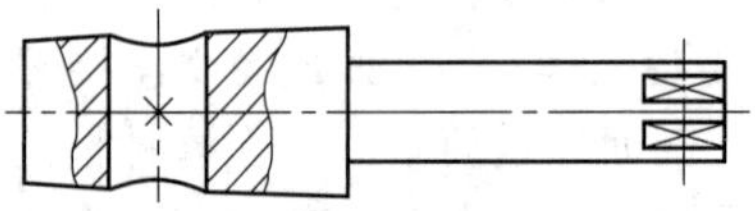

图 4-68 阀杆图块

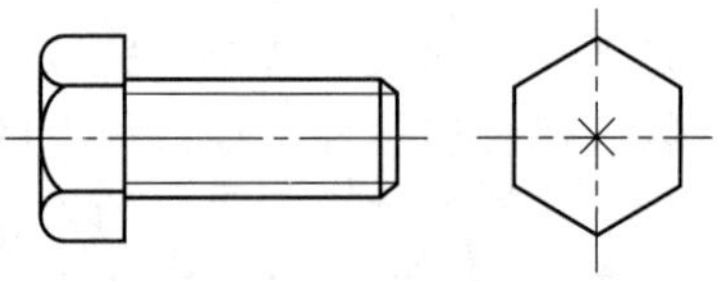

图 4-69 螺栓图块

为了保证零件图块拼画成装配图后各零件之间的相对位置和装配关系，一定要选择好插入基点，图 4-67～图 4-69 中的“×”处为插入基点。

垫圈图形简单并且本装配图中只有一个，因此可以直接画出；若多处使用，则可以做成块后插入。

（2）由零件图块拼画成装配图

1）定图幅。根据选好的视图方案、计算图形尺寸、确定绘图比例，同时考虑标注尺寸、编排序号、画明细栏、画标题栏、填写技术要求的位置和所占的面积，从而设定图幅。本图例设 A3 图幅。

2）插入图块，拼画装配图；插入阀体，命令格式如下。

命令：insert↙（或 Ddinsert，或点选图标）

此时屏幕显示“插入”对话框，如图 4-70 所示。

单击“浏览”按钮，选择块文件。此时，“名称”下拉列表中显示块文件名称，“路径”项显示块文件所在路径。在“插入”对话框中，将“插入点”区的，“在屏幕上指定”项选中。为“在屏幕上指定”将“缩放比例”项确定为 1∶1∶1，“旋转”项中的角度设为 0°。另外，“缩放比例”与“旋转”项也可选择“在屏幕上指定”，在命令行逐项输入插入比例及旋转角。阀体块插入完成后，如图 4-70 所示。

以同样的步骤可插入阀杆图块，但需注意的是在插入阀杆时，插入点应为阀体上的 A 点，比例仍为 1∶1∶1，而旋转角应为 90°（阀杆在装配图上的摆放位置与零件图不同，相差为 90°）。插入后如图 4-71 所示。用与前面类同的操作将填料、压盖、螺栓等图块依次插入，画上垫圈，如图 4-72 所示。

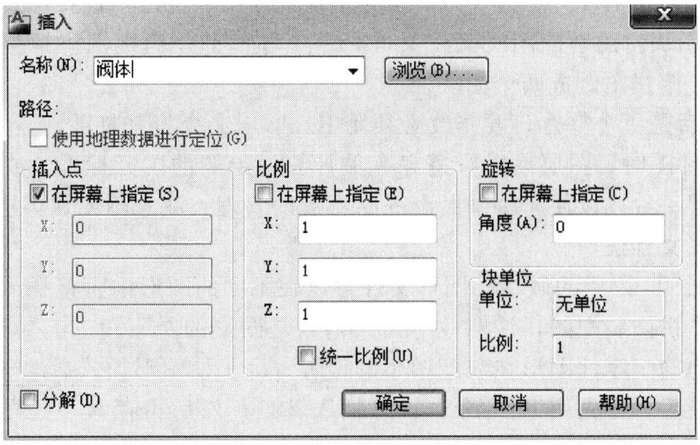

图 4-70　插入块对话框

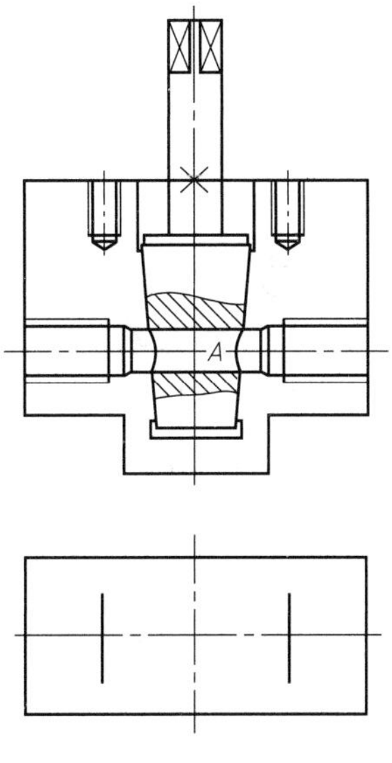

图 4-71　插入阀杆

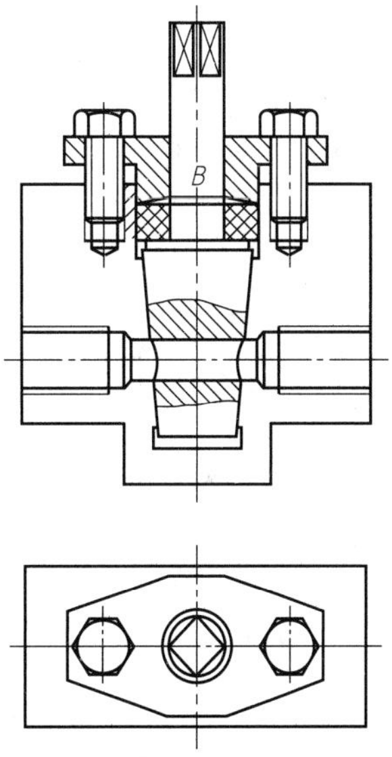

图 4-72　完成各零件的插入

3）检查、修改并画全剖面线。插入完成后要仔细检查，将被遮挡的多余图线删去，把螺纹连接件按《机械制图》国家标准规定画全，并补全所缺的剖面线。要灵活运用 Trim，Break，Erase 和 Change 等命令编辑修改图形。

4）完成全图。按照装配图注尺寸的要求，调出尺寸层，设好尺寸参数，进行尺寸标注，然后编排序号。在编写序号时，首先用 Circle 命令在零件的轮廓范围内画一个半径为 0.5mm 的圆，再用 Line 命令画出指引线，用 Text 命令写序号；最后用 Line 命令画出边框线、标题栏和明细表（也可以把图框和标题栏作成模板，将明细表的单元格做成图块，用时插入），用 Text 命令填写标题栏、明细表和技术要求，完成全图，如图 4-61 所示（本图例省略了技术要求）。注意：

① 为了保证图块插入后正确地表达各零件间的相对位置，做块时要选择好插入基点，插入块时要选择好插入点。比如阀杆块的插入基点选在图 4-71“×”处，块插入时，插入点选阀体上的 *A* 点，这样就保证了阀体上的孔与阀杆上的孔轴线重合。压盖插入点选在填

料的顶面与轴线的交点 B 处（图 4-72），是为了保证两个零件的锥面接触良好。

② 为使零件图块拼画装配图时又快又准，一个零件的一组视图可根据需要做成多个图块，如将压盖主、俯视图做成两个图块。

③ 图块插入后是一个整体，要修改必须用 Explode 命令将其打散。

④ 绘制各零件图时，图层设置应遵守有关计算机绘图的国家标准，或者自行规定并保持各零件图的图层一致，以便于拼画装配图时图形的管理。注意不要在零层绘图。

4.11.3 插入图形文件法

在 AutoCAD2000 以后的版本，图形文件可以在不同的图形中直接插入。因此可以用直接插入零件的图形拼画装配图，注意此时插入基点是图形的左下角（0，0），这样在拼画装配图时无法准确地确定零件图形在装配图中的位置。为了使图形插入后准确地放到需要的位置，在画完图形以后，首先用 Base 命令设好插入基点，然后再存盘，这样拼画装配图时能够准确地将图形放在需要的位置。

下面以球阀为例。

命令：：Base↙

输入基点＜0，0＞：INT↙（捕捉交点）

of：(用鼠标点选图 4-73 中的“×”处，然后存盘即可)

图 4-73～图 4-77 是用 Base 设好插入基点的球阀的零件图的图形，“×”处是设好的基点。

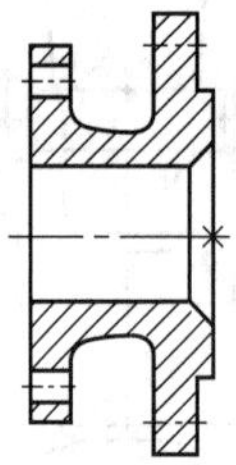

图 4-73　阀盖

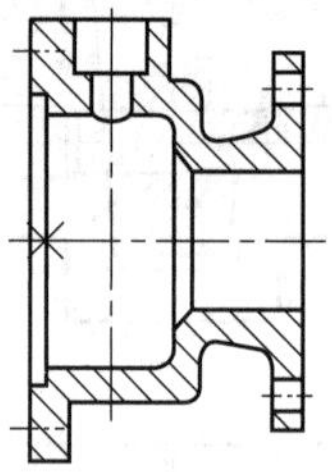

图 4-74　阀体

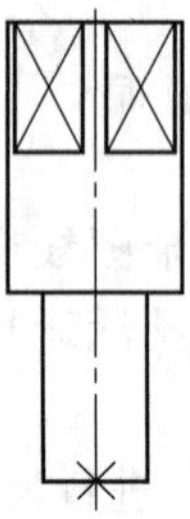

图 4-75　阀杆

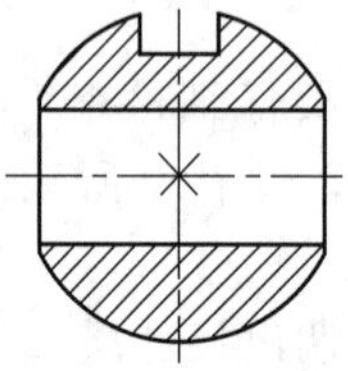

图 4-76　阀芯

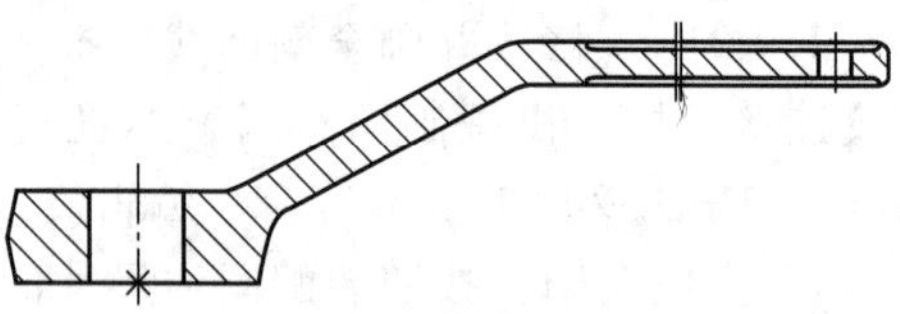

图 4-77　手柄

直接插入图形文件的方法与图块插入法的第二步基本相同，只是后者插入的是图块文件，而前者插入的是图形文件，如绘制球阀的装配图。

命令：Insert↙（或点块插入图标）

显示插入对话框，点选对话框中的浏览按钮，打开如图 4-70 所示对话框，根据路径找到要插入的文件 fagai.dwg，点选打开按钮确定，此时又显示插入对话框，再点 ok 确定。阀盖图形插入完毕，得到的图形与图 4-73 相同。

用同样的操作方法逐次将阀体、阀杆、阀芯、手柄插入，然后修改完成球阀的装配图图形，如图 4-78 和图 4-79 所示。

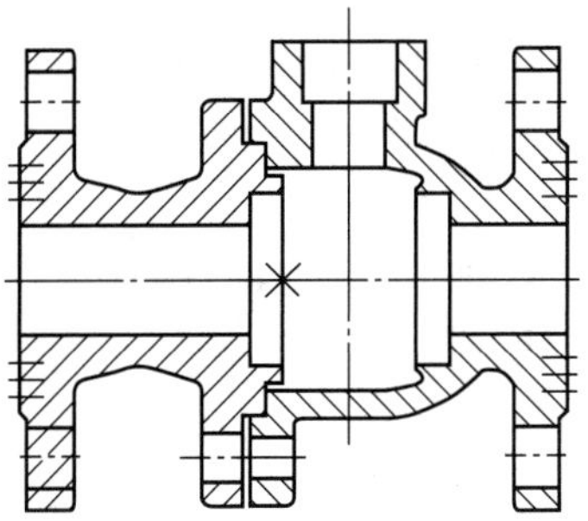

图 4-78　插入阀盖

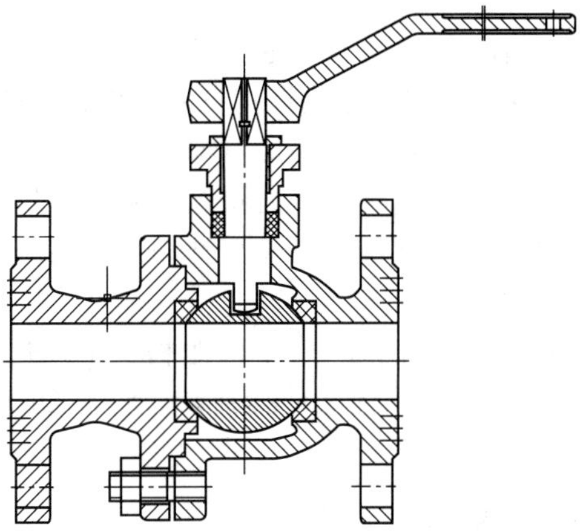

图 4-79　完成球阀装配

图形文件插入后，实际上也成为一个图块，要想对其进行修改，首先需对其用 Explode 命令进行打散。直接插入图形文件画装配图的方法要求图形文件的表达方案接近于装配图中所需的表达方案，否则，在拼画成装配图后的修改工作量是很大的。

4.11.4　AutoCAD 图形输出与交换

（1）图形输出　图形绘制完成后，通常要输出到图纸上形成工程使用的图纸文件。AutoCAD支持的图形输出设备可以是绘图机或打印机。

进行图形输出前，需要设置有关打印的一些参数，如打印设备配置、打印样式、打印范围等。

1）打印设备参数设置　在“文件”下拉菜单中选择“打印”命令，将打开“打印”对话框，系统默认打开“打印设备”选项卡：在配置“名称”下拉列表中选择合适的设备后，单击“特性”按钮，打开“打印机配置编辑器”对话框，选择“自定义特性”选项后，单击“自定义特性”钮，打开属性对话框设置打印机的有关属性。

2）打印样式设置　打印样式决定图形输出时图线的线宽、颜色、图线清晰程度等。在上述“打印设备”选项卡中的“打印样式表”栏中，可选择“名称”下拉列表中已配置的打印样式，也可单击“新建”按钮，打开“打印样式表编辑器”对话框，对相关参数进行修改设置。

3）打印设置　其参数的设置决定着图形打印输出的格式，包括纸张大小、打印区域、打印比例、图形方向、打印偏移等选项。在“打印”对话框中单击“打印设置”选项卡，即可对有关参数进行设置。

为保证打印输出图纸达到预期效果，可在正式出图前对将输出图形进行预览，单击“预览”按钮，屏幕上显示出设置输出格式的图形，效果为“所见即所得”。选“部分预览”时，屏幕上用两矩形区域显示图纸和图形区域范围，用于概略预览。

（2）图形数据交换　AutoCAD 以 dwg 格式保存自身的图形文件，但这种格式不适用于别的软件平台或应用程序。要将 AutoCAD 图形在其他应用程序中使用，必须将其转换为特定的格式。AutoCAD 可以输出多种格式的文件，供在不同软件间的交换。

1）输出 DXF 文件　DXF 文件是一种能被众多 CAD 软件支持的格式，常用于 CAD 软件间的数据交换。键入命令 Dxfout，按回车键打开“图形另存为”对话框，在“存为类型”

下拉列表框中，选择输出文件类型“AutoCAD2012dxf”，单击“保存”，系统输出一个 DXF 格式文件。

2）输出 ACIS 文件　ACIS 是一种实体造型系统，AutoCAD 可将某个 NURBS 曲面、区域和实体输出为 ACIS 文件。将当前 DWG 文件输出为 ACLS 格式，键入命令 ACLSOUT，按回车键系统将打开“创建 ACLS 文件”对话框，输入文件名保存。

3）输出 3DS 文件　3DS 能够保存图形的 3D 几何体、视图、光源和材质等属性，AutoCAD只能输出带有表面特性的对象。键入命令 3dsout，按回车后框选对象，按回车键将打开“3DSTUDIO 文件输出选项”对话框，进行设置后单击“确定”，将选择的对象输出为 3DS 文件。

AutoCAD 不仅能输出其他格式的图形文件，也可以使用其他软件的图形文件。AutoCAD 能够输入的文件类型有 DXF、DXB、SAT 和 WMF 等。

4.12　本章小结

本章主要由 AutoCAD 绘图软件的绘图、编辑、图块、文件图形输出与交换等内容组成。

（1）基本操作　窗口介绍，命令及数据输入方式，坐标系。

（2）实用命令　帮助，图形单位，设置绘图界限。

（3）绘制图形命令　直线，圆，圆弧，多段线，样条曲线，块定义，插入块，设置插入基点，绘制剖面线，文字，多行文字，文字样式。

（4）图形编辑命令　实体选择，删除，修剪，打断，修改对象特性，其他图形编辑命令。

（5）绘制工具命令　栅格设置，捕捉栅格，对象捕捉，对象捕捉追踪，正交方式，放缩，图层，颜色，设置线型比例。

（6）尺寸标注命令　线性尺寸标注，角度标注，对齐线性标注，基线标注，连续标注，直径标注，半径标注，标注样式，编辑标注，编辑标注文字，dim 系统变量。

第5章 轴测投影图与构形基础

5.1 概述

轴测投影图最显著的特点是直观性强。工程上作为辅助图样，用来说明产品的结构等。在设计中它可帮助进行空间构思，想象物体形状。在管道、线路布置等方面用得也较多。构形想象可以作为形体设计的初步思考手段，而将所构思的形体以轴测投影图的形式加以表示，具有直观的优点，便于联想、交流和为再构思设计积累素材。本章主要阐述轴测图的形成，轴测图的种类，轴测图的基本形质，轴测图画法，组合体构形基本方法，轴测图、构形想象与三维造型的联系等内容。

5.2 轴测投影图的基础知识

5.2.1 轴测投影图的形成和投影特性

图 5-1 表示用平行投影法将物体连同确定其空间位置的直角坐标系向单一投影面沿 S 方向进行投射，使所得的投影图能反映出三个坐标面，从而使物体的轴测投影具有直观性。扫描本章二维码可以观看。由于轴测投影是用平行投影法得到的，因此具有下列投影特性：

1）物体上互相平行的线段，在轴测投影图上仍互相平行。

2）物体上两平行线段或同一直线上的两线段长度之比值在轴测投影图上保持不变。

3）物体上平行于轴测投影面的直线和平面在轴测投影图上反映实长和实形。

在物体的正轴测投影形成过程中，由于物体或直角坐标轴、投影面、投射光线三者的相

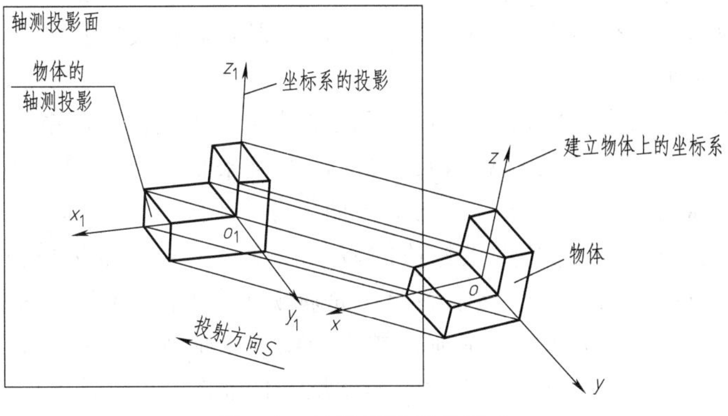

图 5-1 轴测投影图的形成

对位置变化无穷，可以产生多种正轴测投影的图形，为了便于研究轴测投影形成过程中的些变化规律，可将投影面的位置固定不动，而改变直角坐标轴以及由它确定的物体的空间位置从而得到一系列正轴测投影图，如图 5-2 所示。扫描本章二维码可以观看。

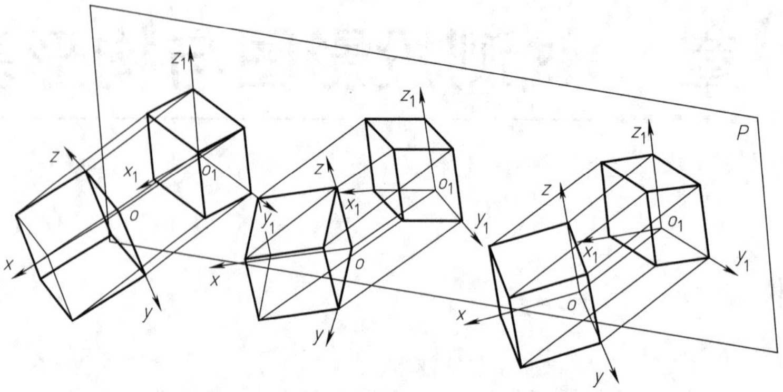

图 5-2　变化物体位置所得到的一系列正轴测投影图

也可以固定直角坐标系以及由它确定的物体的空间位置，而变化投影面的位置来得到一系列正轴测投影图，如图 5-3 所示。扫描本章二维码可以观看。

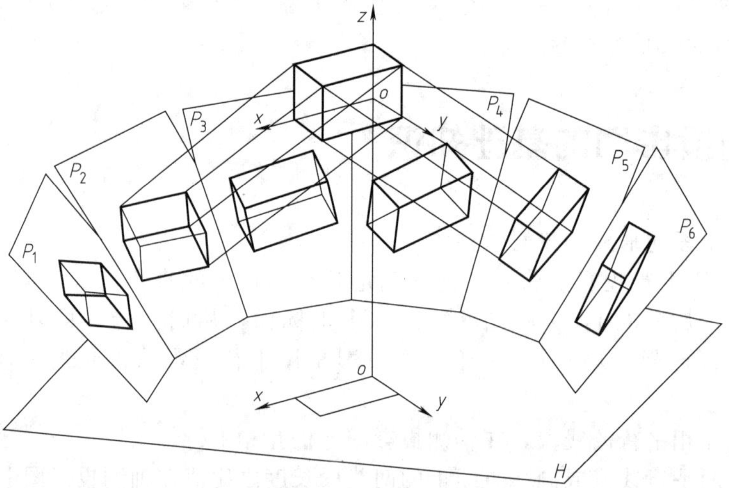

图 5-3　变化投影面位置所得到的一系列正轴测投影图

无论是图 5-2 或图 5-3 哪一种情况，为了能够正确绘制正轴测投影图，就要研究在一定的投影方向下，物体上与直角坐标轴重合或平行的线段与其正投影长，以及两两垂直的直角坐标轴与其投影角大小的关系。

在正轴测投影中，物体的形状大小和空间位置是在空间直角坐标系中表示的。空间直角坐标系包括互相垂直的三坐标轴 OX、OY、OZ，设每条轴的坐标单位为 e_X、e_Y、e_Z，三坐标轴可以看成是确定物体长、宽、高三个方向大小和确定物体空间位置的“定位基准”，而 e_X、e_Y、e_Z 就是度量物体上某点坐标值的基本长度。三轴的坐标单位一般应取为一致，即 $e_X=e_Y=e_Z=e$。由于三坐标轴的轴测投影是轴测坐标轴，因而坐标单位长度的轴测投影便是轴测单位。于是，轴测坐标轴和轴测单位便组成了轴测坐标系，如图 5-4 所示。物体上某点的轴测坐标就要沿轴测轴单位去确定和度量。例如图 5-4 中长方体 A 点的直角坐标值 X、Y、Z 是按坐标单位 e_X、e_Y、e_Z 自坐标原点 O 沿各坐标轴方向量取的。则 A 点的轴测

投影 A_1 的轴测坐标 x_1、y_1、z_1 就必须按轴测单位 e_{x1}、e_{y1}、e_{z1} 自轴测坐标原点 O_1 沿轴测轴方向度量。这就说明了在轴测投影要素中加进坐标轴的必要性和轴测投影轴测两字的实际含义就是沿轴测量的意思。扫描本章二维码可以观看。

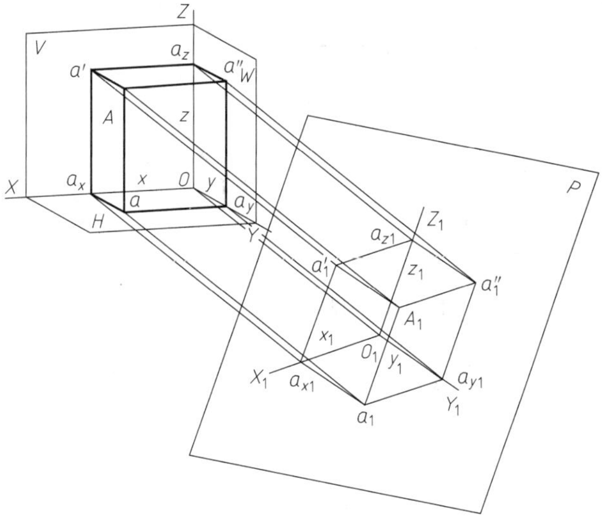

图 5-4　沿轴测量示意图

5.2.2　轴测投影图的轴间角和轴向伸缩系数

（1）轴间角　图 5-5 中物体上建立的空间坐标系其三根轴 OX、OY、OZ 的轴测投影 O_1X_1、O_1Y_1、O_1Z_1 称为轴测轴。轴测轴之间的夹角 $\angle X_1O_1Y_1$、$\angle X_1O_1Z_1$、$\angle Y_1O_1Z_1$ 称为轴间角。扫描本章二维码可以观看。

（2）轴向伸缩系数　轴测轴上的线段与空间坐标轴上对应线段的长度之比称为轴向伸缩系数。如图 5-5 中 O_1X_1 的轴向伸缩系数为 $p=\dfrac{O_1A_1}{OA}$，而 O_1Y_1、O_1Z_1 的轴向伸缩系数分别为 $q=\dfrac{O_1B_1}{OB}$，$r=\dfrac{O_1C_1}{OC}$。

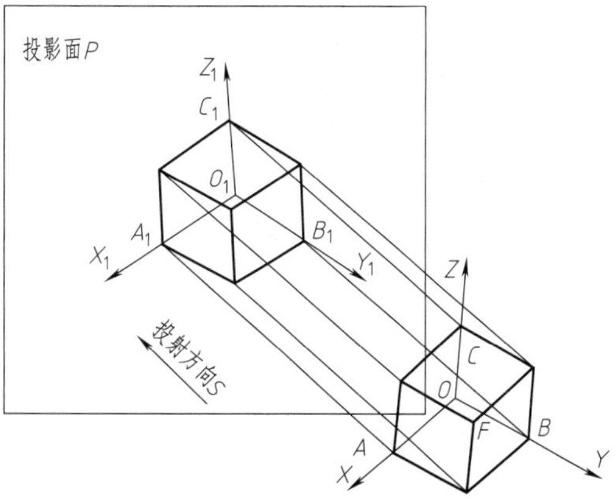

图 5-5　轴间角、轴向伸缩系数

5.3　正轴测投影图

5.3.1　正等轴测投影

如果知道了轴间角和轴向伸缩系数就可根据物体或物体的视图来绘制轴测投影图。在画轴测投影图时，只能沿轴测轴方向，并按相对的轴向伸缩系数直接量取有关线段的尺寸。在工程中应用较多的轴测投影图有正等测和斜二测两种。如图 5-5 所示空间坐标系的三根轴置于与轴测投影面倾角都相等的位置，也就是将图中立方体的对角线 OF 放成垂直于投影面的位置，并以 OF 作为投影方向，所得到的轴测投影就是正等轴测投影图。正等轴测投影图的轴间角均为 120°，各轴的轴向伸缩系数都相等为 $p=q=r=0.82$。为作图简便，在实际作图时，常采用各轴的简化伸缩系数即 $p=q=r=1$，用简化伸缩系数画出来的图约为实际轴测投影图的$\frac{1}{0.82}=1.22$倍，称为轴测图。从图 5-6 可以看出两个图是相似形并不影响直观性，所以画图时沿各轴向所有尺寸都按实长度量比较方便。扫描本章二维码可以观看。

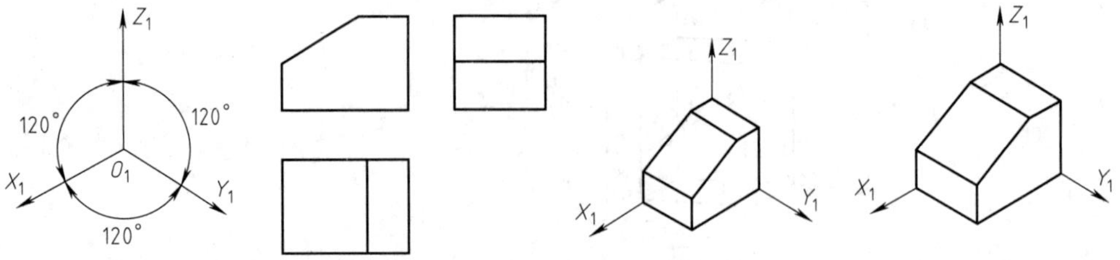

图 5-6　轴测投影图与轴测图

5.3.2　正等轴测图的作图方法和步骤

画正等轴测图的一般步骤为：

1）对物体进行形体分析，确定坐标原点和直角坐标轴。

2）画出轴测轴，根据坐标关系及轴测投影的特性画出物体上的点、线，然后连成物体的正等轴测图。

【例 5-1】　画出图 5-7（a）所示三棱锥的正等轴测图。

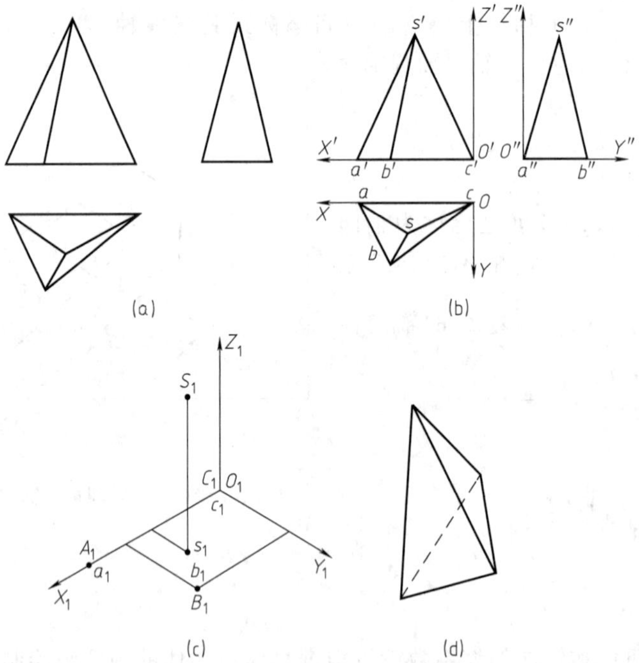

图 5-7　三棱锥正等轴测图画法

1）建立坐标系见图 5-7（b），在所建坐标系中 S、A、B、C 四点坐标分别为 A（18，0，0），B（12，9，0），C（0，0，0），S（10，4，18）。

2）画出轴测轴见图 5-7（c）。

3）画出 S、A、B、C 各点的投影，然后连接各点画出棱线与底面，完成三棱锥正等轴测图，见图 5-7（d）。扫描本章二维码可以观看。

几点说明：

1）坐标系的建立应考虑作图简便，有利于按坐标系定位和度量，并尽可能减少作图线。

2）轴测图中不可见线不画，使其直观性更好。

3）以坐标确定各点的方法是最基本的方法，但当物体上具有相互平行的线段时，应当充分利用平行投影特性。另外，当物体比较复杂时，还应结合组合体的叠加或切割特征，将形体分析法与表面分析法灵活地用到轴测图的画法中，以提高画轴测图的效率和准确性。

【例 5-2】　画出图 5-8（a）所示物体的正等轴测图。扫描本章二维码可以观看。

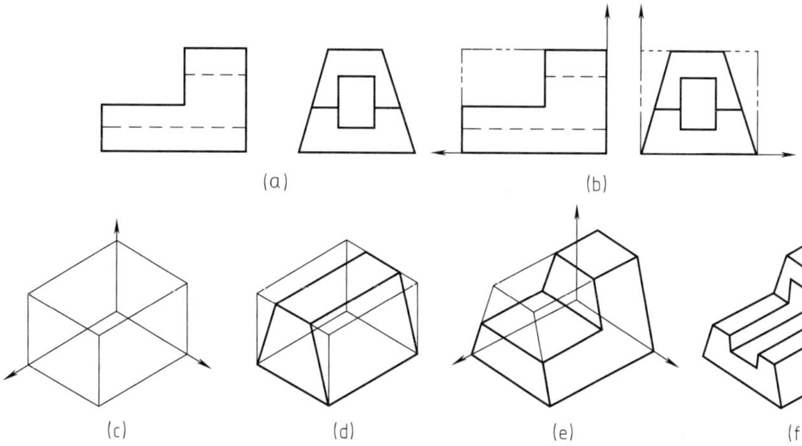

图 5-8　正等轴测图画图过程（一）

1）形体分析。

由视图可知所示物体为平面立体，从形状特征看该立体是一个切割式的组合体，可以此物体长、宽、高构建一个长方体，见图 5-8（b），图中用双点画线补出长方体所缺部分。

2）建立坐标系，见图 5-8（b）。

3）画出轴测轴，并按尺寸画出长方体，见图 5-8（c）。

4）根据左视图在长方体上前后各切去一块，见图 5-8（d）。

5）根据主视图切去左上角一块，见图 5-8（e）。

6）根据主、左视图画出矩形孔，见图 5-8（f）。

上述作图过程就是根据组合体的切割特征，并充分利用投影平行性而完成了组合体的正等轴测图。

【例 5-3】　画出 5-9（a）所示轴承架的正等轴测图。扫描本章二维码可以观看。

由图 5-9（a）可知轴承架具有明显的叠加特征，初步分析为由圆筒、立板、肋板、底板四部分组成。在画正等轴测图时可按各部分逐一画出。其步骤如下。

1）在物体上建立直角坐标系，见图 5-9（a）。

2）画出轴测轴，见图 5-9（b）。

3）画圆筒，见图 5-9（c）。

4）画底板，见图 5-9（d）。

5）画立板，见图 5-9（e）。

6）画肋板，见图 5-9（f）。

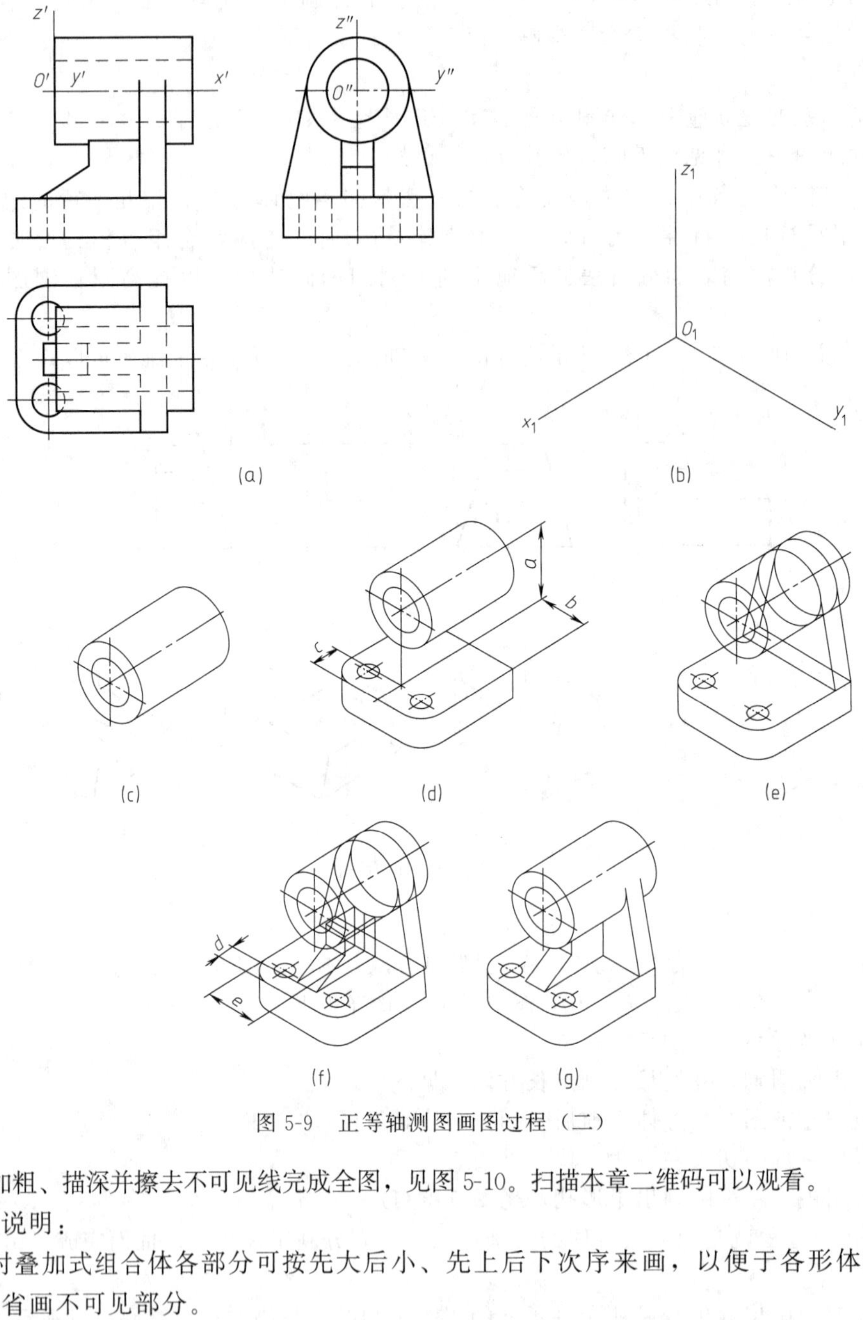

图 5-9 正等轴测图画图过程（二）

7）加粗、描深并擦去不可见线完成全图，见图 5-10。扫描本章二维码可以观看。

几点说明：

1）对叠加式组合体各部分可按先大后小、先上后下次序来画，以便于各形体之间的定位和直接省画不可见部分。

2）注意各部分的相对位置的确定。如底板与圆筒其相对位置由 a、b、c 三个尺寸确定，见图 5-9（d）。竖板底部与底板同宽，上端与圆筒相切，见图 5-9（e）。肋板右端与竖板叠加，左端由尺寸 d 确定，前后由尺寸 e 确定，上下处在圆筒与底板之间，见图 5-9（f）。

3）物体上圆和圆角的画法。最基本的方法就是用坐标法画出圆或圆角上一系列点的轴测图，然后将它们用曲线光滑相连构成圆或圆角的轴测图。显然这种方法比较繁琐，为简化作图，对平行坐标面的圆及圆角的正等轴测图的通常画法，以平行于 XOY 坐标面圆的画法为例，见图 5-10，用所画的四段圆弧构成的扁圆代替圆的正等轴测图椭圆。扫描本章二维码可以观看。

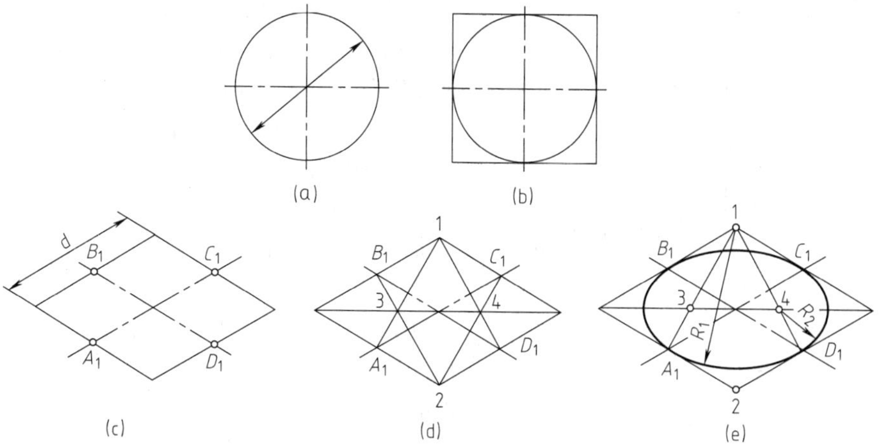

图 5-10　用菱形四心法画平行于 XOY 坐标面上圆的正等轴测图

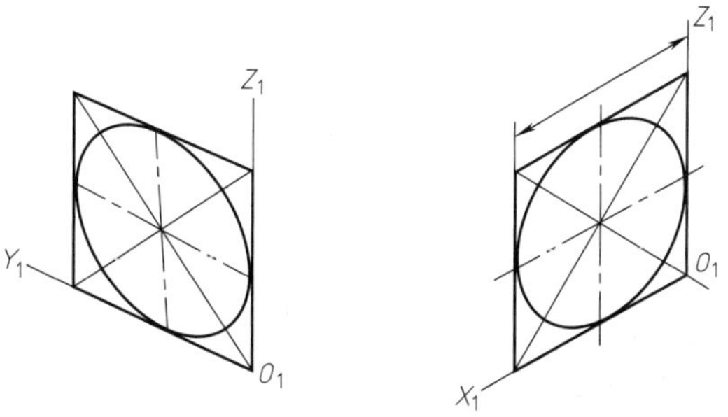

图 5-11　YOZ、XOZ 坐标面上圆的正等轴测图

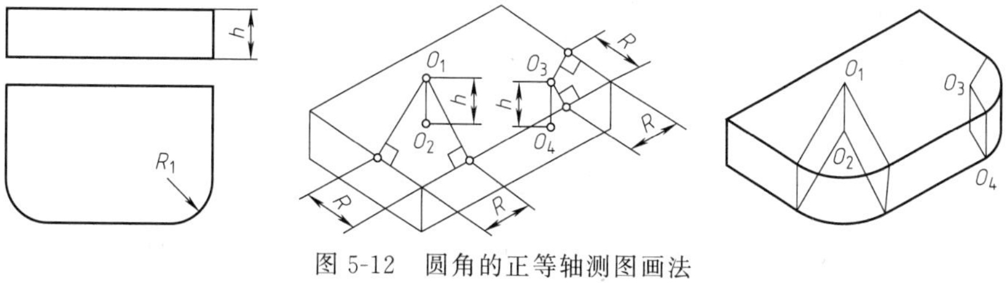

图 5-12　圆角的正等轴测图画法

对平行于 $X_1O_1Z_1$、$Y_1O_1Z_1$ 坐标面的圆，其正等轴测图作图方法与图 5-10 相似，其结果见图 5-11。图 5-12 是圆角的画法。扫描本章二维码可以观看。

5.4　斜轴测投影图

5.4.1　轴间角和轴向伸缩系数

在斜轴测投影中，轴测投影面的位置可任意选定。只要投影方向与三个直角坐标面都不平行、不垂直，即投影方向与轴测投影面斜交成任意角度，所画出的轴测投影图就能同时反映物体三个方向形状。因而斜轴测投影的轴间角和轴向伸缩系数❶可以独立变化，即都可以任意选定。

---

❶ 在正轴测投影中，轴向伸缩系数总是小于 1；而在斜轴测投影中，轴向伸缩系数可以等于或大于 1。

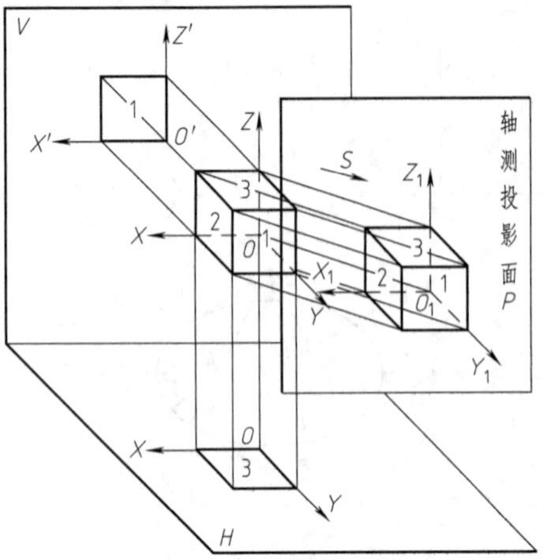

图 5-13 斜二测图的形成

如果使斜轴测投影面 P 平行于坐标面 XOZ，如图 5-13 所示，则不论投影方向与轴测投影面倾斜成任何角度（除了与 P 面平行），物体上平行于 XOZ 坐标面的表面，其轴测投影的形状都不变，即 X、Z 轴的轴向伸缩系数 $p=r=1$，$\angle X_1O_1Z_1=90°$，但 Y 轴的轴向伸缩系数 q 以及 O_1Y_1 轴的方向，将随投影方向的变化而变化，且可任意选定。扫描本章二维码可以观看。

为了作图方便，并有较好的立体感，国标推荐的斜二等轴测图取 Y 轴的轴向伸缩系数 $q=0.5$，轴间角 $\angle X_1O_1Y_1=\angle Y_1O_1Z_1=135°$。作图时一般使 O_1Z_1 轴处于铅垂位置，这时 O_1Y_1 轴与水平线成 45°，如图 5-14（a）所示。

图 5-14（b）、（c）表示一个长方体的斜二测图。扫描本章二维码可以观看。

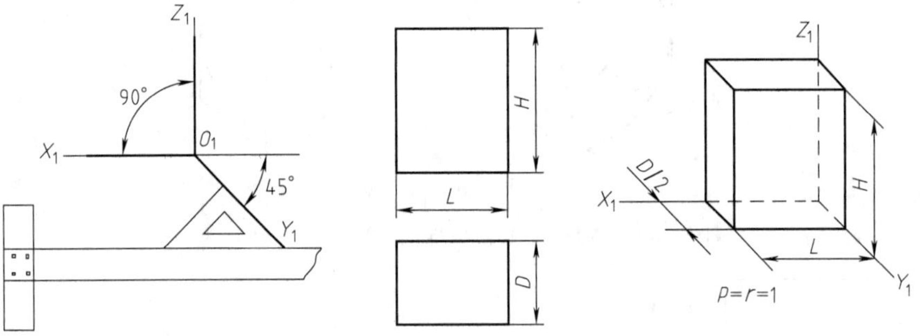

(a) 轴间角　　(b) 正投影　　(c) 按 $p=r=1$，$q=0.5$ 作图

图 5-14 斜二测图的轴间角和轴向伸缩系数

图 5-15（a）表示一立方体的表面上分别有平行于相应坐标面的内切圆 A、B、C，

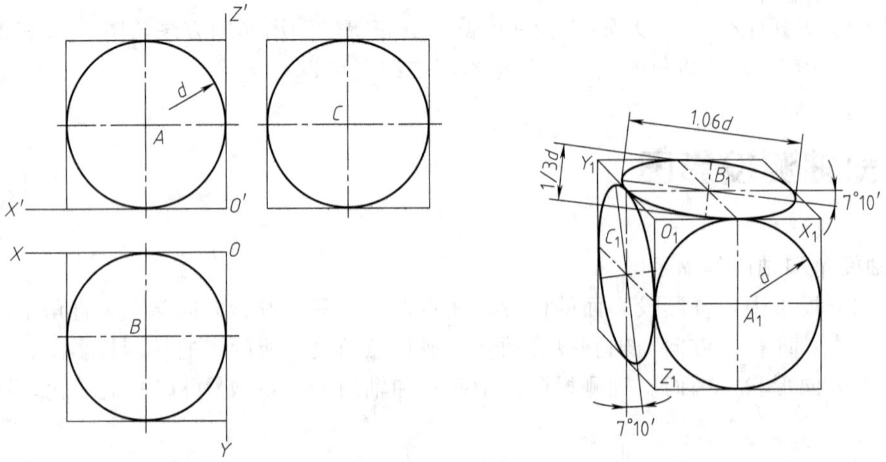

(a)　　(b)

图 5-15 坐标面上三个方向圆的斜二测图

其斜二测图 5-15（b）所示。其中平行于 XOZ 坐标面（即平行轴测投影面）的圆 A，其斜二测图 A_1 仍为圆的实形，而平行 XOY，YOZ 两坐标面的圆 B 及 C 的斜二测图则为椭圆。所以斜二测最大的优点是，凡平行于轴测投影面的图形都能反映实形，因此，它适合于在某一方向形状比较复杂的或有圆和曲线的物体的表达。扫描本章二维码可以观看。

5.4.2　斜二测图的画法

斜二测图的作图方法和步骤与正等测图相同，要注意的是：在确定轴测轴位置时，应使轴测投影面与物体上形状较复杂的表面平行，以便于作图。

【例 5-4】 作出托架（图 5-16）的斜二等轴测图。扫描本章二维码可以观看。

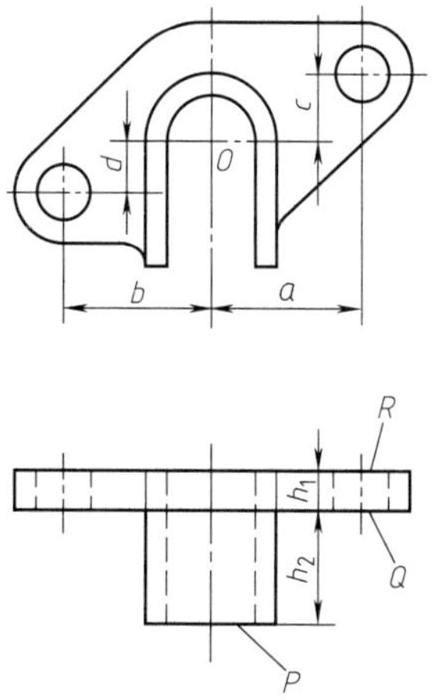

图 5-16　托架的视图

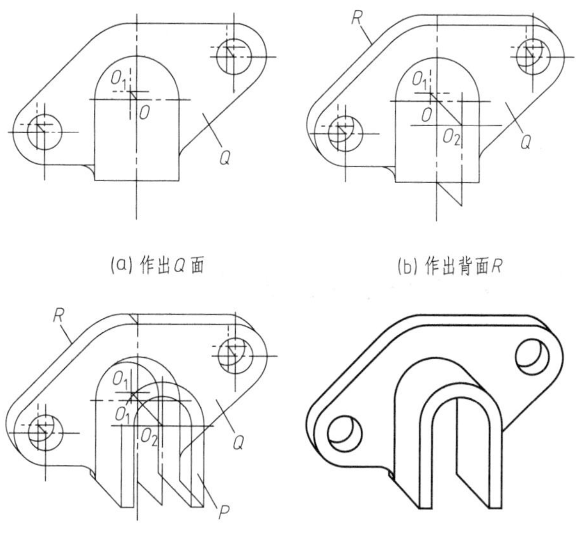

(a) 作出 Q 面　(b) 作出背面 R
(c) 作出前面 P　(d) 完成全图

图 5-17　托架斜二测的作图步骤

托架的正面（P、Q、R 平面）形状比较复杂，故使其平行于轴测投影面，这样在斜二测图中都能反映实形。具体作图步骤如图 5-17 所示。先按图 5-16 所示的主要定位尺寸 a、b、c、d 及各圆弧的半径作出 Q 面的轴测图，过 O 作 Y_1 轴线，取 $OO_1=0.5h_1$，O_1 即为 R 面中间圆弧的圆心，同理将两个小孔的圆心也向后移相同的一段距离（图 5-17a），再以 O_1 等为圆心作出 R 平面上的图形，作 Y_1 轴方向的切线，完成背后部分的轴测图；自 O 点向前取 $OO_2=0.5h_2$，O_2 即为前面 P 平面的圆心（图 5-17b），以 O_2 为圆心，作出 P 平面上的图形，完成前面部分的轴测图（图 5-17c），最后擦去多余的作图线并描深，即完成托架的斜二测（图 5-17d）。扫描本章二维码可以观看。

【例 5-5】 画出图 5-18（a）所示压盖的斜二测图。

压盖上的圆和圆弧都平行于水平面。为了使水平方向的图形在斜二测图中反映实形，可假定轴测投影面平行于 XOY 面，则其轴间角如图 5-18（b）所示，其作图步骤如图 5-18（c）～（e）所示。扫描本章二维码可以观看。

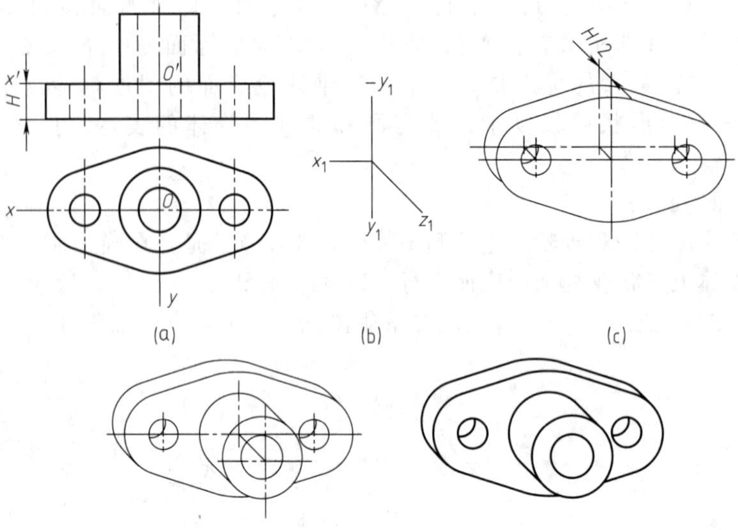

(a) (b) (c)

(d) (e)

图 5-18 压盖的斜二测图

5.5 轴测投影剖视图

轴测图和视图一样，为了表达物体的内部形状，也可假想用剖切平面把所画的物体剖去一部分，画成轴测剖视图。

画轴测剖视图时应注意：

1）剖切平面的位置　为了使图形清楚和作图简便，应选取通过物体主要轴线或对称平面，并将平行坐标面的平面作为剖切平面；又为了在轴测图上能同时表达出物体的内外形状，通常把物体切去四分之一，在下面的例题中可以看到。扫描本章二维码可以观看。

2）剖面线画法　剖切平面剖到物体的实体部分应画上剖面符号，一般用金属材料的剖面线表示，剖面线方向如图 5-19 所示。应注意平行于三个不同坐标面上的剖面线，方向都是不同的。扫描本章二维码可以观看。

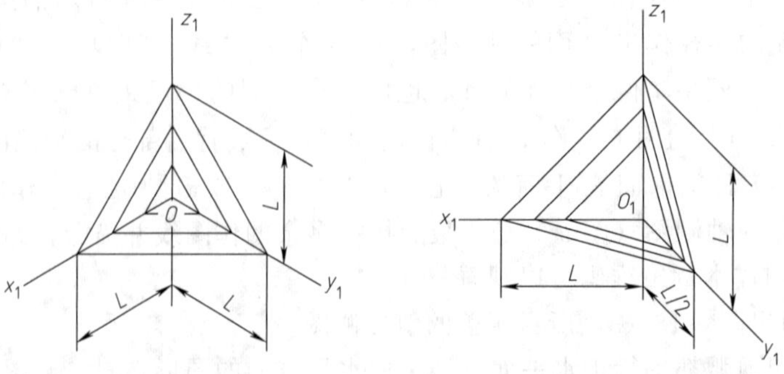

(a) 正等测图中剖面线方向　　(b) 斜二测图中剖面线的方向

图 5-19 轴测剖视图中剖面线的方向

【例 5-6】 画出图 5-20（a）所示物体的正等测剖视图。

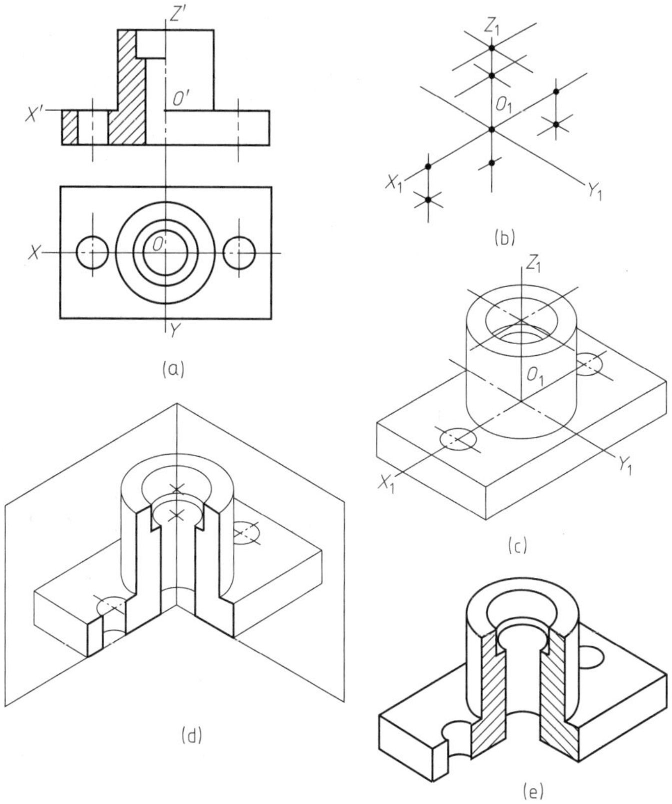

图 5-20　正等轴测剖视图

①定坐标原点（以底板顶面中心为原点）。②画轴测轴，以坐标原点为基准，定出物体上各孔的中心位置。③画外形图。④分别沿 $X_1O_1Z_1$ 和 $Y_1O_1Z_1$ 方向剖切，从剖面与轮廓线的交线开始，画出剖面的边界。⑤画出剖面后在剖面的实体部分画上剖面线，加深完成全图。如图 5-20（b）～（e）所示。

5.6　构形想象

5.6.1　单向构形想象

由一个视图可以想象出无数个形体。如图 5-21（a）所示的一个视图可以与图 5-21（b）诸多形体对应。相信读者在仔细分析图 5-21（b）所示各形体后，可以继续构思出许许多多与主视图 5-21（a）符合的形体。这种对一个视图进行构思想象，再结合其他视图确定所构思的形体的方法称为单向构形想象。扫描本章二维码可以观看。

5.6.2　双向构形想象

当两个视图还未确定形体时，也可以构形想象出无数个满足该两个视图的形体。如根据图 5-22（a）可构形想象出图 5-22（b）诸形体。它们均符合图 5-22（a）中的两个视图的要求。在图 5-22（b）基础上也可以继续构形想象出许许多多符合图 5-22（a）的形体。扫描本章二维码可以观看。但会发现，这一构形想象过程比单向构形想象要求更高一些，因为此

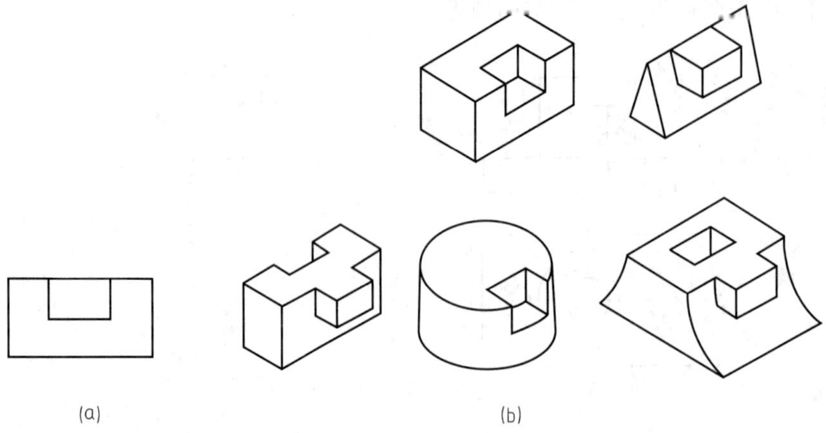

图 5-21 单向构形读图

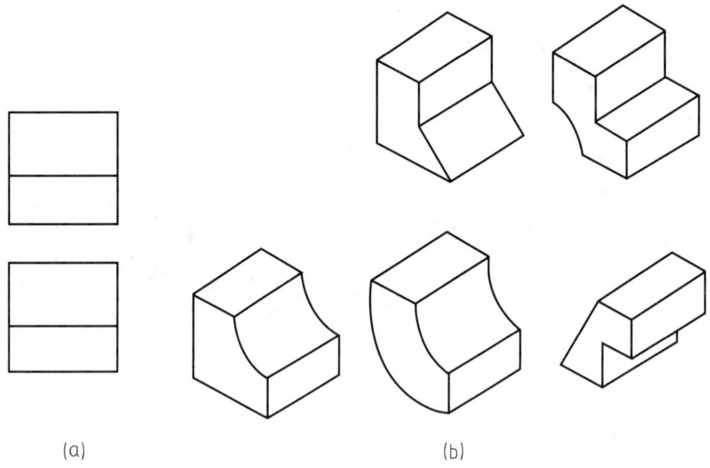

图 5-22 双向构形读图

时构思的形体形状受到两个视图的限制。由视图作构形想象，这些视图可在满足形体某些方向的实用功能或外观造型需要的基础上先加以确定，再作其他方向的构思。无论是单向构形想象或是双向构形想象，其构思过程就是丰富空间想象、提高形象思维能力的过程，并能起到构形选择的作用。

5.6.3 组合构形设计

以上两节介绍了单个形体的构形想象。进一步，对组合体也可在确定各个形体的基础上根据不同的组合方式设计单个形体之间结合处的形状。如图 5-23 为一筒体与耳板的基本形状。扫描本章二维码可以观看。

当耳板与筒体组合在一起时，应对筒体与耳板在结合部的形状作构形设计。如按图 5-24 (a)所示方式组合，则可将耳板与圆筒结合部的形状设计为如图 5-24 (b) 或 (c) 所示。若按图 5-25 (a) 所示方式组合，则可将耳板或筒体设计成图 5-25 (b) 或 (c) 所示。扫描本章二维码。可以观看。仔细分析，还可对耳板、筒体的结合部构思设计出多种形状，留给读者丰富想象。

构形设计可以作为形体设计的初步思考。单向构形设计和双向构形设计都属于限制性构形设计。这种限制可能来自于形体功能、特征、工艺性等方面的要求。在一定的限制条件下仍可

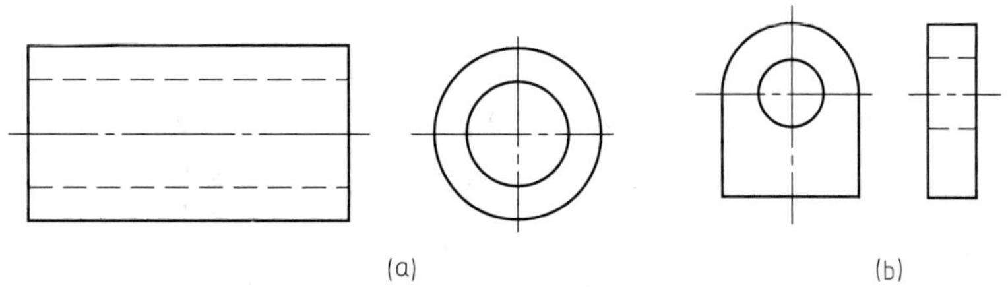

图 5-23　筒体与耳板的视图

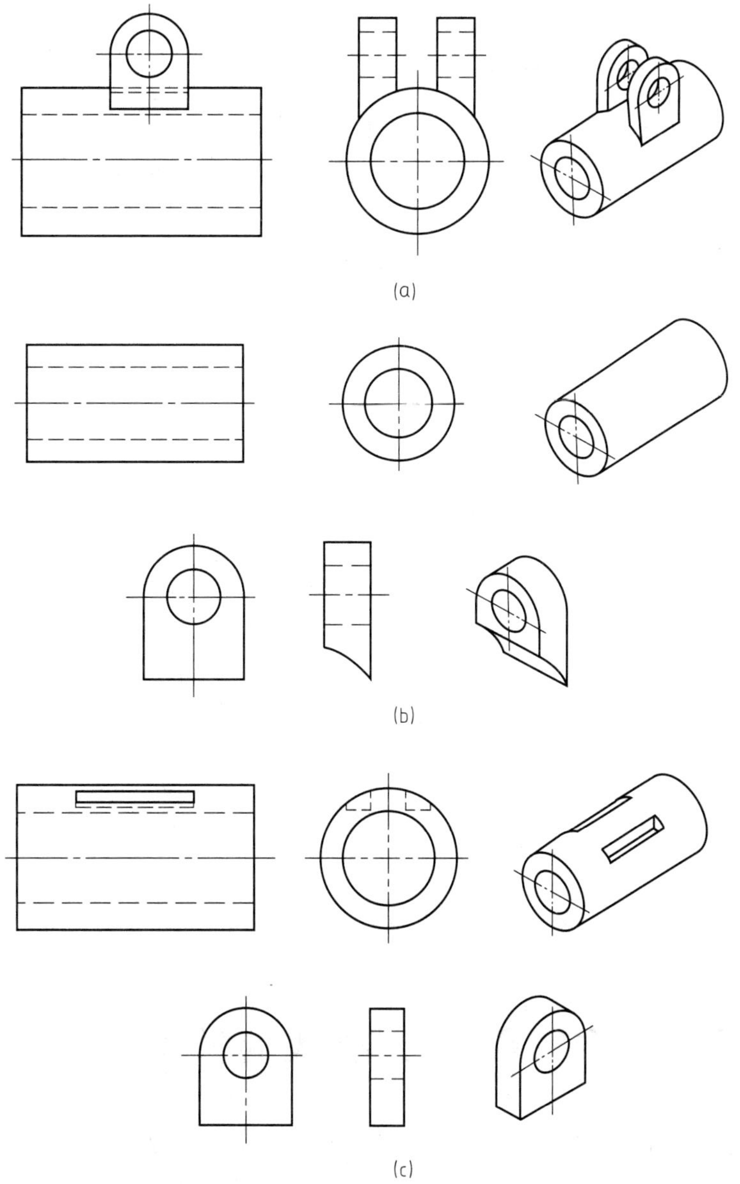

图 5-24　耳板与筒体的组合构形

构思设计出无限个形体。可将所构想的形体以草图形式及时迅速地加以构画，以便进行比较、选择。因此能迅速地绘制草图，尤其是绘制轴测草图是捕捉灵感、进行联想、创造信息和相互交流的重要手段，可以简便、及时地记录和表达创想结果，并为再加工再创造累积素材。

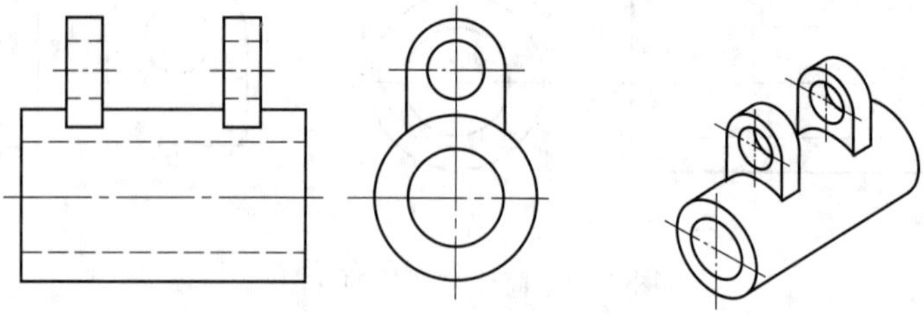

(a)

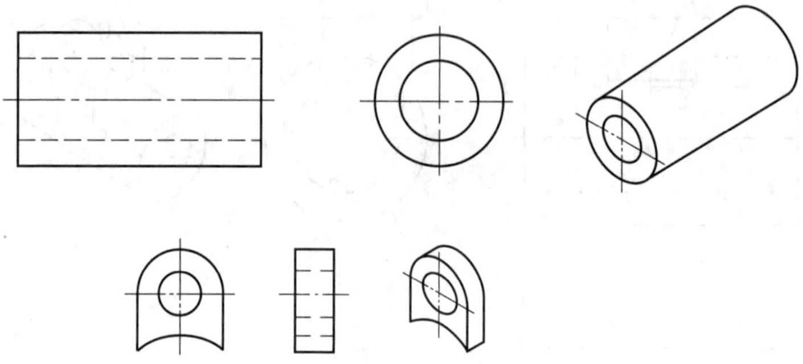

(b)

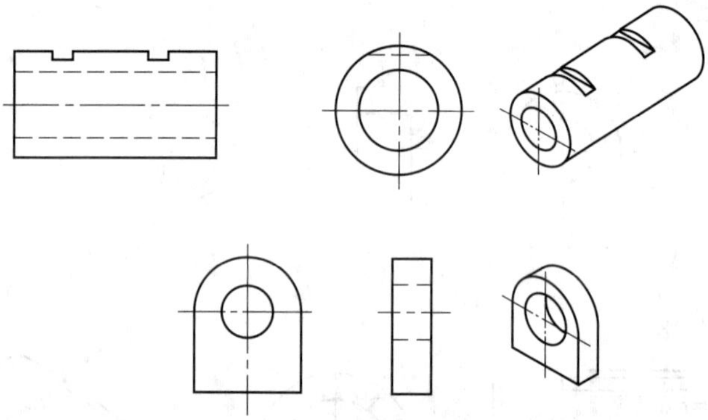

(c)

图 5-25 耳板与筒体的另一种组合构形

5.7 轴测图、构形想象与三维造型的联系

物体用轴测图或用三维造型表达都具有明显的立体感，区别在于轴测图只具有二维信息，三维造型具有三维信息。在 AutoCAD 中，轴测图可按上述方法绘制，也可由三维造型后在布局的模型空间里选择西南等轴测模式，然后用 SOLPROF 命令提取物体的轴测图。图 5-26（a）是轴承座的三维造型图，（b）就是由三维造型提取的轴测图，它们所占的空间相差较大，其中（a）图为 44KB，（b）图为 24KB。扫描本章二维码可以观看。

构形想象最初是活动于人脑中的图形，可以将这一图形结合第 6 章的草图方法用轴测图

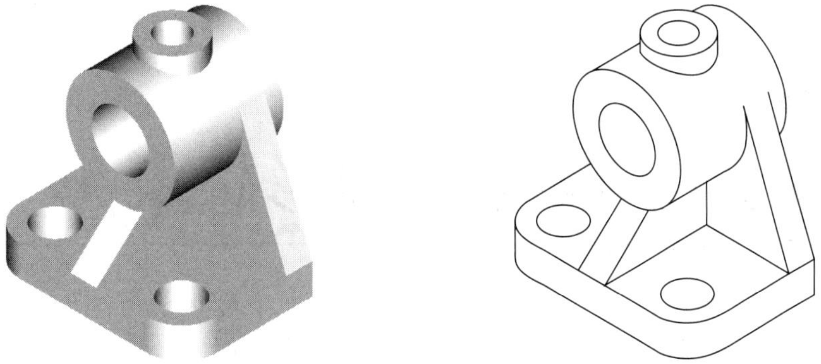

(a) 三维造型　(b) 轴测图

图 5-26　轴承座的三维造型与轴测图

的形式加以表达，比较符合最初设计时随想随画、便于修改的要求；当图形设计方案确定后再进行三维造型，得到物体的三维模型；最后再生成二维投影图，标注尺寸及加工时的技术要求等。上述过程可以表达为头脑中的图形——图纸中的图形——三维模型——视图。其中，头脑中的图形就是构形想象，将构形想象转变成图纸中的图形就是轴测草图，根据轴测草图应用三维造型得到三维模型，最终得到加工图样。这一过程适合于零件的形状设计。

5.8　本章小结

本章主要由轴测图的形成、轴测图的种类、轴测图的基本性质、轴测图画法、组合体构形的基本方法以及轴测图、构形想象与三维造型的联系等内容组成。

（1）轴测图的形成　沿不平行于任一坐标面的方向，用平行投影法将物体及其坐标系投射到单一投影面，得到物体的轴测图。

（2）轴测图的种类

1）正轴测图　投射方向与投影面垂直。常用三个轴向伸缩系数均简化为 1 的正等轴测图。

2）斜轴测图　投射方向与投影面垂倾斜。常用二个轴向伸缩系数为 1、另一个为 0.5 的斜二轴测图。

（3）轴测投影的基本性质

1）空间平行于坐标轴的直线，其轴测投影平行于相应的轴测轴。

2）空间平行的二直线，它们的轴测投影仍然平行。

（4）轴测图的画法　基本方法为坐标法；圆的轴测图一般为椭圆，注意长、短轴的方位和大小；注意绘图技巧，提高绘图效率。

（5）组合体构形的基本方法　单向构形简单形体、双向构形简单形体再将若干个简单形体进行组合构成新的形体的方法。

（6）轴测图、构形想象与三维造型的联系　由三维造型后在布局的模型空间里选择西南等轴测模式，然后用 SOLPROF 命令提取物体的轴测图。

第6章 草图与构形想象

6.1 概述

工程技术人员在构思设计时必然要想象空间的环境、空间的距离和空间的运动。设计过程中，用徒手草图的方法迅速地组织头脑中的想法使最初的构思具体化。不同的方案常用草图经分析比较不断修改而最后选定。所以，徒手画草图是工程技术人员的一项基本技能。构形制图是在构形想象的基础上结合草图进行形体设计的一种有效方法。本章主要阐述草图与构形想象等内容。

6.2 草图基础知识

6.2.1 草图的画法

徒手画草图的基本要求是画图速度快，图形比例准，图线、字体清。一般用 HB 铅笔画草图。铅芯磨成尖状，然后在草图纸面或其他纸上轻磨，使尖部呈圆形，在磨圆尖部时应转动铅笔以防止出现尖棱。

（1）直线的画法　徒手画直线时，铅笔应紧靠中指，并用拇指和食指松松握住，握笔处在笔尖上方约 30～40mm 之处，眼睛看着画直线的终点使笔尖向着要画的方向作近似直线移动，如图 6-1（a）所示。画长斜线时，为运笔方便可将图纸旋转一适当角度使之转成水平线来画，见图 6-1（b）。扫描本章二维码可以观看。

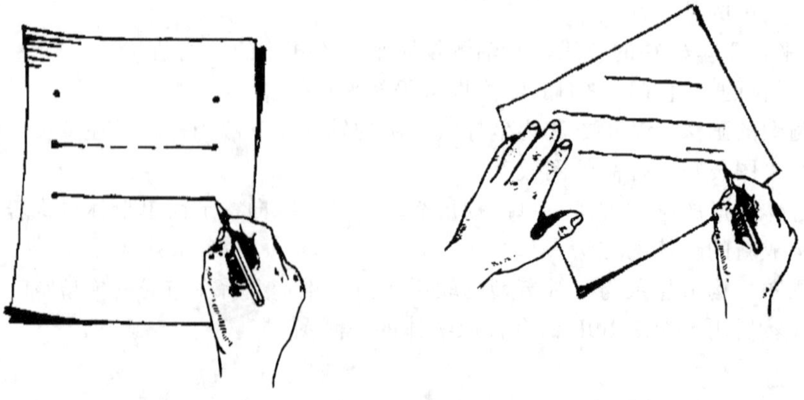

(a)　　(b)

图 6-1　徒手画直线

（2）圆及圆角的画法　画圆的一种方法是先画出外切正方形，各边中点为圆上的点，再画出对角线，在对角线上按圆半径又可定出四点，然后通过八点画圆，见图 6-2。第二种方法是先画出中心线，再增画辐射线，并按圆半径在每条线端画小圆弧，然后画出圆的草图，见图 6-3。扫描本章二维码可以观看。

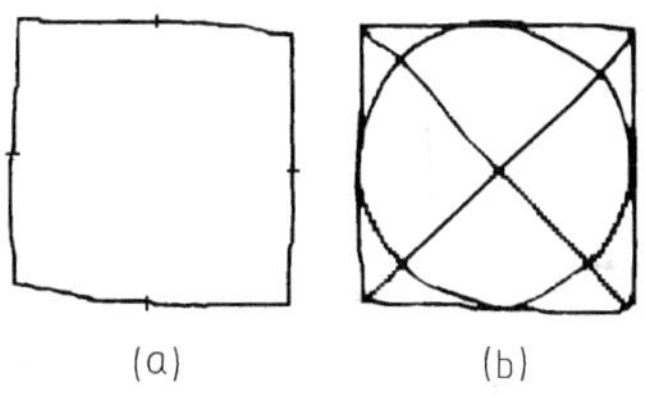

图 6-2　徒手画圆（一）

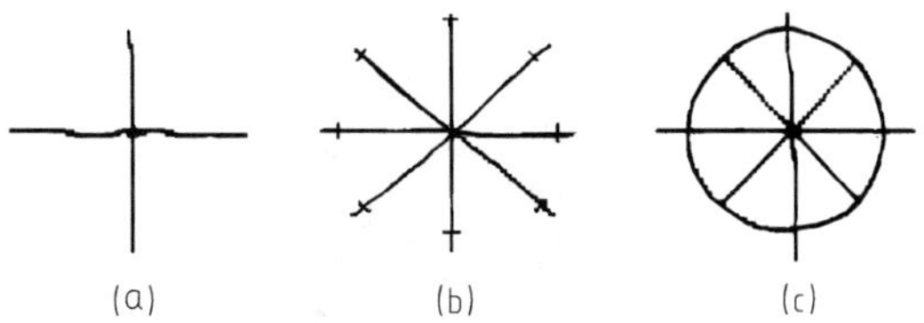

图 6-3　徒手画圆（二）

当圆的直径较大时，可以小手拇指尖作圆心，使铅笔尖与它相距为半径长，另一只手慢慢转动图纸，即可得到所需的圆，见图 6-4。

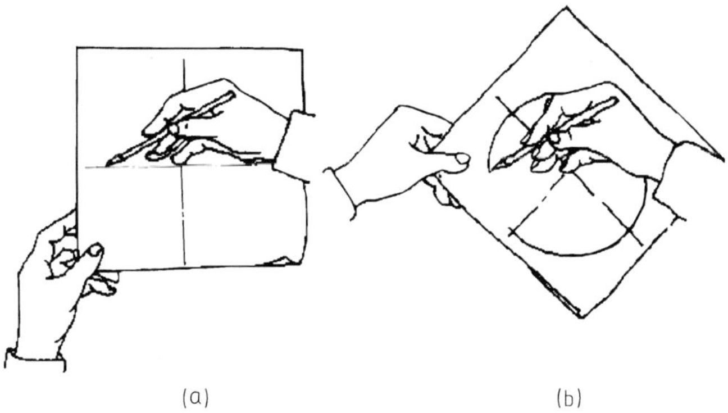

图 6-4　画大直径圆

画圆角时，可先在分角线上确定圆心，使之与角的两边距离等于圆角的半径，过圆心向两边引垂线定出圆弧的起点和终点，并在分角线上定出一点，然后用圆弧将此三点连起来，见图 6-5。扫描本章二维码可以观看。

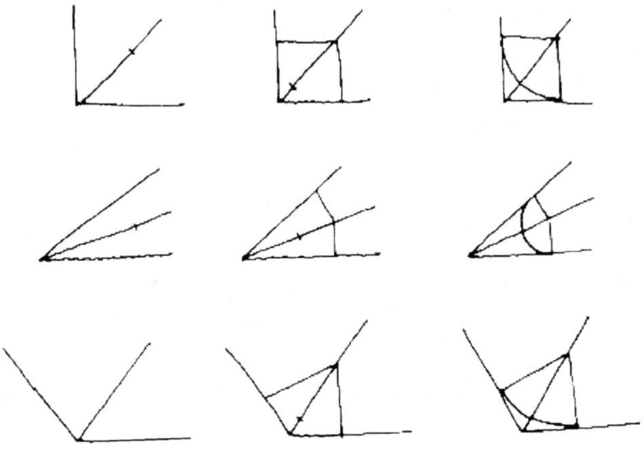

图 6-5　徒手画圆弧

6.2.2 目测方法

画草图时，比较重要的是能够目测估计所画物体的长、宽、高之间的相互关系，使草图成比例绘制。还要把握物体上部分结构尺寸与总体尺寸的比例关系，在画较小物体时可用铅笔直接沿实物测定各部分大小，然后画出草图，见图 6-6。扫描本章二维码可以观看。

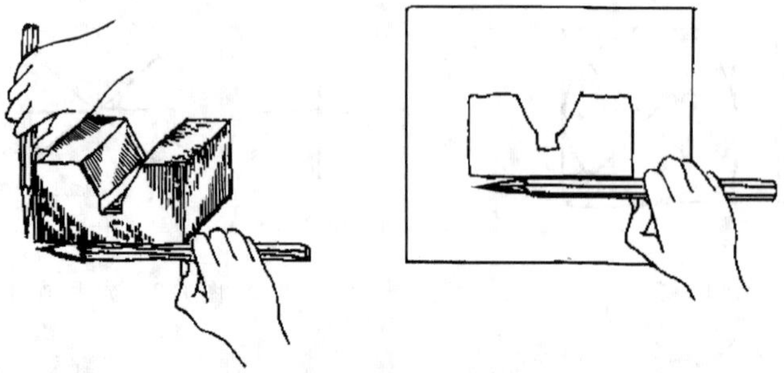

图 6-6　小物体的大致测量

当所画物体比较大时，可如图 6-7 所示，用手握铅笔进行目测度量。在目测时，人的位置保持不动，握铅笔的手臂伸直，人和物体的距离应根据所需图形的大小来确定。扫描本章二维码可以观看。

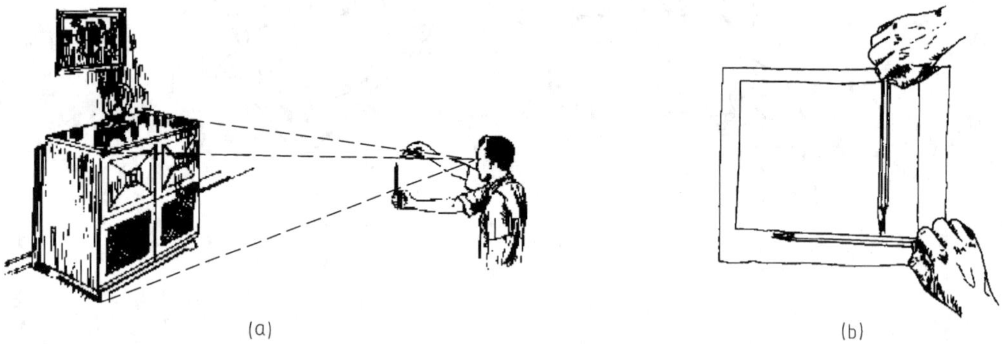

(a)　　(b)

图 6-7　目测度量方法

6.2.3 画草图步骤

【例 6-1】 画图所示金属板草图，见图 6-8（a）。扫描本章二维码可以观看。

1）按比例画出板块主要轮廓边框范围，见图 6-8（b）。

2）画出圆和圆弧，见图 6-8（c）。

3）画出轮廓并加深，见图 6-8（d）。

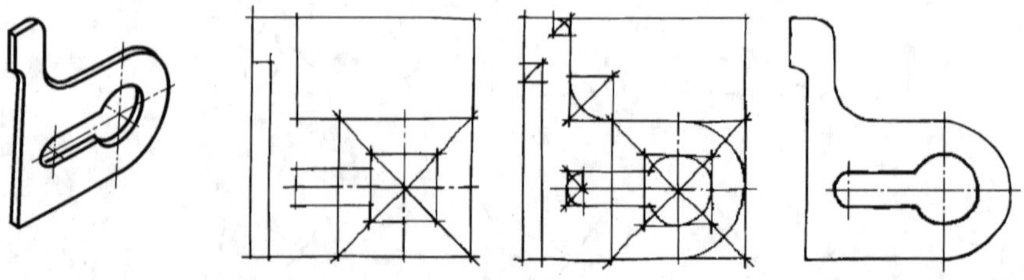

(a)　　(b)　　(c)　　(d)

图 6-8　画草图步骤

6.3　空间想象（构思中的草图方法）

6.3.1　视图阅读中的草图方法

根据视图读懂物体形状是一个空间思维过程。在由二维的单面视图想象出三维的形体的过程中含有形体的拉伸、旋转、分解、拼合等思考要求，必须根据多面视图再进行多向思维。要使思维过程顺利并能及时检验思维结果正确与否，适时地将思考结果用构画轴测草图的方式加以记载是一种行之有效的方法。轴测草图可以作为印证、再思维及与他人交流的载体。

【例 6-2】 根据图 6-9 所示视图想象物体形状，应用组合体读图方法，在读图过程中随时将读懂部分构画出立体草图，如图 6-9（c）～（f）就是分块构画想象，最终形成对整体（图 6-9g）的认识。由于草图构画方法灵活，随想随画，使认识、印证、修正想法这几个环节互为补充，起到用草图帮助思考的作用。扫描本章二维码可以观看。

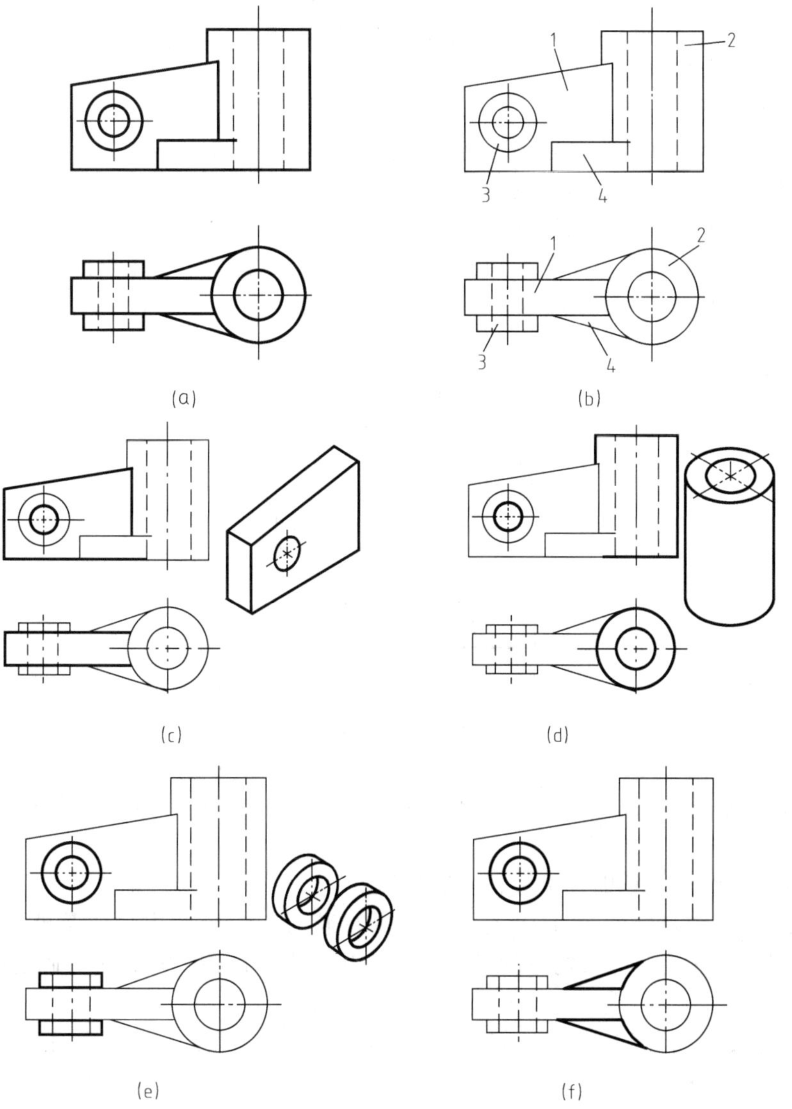

图 6-9

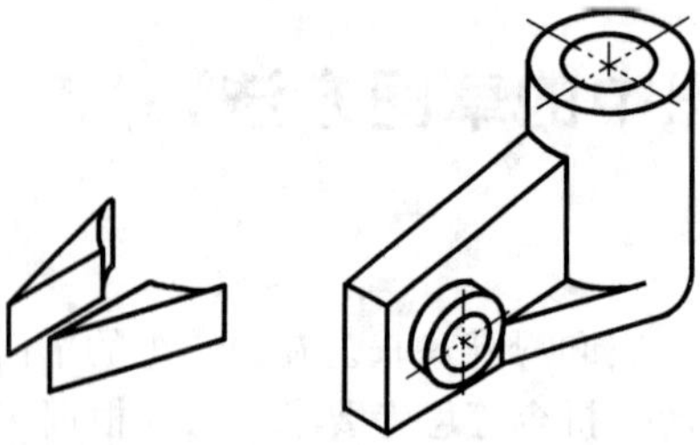

(g)

图 6-9 读图过程

6.3.2 组合体构形

5.6 所述的构形想象可以作为形体设计的初步思考。考虑到形体的功能、特征、工艺性等要求，将所构思的形体以轴测草图的形式加以表达，从构想出的多种形体中选择所需的形体，因此构形想象和轴测草图结合是形体设计的有效方法。

【例 6-3】 组合体模型设计。设计要求如下。

1）设计底板Ⅱ的形状（要求：组合体能通过底板与其他机件连接）；

2）设计主形体Ⅰ与底板Ⅱ之间的连接形体（要求：连接Ⅰ、Ⅱ的形体应能较好地支撑主形体Ⅰ，在 A—A 轴线处设计一孔与形体Ⅰ、Ⅱ贯通）；

3）沿主形体Ⅰ之轴线方向设计两块耳板；

4）在主形体Ⅰ之轴线方向距左端面为 L 处设计一接管与主形体贯通。

图 6-10 为设计示意图。扫描本章二维码可以观看。

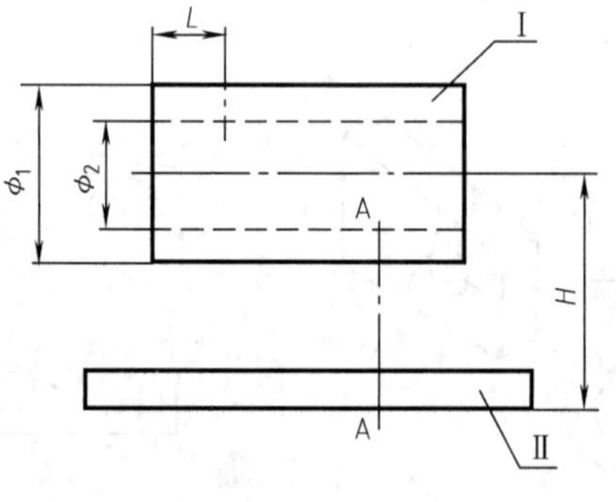

图 6-10 设计要求

根据设计示意图及设计要求，组合体模型设计过程如图 6-11 所示，扫描本章二维码可以观看。

1）分别设计底板，耳板，接管、连接体形状。

2）考虑各部分的组合。在设计每一部分的形状时应充分考虑功能及外形美观等因素，这一考虑过程体现在用草图将构思的各种形状表达出来，以便比较、选择确定较为理想的形体设计。

3）构形方案：图 6-11（a）为底板构形方案；图 6-11（b）为接管构形方案；图 6-11（c）为耳板构形方案；图 6-11（d）为连接体构形方案；图 6-11（e）～（g）为几种组合方案。

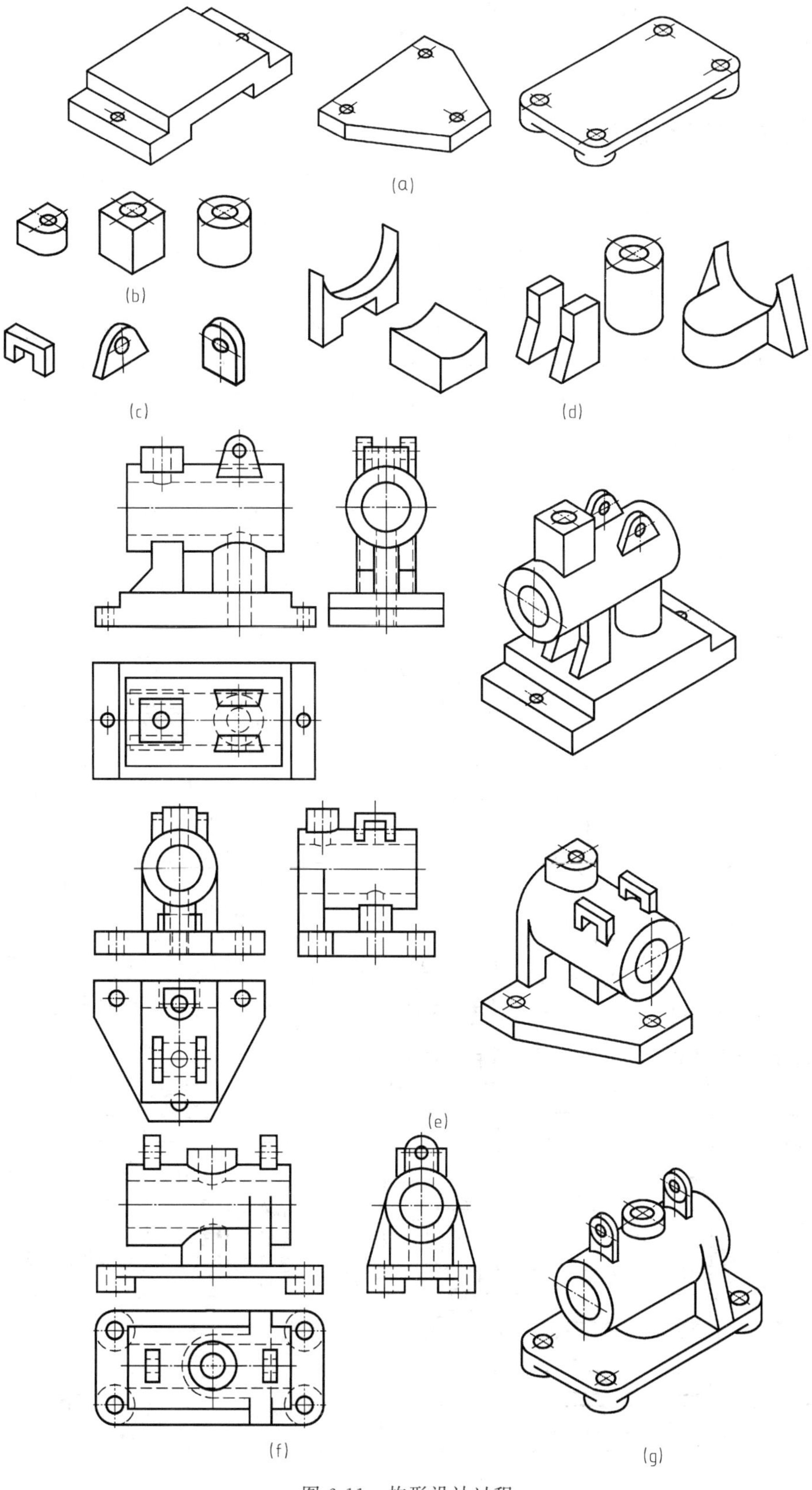

图 6-11　构形设计过程

实际上，读者可以体会到这种构思是一种创想，每一种构思可以是独立的，但又可以引发新的构思，所以结果可以是无限的。这就给最终的组合选择提供了充分的条件。

6.4 测绘零件草图

零件测绘是对实际零件进行绘图、测量并整理出零件图的技术工作。例如在技术革新中改进旧机器或者新设计的机器需要推广交流时，就要按照实际机器画出它的全部图纸；还有在仿制机器和修配损坏的零件时，也都需要零件测绘。

在测绘零件时，因受时间及工作场所的限制（一般在车间现场进行），往往先画出零件草图，整理以后，再根据草图画出零件图。画零件草图时，徒手在白纸或方格纸上画出。零件各部分大小全凭目测（或用简单方法，如用铅笔杆比一下，得出零件各部分比例关系，再根据这个比例关系）画出图形。尺寸的真实大小只是在画完尺寸线后，才逐一测量，得出数据，再填写到图上去。

零件草图虽然名为草图，但决不能潦草从事，草图同样必须具有视图和尺寸完全、字体清楚、线型分明、图面整齐、技术要求完整，并有图框、标题栏等内容。草图质量欠佳，就会影响零件工作图的绘制。图 6-12 是一张底座零件草图的例子。扫描本章二维码可以观看。

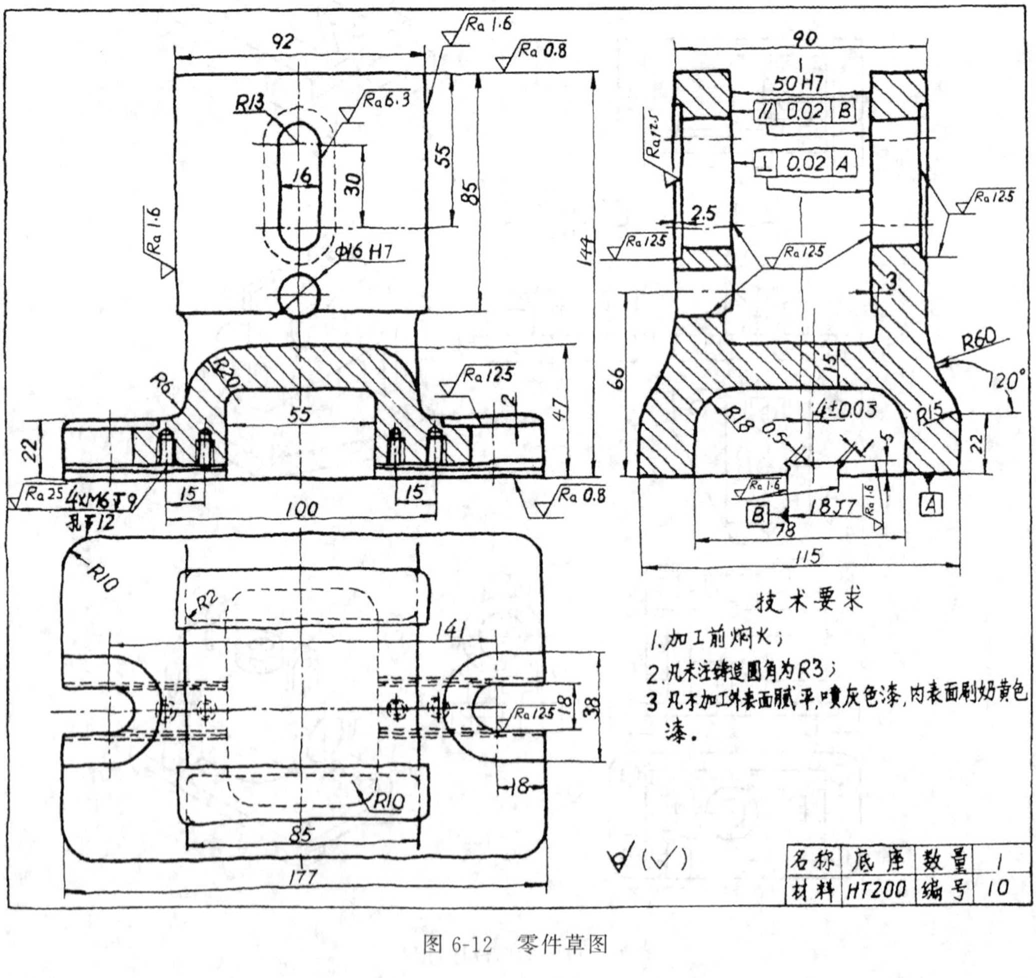

图 6-12 零件草图

6.5　草图与三维造型的联系

在三维造型中，创建模型的第一步就是要绘制一个表示模型形状和尺寸的草图，这一草图可以徒手绘制。绘制时应遵循如下原则。

1）零件草图是画零件图的依据。它的内容、要求和画图步骤都与零件图相同。不同的是草图要凭目测零件各部分的尺寸比例，徒手绘制而成。一般先画好图形，再标注尺寸。

2）草图尽可能按零件实际大小或按一定比例绘制，以便通过图形能大致了解零件的实际大小。

草图上应该有完整、清晰、合理的尺寸标注，这是三维造型的依据，草图图形可为三维造型提供形状信息，徒手绘制时的误差不会影响对形状的了解，但草图上的尺寸标注必须正确，三维造型时先根据草图图形和尺寸画出特征图形，再应用各种三维造型功能进行造型。图 6-13（c）表示了根据图 6-12 的底座草图作出的三维造型。

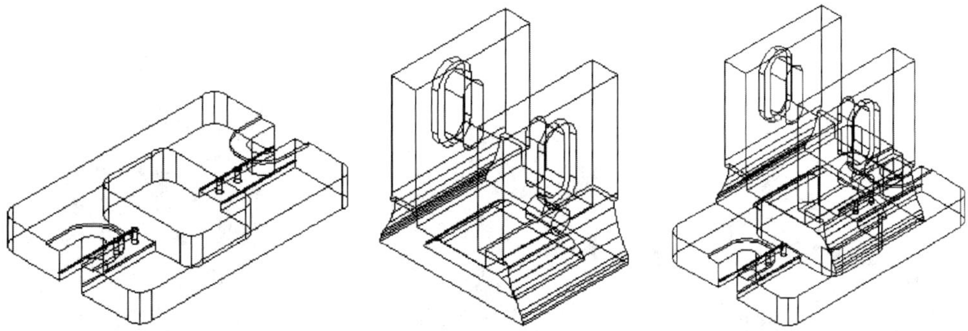

(a) 底座的底板　(b) 底座上部形体　(c) 底座整体

图 6-13　由草图做出的三维造型

从图 6-13（a）可知底板造型时利用了图 6-12 中的俯、左视图，俯视图上有大部分的特征图形，左视图上有底板上槽的特征形状，如图 6-14 所示，将这些特征图形按主、左视图

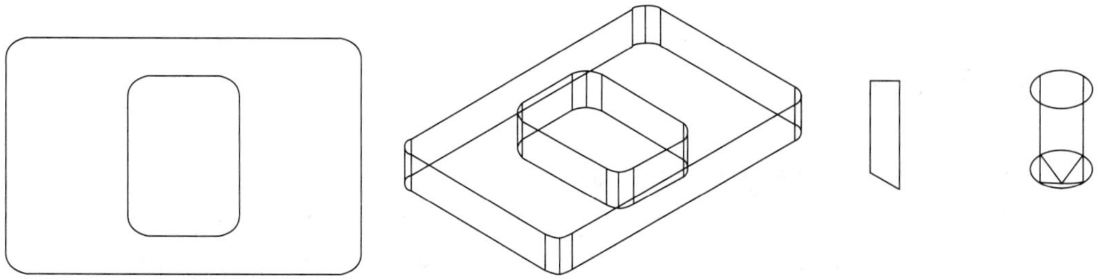

(a) 底板毛坯特征图形　(b) 底板毛坯实体　(c) 底板孔特征图形　(d) 底板孔实体

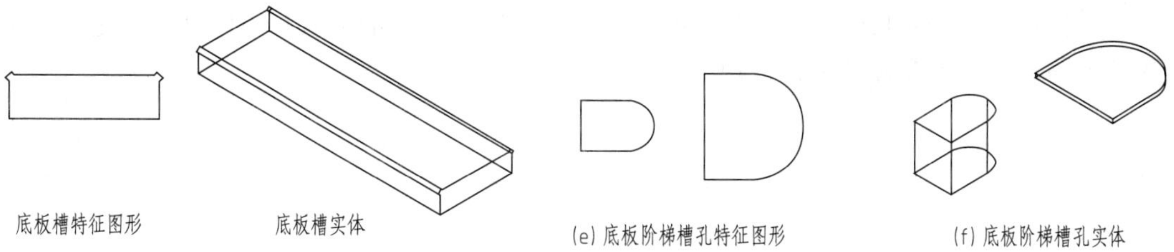

底板槽特征图形　底板槽实体　(e) 底板阶梯槽孔特征图形　(f) 底板阶梯槽孔实体

图 6-14　底板特征图形与造型过程

上标注的尺寸进行拉伸或旋转，得到各简单形体，再将这些简单形体按尺寸平移到其应该在的位置，然后将底板毛坯实体与其他实体作差运算即可得底板的三维造型。图 6-13（b）是底座上部形体，造型时将中间带长圆形孔的前后两块板作为一部分，将下部有凹坑的实体作为另外一部分，这两部分的特征图形如图 6-15（a）、（c）所示，造出的实体如图 6-15（b）、（d）所示。图 6-16 是底座零件的渲染效果。扫描本章二维码可以观看。

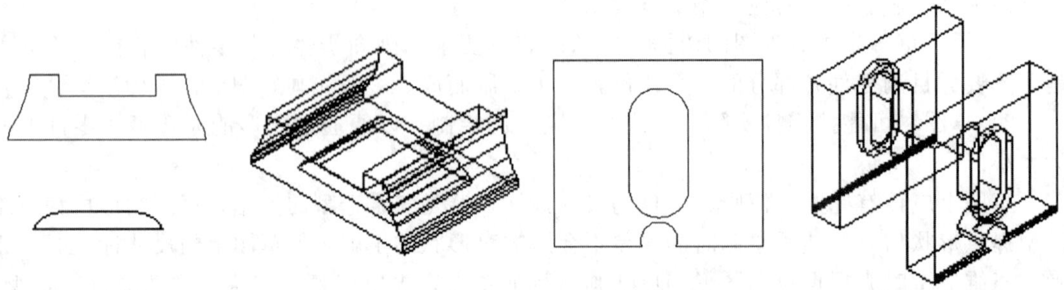

(a) 带凹坑实体的特征图形　(b) 带凹坑的实体　(c) 带长圆孔板的特征图形　(d) 带长圆孔板的实体

图 6-15　底座上部特征图形与造型过程

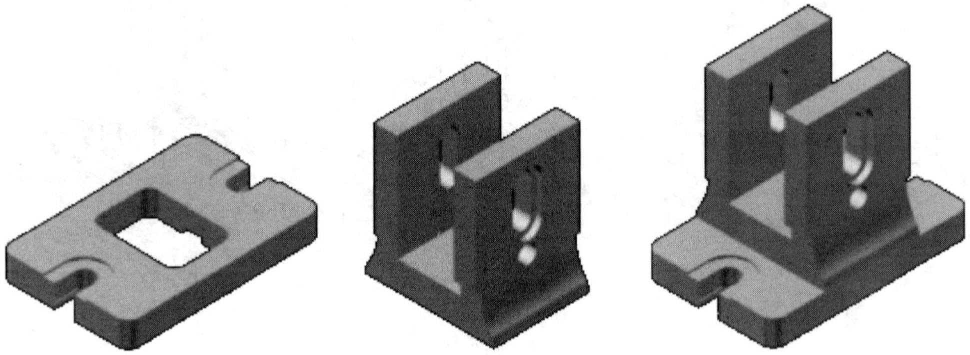

(a) 底板渲染图　(b) 上部形体渲染图　(c) 整体渲染图

图 6-16　底座渲染效果

6.6　本章小结

本章主要由草图与构形想象等内容组成。

（1）草图　拟定表达方案，布置图幅，徒手绘制草图布局尺寸线及尺寸界线，测量尺寸并填写尺寸数字，整理加深各类图线，绘制正式的工作图。在绘制工作图前可利用三维造型获得实体形状，以便分析优化的视图表达方案。

（2）构形想象　若只给定组合体的一个或两个视图，物体的形状是不能唯一确定的，利用这种不确定性构形多种形体供选用。

第7章 机件形状的表达方法

7.1 概述

GB/T 4458.1—2002《机械制图　图样画法　视图》中规定：

1）绘制机械图样时，应首先考虑看图方便。按机件的结构特点，选用适当的表达方法。在完整、清晰地表达机件各部分形状的前提下，力求制图简便。

2）机件的图形按正投影绘制并采用第一角投影法。

本章主要阐述基本视图与辅助视图、剖视、断面、局部放大图、简化画法和规定画法、剖视图阅读与尺寸标注等内容。

7.2 基本视图与辅助视图

将机件向投影面投射所得图形名称为视图。为了便于看图，视图一般只画出机件的可见部分，必要时才画出其不可见部分。视图分基本视图、斜视图、局部视图和向视图四种。基本视图已介绍。下面分别介绍其他视图。

7.2.1 斜视图和局部视图

图 7-1 为压紧杆的三视图，它具有倾斜的结构，其倾斜表面为正垂面，它在左、俯视图上均不反映实形，给绘图和看图带来困难，也不便于标注尺寸。扫描本章二维码可以观看。为了表达倾斜部分的实形，沿箭头 A 方向将倾斜部分的结构投射到平行于倾斜表面的新置投影面 H_1上，见图 7-2。扫描本章二维码可以观看。这种将机件向不平行于任何基本投影面的新置投影面投射所得的视图称为斜视图。斜视图通常只要求表达该机件倾斜部分的实形，其余部分不必画出，其断裂边界用波浪线表示，如图 7-3（a）中的 A 向斜视图。

画了 A 向斜视图后，俯视图上倾斜表面的投影可以不画，其断裂边界也用波浪线表示。这种只将机件的某一部分向基本投影面投射所得的视图称为局部视图，如图 7-3（a）中的 B 向局部视图。扫描本章二维码可以观看。该机件右边的凸台也可以用局部视图来表达它的形状，如图 7-3（a）中的 C 向局部视图，这样可省画一个右视图。采用一个主视图，一个斜视图和两个局部视图表达该机件，就显得更清楚、更合理。

局部视图和斜视图的断裂边界一般应以波浪线表示，如图 7-3（a）中的 A 向斜视图、B 向局部视图；但当所表示的局部结构是完整的，且外轮廓线又成封闭形时，则波浪线可省略不画，如图 7-3（a）中的 B 向局部视图。

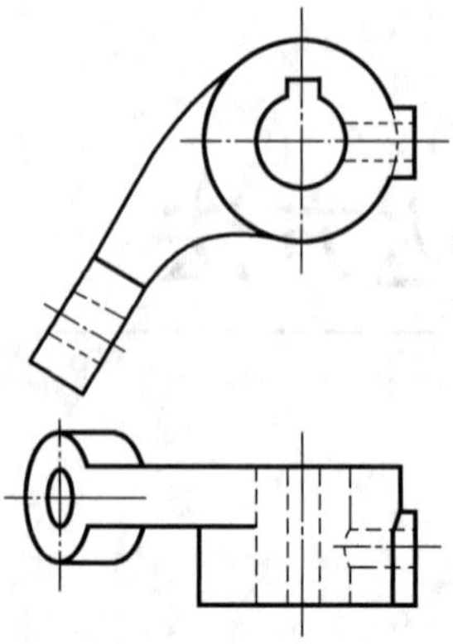

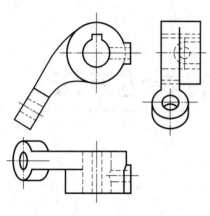

图 7-1　压紧杆三视图

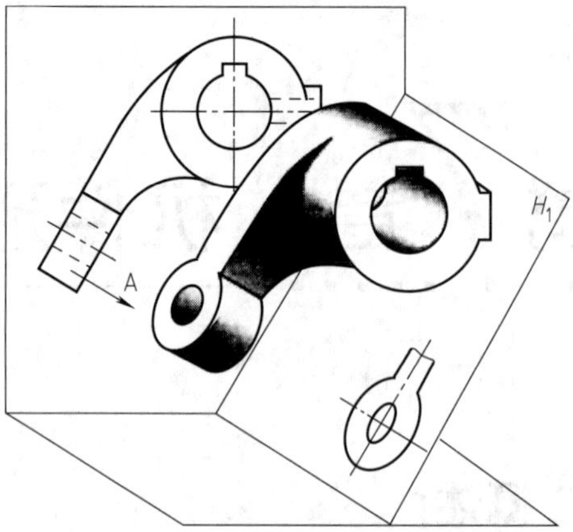

图 7-2　压紧杆斜视图的形成

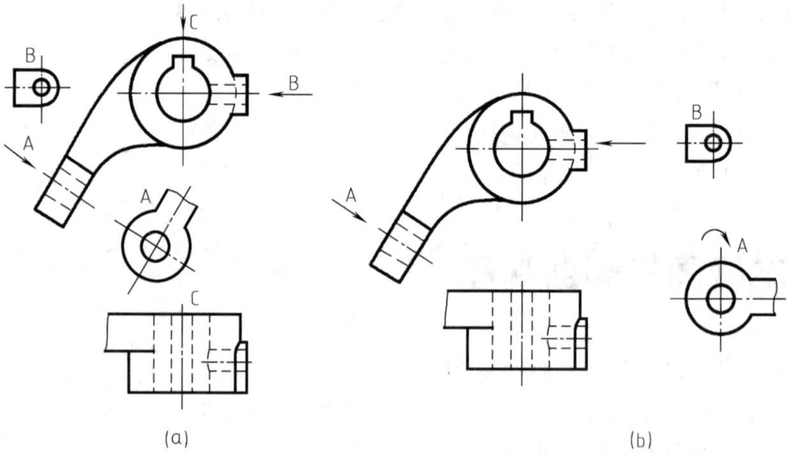

图 7-3　压紧杆斜视图和局部视图的两种配置形式

斜视图或局部视图一般按投影关系配置，如图 7-3（a）所示。若这样配置在图纸的布局上不很适宜时，也可以配置在其他适当位置；在不会引起误解时，也允许将斜视图的图形旋转，以便于作图，如图 7-3（b）。显然，图 7-3（b）所示的布局较好。画斜视图时，必须在视图的上方标出视图的名称“×”，并在相应的视图附近用箭头指明投影方向，并注上同样的字母，如图 7-3（a）。旋转后的斜视图，其标注形式为“×↶”，表示该视图名称的大写拉丁字母应靠近旋转符号的箭头端，也允许将旋转角度注写在字母后面，如图 7-3（b）所示。画局部视图时，一般也采用上述标注方式，但当局部视图按投影关系配置，中间又没有其他图形隔开时，可省略标注，如压紧杆的 B 向局部视图在图 7-3（b）中就省略标注。

7.2.2　向视图

向视图是可自由配置的视图。在向视图的上方标出“×”（“×”为大写拉丁字母），在相应的视图附近用箭头指明投射方向，并注上同样的字母，如图 7-4 所示。扫描本章二维码可以观看。

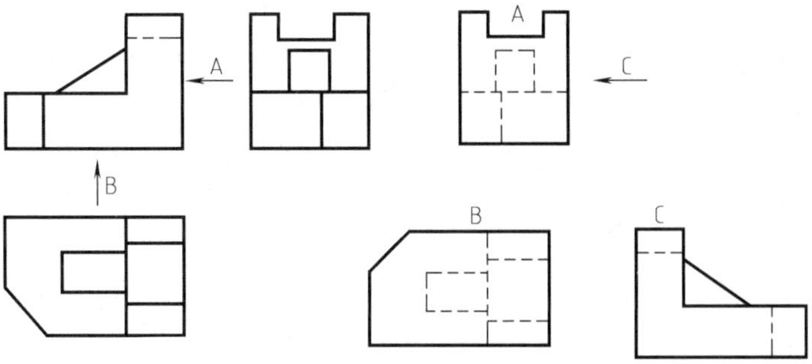

图 7-4　向视图

7.3　剖视

7.3.1　剖视的概念

假想用剖切平面剖开机件，将处在观察者和剖切平面之间的部分移去，而将其余部分向投影面投射所得的图形称为剖视，见图 7-5（a）。而图 7-5（b）的主视图即为机件的剖视图。扫描本章二维码可以观看。采用剖视的目的是可使机件上一些原来看不见的结构成为可见部分能用粗实线画出，这样对看图和标注尺寸都有利。

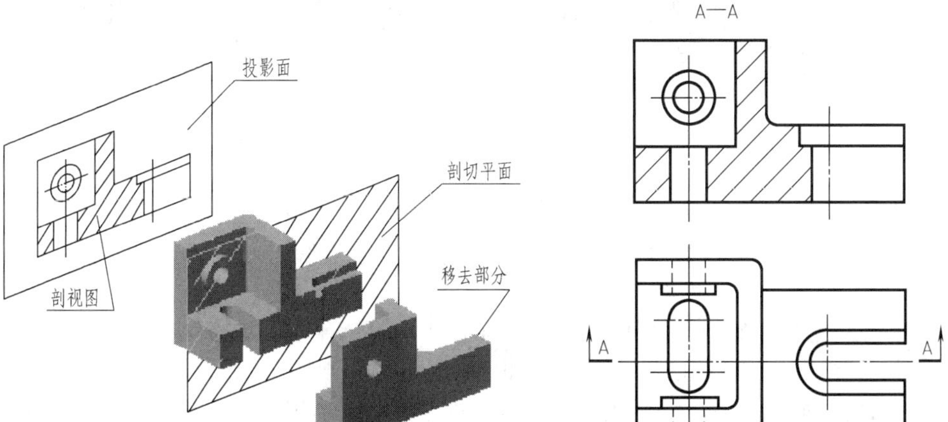

(a) 剖视图的形成　　(b) 剖视图

图 7-5　剖视图的概念

7.3.2　剖视图的画法

根据制图国家标准的规定，画剖视图的要点如下。

（1）确定剖切面的位置　一般用平面剖切机件。剖切平面一般应平行于相应的投影面，并通过机件上孔、槽的轴线或与机件对称面重合。

（2）剖视画法　用粗实线画出剖切平面与机件实体相交的截断面轮廓及其后面的可见轮廓线，机件后部的不可见轮廓线一般省略不画。

（3）剖面区域的表示法　剖视图中剖切面与物体的接触部分称为剖面区域。不需在剖面区域中展示材料类别时，可采用剖面线表示。剖面线应以适当角度的细实线绘制，最好与主

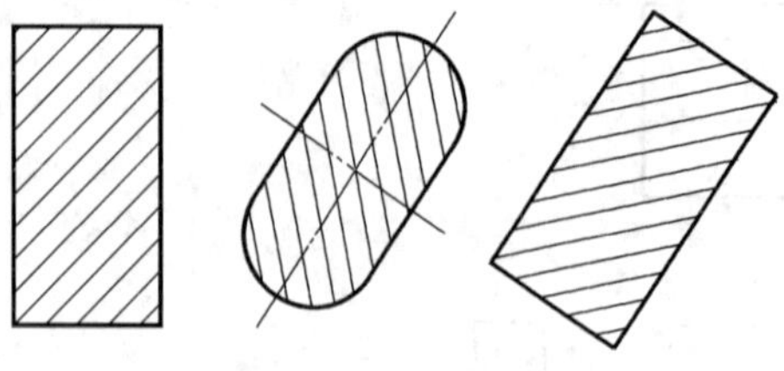

图 7-6 剖面线的画法

要轮廓或剖面区域的对称线成 45°角，并且同一机件的各个视图的剖面线方向和间隔必须一致，如图 7-6 所示。扫描本章二维码可以观看。

（4）剖视图的标注 为了便于看图，一般应在剖视图上方用字母标注视图的名称“×-×”；在相应的视图上用剖切符号表示剖切位置，其两端用箭头表示投射方向，并注上同样的字母，如图 7-7 中 A—A、B—B 剖视。剖切符号为断开的粗实线，线宽为 1～1.5b，尽可能不要与图形轮廓线相交，剖视图在下列情况下可省略或简化标注。扫描本章二维码可以观看。

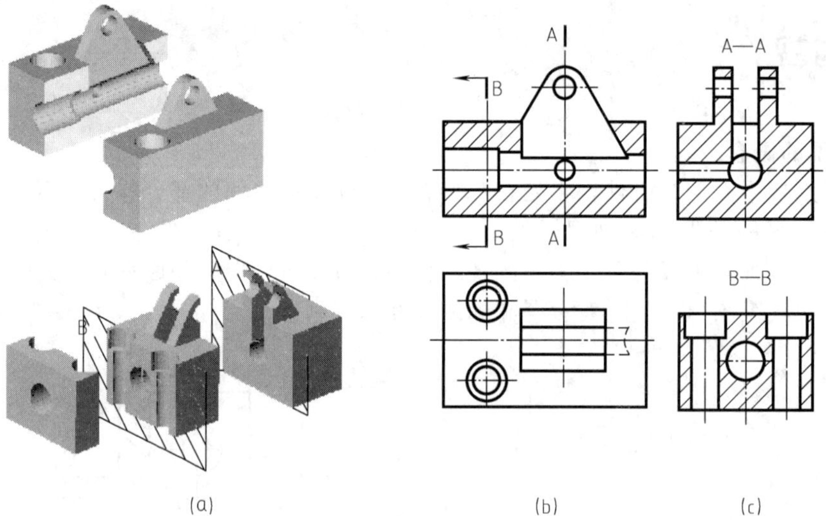

图 7-7 用几个剖视图表达定位块

1）当剖视图按投影关系配置，中间又没有其他图形隔开时，可省略箭头，如图 7-7（b）中的 A-A 剖视，表示投射方向的箭头被省略了。

2）当单一剖切平面通过机件的对称平面或基本对称平面，且剖视图按投影关系配置，中间又无其他图形隔开时，可省略标注，如图 7-7 中的主视图所示。

（5）剖视图的配置 基本视图配置的规定同样适用于剖视图，如图 7-7（b）中的 A—A 剖视。必要时允许配置在其他适当位置，如图 7-7（b）中的 B-B 剖视。

7.3.3 剖视的种类

（1）全剖视图 用剖切面完全地剖开机件所得的剖视图称为全剖视图。图 7-8 中的主、左视图都是全剖视图。扫描本章二维码可以观看。

全剖视图常用来表达内形比较复杂的不对称机件。外形简单的机件也可用全剖视图表达。全剖视图的重点在于表达机件的内形，其外形可用其他视图表达清楚。

（2）半剖视图 当机件具有对称平面时，在垂直于对称平面的投影面上投射所得的图形可以对称中心线为界，一半画成剖视，另一半画成视图，这种剖视称为半剖视，如图 7-9 所示。扫描本章二维码可以观看。半剖视图适合于内外形状都需在同一视图上有所表达，且具有对称平面的机件。当机件形状接近对称且不对称部分已有图形表达清楚时也可采用半剖视图，如图 7-10 所示。

半剖视图的标注与全剖视图的标注完全相同。如图 7-9（b）中主、左视图符合省略标

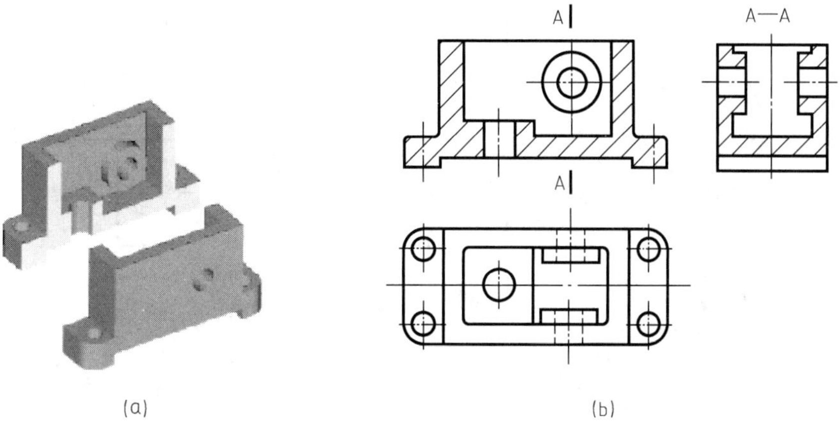

图 7-8　全剖视图

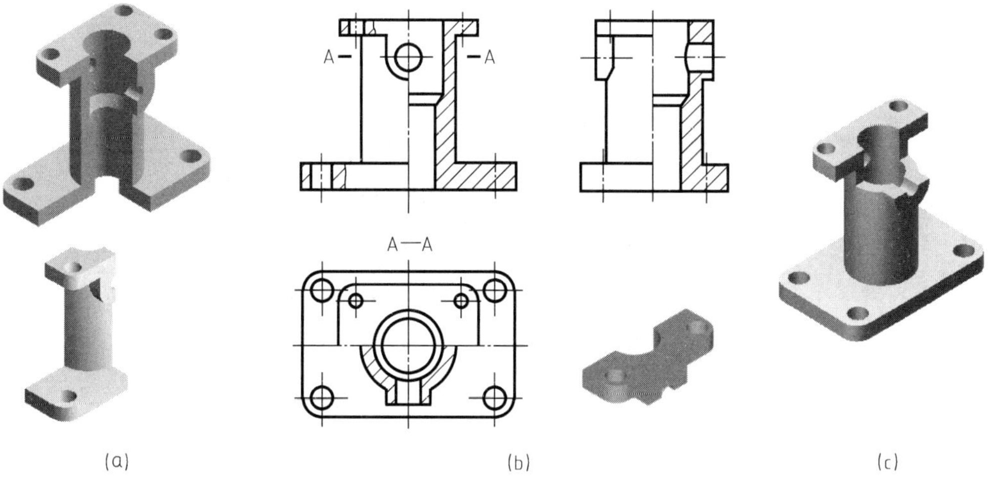

图 7-9　半剖视图的画法

注条件而不加标注，俯视图则省略了箭头。

画半剖视图时应注意：

1）由于机件对称，剖视部分已将内形表达清楚，所以在视图部分表达内形的虚线不必画出。机件形状接近对称，也可画成半剖视，如图 7-10 所示。扫描本章二维码可以观看。

2）半个剖视与半个视图必须以点画线为分界，如机件棱线与图形对称中心线重合时则应避免使用半剖视。

（3）局部剖视图　用剖切平面局部剖开机件所得到的剖视图称为局部剖视图。图 7-11（a）所示箱形机件，主视图如采用全部剖视则凸台的外形得不到表达。形体左右又不对称，不符合半剖条件。现采用局部剖视即可达到既表达箱体内腔又保留凸台外形的效果。底板上的小孔也画成局部剖，见图 7-11（b）。扫描本章二维码可以观看。

俯视图以局部剖视表达凸台上小圆孔与箱体内腔相通及箱体的壁厚。由此可见局部剖视是一种比较灵活的兼顾内外形的表达方法。局部剖视图采用的剖切平面位置与剖切范围可根据表达范围的需要而决定。

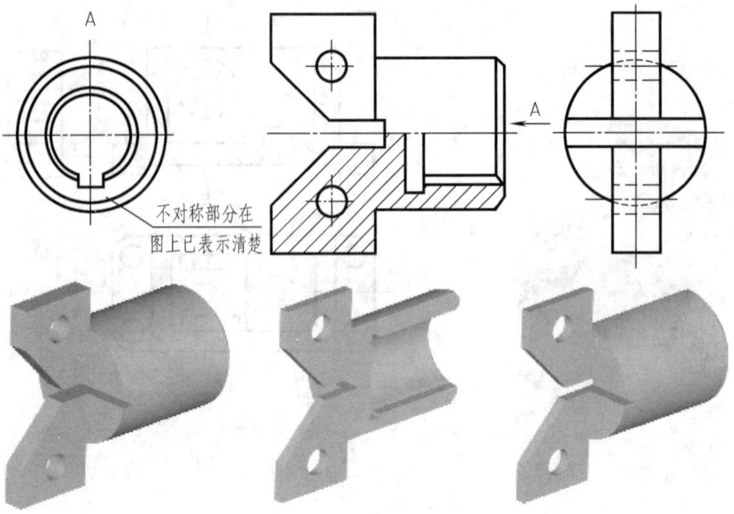

图 7-10 机件形状接近对称画成半剖视

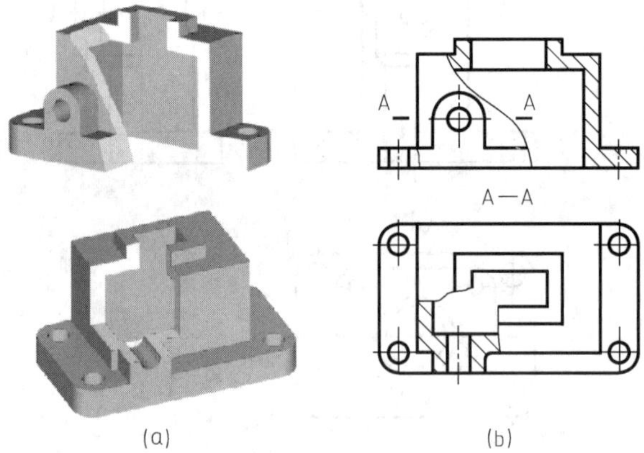

图 7-11 局部剖视图的画法

画局部剖视图时应注意以下几点。

1）局部剖视图要以波浪线表示内形与外形的分界。波浪线要画在机件的实体上，不能超出视图的轮廓线，也不应在轮廓线的延长线上或与其他图线重合，见图 7-12 所示的正误

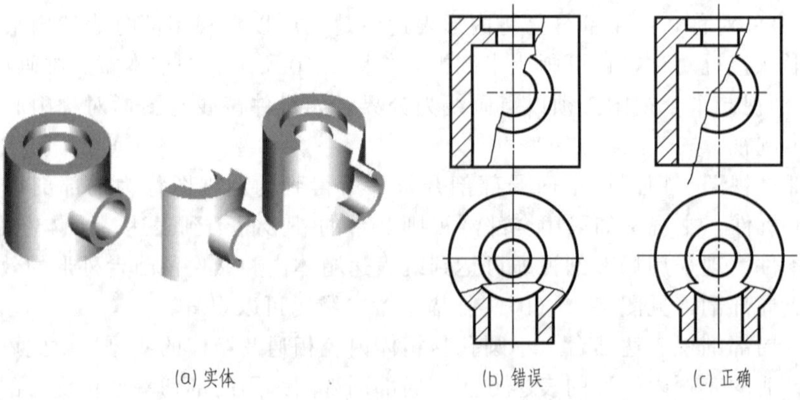

图 7-12 局部剖视图中波浪线的画法

对比。扫描本章二维码可以观看。

2）局部剖视图在剖切位置明显时，一般不标注。若剖切位置不在主要形体对称位置，为清楚起见也可按图 7-11（b）标 A—A。

3）局部剖视图一般的使用场合为：不对称机件上既需要表达其内形又需保留部分外形轮廓时，如图 7-11（b）中的主视图；表达机件上孔眼、凹槽等某一局部的内形，如图 7-9（b）、图 7-12（b）所示。

4）正确使用局部剖视，可使表达简练，清晰。但在同一个图上局部剖视图不宜使用过多，以免图形过于零碎。

7.3.4　剖切平面与剖切方法

作机件的剖视图时，常要根据机件的不同形状和结构选用不同的剖切平面和剖切方法。国家标准规定，剖切平面有：单一剖切面、两相交的剖切面、几个平行的剖切面、组合的剖切面以及不平行于任何基本投影面的剖切面等多种。由此相应地产生了单一剖、旋转剖、阶梯剖、复合剖以及斜剖等多种剖切方法。不论采用哪一种剖切平面及其相应的剖切方法，均可画成全剖视图、半剖视图和局部剖视图。

（1）单一剖切平面和单一剖　用一个平行于某一基本投影面的剖切平面剖开机件的方法称为单一剖。如上述全剖视图、半剖视图与局部剖视图均为单一剖。

（2）旋转剖　用两相交的剖切平面（交线垂直于某一基本投影面）剖开机件的方法称为旋转剖。如图 7-13（a）所示的机件，其内部结构需要用两个相交的剖切平面剖开才能显示清楚，且又可把两相交的剖切平面的交线作为旋转轴线。此时，就可采用旋转剖的方法画其剖视图。其具体作法为：先假想按剖切位置剖开机件，然后将被剖切平面剖开的结构及其有关部分旋转到与选定的投影面平行再进行投影，如图 7-13（b）所示。采用旋转剖的方法画剖视图时，必须用剖切符号表示剖切位置并加以标注，同时画出箭头表示投射方向。如按投影关系配置，中间又无其他图形隔开时，允许省略箭头，图 7-13（b）即属此种情况。扫描本章二维码可以观看。

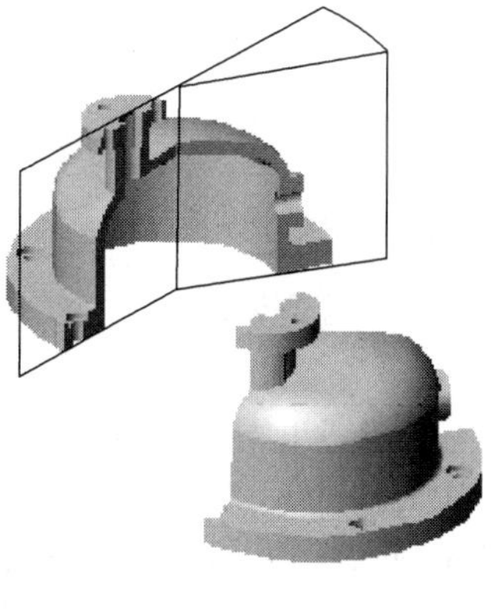

(a)

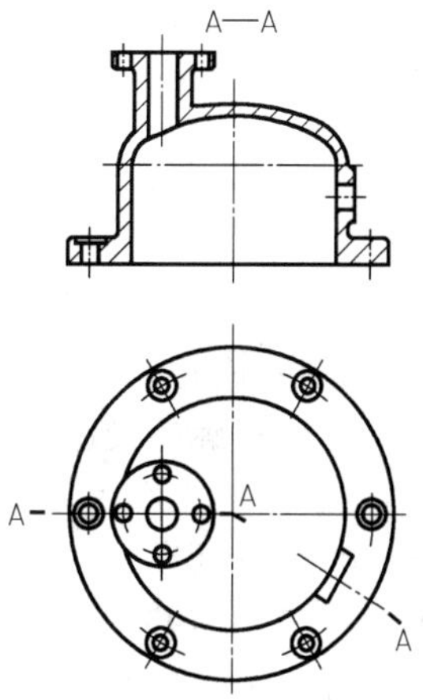

(b)

图 7-13　旋转剖视图的画法

用旋转剖方法画剖视图时应注意：在剖切平面后面的其他结构一般按原来位置投影。

（3）阶梯剖　用几个平行的剖切平面剖开机件的方法称为阶梯剖。如图 7-14 所示的机件，其内部结构需要用两个相互平行的平面加以剖切才能兼顾，就可采用阶梯剖的方法来画其剖视图，如图 7-15 所示。扫描本章二维码可以观看。选用阶梯剖画剖视图时，必须在剖切的起讫及转折处用剖切符号表示剖切位置，并注写相同的字母（当转折处空间有限又不会引起误解时允许省略），在起讫两端画出箭头表示投射方向，同时在剖视图的上方加以标注，当按投影关系配置，中间又无其他图形隔开时可以省略箭头，用阶梯剖方法画剖视图时应注意以下几点（见图 7-16）。扫描本章二维码可以观看。

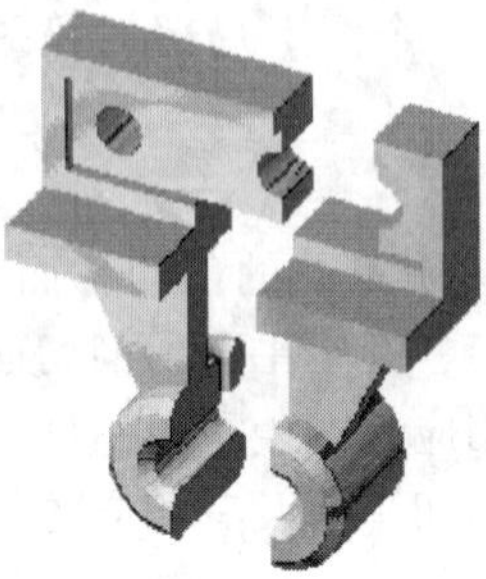

图 7-14 阶梯剖直观

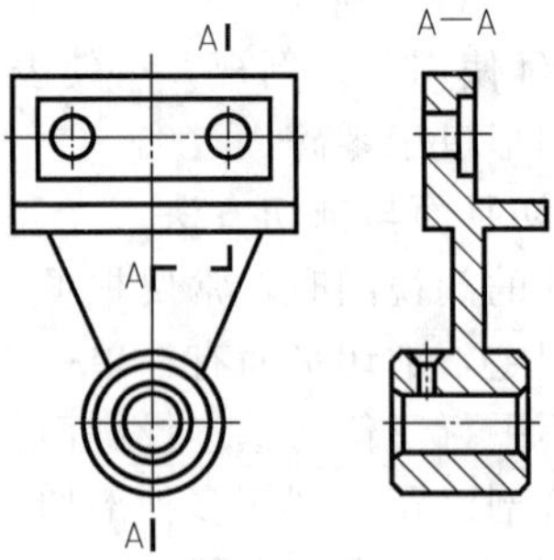

图 7-15 阶梯剖视

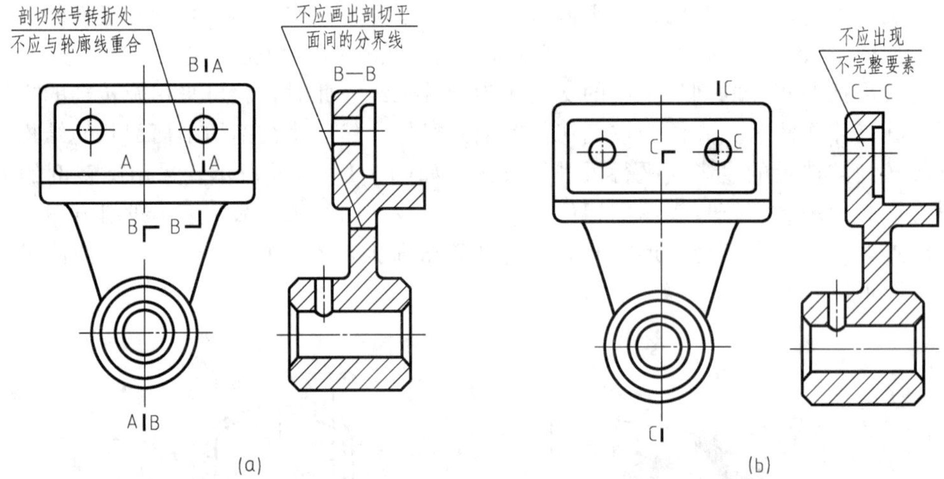

图 7-16 画阶梯剖注意事项

1）阶梯剖采用的剖切平面相互平行，但应在适当的位置转折。在剖视图中不应画出平行剖切面之间的直角转折处轮廓的投影。

2）采用阶梯剖的方法画剖视图时，一般应避免剖切出不完整要素，只有当两个要素在图形上具有公共对称中心线或轴线时，才允许以中心线为界各画一半。

（4）斜剖 用不平行于任何基本投影面的剖切平面剖开机件时称斜剖，如图 7-17 所示的机件就采用了斜剖的方法来表达有关部分的内形，其剖视见图 7-18 中的 B—B。扫描本章二维码可以观看。

采用斜剖方法画剖视图时，一般按投影关系配置在箭头所指的方向，如图 7-18 中的 B—B，也可画在其他适当的地方，在不致引起误解时，允许将图形转平，如图中的 B—B 旋转。采用斜剖画剖视图时，应注明剖切位置，并用箭头表明投射方向，同时标注其名称。对于旋转的剖视图，标注形式为“X—X—⌒”。

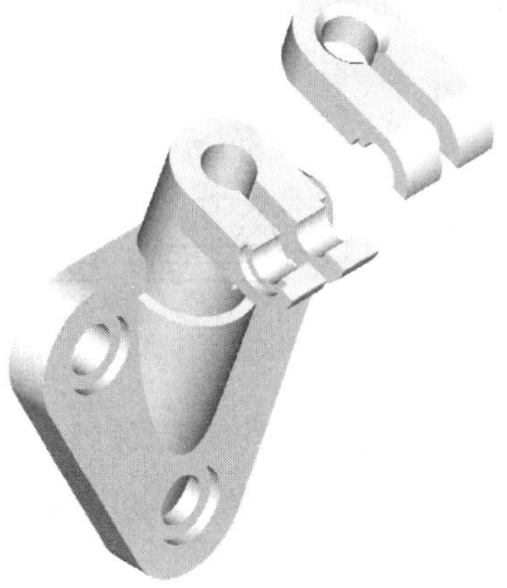

图 7-17　斜剖视直观图

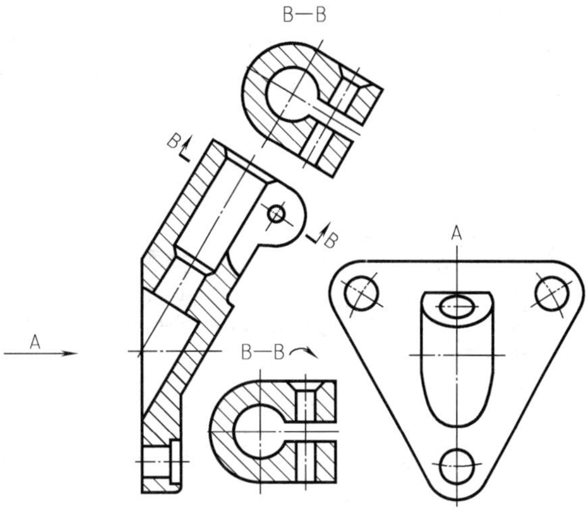

图 7-18　斜剖视图

7.4　断面

7.4.1　断面的基本概念

假想用剖切平面将机件某处切断，仅画出截断面的图形称断面，见图 7-19。为了表达清楚机件上某些常见结构的形状，如肋、轮辐、孔槽等可配合视图画出这些结构的断面图。图 7-20 就是采用断面配合主视图表达了轴上键槽的形状，这样表达显然比剖视更简明。扫描本章二维码可以观看。

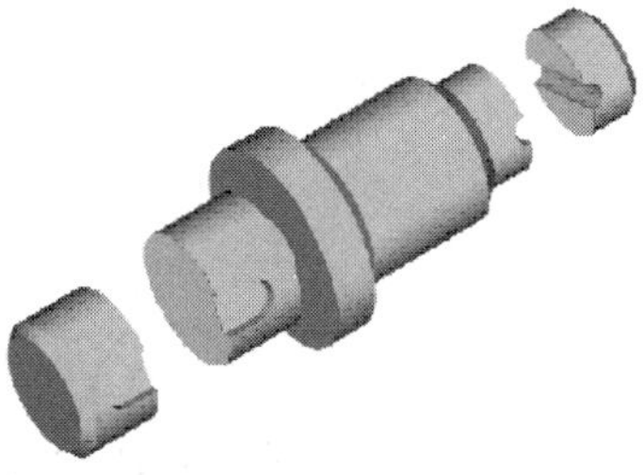

图 7-19　断面图的概念

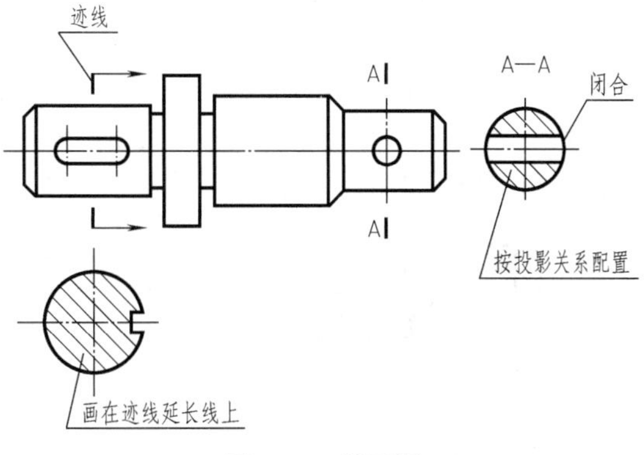

图 7-20　断面图

7.4.2　断面的种类和画法

断面分移出断面和重合断面两种。

（1）移出断面　画在视图轮廓外面的断面称为移出断面。这种断面的轮廓线用粗实线绘制。移出端面可以画在剖切平面迹线延长线上，剖切面迹线延长线是剖切平面与投影面的交线，见图 7-20 反映键槽的断面图；还可以按投影关系配置，见图 7-20 反映销孔的断面图。

当断面图形对称时，可将移出断面画在视图的中断处，如图 7-21 所示。扫描本章二维码可以观看。

在一般情况下，断面仅画出剖切面与物体接触部分的形状，但当剖切平面通过回转面形成的孔或凹坑的轴线时，这些结构均按剖视绘制，即画成闭合图形，如图 7-22 所示。扫描本章二维码可以观看。

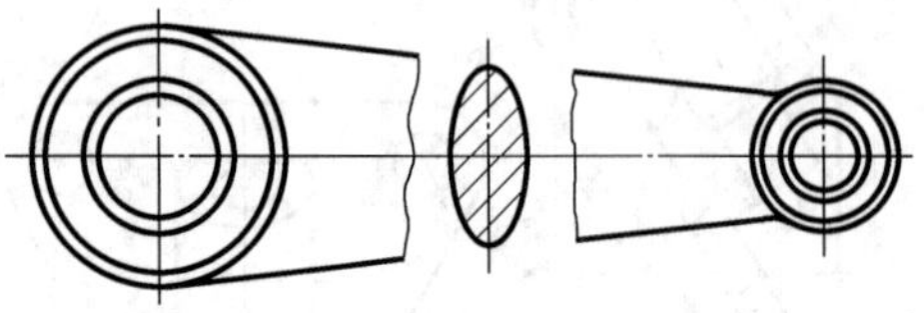

图 7-21　断面画在视图中断处

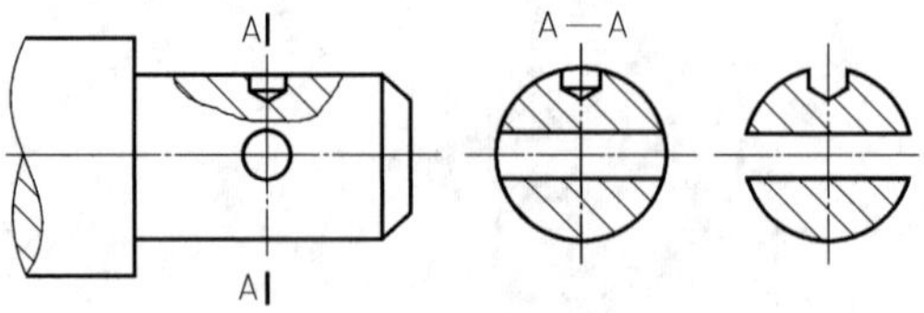

图 7-22　按剖视绘制的条件

当剖切平面通过非圆孔，导致出现完全分离的两个断面时，则这些结构也应按剖视绘制，见图 7-23。扫描本章二维码可以观看。

为了正确地表达结构的正断面形状，剖切平面一般应垂直于物体轮廓线或回转面的轴线，如图 7-24 所示。扫描本章二维码可以观看。

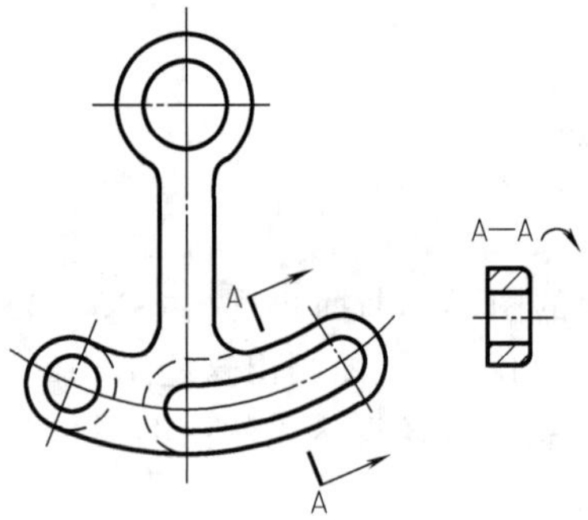

图 7-23　断面图形分离时的画法

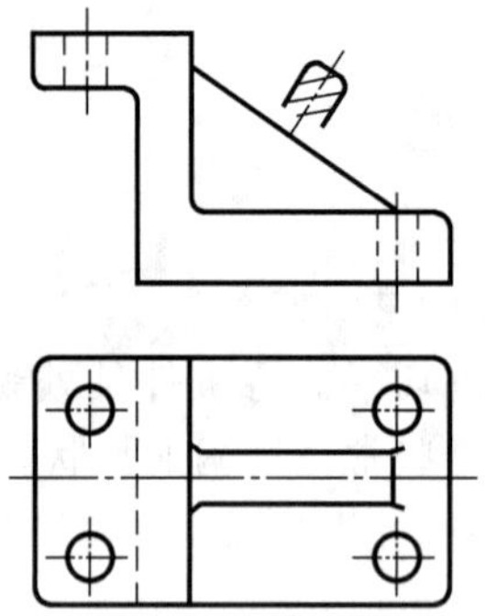

图 7-24　剖切平面应垂直于主要轮廓线

若两个或多个相交剖切面剖切，所得的移出断面可画在一个剖切面迹线延长线上，但中间应断开，如图 7-25 所示。扫描本章二维码可以观看。

特殊情况下允许剖切平面不垂直于轮廓线，如图 7-26 所示。扫描本章二维码可以观看。

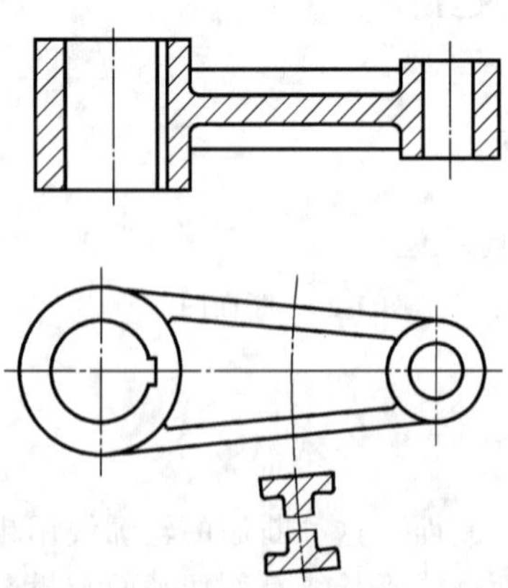

图 7-25　相交平面切出的移出断面

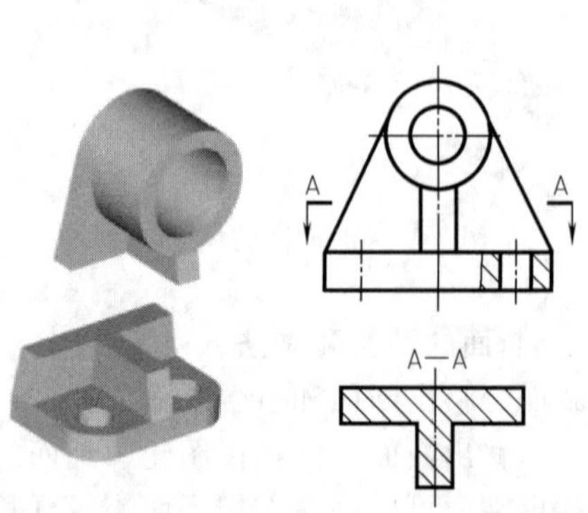

图 7-26　剖切平面不垂直于轮廓线的情况

移出断面的标注与剖视的标注基本相同，即一般用剖切符号与字母表示剖切平面的位置和名称，用箭头表示投射方向，并在断面图上方标出相应的名称“X—X”，如图 7-21 中的 A—A 断面所示。在下列情况下可省略标注：

1）配置在迹线延长线上的不对称移出断面可省略字母，见图 7-20 反映键槽的断面。

2）配置在迹线延长线上的对称移出断面，以及按投影关系配置的移出断面均可省略箭头，如图 7-20 中所反映的销孔断面。

3）配置在剖切平面迹线延长线上的对称移出断面可省略标注，如图 7-20A—A 断面若配置在迹线延长线上则可省略标注。

4）配置在视图中断处的移出断面，应省略标注，如图 7-21 所示。

（2）重合断面　图 7-27 所示的机件，其中间连接板和肋的断面形状采用两个断面来表达。扫描本章二维码可以观看。由于这两个结构剖切后的图形较简单，如将断面直接画在视图内的剖切位置上，并不影响图形的清晰，且能使图形的布局紧凑。这种重合在视图内的断面称为重合断面。肋的断面在这里只需表示其端部形状，因此画成局部图形，习惯上可省略波浪线。重合断面的轮廓线用细实线绘制。当视图中的轮廓线与重合断面的图形重叠时，视图中的轮廓线仍应连续画出，不可间断，如图 7-27（c）所示机件的重合断面。

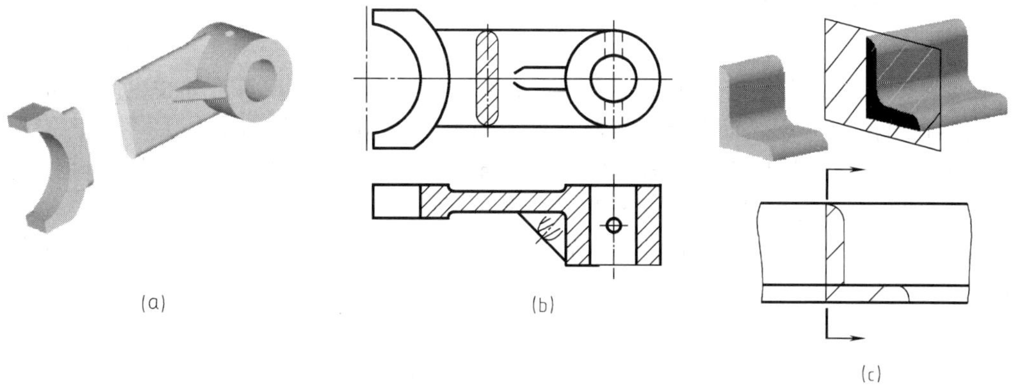

图 7-27　重合断面

由于重合断面直接画在视图内的剖切位置处，因此标注时可一律省略字母。对称的重合断面可不必标注，见图 7-27（a），不对称的重合断面只要画出剖切符号与箭头，见图 7-27（c）。

7.5　局部放大图

机件上的一些细小结构，在视图上常由于图形过小而表达不清，或标注尺寸有困难。宜将过小图形放大。如图 7-28 所示的机件，其上标有Ⅰ、Ⅱ部分为结构较细小的沟槽。为了清楚地表达这些细小结构并便于标注尺寸，可将该部分结构用大于原图形所采用的比例单独画出，这种图形称为局部放大图。局部放大图可以画成视图、剖视或断面，它与被放大部分的表达方式无关。如图 7-28（a）中，局部放大图Ⅱ采用了剖视，与被放大部分的表达方式不同。局部放大图应尽量配置在被放大部位的附近。扫描本章二维码可以观看。

绘制局部放大图时，一般应用细实线圈出被放大部位。当同一机件上有几个被放大的部分时，必须用罗马数字依次标明被放大的部位，并在局部放大图的上方标注出相应的罗马数字和所采用的比例。如图 7-28（b）中机件上被放大部分仅一个时，在局部放大图的上方只

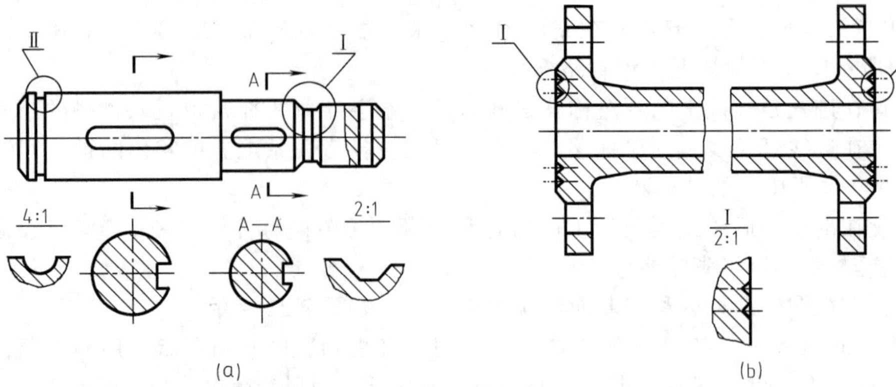

图 7-28 局部放大图

需注明所采用的比例。

7.6 简化画法和规定画法

（1）肋、轮辐及薄壁等的规定画法　对机件的肋、轮辐及薄壁等，如按纵向剖切，这些结构都不画出剖面符号，而用粗实线将它与其邻接部分分开，如图 7-29 的主视图上所示。这样可更清晰地显示机件各形体间的结构。但当这些结构不按纵向剖切时，仍应画上剖面符号，如图 7-29 中的俯视图所示。扫描本章二维码可以观看。

当机件回转体上均匀分布的肋、轮辐、孔等结构不处于剖切平面上时，可将这些结构旋转到剖切平面上画出，如图 7-30、图 7-31 所示。扫描本章二维码可以观看。

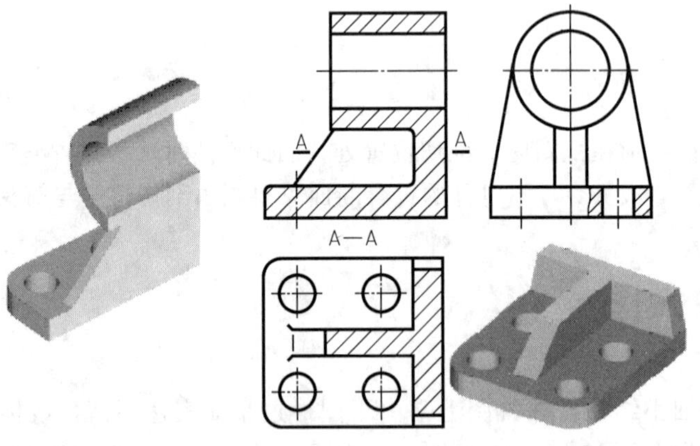

图 7-29 肋的剖视画法

（2）相同要素的画法

1）当机件具有若干相同结构（槽、孔等）并按一定规律分布时，只要画出几个完整结构，其余用细实线连接，在图中则必须注明该结构的总数，如图 7-32（a）所示。

2）若干直径相同且成规律分布的孔，可以仅画出一个或几个，其余用点画线表示其中心位置，在图中应注明孔的总数，如图 7-32（b）所示。扫描本章二维码可以观看。

（3）对称机件视图的简化画法

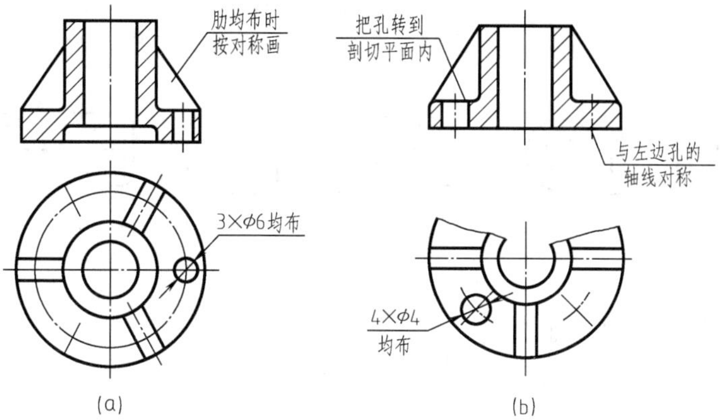

图 7-30　均匀分布的肋与孔的画法

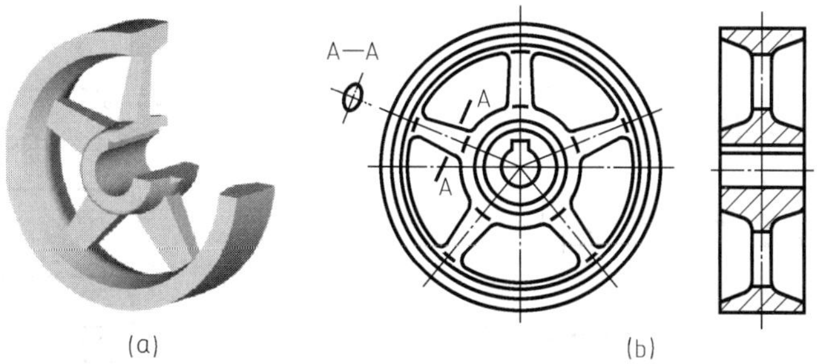

图 7-31　轮辐的简化画法

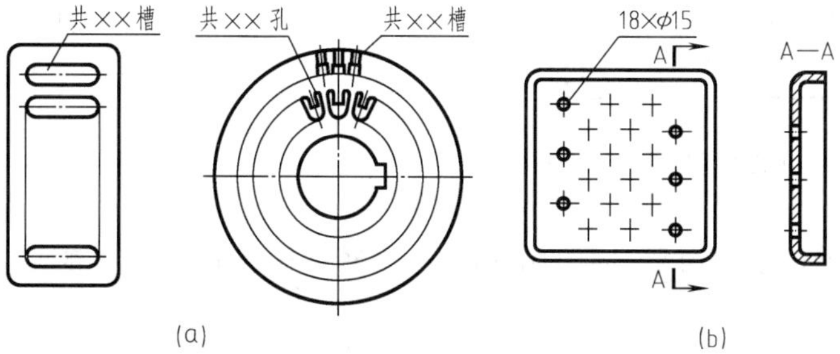

图 7-32　相同要素的简化画法

在不致引起误解时，对于对称机件的视图可只画一半或四分之一，并在对称中心线的两端画出两条与其垂直的平行细实线，如图 7-33 所示。扫描本章二维码可以观看。

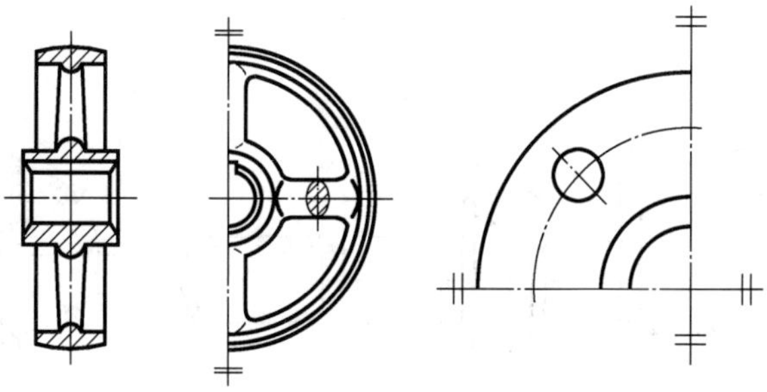

图 7-33　对称机件的简化画法

（4）断开画法　较长的杆件，如轴、杆、型材、连杆等，其长度方向形状为一致或按一定规律变化的部分，可以断开后缩短绘制，如图 7-34 所示。扫描本章二维码可以观看。

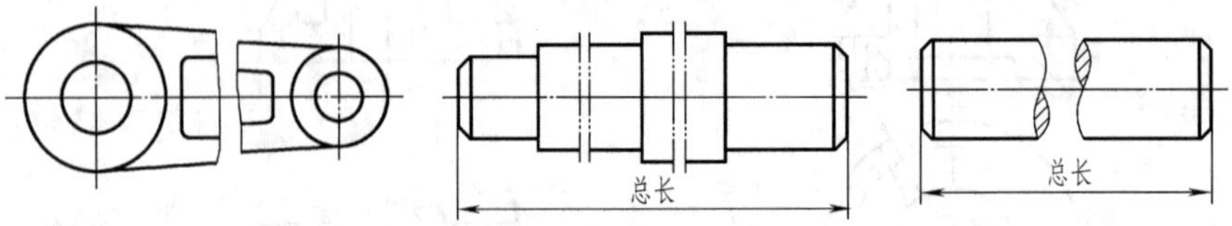

图 7-34　机件的断开画法

（5）其他简化画法和规定画法

1）与投影面倾斜角度小于或等于 30°的圆或圆弧，其投影可用圆或圆弧代替，如图 7-35所示。扫描本章二维码可以观看。

2）当图形不能充分表达平面时，可用平面符号（相交的两细实线）表示小平面，如图 7-36所示。

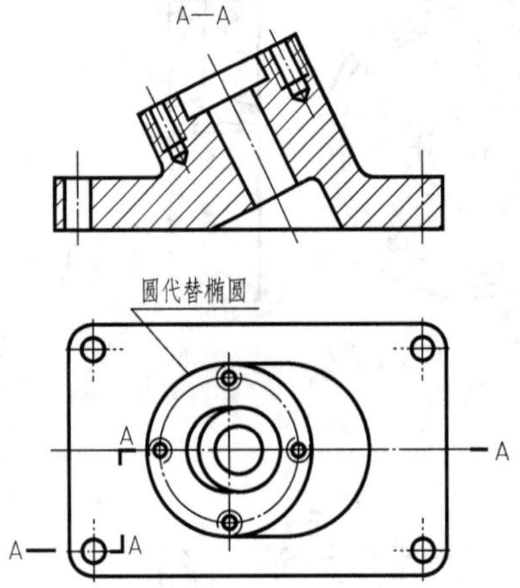

图 7-35　小角度倾斜圆、圆弧画法

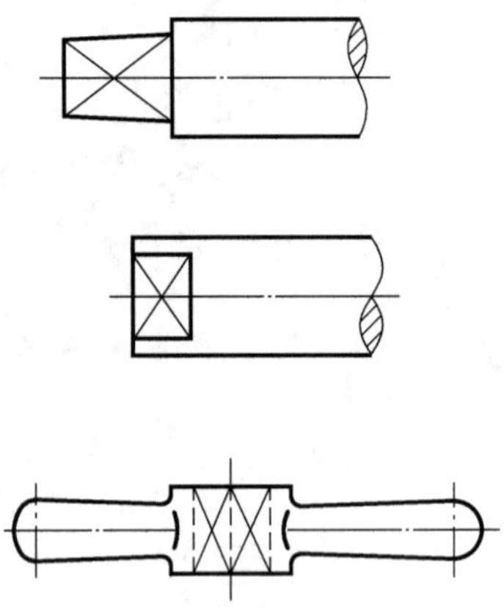

图 7-36　平面符号的画法

3）在需要表示位于剖切平面前的结构时，这些结构按假想的轮廓线（双点画线）绘制，如图 7-37 所示。

4）机件上的滚花部分，可在轮廓线附近用细实线示意画出，并在图上或技术要求中注明具体要求，如图 7-38 所示。

5）圆形法兰和类似机件上均匀分布的孔可按图 7-39 绘制。

图 7-35～图 7-39 可扫描本章二维码观看视频。

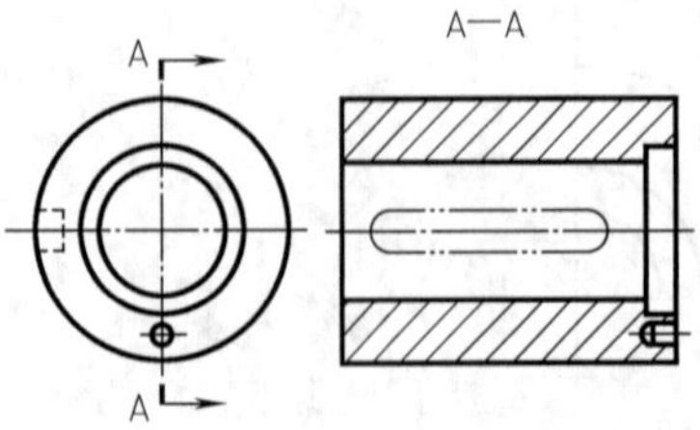

图 7-37　假想画法

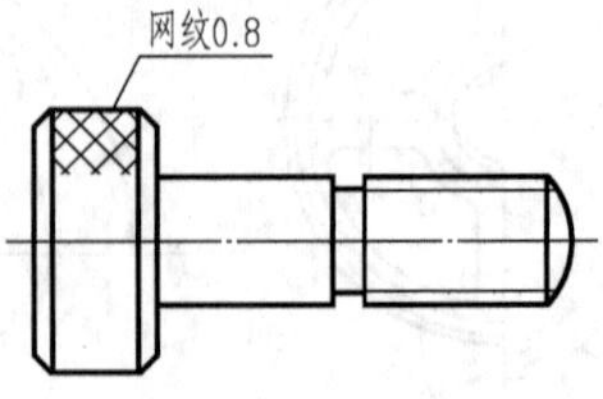

图 7-38　滚花的简化画法

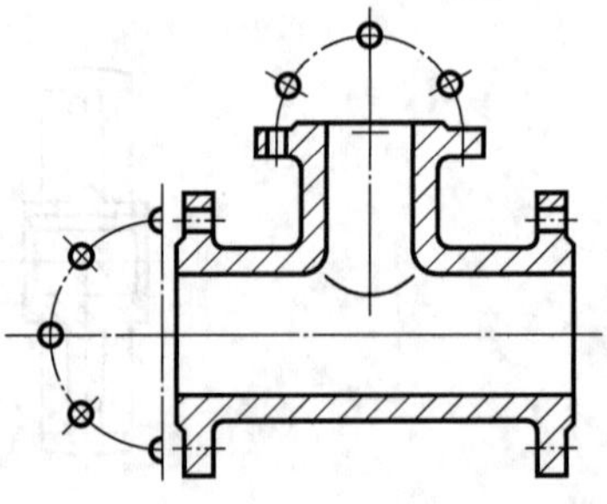

图 7-39　圆形法兰上孔的简化画法

7.7 剖视图阅读与尺寸标注

7.7.1 剖视图阅读方法

剖视图的图形与剖切方法、剖切位置和投射方向有关。因此读图时首先要了解这三项内容。在此基础上可按下述基本方法进行读图。

（1）分层次阅读

1）剖切面前的形状　剖切面前的形状是指观察者和剖切面之间被假想移去的那一部分形状。理解这一部分形状有利于对物体整体概貌的认识。对全剖视图可根据全剖视图外围轮廓和表达方案中所配置的其他视图来理解被移去的那一部分形状，见图 7-40。

而对半剖视图、局部剖视图则可采用恢复外形视图的方法补出剖切面前的那部分形状的投影，再联系其他视图，将移去部分读懂，见图 7-41、图 7-42。

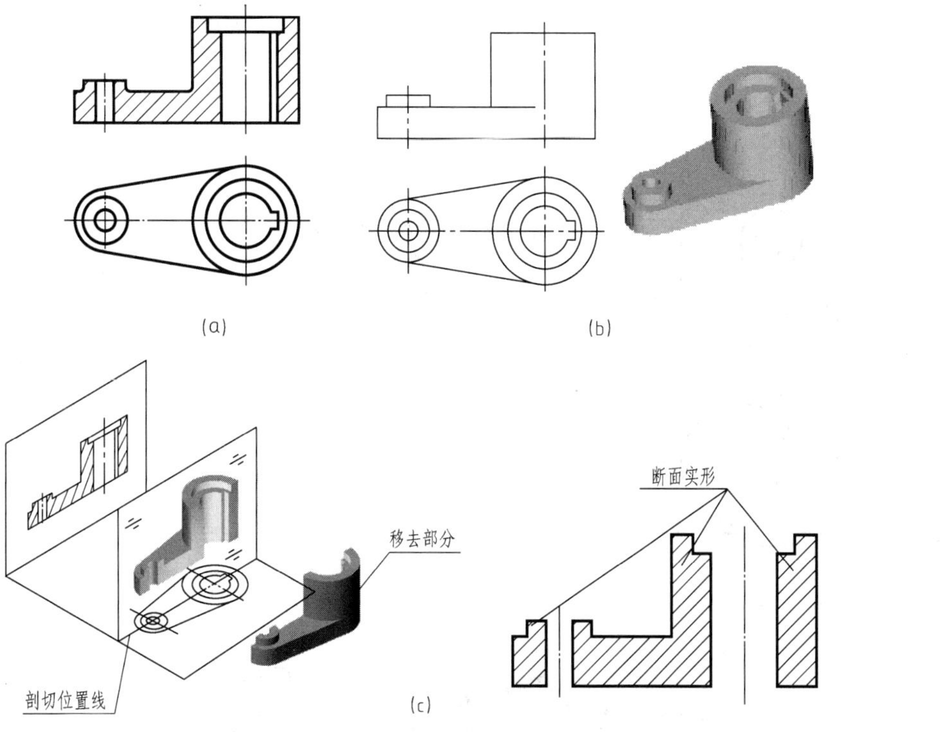

图 7-40　全剖视图阅读

2）剖切面上的断面实形　在断面上画剖面线，表示剖切面切到机件的材料部分。因此断面形状表达了剖切面与机件实体部分相交的范围。剖视图上没有画剖面线的地方是机件内部空腔的投影或是剩余部分中某些形体的投影。因此根据断面可以判断在某一投射方向下机件上实体和空腔部分的范围，见图 7-40～图 7-42。扫描本章二维码可以观看视频。

（2）机件内腔阅读　如前所述，形体与空间是互为表现的，因此空腔和实体也是相对的。在剖视图上，当无剖面线的封闭线框为机件内腔的投影时，将此封闭线框假设为实体的投影。结合其他视图想象出假设实体的形状，再考虑机件内有一个形状与假设实体一致的空腔。见图 7-43（a），当假想主视图中无剖面线的两个封闭线框是实体的投影时，结合俯视

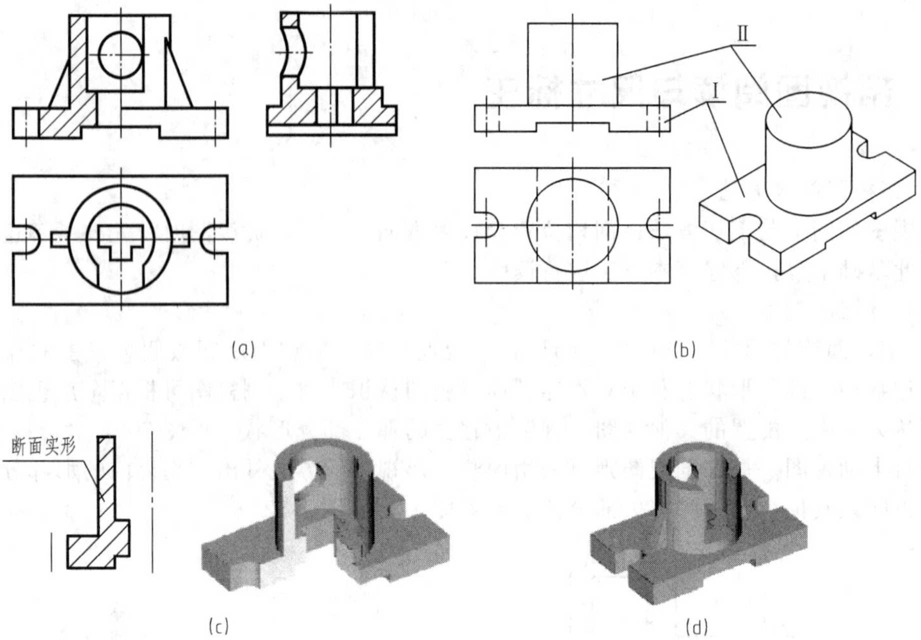

图 7-41 半剖视图阅读

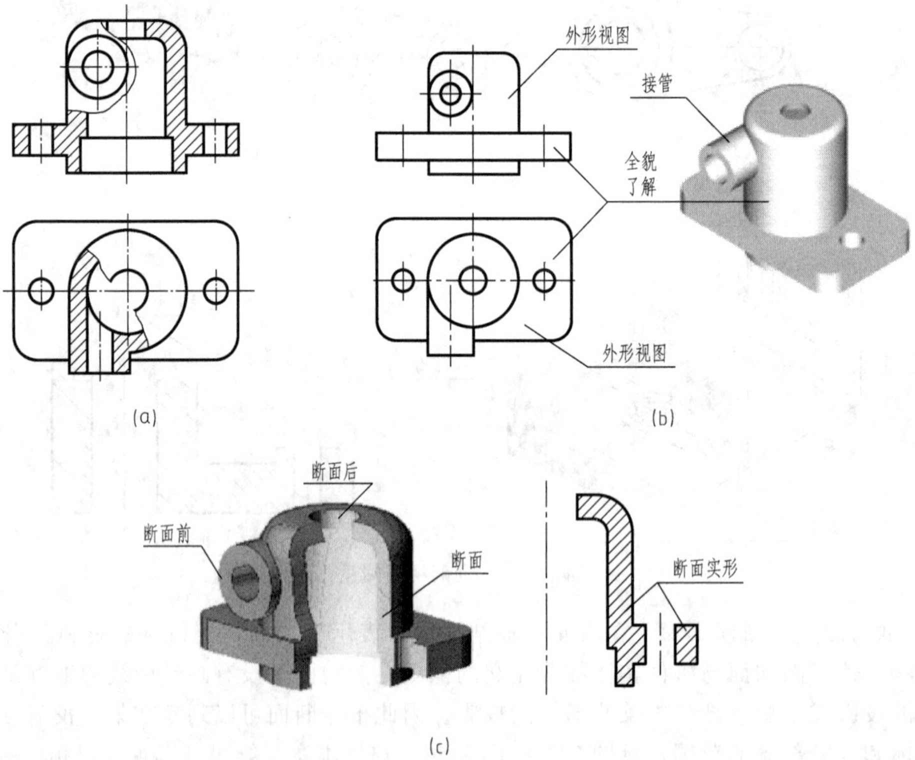

图 7-42 局部剖视图阅读

图，见图 7-43（b），不难想象出假想实体的形状，见图 7-43（c）。而实际机件就相当于在其内部挖去了假象形体部分形成内腔，见图 7-43（d）。

按上述分析方法可知图 7-44（a）所示机件的内腔应如图 7-44（c）所示。扫描本章二维

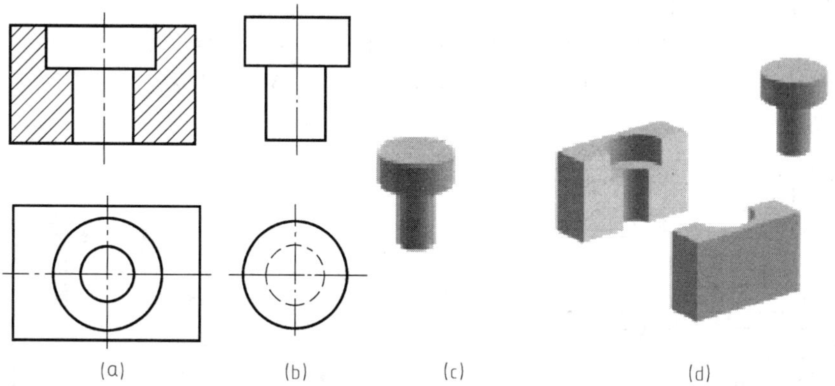

图 7-43　空腔阅读（一）

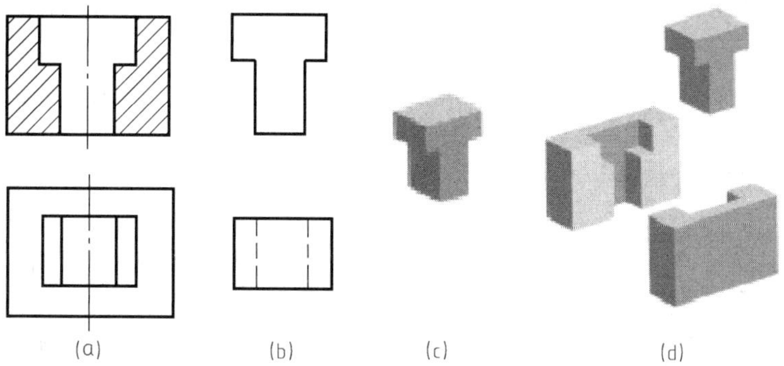

图 7-44　空腔阅读（二）

码可以观看视频。

（3）剖视图阅读举例　阅读图 7-45 所示的机件。

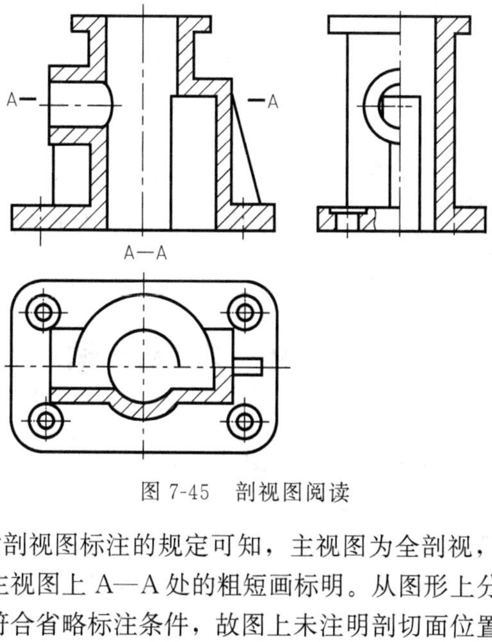

图 7-45　剖视图阅读

1）由剖视图种类与对剖视图标注的规定可知，主视图为全剖视，剖切平面通过物体前后对称面。俯视图剖切位置由主视图上 A—A 处的粗短画标明。从图形上分析俯视图为半剖视图。左视图亦为半剖视图，因其符合省略标注条件，故图上未注明剖切面位置，显然剖切面为通过机件内孔轴线的侧平面。三个剖视图按投影关系配置，故各个剖视图的投射方向是明显的。

2）按照分层次阅读的方法，可恢复机件的外形视图，见图 7-46（a）。

3）应用组合体视阅读方法，根据机件的外形视图想象其整体外貌，见图 7-46（b）。

按照各剖切面的位置结合机件内腔阅读方法想象内形结构形状，见图 7-47。扫描本章二维码可以观看视频。

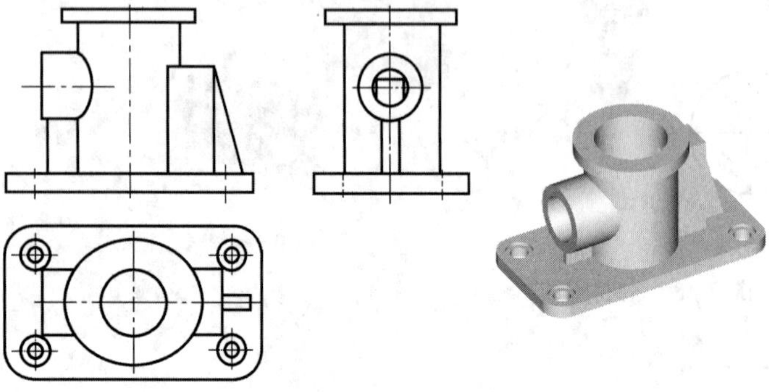

(a)　　(b)

图 7-46　想象物体的外形

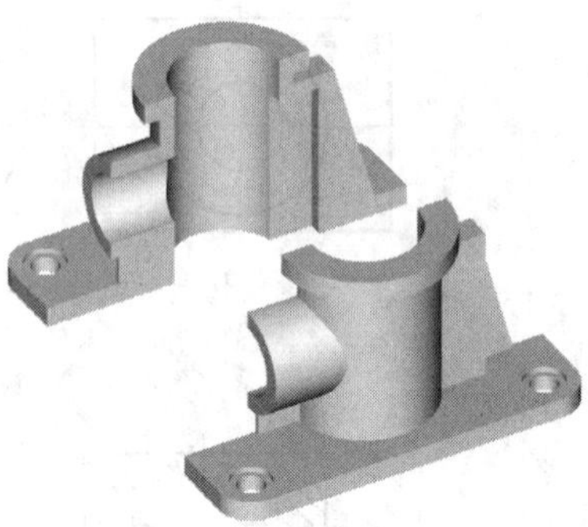

图 7-47　想象物体的内形

7.7.2　剖视图上的尺寸标注

在剖视图上标注尺寸，除了用到 3.2 中组合体的尺寸标注所介绍的方法外，另外还有一些特点。下面通过实例进行分析讨论。

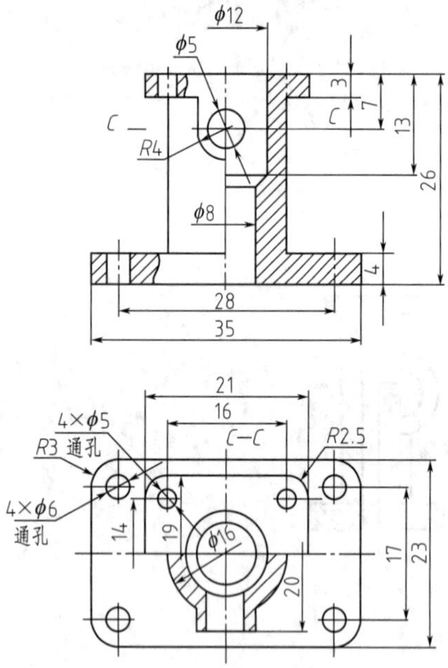

图 7-48　剖视图上的尺寸标注

图 7-48 所示的机件，分析所标注的尺寸，可以看出四个特点：①由于采用半剖视，一些原来需要注在虚线上的内部尺寸，现在都可以注在实线上了，如主视图中的 ϕ8、ϕ12 等尺寸。②采用半剖视后，主视图中的尺寸 ϕ8、ϕ12 及俯视图中的尺寸 14，20 仅在一端画出箭头指到尺寸界线，另一端略过对称轴线或对称中心线，不画箭头。③俯视图中标注顶板四个小孔及底板四个沉孔的尺寸，不但注明孔的大小，同时写出孔的深度，属于旁注法。采用这种旁注法，孔的完整形状就说明清楚了。④如在中心线中注写尺寸数字时，应在注写数字处将中心线断开，如俯视图中的尺寸 ϕ16。扫描本章二维码可以观看。

7.8　本章小结

本章主要由基本视图与辅助视图、剖视图、断面图、局部放大图、简化画法和规定画法，剖视图阅读与尺寸标注等内容组成。

（1）基本视图与辅助视图

1）基本视图　机件向基本投影面投射所得到的视图，共六个。

2）向视图　可以自由配置的视图，需标注投射方向和视图名称。

3）斜视图　机件的倾斜部分向不平行于基本投影面的平面投射所得到视图，需标注投射方向和视图名称。

4）局部视图　机件的某一部分向基本投影面投射所得到的视图。

（2）剖视图

1）概念、画法和标注

① 概念　假想用剖切面剖开机件，将处在观察者与剖切面之间的部分移去，剩余部分向投影面投射得到的视图称为剖视图。

② 画法　画出剖切面剖开机件后的断面形状和剖切面后可见部分的投影；剖切是假想的，其他视图应完整画出；表达清楚的结构虚线应省略。

③ 标注　要注明剖切位置、投射方向和剖视图名称。

2）种类

① 按移去部分大小分：全剖视、半剖视、局部剖视。

② 按剖切平面数量分。

a. 单一剖切面——平面、柱面（展开）。

b. 多个剖切面——相交的剖切平面、平行的剖切平面。

3）要注意的问题

① 剖切面位置的选择。

② 标注的省略原则。

③ 剖面符号的画法（国家标准）。

④ 剖视图中虚线的处理。

⑤ 机件的肋板、轮辐、薄壁等结构纵向剖切时断面不画剖面线。

（3）断面图

1）概念　假想用剖切面将机件的某处切断，只画出剖切面与机件接触部分的图形。

2）种类

① 移出断面　画在视图之外的断面图。

② 重合断面　画在视图之内的断面图。

3）标注　要注明剖切位置、投射方向和断面图名称，有些条件下可以省略全部或部分标注。

（4）局部放大图和简化画法

（5）剖视图阅读与尺寸标注

第8章 化工设备常用零部件图样及结构选用

8.1 概述

化学工业生产中，物料的贮存、各种化学反应和各种化工单元操作（如加热、吸收、蒸馏等）都要采用统称为化工设备的容器、反应罐、热交换器等。

在设计化工设备时通常要根据设备的不同作用考虑各自应满足的基本要求。

（1）塔器　除需满足特定的化工工艺要求外，尚需考虑下列基本要求：①气、液处理量大，即生产能力大；②气液充分接触，即效率高；③流体阻力小，即压强小；④塔的操作范围宽，在负荷变动较大时，效率变化不大，即操作弹性大；⑤结构简单可靠，金属耗用量小，制造成本低；⑥不易堵塞，易于操作、调节及检修。

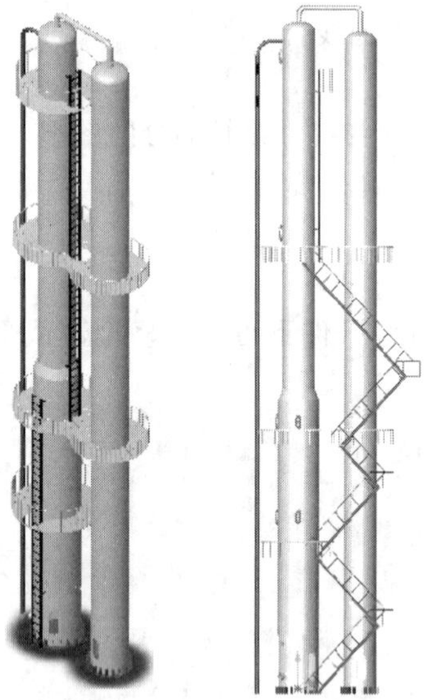

(a) 板式塔设备外观　(b) 板式塔设备立面

图 8-1　塔设备的总体结构

在精馏、吸收等工业生产过程中所用的塔设备大致可分为板式塔和填料塔。图 8-1 为塔设备的总体结构，包括塔体、塔体支座、除沫器、接管、手孔、人孔、塔内件等。

塔体是塔设备的外壳。常见塔体由等直径、等壁厚的圆筒及椭圆形封头的顶盖和底盖构成。随着化工装置的大型化，为了节约原材料，有用不等直径、不等壁厚的塔体。塔体的厚度除应满足工艺条件下的强度外，还应校核风力、地震、偏心载荷下的强度和刚度，同时要考虑水压试验、吊装、运输、开停工的情况。

塔体支座是塔体安放到基础上的连接部分，一般采用裙座，其高度由工艺条件的附属设备（如再沸器、泵）及管道布置决定。它承受各种情况下的全塔重量，以及风力、地震等载荷，为此，它应具有足够的强度和刚度。

（2）热交换器　除化工工艺要求外，尚须考虑下列因素：①换热效率高；②流体流动的阻力小，即压力降小；③结构可靠、制造成本低；④便于安装、检修。

根据传热面形式和结构，可分为管式换热器和板式换热器等。

图 8-2 是一浮头式换热器，包括壳体、封头、法兰、列管、管板、支座接管等零件。该换热器的一块管板用法兰与壳体连接，另一块管板不与壳体连接，且能自由移动，当管束与壳体受热或受冷产生伸缩时，两者互不牵制，因而不会产生温差应力。浮头部分由浮头管板、钩圈与浮头端盖组成，为可拆连接，管束可以抽出，故管内外都能清洗，也便于检修。

（3）反应罐　工艺要求一般包括反应器的容积、最大工作压力、工作温度、工作介质及腐蚀情况、传热面积、搅拌形式、转速及功率。为满足工艺要求需考虑下列因素：①增加反应速率、强化传质、传热效果，加强混合作用；②传热形式和结构；③工艺管口的安设；④罐体结构形式和各部分尺寸；⑤搅拌器的形式。

图 8-3 是反应罐的外观图和分解图，反应罐的总体结构包括罐体、封头、夹套、支座、搅拌轴、桨叶等零件。

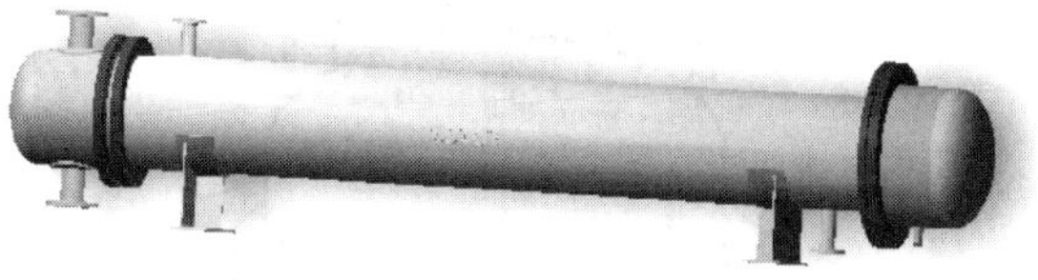

(a) 热交换器外观

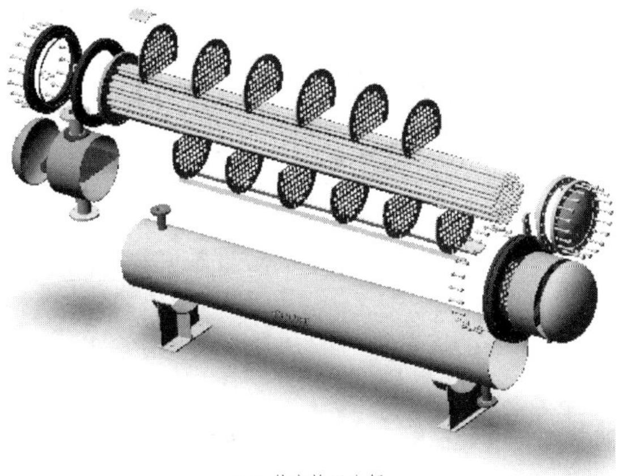

(b) 热交换器分解

图 8-2　浮头式换热器

(a) 反应罐外观

(b) 反应罐分解

图 8-3　反应罐

（4）容器　除满足温度、压力、容积等工艺条件外尚须考虑下列因素：①介质的腐蚀性；②温差应力；③料液容积测量方便。

图 8-4 是容器的总体结构图，包括筒体、封头、支座、人孔、接管、补强圈等零件。

(a) 卧式容器

(b) 立式容器

图 8-4　容器的总体结构图

上述设备的基本结构如图 8-5 所示。

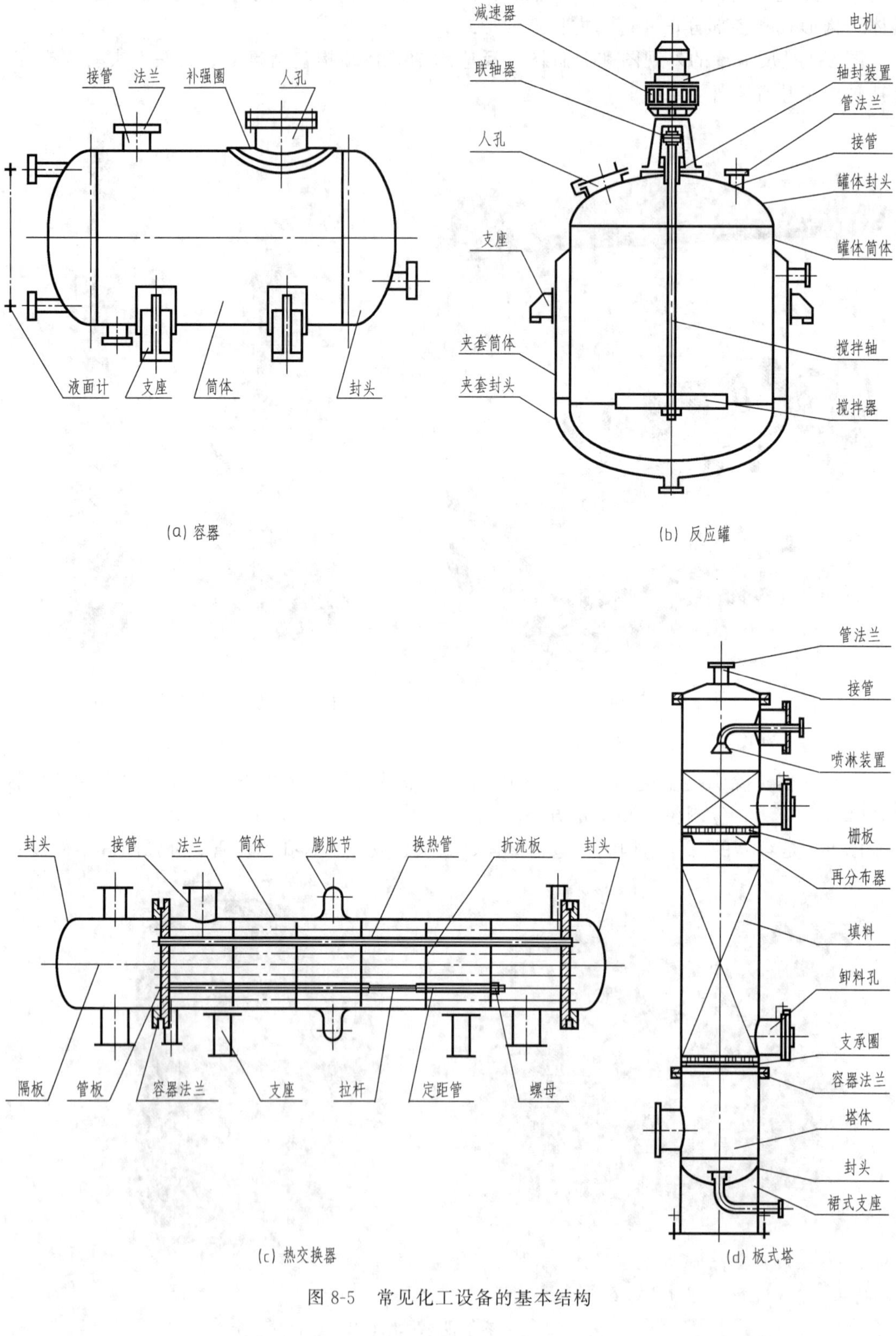

图 8-5　常见化工设备的基本结构

分析这些典型化工设备，可知它们的结构组成虽各有差异，但总由封头、筒体、容器法兰、管法兰、搅拌轴等零件以及由若干零件装配成的部件（设备中的一个独立组成部分，如人孔）等装配而成。

加工制造化工设备中的零件，要用零件图；将零件装配成部件需要部件图。所以，零部件图是零部件制造、装配的主要技术文件。

图 8-6、图 8-7 即为某反应罐中的搅拌轴零件图和回转盖带颈平焊法兰人孔部件图。

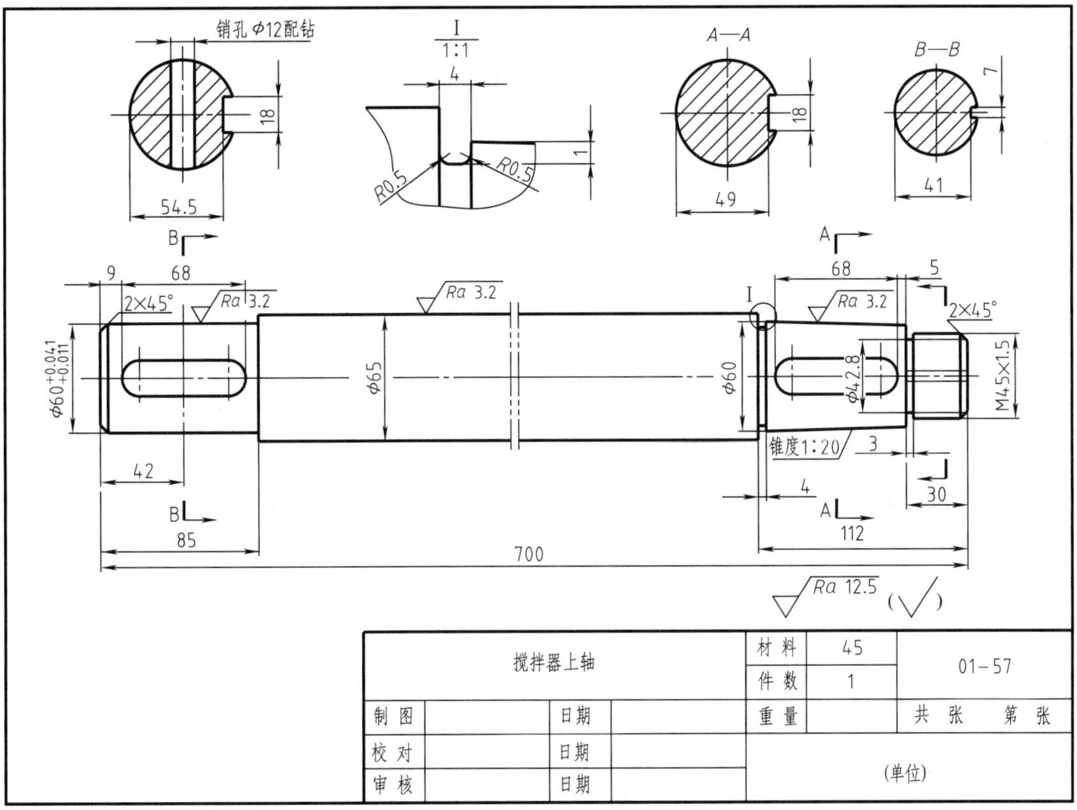

图 8-6　搅拌器上轴零件图

8.2　化工设备常用零部件制造的技术文件之一——零件图

化工设备都是由许多零部件组成。每一个零件由于作用不同，它们的结构形状、材料选用以及制造要求等也各不相同，在生产中一般都用图样来表达。表达零件的结构形状、大小和制造、检验等技术要求的图样称为零件图，一般应具备如下内容（参见图 8-6、图 8-7）：

1）一组视图　用以表达零件的结构形状。

2）尺寸　用以确定零件各部分结构大小和相对位置。

3）技术要求　用代（符）号、数字或文字表明零件在制造、检验、材质处理等过程中应达到的技术指标和要求。

4）标题栏　用以填写零件名称、材料、数量、比例、设计生产单位及设计、绘图、审核人员等内容。

5）明细栏　用以填写部件中各零件的名称、标准号、数量、材料、重量等内容。

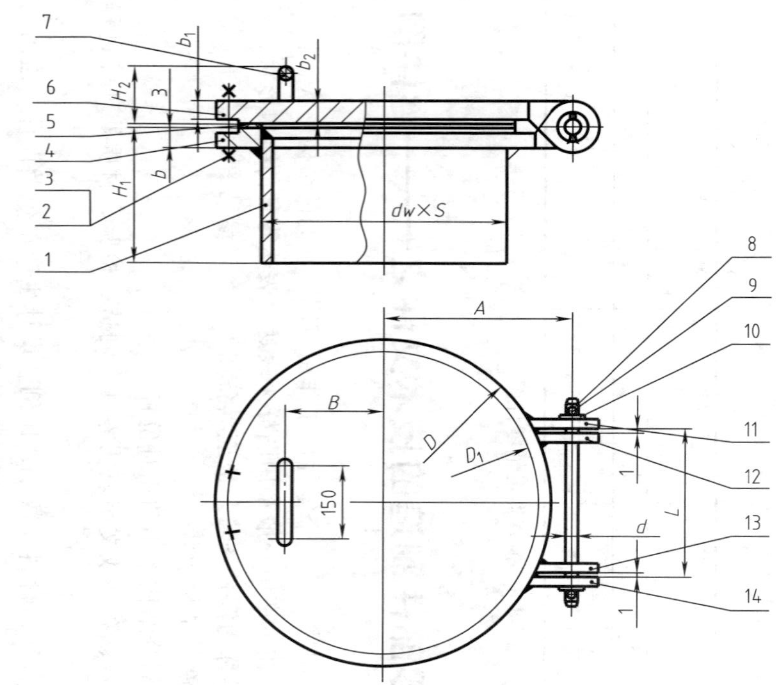

技术要求
人孔的技术要求应符合 G21514 中“技术条件”的规定。

件号	图号或标准号	名称	数量	材料	单质量/kg	总质量/kg	备注
14	HG 20593—2009	盖轴耳2(A、B)	1	Q235—A		1.38	
13		法兰轴耳2	1	Q235—A		4.53	
12	HG 20593—2009	法兰轴耳1	1	Q235—A		15.6	
11	HG 20593—2009	盖轴耳1(A、B)	1	Q235—A		266.8	
10	HG/T 20606—2009	垫圈	1	石棉橡胶板			
9		销	1	20		0.41	
8		轴销	1	20		0.41	
7		把手	1	20		2.13	
6	HG20593—2009	法兰盖	1	Q235—A		4.53	
5	HG/T 20606—2009	垫片	1	石棉橡胶板			
4	HG 20592—2009	法兰	1	Q235—A		3.76	
3	GB 6170—2000	螺母	40	Q235—A	0.016	0.26	
2	GB 5782—2000	螺栓	40	Q235—B	0.06	0.96	
1	筒体DN1600	筒节	1	Q235—A		616	

设备净质量		/kg		盖章栏
其中	瓷环	/kg		
	不锈钢	/kg		
	钛材	/kg		
空质量		/kg		
操作质量		/kg		
盛水质量		/kg		
最大可拆件重量		/kg		

本图纸为 × × × × × × 设计单位财产，未经本许可不得转让给第三者或复制。

设计单位名				资质等级	级	证书编号	
项目				图名			
装置/工区							
年份 地区名	专业	设备	比例 ：	第 张共 张	图号		

图 8-7 回转盖带颈平焊法兰人孔

8.2.1　零件图的视图选择

视图表达是零件图中最主要的内容。视图表达的要求是：在便于阅读前提下，用最少数量的一组视图，完整、清晰地表达零件的全部结构、形状。视图选择的关键是：针对零件结构特点，选择好主视图，恰当地选用视图、剖视、断面等各种表达方法。

（1）主视图的选择　主视图是主要的视图，选择主视图要考虑两个方面。

1）投射方向　应该按最能反映零件各组成部分形状和相对位置，即按零件的“形状结构特征”的原则来选定。这样有利于读图、画图。

2）安放位置　零件在投射时的安放位置应尽量符合零件的主要加工位置或零件的工作位置（安装位置），这样有利于了解零件的作用和便于加工。

以图 8-6 所示搅拌轴为例，若选择平行回转轴轴线的方向为投射方向，则投影为圆，不能显示搅拌轴上各结构的形状和相对位置，所以应以垂直回转轴线的方向为投射方向，由此画得的主视图能显示其结构形状特征。该搅拌轴主要在车床上切削加工，所以它的安放位置按主要加工位置安放，主视图的回转轴线由此画成水平位置。

（2）其他视图的选择　在主视图确定后，应根据零件的内外结构形状，进一步选择其他视图。先分析在主视图中尚未表达清楚的结构形状，然后优先增用基本视图，并在基本视图上作适当的剖视，辅以断面或其他表达方法。

仍以图 8-6 所示搅拌轴为例，它的形状以回转体为主，因此只需画一个基本视图，它增用断面图表达轴上键槽和通孔的结构，再增画局部放大图表达退刀槽的结构形状，这就达到了视图数量最少但零件结构表达完整清楚、看图方便、画图简便的要求。

8.2.2　零件图上的尺寸标注

零件图上的尺寸是制造、检验零件的重要依据。因此零件图上的尺寸标注，除了要求正确、完整、清晰外、还需注意合理性，以满足零件设计、制造和检验方面的合理要求。

（1）尺寸基准的选择　零件图上标注尺寸要满足零件的设计和加工、测量的要求，就必须正确选择尺寸基准。零件有长、宽、高三个方向的尺寸，因此，每个方向至少应有一个尺寸基准。但从零件的设计和加工测量要求出发，往往还需增加一些尺寸基准。在同一方向选定若干基准时，决定设计尺寸的基准称为主要基准。其余的称为辅助基准，辅助基准可能有好几个，它们与主要基准发生直接或间接的联系。

选择尺寸基准时应优先选用零件上的对称面、加工要求高的平面、有配合要求的表面及回转轴线等。图 8-8 中的轴承座的底面是高度方向的主要基准，顶端螺孔的深度则以凸台的顶面

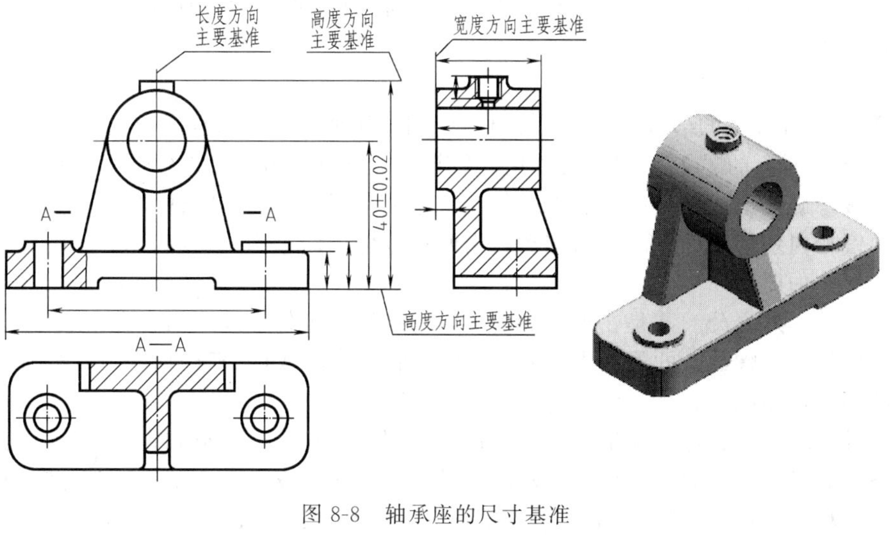

图 8-8　轴承座的尺寸基准

为尺寸基准，这是高度方向的辅助基准，它由尺寸“40”与座底面（主要基准）相联系。

（2）尺寸标注与制造工艺的关系　零件图上的尺寸标注，应注意符合加工程序，注意不同的加工方法和装配，检验的要求。图 8-9 中的阶梯轴，其加工程序为图 8-9（a）中的四个步骤，因此，它的尺寸标注应以右端面为主要基准，按加工程序顺次标注各段尺寸，如图 8-9（b）所示。

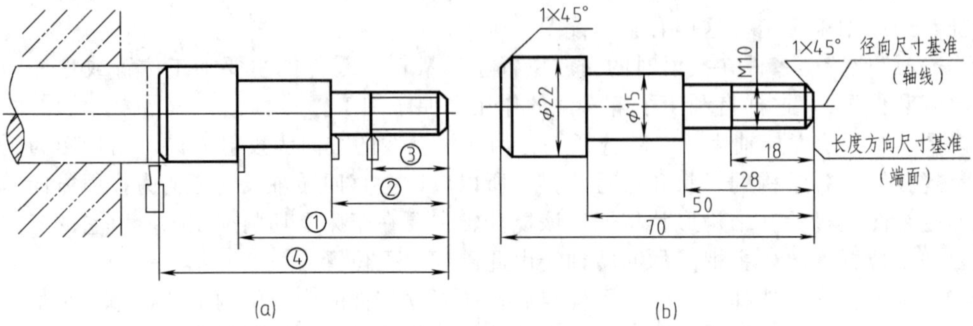

图 8-9　阶梯轴的加工顺序和尺寸标注

为了便于不同工种的制造者阅读，常将不同加工方法的尺寸分开标注，如图 8-6 中键槽长度方向的尺寸“68”注在轴线的上方，以便铣制键槽时阅读，而其他的长度尺寸注在下方，可便于车削加工时阅读。

为了检验测量的需要，轴上的键槽深度尺寸常注成图 8-10（b）所示，因图（a）中以回转轴为测量基准，实际测量困难。

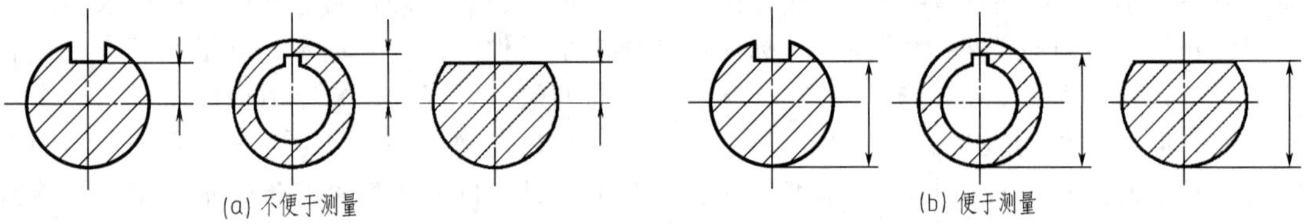

图 8-10　键槽深度尺寸标注

8.2.3　零件上常见结构及其尺寸标注

零件的使用、制造和装配等要求使其必须具有相应的结构，有些结构是常见的，如螺纹、铸造圆角等。

8.2.3.1　螺纹

螺纹是零件上常见的结构，是螺栓、螺杆等零件上用来进行连接也可用于传递动力的牙形部分。法兰连接中的螺栓上的螺纹就起着连接作用，车床上的丝杠则是用螺纹进行动力传递的实例。

螺纹按螺旋线形成原理进行加工。如在机床上车削螺纹时，零件作回转运动，刀具则以一定的深度径向切入零件并沿轴向移动，由此在零件表面车制出螺纹，如图 8-11 所示。

（1）螺纹的要素

螺纹有内，外之分。凡是在外表面上加工的螺纹称为外螺纹，而在孔内表面上加工的螺纹则称为内螺纹。螺纹上的最大直径称为螺纹大径，即螺纹的公称直径；螺纹上的最小直径称为螺纹小径，如图 8-12 所示。

螺纹轴向剖面形状称为牙型，常见的螺纹牙型有三角形、梯形和锯齿形等，见图 8-13。

一条螺旋线所形成的螺纹称单线螺纹。沿两条或两条以上、在轴向等距分布的螺旋线所形成的螺纹称多线螺纹。最常用的为单线螺纹，见图 8-14。相邻两牙型轴向对应点间的距

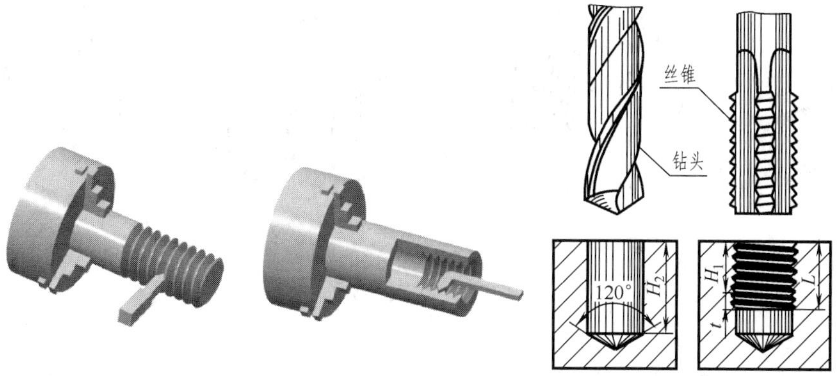

(a) 车削外、内螺纹　　(b) 丝锥加工内螺纹

图 8-11　螺纹的形成和加工

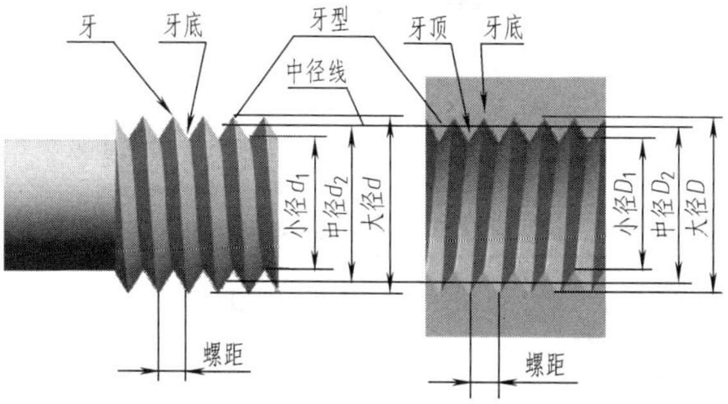

(a) 内螺纹　　(b) 外螺纹

图 8-12　螺纹的大径和小径

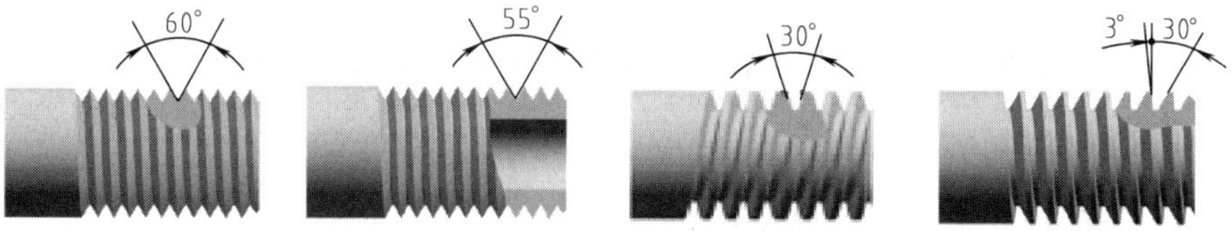

(a) 三角形　　(b) 梯形　　(c) 锯齿形

图 8-13　螺纹牙型种类

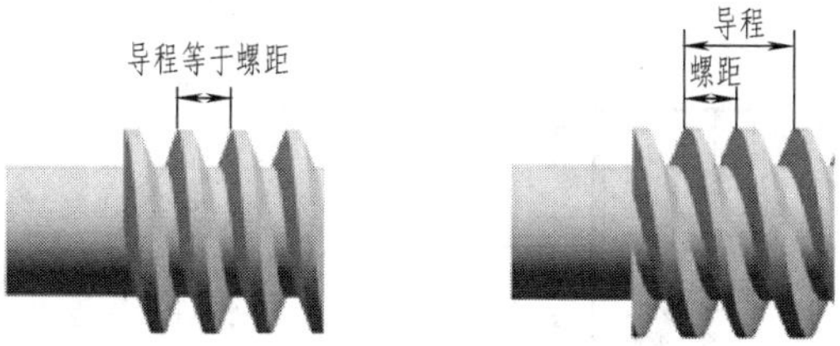

(a) 单线　　(b) 双线

图 8-14　螺纹的线数、螺距和导程

离称螺距 P，如图 8-14 所示。螺纹旋转一周，沿轴向移动的距离称导程。单线螺纹的螺距就是导程；多线螺纹的导程则为螺距乘线数。

$$导程=螺距\times线数$$

顺时针旋转时旋入的螺纹称右旋螺纹，简称右螺纹；逆时针旋转时旋入的螺纹则称左旋

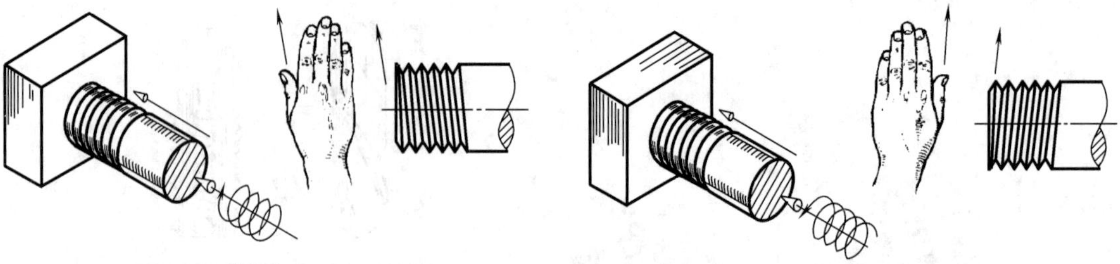

(a) 右螺纹　　(b) 左螺纹

图 8-15　螺纹的旋向

螺纹，简称左螺纹，如图 8-15 所示。

牙型、螺纹大径和螺距是表达螺纹结构和尺寸的三个基本要素。旋向、导程、线数也是螺纹的要素。

内、外螺纹旋合时，它们的要素都必须一致。凡螺纹的三要素均符合国家标准的，称为标准螺纹。牙型符合国家标准，大径或螺距不符合国家标准的，称为特殊螺纹。牙型不符合国家标准的，称为非标准螺纹。

（2）螺纹的规定画法及标注

1）螺纹的规定画法　国家标准中规定了螺纹的画法，见表 8-1。

表 8-1　螺纹画法示例

螺纹	画法示例	说明
外螺纹	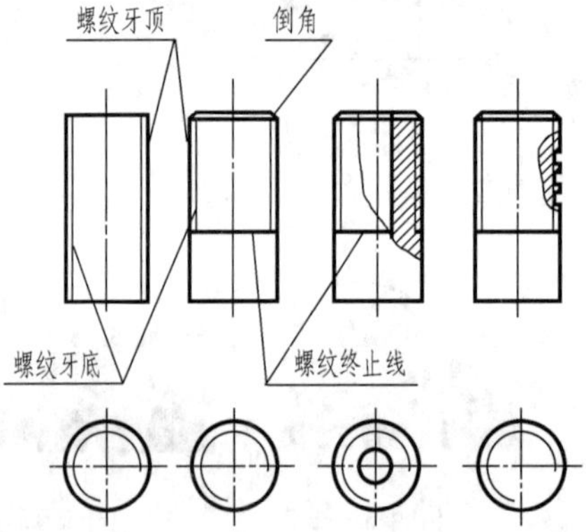	1. 大径画粗实线，小径画细实线。小径可近似按大径的 0.85 倍画出 2. 表示螺纹小径的细实线，要画入倒角内 3. 投影为圆的视图中、小径画 3/4 圈细实线圆，有倒角时，不画倒角圆 4. 螺纹终止线画粗实线；在剖视图中，螺纹终止线只画到小径处 5. 如需表示螺纹牙型，则采用局部剖视
内螺纹	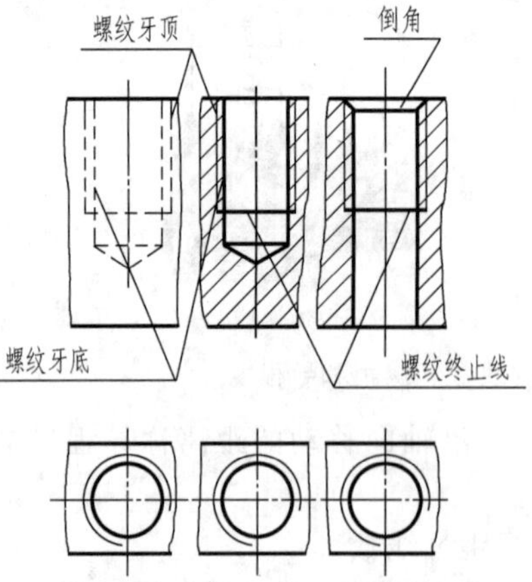	1. 内螺纹一般用剖视表示，剖视图上，螺纹大径画细实线，小径画粗实线，螺纹终止线也画粗实线；剖面线画到小径 2. 在投影为圆的视图上，小径画粗实线圆，大径画 3/4 圈细实线圆。有倒角时，倒角圆不画 3. 内螺纹用视图表示时，大、小径及终止线均用虚线画出

2）螺纹的标注　螺纹规定画法只表示螺纹，其牙型、公称直径、螺距旋向、线数等，在图上还需要标注说明。

螺纹按用途有连接螺纹和传动螺纹之分。用于连接两个或两个以上零件的螺纹，称连接螺纹，常见的有普通螺纹（牙型角 60°）和管螺纹（牙型角 55°）。普通螺纹有粗牙、细牙之分。螺纹大径相同时，螺距最大的为粗牙，其余均为细牙，普通细牙螺纹螺距较粗牙小，适用于精密或薄壁零件连接。用于传递动力和运动的螺纹称传动螺纹，常用的有梯形螺纹（多见于机床的丝杠上）、锯齿形螺纹（传递单向动力用）和矩形螺纹。

上述各种螺纹，除矩形螺纹外均已标准化，其直径和螺距系列等可查阅有关标准。普通螺纹的直径、螺距系列和基本尺寸见表 8-2（摘自 GB/T 197—2003）。

表 8-2　普通螺纹的直径和螺距系列、基本尺寸　/mm

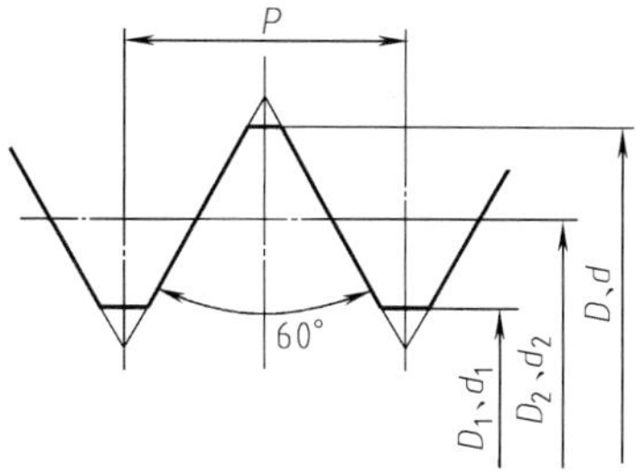

公称直径 d		螺距 P		粗牙小径 d_1
第一系列	第二系列	粗牙	细　牙	
3		0.5	0.35	2.459
	3.5	(0.6)		2.850
4		0.7	0.5	3.242
	4.5	(0.75)		3.688
5		0.8		4.134
6		1	0.75,(0.5)	4.917
8		1.25	1,0.75,(0.5)	6.647
10		1.5	1.25,1,0.75,(0.5)	8.376
12		1.75	1.5,1.25,1,(0.75),(0.5)	10.106
	14	2	1.5,(1.25),1,(0.75),(0.5)	11.835
16		2	1.5,1,(0.75),(0.5)	13.835
	18	2.5	2,1.5,1,(0.75),(0.5)	15.294
20		2.5		17.294
	22	2.5	2,1.5,1,(0.75),(0.5)	19.294
24		3	2,1.5,1,(0.75)	20.752
	27	3	3,2,1.5,1,(0.75)	23.752
30		3.5	(3),2,1.5,1,(0.75)	26.211
	33	3.5	(3),2,1.5,1,(0.75)	29.211
36		4	3,2,1.5,(1)	31.670

螺纹的标注形式如下：牙型符号，公称直径×螺距（或导程/线数），旋向。如：Tr36×5LH 表示梯形螺纹，公称直径 36mm，螺距 5mm，左旋。最常用的螺纹是右旋、单线的，可简化标注，如 M24 即表示大径 24mm（普通螺纹大径就是公称直径）、单线、右旋。螺纹的代号示例见表 8-3。不论外螺纹或内螺纹，代号、尺寸一律注在大径上。如果位置不够，可引出标注。

表 8-3　螺纹代号的标注示例

螺纹类别	牙　　型	直径	螺距	导程	线数	旋向	代号及标注举例
粗牙普通螺纹	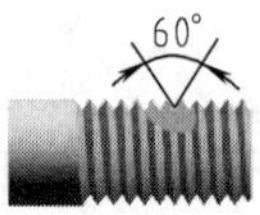	24mm	3mm			右	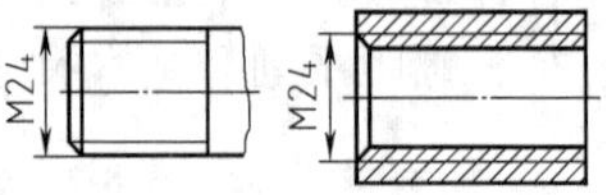
细牙普通螺纹		24mm	2mm			右	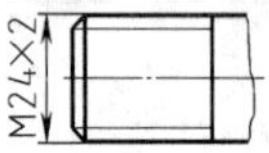
梯形螺纹	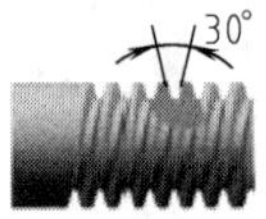	36mm		10mm	2mm	左	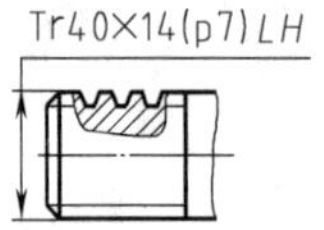
非螺纹密封管螺纹	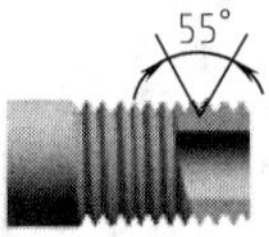	1″					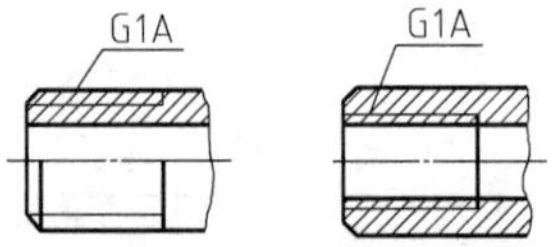

对于非标准螺纹（如方牙螺纹）必须画出牙型、标出尺寸才能加工制造。

8.2.3.2　其他常见结构

其他常见结构如铸造圆角等的画法和标注见表 8-4。

表 8-4　零件上其他常见结构画法及标注示例

类别	图　　例	说　　明
拔模斜度	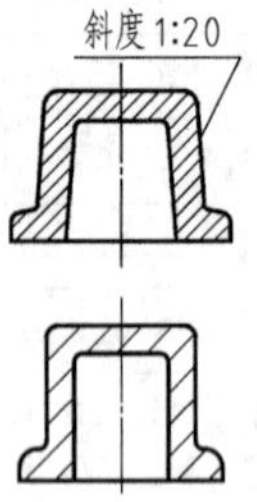	铸造零件的毛坯时，为便于将木模从砂型中取出，一般沿脱模方向做出 1∶20 的斜度，称拔模斜度。相应的铸件上，也应有拔模斜度。在零件图上允许不画该斜度，必要时可作为技术要求统一注明
铸造圆角	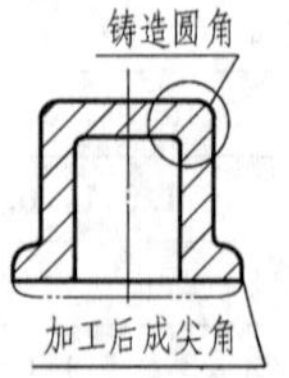	为防止浇铸铁水时冲坏砂型，同时为防止铸件在冷却时转角处产生砂孔和避免应力集中而产生裂纹，铸件各表面相交处都成圆角，称铸造圆角。在零件图上需画出铸造圆角，圆角半径一般取壁厚的 0.2～0.4 倍，也可从有关手册查取，视图中一般不标注铸造圆角半径，而在技术要求中注写如“未注明铸造圆角半径 $R2$”

续表

<table>
<tr><th>类别</th><th>图　例</th><th>说　明</th></tr>
<tr><td>退刀槽</td><td>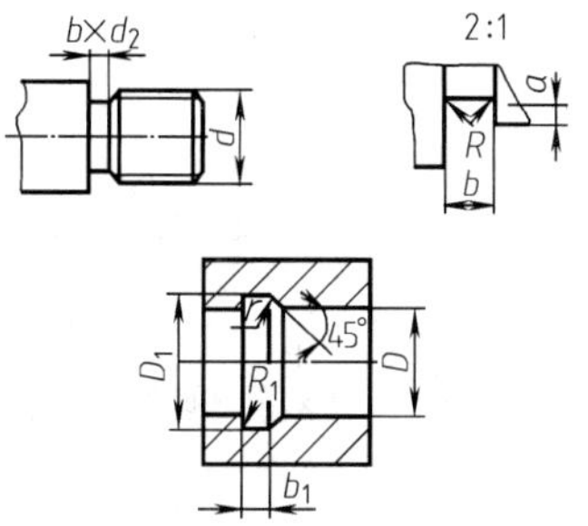</td><td>在车削轴、孔圆柱表面或螺纹时，常在零件的待加工表面的末端先车出凹槽以便退刀，称为退刀槽。退刀槽尺寸常按槽宽×直径(或槽宽×槽深)标注。局部放大图中则注详细尺寸</td></tr>
<tr><td>倒角</td><td>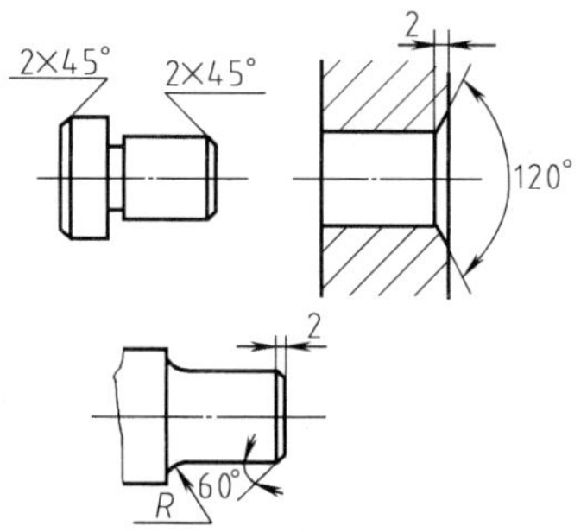</td><td>为了便于装配，要去除零件上的毛刺、锐边，通常将尖角加工成倒角。为避免轴肩处的应力集中，该处加工成圆角。圆角和倒角的尺寸系列可查有关资料。其中 45°的倒角，一般注“倒角宽度×45°”</td></tr>
<tr><td>凸台、凹坑等</td><td>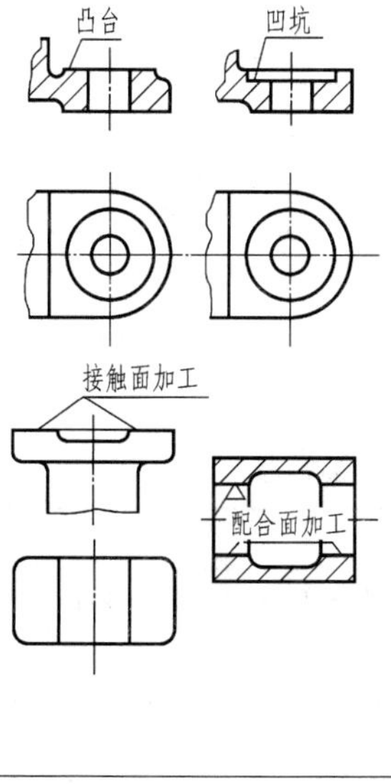</td><td>零件上与其他零件接触的表面，一般都要经过机械加工，为了减少加工面积，并保证两个零件表面间的良好装配接触，通常在零件上设计凸台、凹坑等结构</td></tr>
<tr><td>沉孔</td><td>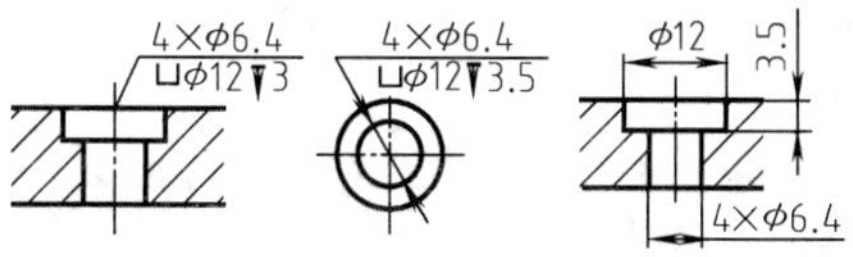</td><td>为螺钉连接，零件上常加工出沉孔。沉孔尺寸还可采用旁注和符号相结合的注法，如$\frac{4\times\phi 6}{\phi 10\blacktriangledown 35^{\circ}}$</td></tr>
</table>

续表

类别	图　　例	说　　明
钻孔	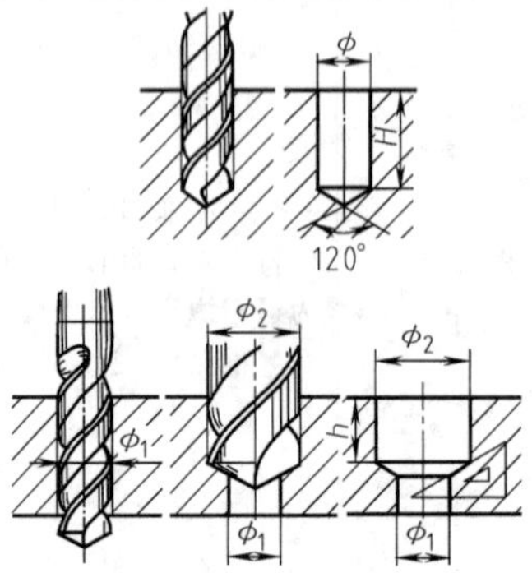	钻孔用钻头加工而成。由于钻头顶角接近120°，故钻头加工的不通孔，底部画出120°倒角。孔深 H 不包括120°倒角 用不同直径的钻头加工成的阶梯孔，大小过渡处画成顶角120°，大孔深为 h

8.2.4　零件图上的技术要求

零件图要能符合生产要求，除表达零件形状的视图和决定零件大小的尺寸外，还必须在图上用符号或文字明确指出对零件的各种质量要求，如表面粗糙度、尺寸公差、热处理等，这些内容统称技术要求。

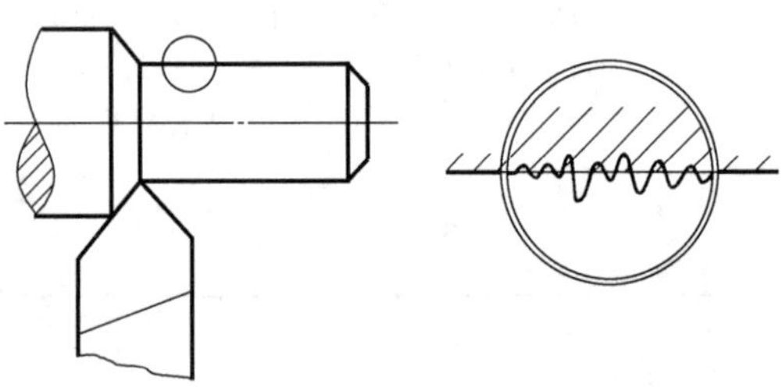

图 8-16　表面粗糙度概念

8.2.4.1　表面粗糙度

（1）概念　无论是机械加工的零件表面上，还是用铸、锻、冲压、热轧、冷轧等方法获得的零件表面上都会存在着具有很小间距的微小峰、谷所形成的微观形状误差，如图 8-16 所示。这种零件表面上具有的较小间距和峰谷所组成的微观几何特征称为表面粗糙度。

（2）表面粗糙度代（符）号　在零件图上，表面粗糙度用代（符）号表示，见表 8-5。为了表示表面的微观不平程度，有多种表面粗糙度参数。国家标准规定以轮廓算术平均偏差 Ra 作为优先选用的参数，单位为 μm（$1\mu m=\frac{1}{1000}mm$）。优先采用的 Ra 数值系列见表 8-6。Ra 数值越大，表面越粗糙。

表 8-5　表面粗糙度符号

符　　号	意义及说明
	基本图形符号，对表面结构有要求的图形符号，简称基本符号，没有补充说明时不能单独使用
	扩展图形符号，基本符号加一短画，表示指定表面是用去除材料的方法获得，如车、铣、钻、磨、剪切、抛光、腐蚀、电火花加工、气割等
	扩展图形符号，基本符号加一小圆，表示表面是用不去除材料的方法获得，如铸、锻、冲压变形、热轧、冷轧、粉末冶金等，或者是用于保持原供应状况的表面（包括保持上道工序的状况）
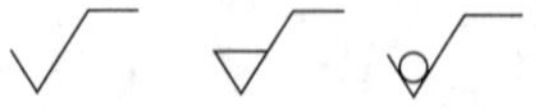	完整图形符号，当要求标注表面结构特征的补充信息时，在允许任何工艺图形符号的长边上加一横线，在文本中用文字 APA 表示；在去除材料图形符号的长边上加一横线，在文本中用文字 MRR 表示；在不去除材料图形符号的长边上加一横线，在文本中用文字 NMR 表示

表 8-6　表面粗糙度 *Ra* 的数值　　/μm

第一系列	0.012,0.025,0.050,0.100,0.20,0.40,0.80,1.60,3.2,6.3,12.5,25,50,100
第二系列	0.008,0.016,0.32,0.063,0.125,0.25,0.50,1.00,2.00,4.0,8.0,16.0,32,63
	0.010,0.020,0.040,0.80,0.160,0.32,0.63,1.25,2.5,5.0,10.0,20,40,80

表面粗糙度的代号是在上述表面粗糙度基本符号的周围加注表面粗糙度的参数及其他有关数值。如果采用一般加工方法就能达到表面质量要求，则在表面粗糙度的代号中，只需注出 *Ra* 的允许值，该参数数值写在基本符号的上方。表面粗糙度代号写法见表 8-7。

表 8-7　*Ra* 的代号及意义

代　　号	意　　义
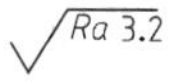	用任何方法获得的表面，*Ra* 的最大允许值为 3.2μm
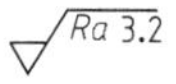	用去除材料方法获得的表面，*Ra* 的最大允许值为 3.2μm
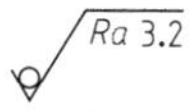	用不去除材料方法获得的表面，*Ra* 的最大允许值为 3.2μm
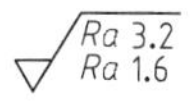	用去除材料方法获得的表面，*Ra* 的最大允许值（Ra_{max}）为 3.2μm，最小允许值（Ra_{min}）为 1.6μm

(3) 表面粗糙度的标注　表面粗糙度代（符）号在图样上的表标注方法见表 8-8。

表 8-8　表面粗糙度标注示例

图　　样	说　　明
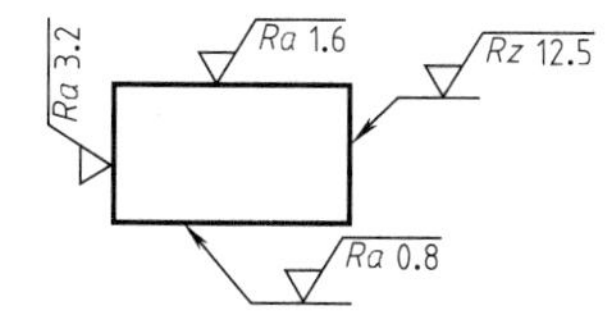	表面结构的注写和读取方向与尺寸的注写和读取方向一致
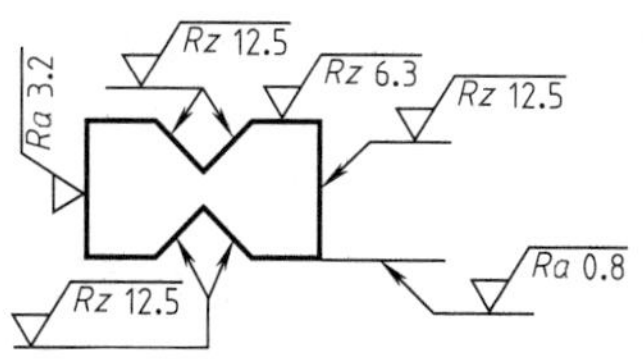	必要时，表面结构符号可用带箭头的指引线引出标注
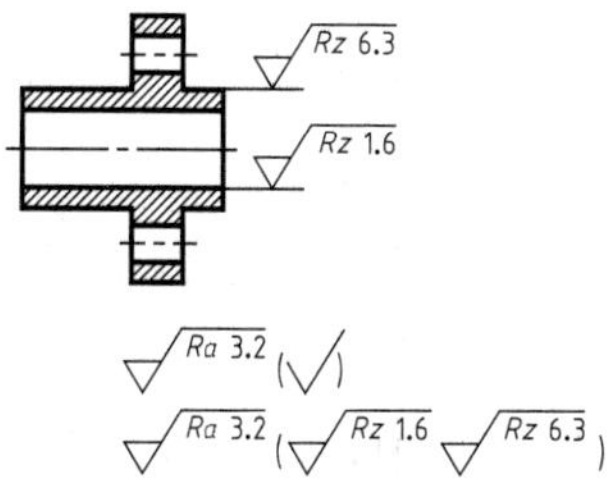	如果零件的多数（包括全部）表面有统一的表面结构要求，则其表面结构要求可统一标注在图样的标题栏附近。此时（除全部表面有相同要求的情况外），表面结构要求的符号后面应有： 1. 在圆括号内给出无任何其他标注的基本符号 2. 在圆括号内给出不同的表面结构要求 不同的表面结构要求应直接标注在图形中

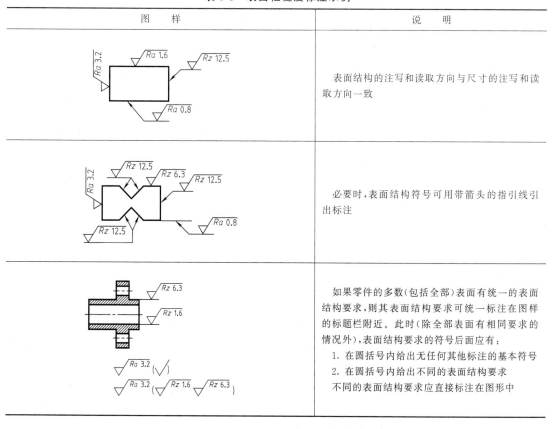

续表

<table>
<tr><th>图　样</th><th>说　明</th></tr>
<tr><td>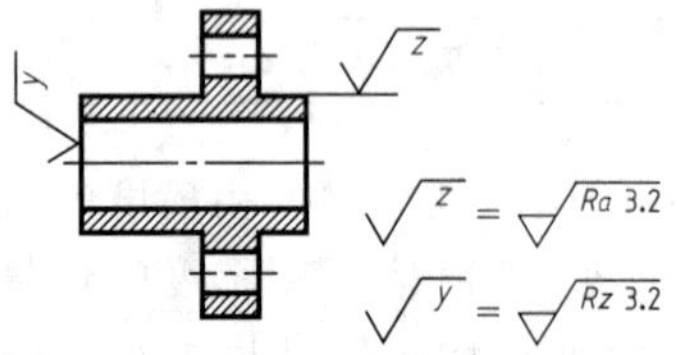
</td><td>当多个表面具有相同的表面结构要求或图纸空间有限时，可以采用简化注法。用带字母的完整符号，以等式的形式，在图形或标题栏的附近，对有相同表面结构要求的表面进行简化标注</td></tr>
<tr><td>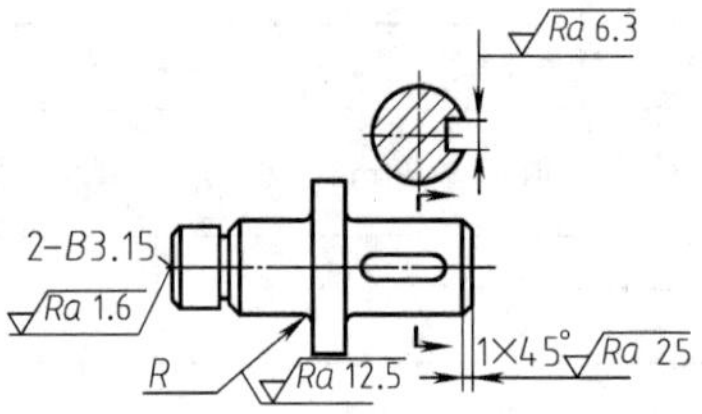
</td><td>键槽工作面、倒角、圆角的表面粗糙度代号可简化标注</td></tr>
</table>

零件的表面作用不同，表面粗糙度的要求也不同，如工作表面就比非工作表面要求高（表面要求越高，表面粗糙度数值就越小），摩擦的表面比不摩擦的表面要求更高。所以标注表面粗糙度时，不仅要从零件表面的作用考虑，还要从便于加工和加工成本方面考虑。一般表面粗糙度的数值越低，也即对表面粗糙度的要求越高（要求表面越光滑），则零件的耐磨、防腐蚀和抗疲劳性能也越好，但加工成本也越高。因此，必须从实际出发，在满足零件表面使用要求的条件下，选择合理的表面粗糙度。

8.2.4.2　极限与配合

在相同规格的一批零件中，任选一个零件，可不经任何修配就能顺利装配到机器（或部件）上，且能达到预定的工作性能要求，这种性质称为互换性。零件的互换性对组织成批生产，对装配、维修和降低成本都十分必须。

机械零件的精度取决于该零件的尺寸精度、几何精度以及表面粗糙度、轮廓精度等。它们是根据零件在机器中的使用要求确定的，为了满足使用要求，保证零件的互换性，我国发布了一系列与孔、轴尺寸精度有直接联系的孔、轴公差与配合方面的国家标准。

（1）尺寸公差　要求零件具有互换性，并不要求零件的每个尺寸绝对准确，因为这不现实也无必要，只要加工后的实际尺寸在规定的允许范围内具有互换性就是合格的零件。这个允许的尺寸允许变动量称为尺寸公差，简称公差。表 8-9 中介绍了尺寸公差的一些名词。

表 8-9　尺寸公差常用名词

<table>
<tr><td rowspan="4">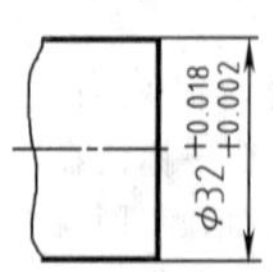
</td><th>常用名词</th><th>例</th><th>常用名词</th><th>例</th></tr>
<tr><td>基本尺寸</td><td>φ32</td><td>允许的最大极限尺寸</td><td>32+0.018=32.018</td></tr>
<tr><td>上偏差</td><td>+0.018</td><td>允许的最小极限尺寸</td><td>32+0.002=32.002</td></tr>
<tr><td>下偏差</td><td>+0.002</td><td>尺寸的公差</td><td>0.016</td></tr>
</table>

由此可知，公差=最大极限尺寸−最小极限尺寸（公差=上偏差−下偏差）。上偏差和下偏差可以是正数、负数或零。但公差值总是正数。在实用中，一般以公差带图来说明公差。如图 8-17 中所示，确定偏差的一条基准直线，称零偏差线，简称零线。通常零线表示基本尺寸。由代表上、下偏差的两条直线所限定的区域表示尺寸公差变动范围，用以确定尺

寸偏差范围，简称公差带。

公差的主要内容由公差带的大小和公差带的位置两部分组成。我国国家标准规定的公差制由“标准公差”确定公差带的大小，由“基本偏差”确定公差带的位置，并对“公差带大小”和“公差带位置”两个独立要素分别进行标准化。标准公差和基本偏差及标注如下。

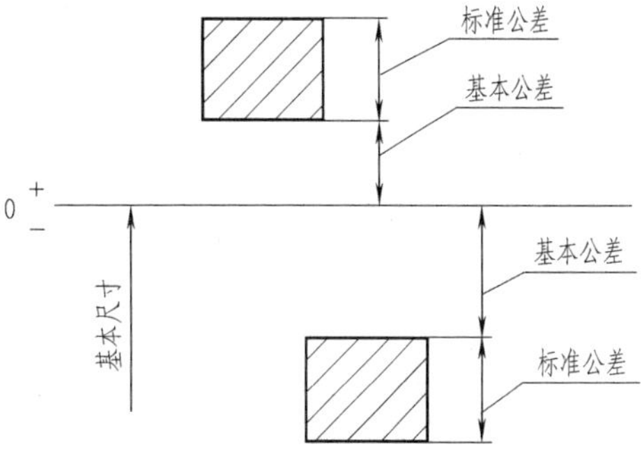

图 8-17　公差带图

1）标准公差　标准公差是用以确定公差带大小的任一公差。同一基本尺寸可以有不同范围的公差带，其范围的大小确定了零件制造时的尺寸精确度。公差范围小，表示尺寸的允许变动量小，尺寸精确度高；反之，表示尺寸的允许变动量大，尺寸精确度低。国家标准把标准公差分成 20 级，由代号 IT 表示，即 IT01，IT0，IT1…IT18。IT01 级精度最高，顺次降低，也即同一个基本尺寸，IT01 的公差值最小。如 IT5 即表示标准公差等级为 5 级。

2）基本偏差　国家标准指出：用以确定公差带相对于零线位置的上偏差或下偏差，一般为靠近零线（或基线）的那个偏差。国家标准对轴和孔，各规定了 28 个基本偏差。代号用拉丁字母表示，以大写字母 A，B，C，CD，…，Z，ZA，ZB，ZC 表示孔的基本偏差。以小写字母 a，b，c，cd，…，z，za，zb，zc 表示轴的基本偏差（其中 H 代表基准孔、h 表示基准轴）。图 8-18 表示了它们与零线（基线）的相对位置。

3）标注　尺寸公差可用基本偏差代号和标准公差等级来表示。如 ϕ50H8 表示孔的尺寸公差，由表 8-10 查得其极限偏差为$^{+0.039}_{0}$，公差即为 0.039，ϕ50f7 表示了轴的尺寸公差，查表 8-11 可得其极限偏差为$^{-0.025}_{-0.050}$，公差为 0.025。

在零件图上，应在基本尺寸后面注出基本偏差代号和标准公差等级的代号或用数值标注，即按图 8-19 中所示方式之一标注即可。

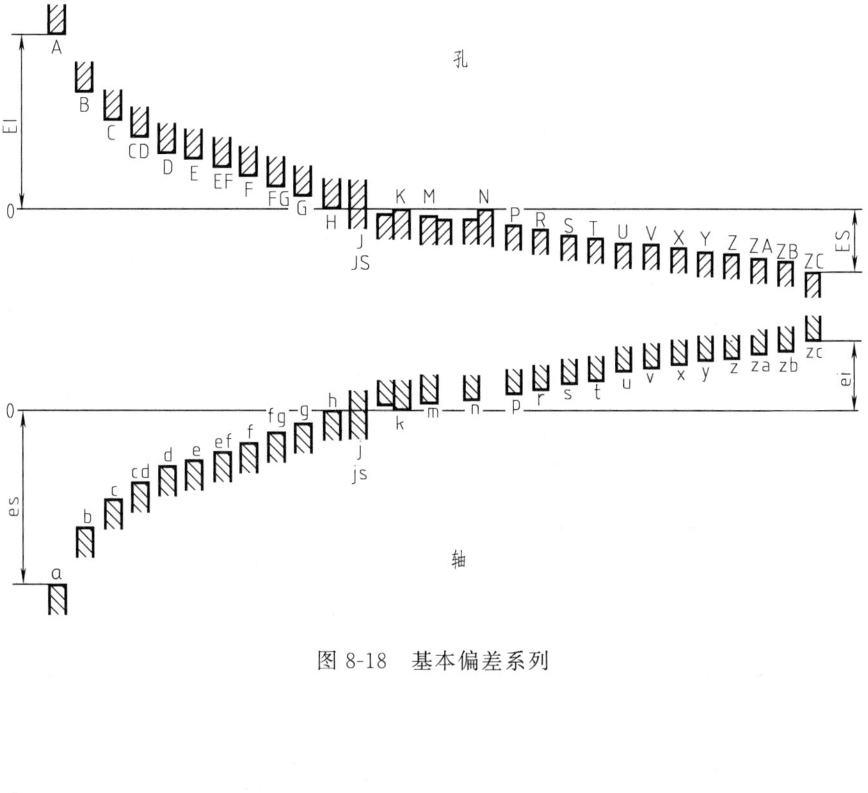

图 8-18　基本偏差系列

表 8-10 优先配合孔的极限偏差 /μm

代号	C	D	F	G	H				K	N	P	S	U
基本尺寸/mm	等级												
	11	9	8	7	7	8	9	11	7	7	7	7	7
≤3	+120 +60	+45 +20	+20 +6	+12 +2	+10 0	+14 0	+25 0	+60 0	0 −10	−4 −14	−6 −16	−14 −24	−18 −28
>3～6	+145 +70	+60 +50	+28 +10	+16 +4	+12 0	+18 0	+30 0	+75 0	+3 −9	−4 16	−8 −20	−15 −27	−19 −31
>6～10	+170 +80	+76 +40	+35 +13	+20 +5	+15 0	+22 0	+36 0	+90 0	+5 −10	−4 −19	−9 −24	−17 −32	−22 −37
>10～14	+205	+93	+43	+24	+18	+27	+43	+110	+6	−5	−11	−21	−26
>14～18	+95	+50	+16	+6	0	0	0	0	−12	−23	−29	−39	−44
>18～24	+240	+117	+53	+28	+21	+33	+52	+130	+6	−7	−14	−27	−33 −54
>24～30	+110	+65	+20	+7	0	0	0	0	−15	−28	−35	−48	−40 −61
>30～40	+280 +120	+142	+64	+34	+25	+39	+62	+160	+7	−8	−17	−34	−51 −76
>40～50	+290 +130	+80	+25	+9	0	0	0	0	−18	−33	−42	−59	−61 −86
>50～65	+330 +140	+170	+76	+40	+30	+46	+74	+190	+9	−9	−21	−42 −72	−76 −106
>65～80	+340 +150	+100	+30	+10	0	0	0	0	−21	−39	−51	−48 −78	−91 −121
>80～100	+300 +170	+207	+90	+47	+35		+87	+220	+10	−10	−24	−58 −93	−111 −146
>100～120	+400 +180	+120	+36	+12	0		0	0	−25	−45	−59	−66 −101	−131 −166

表 8-11 优先配合轴的极限偏差 /μm

代号	c	d	f	g	h				k	n	p	s	u
基本尺寸/mm	等级												
	11	9	7	6	6	7	9	11	6	6	6	6	6
≤3	−60 −120	−20 −45	−6 −16	−2 −8	0 −6	0 −10	0 −25	0 −60	+6 0	+10 +4	+12 +6	+20 +14	+24 +18
>3～6	−70 −145	−30 −60	−10 −22	−4 −12	0 −8	0 −12	0 −30	0 −75	+9 +1	+16 +8	+20 +12	+27 +19	+31 +23
>6～10	−80 −170	−40 −70	−13 −28	−5 −14	0 −9	0 −15	0 −36	0 −90	+10 +1	+19 +10	+24 +15	+32 +23	+37 +23
>10～14	−95	−50	−16	−6	0	0	0	0	+12	+23	+29	+39	+44
>14～18	−250	−93	−34	−17	−11	−18	−43	−110	+1	+12	+13	+28	+33

续表

代号	c	d	f	g	h				k	n	p	s	u
>18～24	−110	−65	−20	−7	0	0	0	0	+15	+28	+35	+48	+54 +41
>24～30	−240	−117	−41	−20	−13	−21	−52	−130	+2	+15	−22	+35	+61 +48
>30～40	−120 −280	−80	−25	−9	0	0	0	0	+18	+33	+42	+59	+76 +60
>40～50	−130 −290	−142	−50	−25	−16	−35	−62	−160	+2	+17	+26	+43	+86 +70
>50～65	−140 −330	−100	−30	−10	0	0	0	0	+21	+39	+51	+72 +53	+106 +87
>65～80	−150 −340	−174	−60	−29	−19	−30	−74	−190	+2	+20	+32	+72 +53	+121 +102
>80～100	−170 −390	−120	−36	−12	0	0	0	0	+25	+45	+59	+78 +59	+146 +124
>100～120	−180 −400	−207	−71	−34	−22	−35	−87	−220	+3	+23	+37	+93 +71	+166 +144

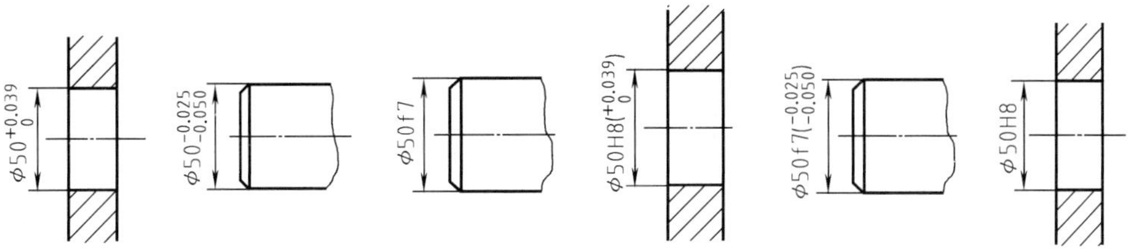

图 8-19　尺寸公差标注

(2) 配合　基本尺寸相同的孔和轴结合在一起，称之为配合。图 8-20 就是配合的轴和孔。由于零件结合部的要求不同，配合后的松紧程度也不同，国家标准把配合分成三类：

间隙配合——轴比孔小，配合后产生间隙，轴能在孔内转动。

过盈配合——轴比孔大，配合后产生过盈，轴不能在孔内转动。

过渡配合——轴可能小于或大于孔，配合后可能产生间隙，也可能产生过盈。

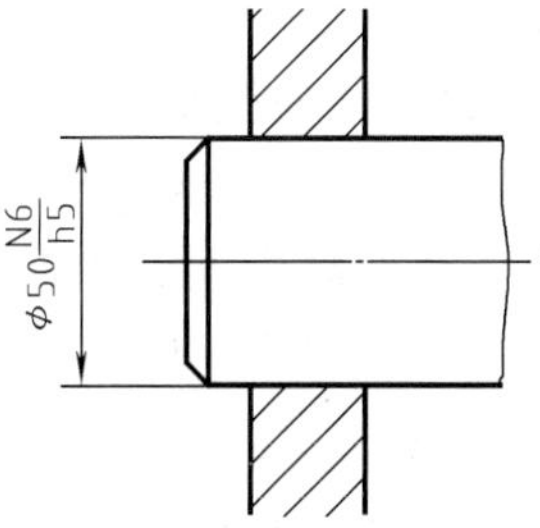

图 8-20　轴和孔的配合

为了适应生产的需要，国家标准对配合规定了两个基准制：基孔制和基轴制。

基孔制以孔作为基准孔（孔的极限偏差一定），通过改变轴的极限偏差来得到各类配合，用 H（孔的基本偏差代号）表示，见图 8-21。

基轴制以轴作为基准轴（轴的极限偏差一定），通过改变孔的极限偏差来得到各类配合，用 h（轴的基本偏差代号）来表示，见图 8-22。

配合代号由轴、孔的代号用分数形式组合而成，分子为孔的代号，分母为轴的代号，即

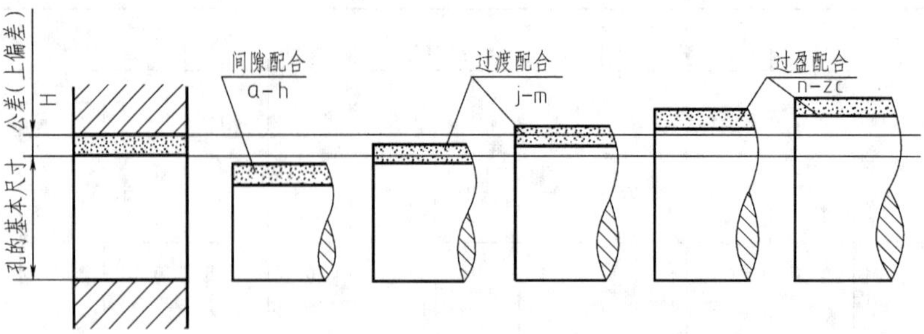

图 8-21　基孔制示意

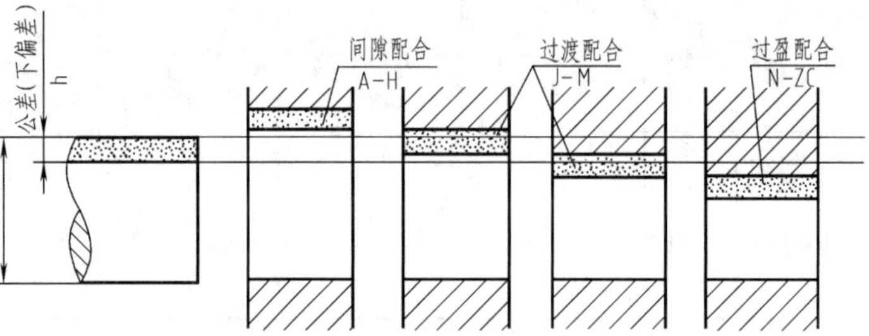

图 8-22　基轴制示意

$$基本尺寸\frac{孔的代号(基本偏差、公差等级)}{轴的代号(基本偏差、公差等级)}$$

如 $\phi 35\frac{H7}{s6}$为基本尺寸 ϕ35，基孔制、基准孔为 7 级精度（H7）过盈配合（a 到 h 或 A 到 H 为间隙配合，j 到 m 或 J 到 M 为过渡配合，n 到 zc 或 N 到 ZC 为过盈配合），轴为 6 级精度。而 $\phi 35\frac{M6}{h5}$则为基轴制，5 级基准轴，过渡配合，6 级精度的孔。

（3）公差和配合的标注　在装配图上，标注装配在一起的两个零件的配合时，就采用配合的标注，如图 8-23（a）中所示。零件图上的标注见图 8-23（b）～（d）。

8.2.4.3　几何公差

机械零件的几何精度是该零件的一项主要质量指标，在很大程度上影响着该零件的质量和互换性，因而也影响整个机械产品的质量。为了保证机械产品的质量，保证机械零件的互换性，就应该在零件图上给出几何公差（以往称为形位公差），规定零件加工时产生的几何误差（以往称为形位误差）的允许变动范围，并按零件图上给出的几何公差来检测加工后零件的几何误差是否符合设计要求。

（1）几何公差的特征项目及符号　国家标准 GB/T 1182—2008 规定的几何公差的特征项目分为形状公差、方向公差、位置公差和跳动公差四大类共 19 个项目，它们的名称和符号见表 8-12。其中，形状公差特征项目有 6 个，它们没有基准要求；方向公差特征项目有 5 个，位置公差特征项目有 6 个，跳动公差特征项目有 2 个，它们都有基准要求。没有基准要求的线、面轮廓度属于形状公差，而有基准要求的线、面轮廓度公差则属于方向、位置公差。

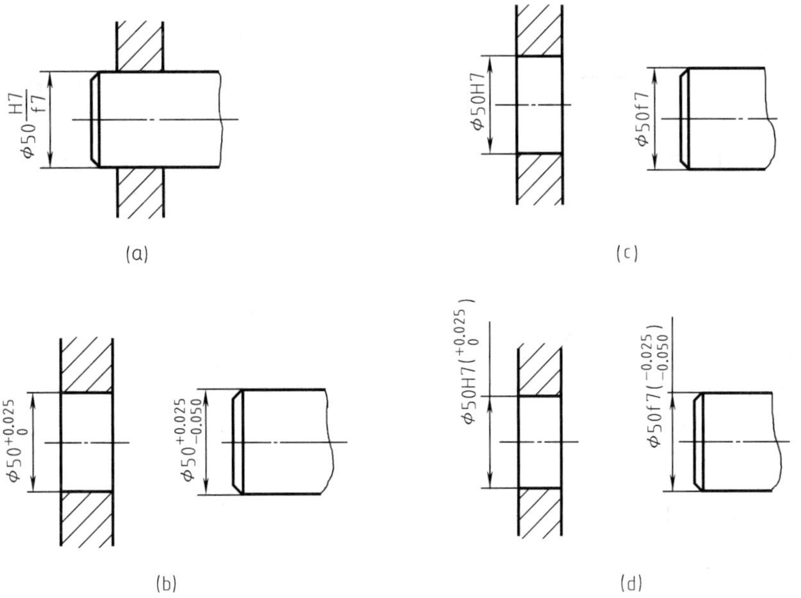

图 8-23　公差和配合的标注

表 8-12　几何公差的分类、特征项目及符号

公差类型	特征项目	符号
形状公差	直线度	—
	平面度	▱
	圆度	○
	圆柱度	⌭
	线轮廓度	⌒
	面轮廓度	⌓
方向公差	平行度	//
	垂直度	⊥
	倾斜度	∠
	线轮廓度	⌒
	面轮廓度	⌓
位置公差	同心度（用于中心点）	◎
	同轴度（用于轴线）	◎
	对称度	⌯
	位置度	⌖
	线轮廓度	⌒
	面轮廓度	⌓
跳动公差	圆跳动	↗
	全跳动	⌰

（2）几何公差的标注　在图样上标注形位公差时，应有公差框格、被测要素和基准要素（对位置公差）三组内容。

1）形状公差框格　公差要求在矩形公差框格中给出，该框格由两格或多格组成。用细实线绘制，框格高度推荐为图内尺寸数字高度的 2 倍，框格中的内容从左到右分别填写公差特征符号、线性公差值。形状公差共有两格。用带箭头的指引线将框格与被测要求相连。框格中的内容，从左到右第一格填写公差特征项目符号，第二格填写用以毫米为单位表示的公差值和有关符号，如图 8-24（a）所示。

2）方向、位置和跳动公差框格　方向、位置和跳动公差框格有三格、四格和五格等几种。用带箭头的指引线将框格与被测要素相连。框格中的内容，从左到右第一格填写公差特

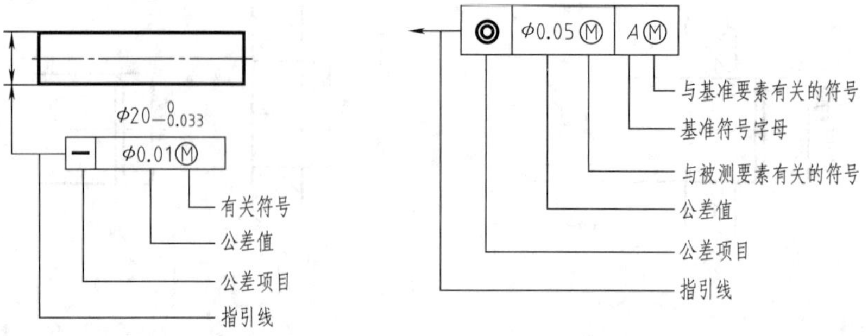

(a) 形状公差框格　　(b) 位置公差框格

图 8-24　公差框格

征项目符号，第二格填写用以毫米为单位表示的公差值和有关符号，从第三格起填写被测要素的基准所使用的字母和有关符号，如图图 8-24（b）所示。

3）被测要素的标注　用带箭头的指引线将几何公差框格与被测要素相连，按下列方式标注。

① 被测组成要素的标注方法　当被测要素为组成要素（轮廓要素，即表面或表面上的线）时，指引线的箭头应置于该要素的轮廓线上或它的延长线上，并且箭头指引线必须明显地与尺寸线错开，如图 8-25（a）、（b）所示。对于被测表面，还可以用带点的引出线把该表面引出（这个点在该表面上），指引线的箭头置于指引线的水平线上，如图 8-25（c）所示的被测圆表面的标注方法。

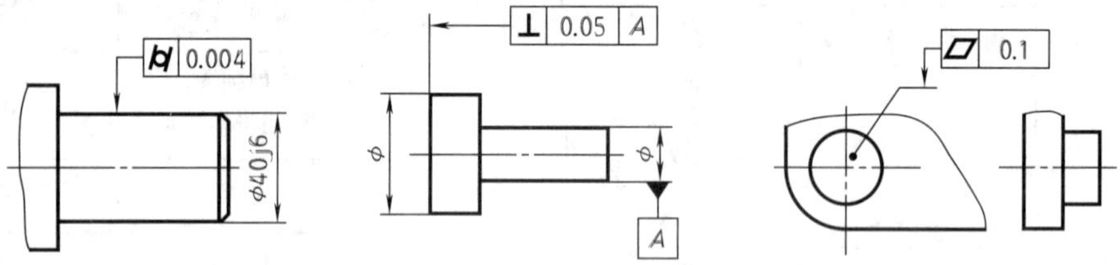

(a) 指引线箭头置于轮廓线上　　(b) 指引线箭头置于轮廓线的延长线上　　(c) 指引线箭头置于带点的引出线的水平线上

图 8-25　被测组成要素的标注示例

② 被测导出要素的标注方法　当被测要素为导出要素（中心要素，即轴线、中心直线、中心平面、球心等）时，带箭头的指引线应与该要素所对应的尺寸要素（轮廓要素）的尺寸线的延长线重合，如图 8-26 所示。

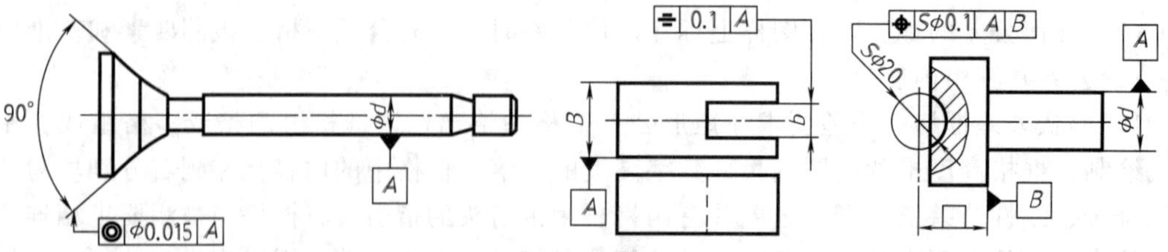

(a) 被测圆锥轴线　　(b) 被测中心平面　　(c) 被测球心

图 8-26　被测导出要素的标注示例

4）基准符号　基准符号由一基准方框（基准字母注写在这方框内）和一个涂黑的或空白的基准三角形，用细实线连接而成，如图 8-27 所示。涂黑的和空白的基准三角形的含义相同。表示基准的字母也要注写在相应被测要素的方向，其方框中的字母都应水平书写。

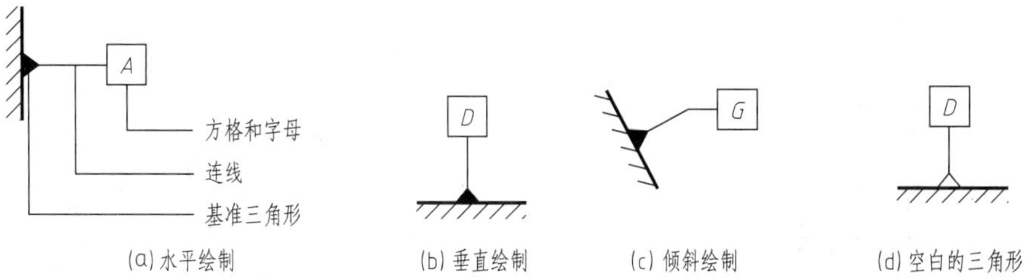

图 8-27　基准符号

5）基准要素的标注方法　当基准要素为表面或表面上的线等组成要素（轮廓要素）时，应把基准符号的基准三角形的底边放置在该要素的轮廓线或它的延长线上，并且基准三角形放置处必须与尺寸线明显错开，如图 8-28（a）和（b）所示。对于基准表面，可以用带点的引出线把该表面引出（这个点在该表面上），基准三角形的底边放置于该基准表面引出线的水平线上，如图 8-28（c）所示的圆环形基准表面的标注方法。

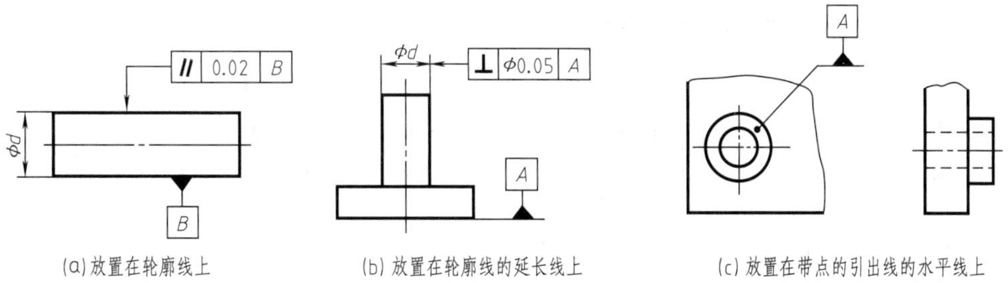

图 8-28　基准符号的放置

国家标准 GB/T 1184—1996 中对直线度、平面度、圆度、圆柱度、平行度、垂直度、倾斜度、同轴度、对称度、圆跳动和全跳动公差等 11 个特征项目分别规定了若干公差等级及对应的公差值。11 个项目中将圆度和圆柱度的公差等级分别规定了 13 个级，它们分别用阿拉伯数字 0、1、2、…、12 表示，其中 0 级最高，等级依次降低，12 级最低。其余 9 个特征项目的公差等级分别规定了 12 个等级，它们分别用阿拉伯数字 1、2、…、12 表示，其中 1 级最高，等级依次降低，12 级最低。具体公差值可阅查有关手册。

（3）零件图上形位公差示例　图 8-29 为齿轮减速器的齿轮轴。两个 ϕ40k6 轴颈分别与两个相同规格的 0 级滚动候承内圈配合，ϕ30m7 轴头与带轮或其他传动件的孔配合，两个 ϕ48mm 轴肩的端面分别为这两个滚动轴承的轴向定位基准，并且这两个轴颈是齿轮轴在箱体上的安装基准。

为了保证指定的配合性质，对两个轴颈和轴头都按包容要求给出尺寸公差。为了保证齿轮轴的使用性能，两个轴颈和轴头应同轴线，确定两个轴颈分别对它们的公共基准轴线 A-B 的径向跳动公差值为 0.016mm，轴头对公共基准轴线 A-B 的径向跳动公差值为 0.025mm。

为了保证滚动轴承在齿轮轴上的安装精度，选取两个轴肩的端面分别对公共基准轴线 A-B 的径向跳动公差值为 0.012mm。

为了避免键与轴头键槽、传动件轮毂键槽装配困难，应规定键槽对称度公差。该项公差通常按 8 级选取。确定轴头的 8N9 键槽相对于轴头轴线 C 的对称度公差值为 0.015mm。

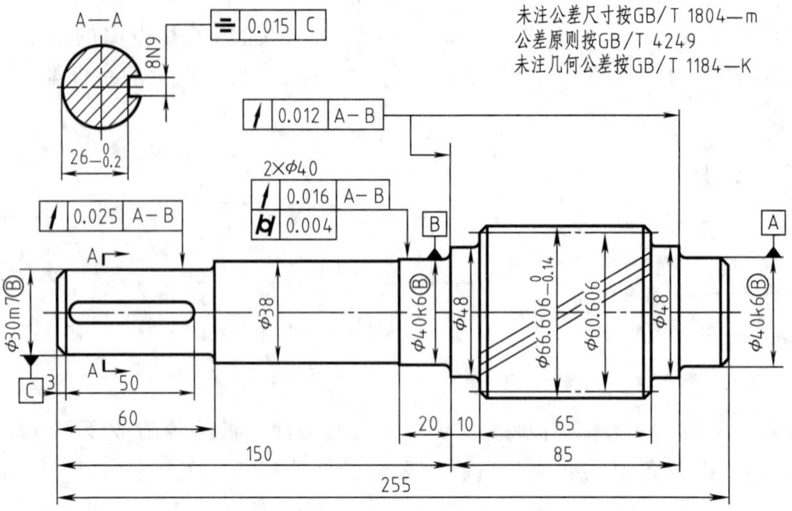

图 8-29 形位公差标注示例

8.3 化工设备常用零部件结构简介

组成化工设备的零部件中，许多常用的零部件（如图 8-2 中的封头、支座、人孔、管法兰等）是通用的，这些通用零部件的结构形状、尺寸都已统一成相互通用的标准规格，这就大大有利于设计、制造、装配和检验。

化工设备零部件标准化的基本参数主要是公称压力（PN）和公称直径（DN）。现简要介绍几种化工设备通用零部件，以有利于化工设备图样的绘制和阅读。

8.3.1 筒体

筒体是化工设备的主要部分，由钢板弯卷后焊接而成，一般为圆柱形。直径小于426mm 时，也采用无缝钢管。

圆柱形筒体主要尺寸是公称直径、高度、壁厚；卷焊而成的筒体公称直径指内径，按 GB 9019—2001 选取，参考表 8-13。它的标记如：筒体 *DN*1600×10H＝2600 表示筒体公称直径 1600mm，壁厚 10mm，高 2600mm。

表 8-13 压力容器公称直径

300	350	400	450	500	550	600	650	700	750	800	900
1000	1100	1200	1300	1400	1500	1600	1700	1800	1900	2000	2100
2200	2300	2400	2500	2600	2800	3000	3200	3400	3500	3600	3800
4000	4200	4400	4500	4600	4800	5000	5200	5400	5500	5600	5800
6000											

注：1. 表中容器公称直径系指筒体的内径。

2. 表中的容器公称直径在容器筒体用钢板卷制时选用。若采用钢管作筒体时，容器公称直径应按 159mm，219mm，273mm，325mm，337mm，426mm 选取，此容器公称直径系指钢管的外径。

8.3.2 封头

封头的结构形式，常见的有椭圆形、碟形、锥形等，最广泛采用的是椭圆形封头。当介质的黏度较大时，为有利于出料，则采用锥形。椭圆形封头由半椭圆形和圆柱组成，椭圆的长短轴之比为 2∶1，如图 8-30 所示。

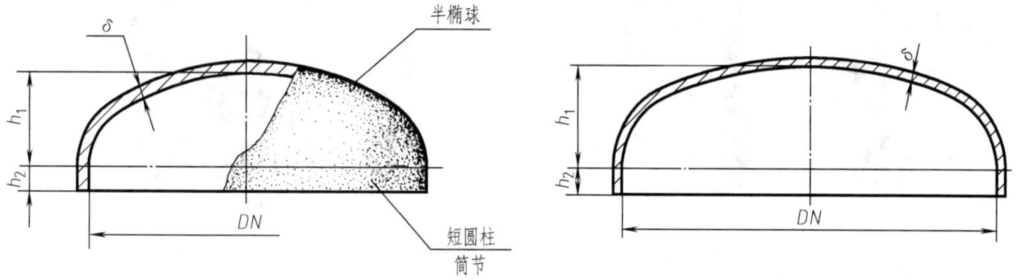

图 8-30　椭圆形封头

标记：封头 $DN1600\times8$ Q235-A JB/T 4737 表示公称直径 1600mm，壁厚 8mm 材料为 Q235-A 的椭圆封头。封头公称直径一般指内径。

表 8-14 摘录了有关标准。

表 8-14　椭圆形封头（摘自 JB/T 4737—1995）

<table>
<tr><th rowspan="4">公称直径 DN</th><th rowspan="4">曲面高度 h_1</th><th colspan="18">壁厚 δ</th></tr>
<tr><th>4</th><th>6</th><th>8</th><th>10</th><th>12</th><th>14</th><th>16</th><th>18</th><th>20</th><th>22</th><th>24</th><th>26</th><th>28</th><th>30</th><th>32</th><th>34</th><th>36</th><th>38</th></tr>
<tr><th colspan="18">直边高度 h_2</th></tr>
<tr><th colspan="3">40</th><th colspan="5">50</th><th colspan="10">25</th></tr>
<tr><td>500</td><td>125</td><td colspan="8">4～20</td><td colspan="10"></td></tr>
<tr><td>550</td><td>137</td><td colspan="9">4～22</td><td colspan="9"></td></tr>
<tr><td>600</td><td>150</td><td colspan="10">4～24</td><td colspan="8"></td></tr>
<tr><td>650</td><td>162</td><td colspan="10">4～24</td><td colspan="8"></td></tr>
<tr><td>700</td><td>175</td><td colspan="10">4～24</td><td colspan="8"></td></tr>
<tr><td>750</td><td>188</td><td colspan="11">4～26</td><td colspan="7"></td></tr>
<tr><td>800</td><td>200</td><td colspan="11">4～26</td><td colspan="7"></td></tr>
<tr><td>900</td><td>225</td><td colspan="12">4～28</td><td colspan="6"></td></tr>
<tr><td>1000</td><td>250</td><td colspan="13">4～30</td><td colspan="5"></td></tr>
<tr><td>1100</td><td>275</td><td colspan="11">4～24</td><td colspan="7"></td></tr>
<tr><td>1200</td><td>300</td><td colspan="15">6～34</td><td colspan="3"></td></tr>
<tr><td>1300</td><td>325</td><td colspan="11">6～24</td><td colspan="7"></td></tr>
<tr><td>1400</td><td>350</td><td colspan="18">6～38</td></tr>
<tr><td>1500</td><td>375</td><td colspan="11">6～24</td><td colspan="7"></td></tr>
<tr><td>1600</td><td>400</td><td colspan="18">6～42</td></tr>
</table>

注：表中尺寸系指内径为公称直径的碳素钢、低合金钢、复合钢板制的椭圆形封头。

8.3.3　法兰及垫片

法兰是法兰连接中的主要零件。法兰连接是可拆卸连接的一种，从图 8-31 可见，两只法兰分别焊于筒体、封头（或两根管子）的一端，法兰的密封面之间放有垫片，插入螺栓并用螺母旋紧后，即成为可拆卸的不易漏泄的连接。因其强度和密封性较好，故被广泛应用。图 8-32 是依靠法兰螺纹内孔来连接管子。

化工设备上用的法兰有管法兰和压力容器法兰两种。

(1) 容器法兰　用于设备筒体间（或筒体和封头）的连接。压力容器法兰，现采用机械工业部标准 JB/T4700～4707—2000。容器法兰有一般法兰和衬环法兰（代号分别为“法兰”和“法兰 C”）之分。按结构形式有平焊法兰（又分甲型和乙型）和长颈对焊法兰两种。按密封面的形式可分平面、凹凸面和榫槽面三种，其代号如表 8-15 所示。

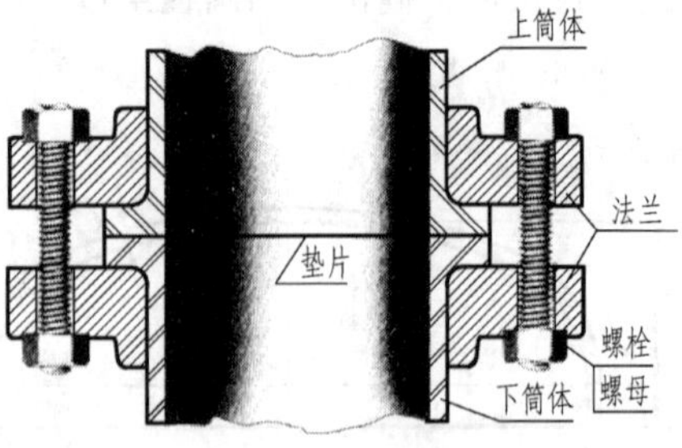

图 8-31 法兰连接筒体

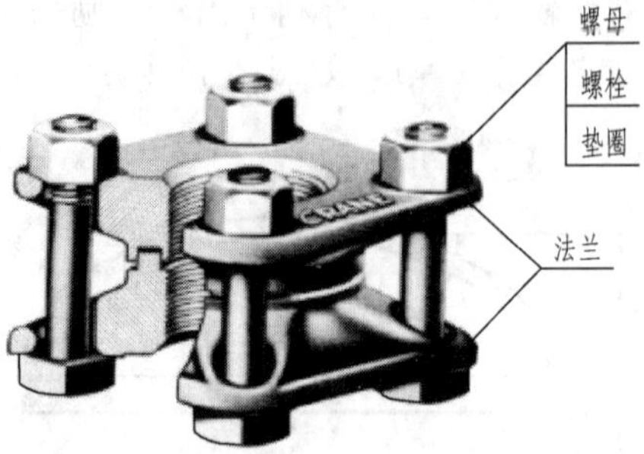

图 8-32 法兰连接管子

表 8-15 容器法兰密封面形式和代号

类别	密封面形式	代号
平密封面	上有开水线	PⅠ
	上开两条同心圆水线	PⅡ
	上开同心圆或螺旋线的密封封水线	PⅢ
凹凸密封面	凹密封面	A
	凸密封面	T
榫槽密封面	榫密封面	S
	槽密封面	C

图 8-33 为甲型平密封面平焊法兰。乙型平焊法兰与甲型的主要区别在于带有一短圆柱筒节，与筒体（或封头）对焊。

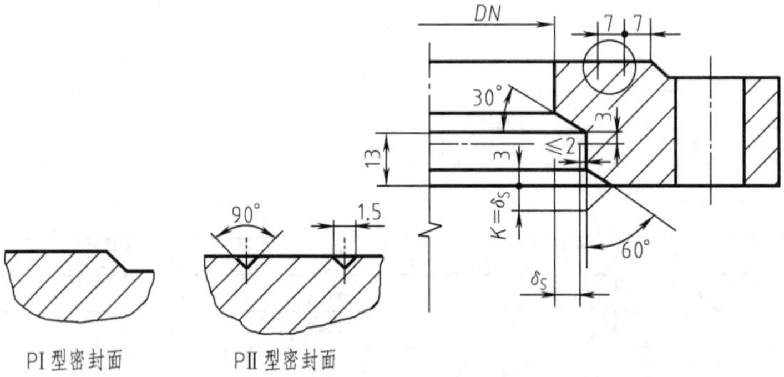

图 8-33 甲型压力容器法兰

容器法兰的标记为：法兰名称代号—密封面形式代号—公称直径—公称压力—标准号。如法兰 P1800—0.25 JB/T 4702-2000 表示是：公称压力为 0.25MPa、公称直径 800mm 的榫槽密封面乙型平焊容器法兰。

表 8-16 列出了甲型平焊压力容器法兰的形式和尺寸。

（2）管法兰　管法兰主要用于管道的连接。采用化工部 HG 5002—1958～HG 5028—1958 和 HG 20592—2009～HG 20635—2009 标准。按结构形式，管法兰也有平焊、对焊等多种，如图 8-34 所示。

管法兰按密封面形式有突面、凹凸面和榫槽面几种，其代号如表 8-16 所示。对焊法兰又称高颈法兰，颈部提高了刚性，对接的焊缝其强度也高，故管道压力大或温度高时采用之。一般的管道连接，通常都选平焊法兰。

表 8-16　甲型平焊压力容器法兰的结构形式及尺寸（摘自 JB 4701—1992）　　/mm

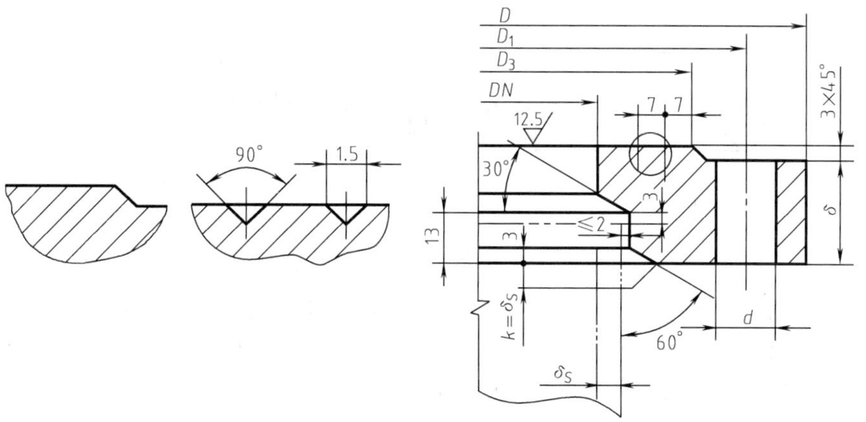

公称直径 DN	法兰							螺栓	
	D	D_1	D_2	D_3	D_4	δ	d	规格	数量
$PN=0.25$MPa									
500	615	580	550	540	537	30	18	M16	20
(500)	665	630	600	590	587	32			24
600	715	680	650	640	637				
(650)	765	730	700	690	687	36			28
700	815	780	750	740	737				
800	915	880	850	840	837	38			32
900	1015	980	950	940	937	40			
1000	1130	1090	1055	1045	1042		23	M20	
(1100)	1230	1190	1155	1141	1138				
1200	1330	1290	1255	1241	1238	44			36
(1300)	1430	1390	1355	1341	1338	46			40
1400	1530	1490	1455	1441	1438				
(1500)	1630	1590	1555	1541	1538	48			44
1600	1730	1690	1655	1641	1638	50			48
$PN=0.6$MPa									
500	615	580	550	540	537	30	18	M16	20
(550)	665	630	600	590	587	32			24
600	715	680	650	640	637				
(650)	765	730	700	690	687	36			28
700	830	790	755	745	742		23	M20	24
800	930	890	855	845	842	40			
900	1030	990	95	95	942	44			32
1000	1130	1090	1055	1045	1042	48			36
(1100)	1230	1190	1155	1141	1138	55			44
1200	1330	1290	1255	1241	1238	60			52

注：表中带括号的公称直径尽量不采用。

管法兰的标记为：标准代号 法兰名称密封面形式代号（密封面为突面时，可省略形式代号 RF）公称直径-公称压力。如 HG20592 法兰 PL1200-0.6PFQ235A 表示为公称压力 0.6MPa，公称直径 1200mm 配用公制管的突面板式平焊钢制管法兰，材料为 Q235A。

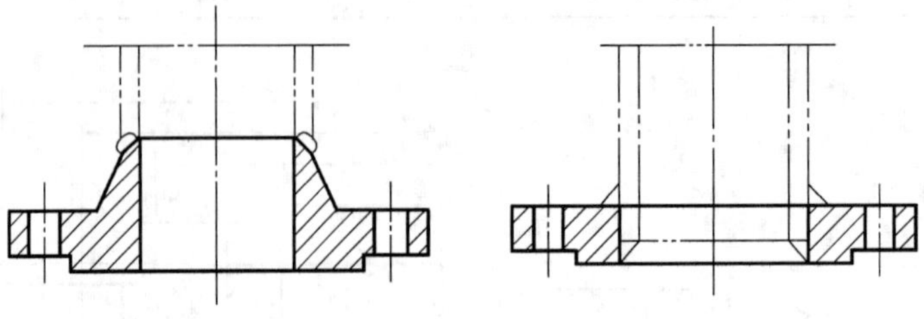

(a) 对焊法兰　　(b) 平焊法兰

图 8-34　管法兰形式

管法兰的公称直径应与所连接的管子（通常是无缝钢管）的公称直径一致。

表 8-17 摘录了突面板式平焊钢制管法兰标准（HG 20592—2009）中的有关数据，供查用。表 8-18 为突面板式平焊钢制管法兰有关数据。

表 8-17　管法兰密封面形式和代号

密封面形式		代　号	密封面形式		代　号
突面		RF	榫槽面	凹面	T
凹凸面	凹面	M			
	凸面	FM		凸面	G

表 8-18　突面板式平焊钢制管法兰　/mm

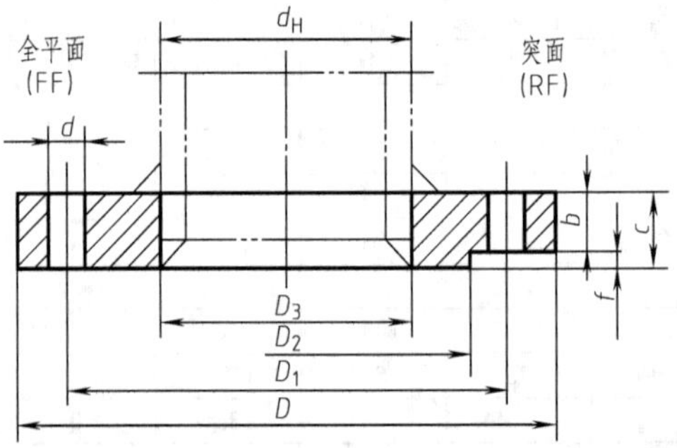

DN	10	15	20	25	32	40	50	70	80	100	125	150	200	250	300	350	400
dn	14	18	25	32	38	45	57	76	89	108	133	159	219	273	325	377	426
s	3	3	3	3.5	3.5	3.5	3.5	4	4	4	4	4.5	6	8	8	9	9
f	2	2	2	2	2	3	3	3	3	3	3	3	3	3	4	4	4
$PN=0.25$MPa, $PN=0.6$MPa																	
D	75	80	90	100	120	130	140	160	190	210	240	265	320	375	440	490	540
D_1	50	55	65	75	90	100	110	130	150	170	200	225	280	335	395	445	495
D_2	35	40	50	60	70	80	90	110	128	148	178	202	258	312	365	415	465
D_3	15	19	26	33	39	46	59	78	91	110	135	161	222	276	378	381	430
b	12	12	14	14	16	16	16	16	18	18	20	20	22	24	24	26	28
d	11	11	11	11	14	14	14	14	18	18	18	18	18	18	22	22	22
n	4	4	4	4	4	4	4	4	4	4	8	8	8	12	12	12	16

(3) 压力容器法兰用垫片　法兰连接时，两法兰的密封面间采用垫片以增加密封作用，材料有石棉、橡胶等。管法兰用的垫片，其规格可查阅有关标准。容器法兰用的垫片常用的有非金属软垫片、金属面垫片等，非金属软垫片常用于中低压常温设备，它们的材料、尺寸等可查阅有关标准。

压力容器法兰用垫片的标记为：垫片 1000—0.25—JB/T 4702—2000 表示公称直径 1000mm，公称压力为 0.25MPa 的非金属软垫片。

表 8-19 列出了甲型平焊压力容器法兰用非金属软垫片尺寸。

表 8-19　甲型平焊压力容器法兰用非金属软垫片尺寸　/mm

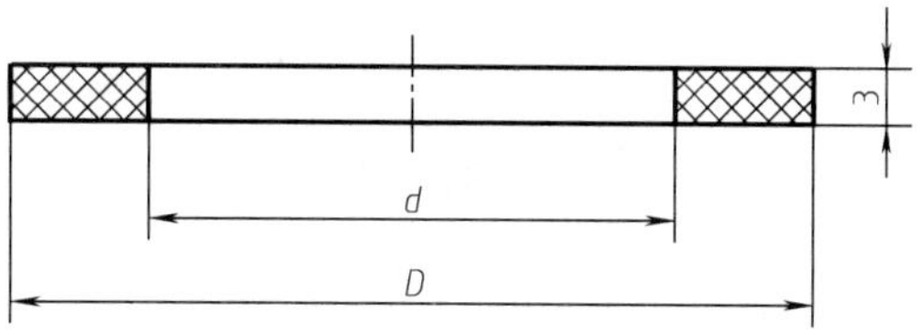

PN/MPa DN/mm	0.25		0.6	
	D	d	D	d
500	539	503	539	503
(550)	589	553	589	553
660	639	603	639	603
(650)	689	653	689	653
700	739	703	744	704
800	839	803	844	804
900	939	903	944	904
1000	1044	1004	1044	1004
(1100)	1140	1100	1400	1100
1200	1240	1200	1240	1200
1300	1340	1300		
1400	1440	1400		
(1500)	1540	1500		
1600	1640	1600		

注：表中带括号的公称直径应尽量不采用。

8.3.4　人孔和手孔

开设在筒体或封头上的人孔和手孔，通常用来安装、检修设备内部零件及清洗设备。人孔和手孔的基本结构类同，其最简单的结构如图 8-35 所示。各种形式主要区别于孔盖的开启方向和安装位置。手孔要求戴着手套握工具的手能通过，标准规定有 $DN150$ 和 $DN250$ 两种；人孔要求操作人员的安全进出，但必须考虑开孔过大引起的强度削弱过多，常用最小尺寸为圆形人孔公称直径 400mm，长圆形人孔 400mm×300mm。

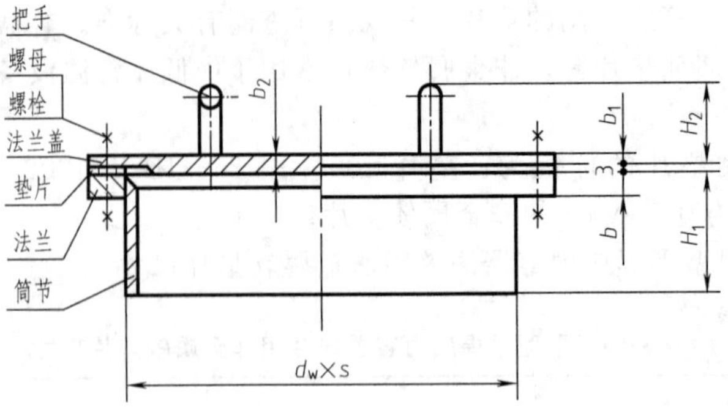

图 8-35 人（手）孔

表 8-20、表 8-21 摘录了两种人（手）孔的标准。

表 8-20 常压人孔 /mm

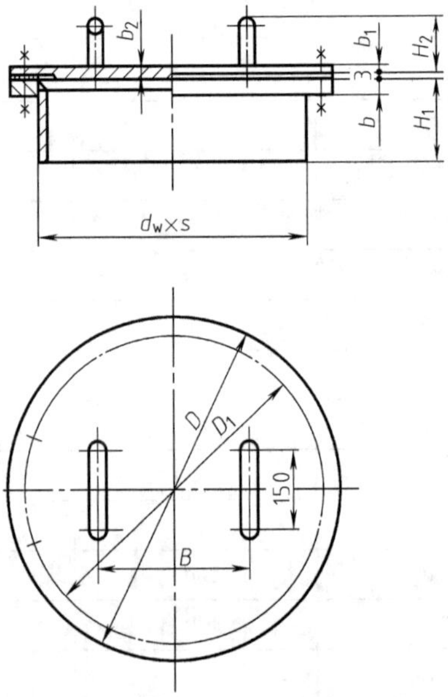

公称直径 DN	$d_w \times s$	D	D_1	B	b	b_1	b_2	H_1	H_2	螺栓螺母	螺栓	总质量 /kg
										数量	直径×长度	
400	426×6	515	480	250	14	10	12	150	90	16	M16×50	37.2
450	480×6	570	535	250	14	10	12	160	90	20	M16×50	44.6
500	530×6	620	585	300	14	10	12	160	90	20	M16×50	50.9
600	630×6	720	685	300	16	12	14	180	92	24	M16×50	74.4

注：1. 人孔高度 H_1 系根据设备的直径不小于人孔直径的两倍而定；如有特殊要求，允许改变，但需注明改变后的 H_1 尺寸，并修正人孔总质量。

2. 表中带括号的公称直径尽量不采用。

表 8-21　回转盖人孔　/mm

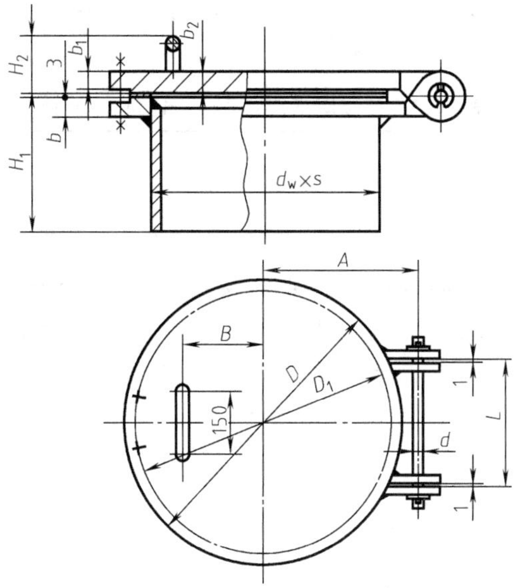

公称压力/MPa	公称直径 DN	$d_w \times s$	D	D_1	A	B	L	H_1	H_2	b	b_1	b_2	d	螺栓数量	螺栓直径×长度
0.6	(400)	426×6	535	495	297	125	200	210	100	28	20	22	20	16	M20×70
	450	480×6	590	550	325	150	200	220	102	28	22	24	20	16	M20×75
	500	530×6	640	600	350	175	250	230	104	30	24	26	20	16	M20×80
	600	630×6	755	705	407	225	300	240	108	30	28	30	20	16	M22×85

注：1. 人孔高度 H_1 系根据设备直径不小于人孔公称直径的两倍而定，如有特殊要求允许改变，而需注明改变后的 H_1 尺寸，并修正人孔总质量。

2. 表中带括号的公称直径尽量不采用。

8.3.5　补强圈

补强圈用于加强开孔过大的器壁处的强度，其结构和器壁等的连接情况如图 8-36（a）、（b）所示。补强圈上有螺孔，供检查焊缝气密性时通压缩空气之用。补强圈按焊缝坡口角度的不同分为 A、B、C、D、E 型。补强圈的厚度和材料一般与器壁相同。

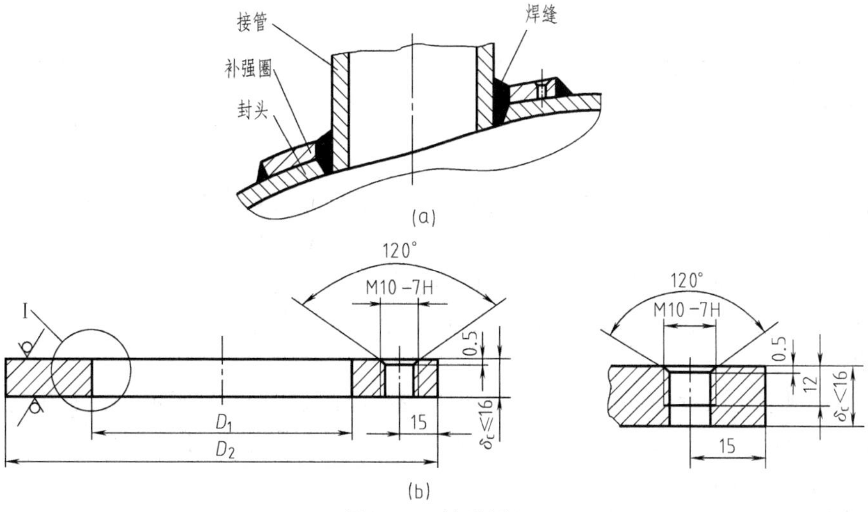

图 8-36　补强圈

补强圈的标记：补强圈 $DN100 \times 8$-D Q235A JB/T 4736—2000 表示接管公称直径为 100mm，壁厚 8mm，坡口形式为 D 型，材料为 Q235-A 的补强圈。表 8-22 摘录了补强圈标准。

表 8-22　补强圈（摘自 JB/T 4736—2002）　/mm

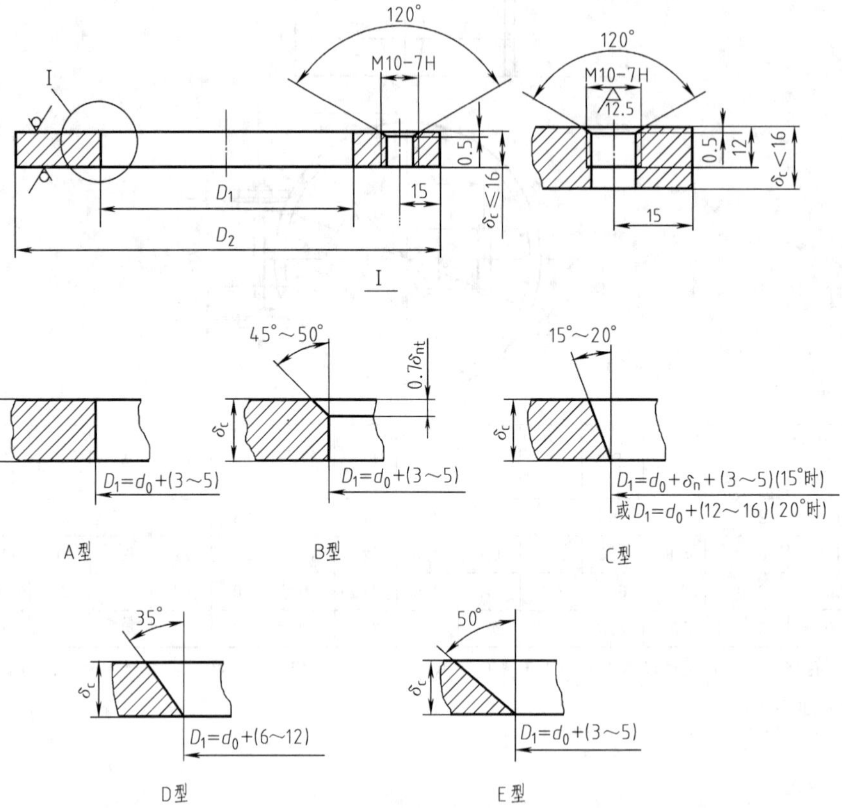

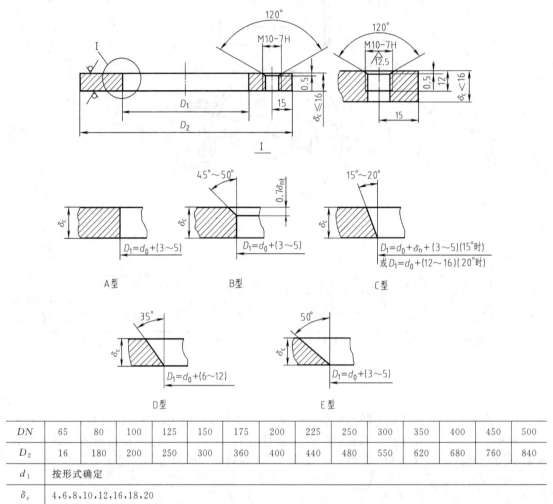

DN	65	80	100	125	150	175	200	225	250	300	350	400	450	500
D_2	16	180	200	250	300	360	400	440	480	550	620	680	760	840
d_1	按形式确定													
δ_c	4,6,8,10,12,16,18,20													

注：1. 当 $\delta_c \leqslant 12$mm 时，接管处焊缝可不开坡口。

2. 补强圈应与补强部分表面密切贴合。

8.3.6　液面计

液面计用以观察化工设备内部液位的高低。液面计有多种，部分已标准化。常见的玻璃管液面计结构如图 8-37 所示。标记：玻璃管液面计 WAI，L＝500 HG 5—227—1980 表示保温型（W 型），平面法兰（A），本体材料为碳钢（I），公称长度 500mm 的适用公称压力 1.6MPa 的玻璃管液面计。该标准号若是不保温型结构，其代号为 D。

8.3.7　视镜

视镜用来观察化工设备内部的反应情况，基本构造如图 8-38 所示。另有带短筒节的视镜等种类。视镜可按 JB 593—1964～JB 596—1964 选用，尺寸系列为 DN50，80，125，150 四种。均只限于压力小于 0.6MPa。

视镜的标记为：视镜 I PN6，DN50JB593-64-1

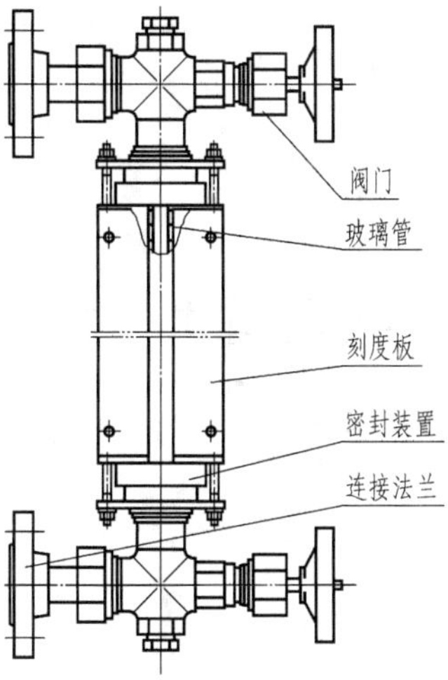

图 8-37　玻璃管液面计

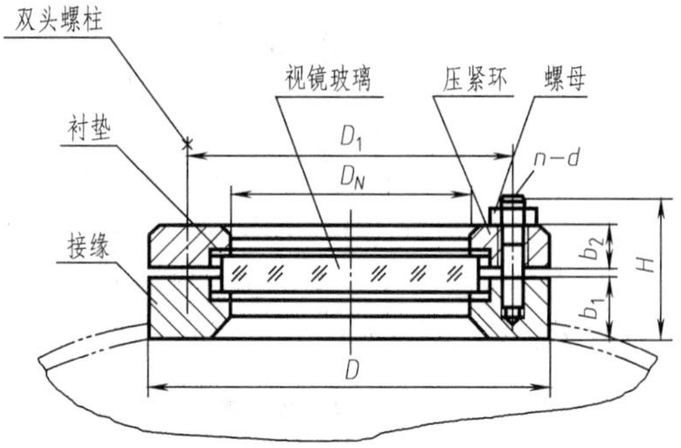

图 8-38　视镜

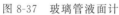

表示公称压力 6kgf/cm² (0.6MPa)，公称直径 50mm，材料为碳钢（Ⅰ类为碳钢，Ⅱ类、Ⅲ类材料分别为不锈钢衬里材料）的视镜。

另外，HG 21619—1986～HG 21620—1986 规定了压力容器视镜的形式及尺寸，也有视镜和带颈视镜两类，最高使用压力为 25kgf/cm² (2.5MPa)，必要时可参阅和应用。

8.3.8　支座

支座用来支承设备和固定设备。常用的有耳式支座和鞍式支座等。

(1) 耳式支座　适用于立式设备，一般在设备周围均匀分布，以四只居多，小型设备也可用三只或两只。耳式支座由筋板和底板焊成。必要时，在筋板和筒体之间加一块垫板，再焊于设备上，以改善支承处的应力情况，见图 8-39。耳式支座标准号为 JB/T 4725—2000。标准规定有适用于不带保温层设备的 A 型、AN 型（无垫板）和适用于带保温层设备的 B 型、BN 型（无垫板）。按承载重量不同，有 8 种规格，各有支座号。标记为：JB/T 4725—2000 耳座 AN3 表示不带垫板的 AN 型，允许载荷为 30kN 的 3 号耳式支座。

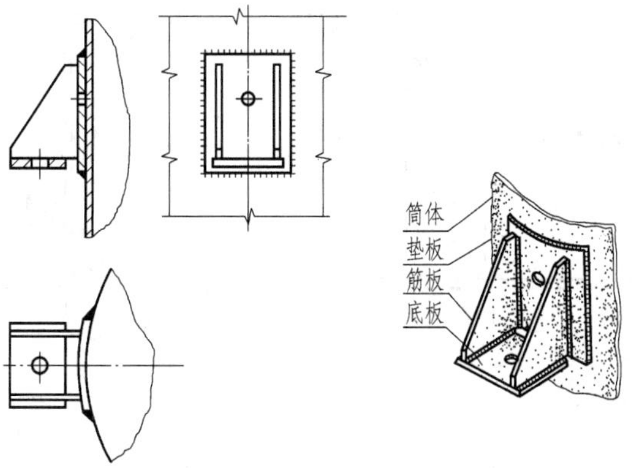

图 8-39　悬挂式支座

表 8-23 列出了摘自 JB/T 4725—2000 的 A 型、AN 型耳式支座的尺寸。

(2) 鞍式支座　卧式设备通常采用鞍式支座，它由腹板、底板和筋板焊成，必要时还加焊一块加强垫板，见图 8-40。

表 8-23 A 型、AN 型耳式支座尺寸 /mm

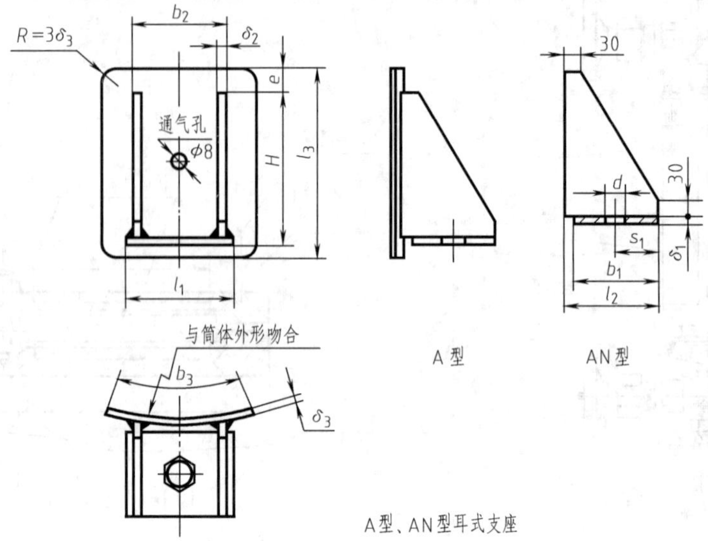

A型、AN型耳式支座

支座号	支座本体允许载荷 Q /kN	适用容器公称直径 DN	高度 H	底板				筋板			垫板				地脚螺栓	
				l_1	b_1	δ_1	s_1	l_2	b_2	δ_2	l_3	b_3	δ_3	e	d	规格
1	10	300～600	125	100	60	6	30	80	80	4	160	125	6	20	24	M20
2	20	500～1000	160	125	80	8	40	100	100	5	200	160	6	24	24	M20
3	30	700～1400	200	160	105	10	50	125	125	6	250	200	8	30	30	M24
4	60	1000～2000	250	200	140	14	70	160	160	8	315	250	8	40	30	M24
5	100	1300～2600	320	250	180	16	90	200	200	10	400	320	10	48	30	M24
6	150	1500～3000	400	315	230	20	115	250	250	12	500	400	12	60	36	M30
7	200	1700～3400	480	375	280	22	130	300	300	14	600	480	14	70	36	M30
8	250	2000～4000	600	480	360	26	145	380	380	16	720	600	16	72	36	M30

注：若垫板厚度与标准尺寸不同，则在设备图纸零件名称或备注中注明，如 $\delta_3=12$。

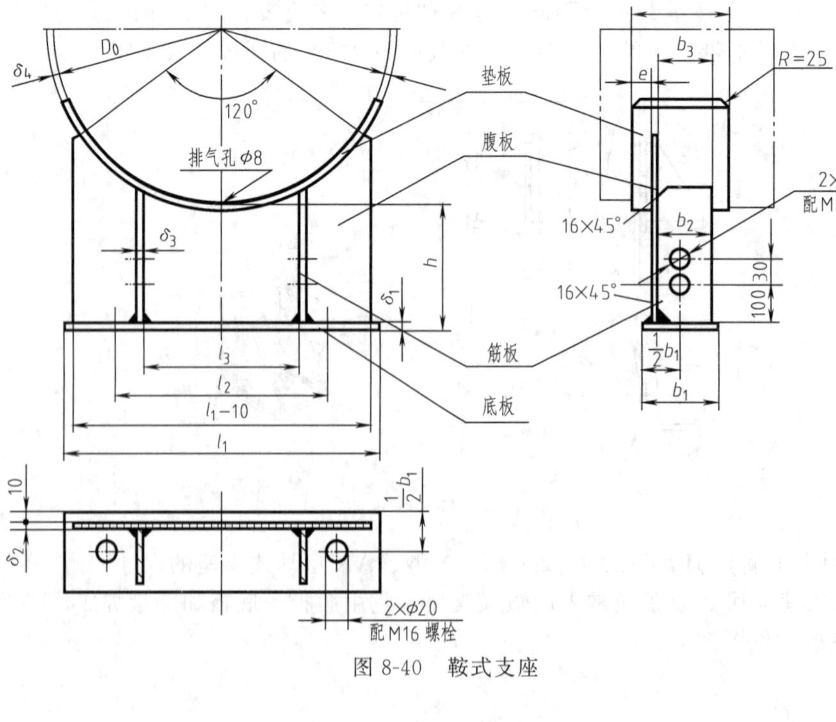

图 8-40 鞍式支座

鞍式支座一般用两只，设备过长时，也有多于两只的。鞍式支座标准号为 JB/T 4712—2000。标准规定鞍式支座分轻型（代号 A）和重型（代号 B）两种。重型鞍式支座又按包角、制作方式及附带垫板分五种型号（BⅠ，BⅡ，…BⅤ），按安装形式分固定式（代号 F）和滑动式（代号 S）两种，且有 200、300、400、500 等支座高度。

标记为：JB/T 4712—2000，鞍座 BⅢ500-F 表示公称直径为 500，120°包角、重型不带垫板的焊制固定式鞍式支座。

表 8-24 为摘自 JB/T 4725—2000 的 *DN*1000～2000、120°包角重型带垫板鞍式支座结构和尺寸。

表 8-24　*DN*1000～2000、120°包角重型带垫板鞍式支座结构和尺寸　　/mm

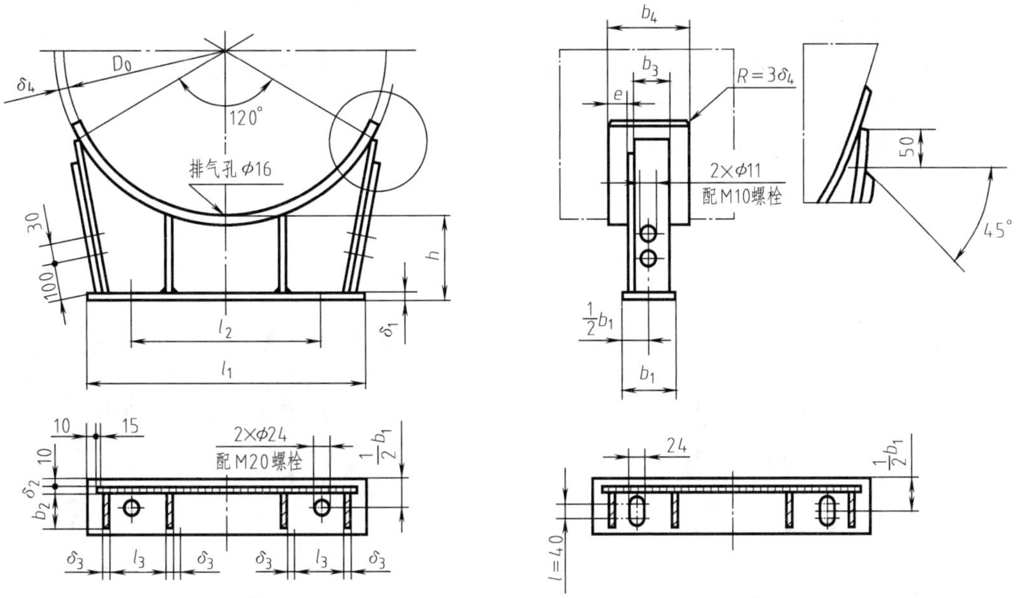

F型　　　S型

公称直径	允许载荷 Q/kN	鞍座高度 h	底板 l_1	底板 b_1	底板 δ_1	腹板 δ_2	筋板 l_2	筋板 b_2	筋板 b_3	筋板 δ_3	垫板 弧长	垫板 b_4	垫板 δ_3	垫板 e	螺栓间距 l_2
1000	307	200	760	170	12	8	170	140	180	8	1180	270	8	40	600
1100	312		820				185				1290				660
1200	562		880			10	200			10	1410				720
1300	571		940				215				1520				780
1400	579		1000				230				1640				840
1500	786	250	1060	200	16	12	242	170	230	12	1760	320	10		900
1600	796		1120				257				1870				960
1700	809		1200	220			277				1990				1040
1800	856		1280			14	296	190	260		2100	350			1120
1900	867		1360				316				2220				1200
2000	875		1420				331				2330				1260

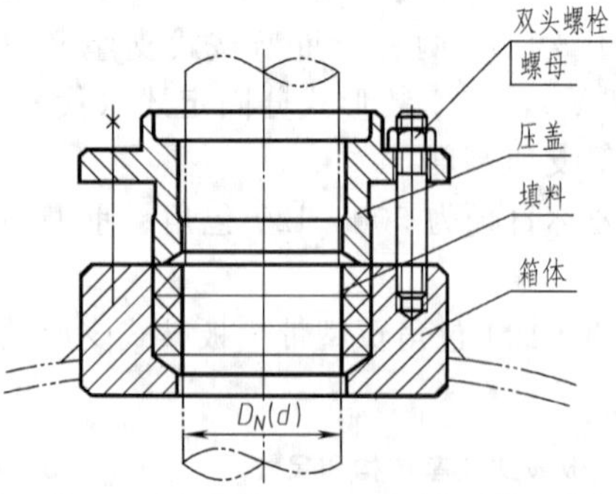

图 8-41 填料箱

8.3.9 填料箱

填料箱是化工设备中常见的密封装置，用以防止转轴与容器间的泄漏，其结构如图 8-41 所示。

旋紧螺母，使压盖压缩填料（一般为含石墨或黄油等作润滑剂的石棉织物）使填料变形，紧贴于转轴表面，以阻塞泄漏通道，由此防止泄漏。

填料箱有多种结构，尺寸可参见标准 HG/T21537—1992。

8.3.10 机械密封

填料箱密封结构简单，但填料使用寿命较短，因而总有微量泄漏，所以填料密封难以满足化工生产中较高密封要求。机械密封装置在一些腐蚀、泄漏严重、危害安全较大的泵和搅拌器等密封要求较高处使用，由于其结构的特点，可取得较满意的效果。

机械密封装置的结构如图 8-42 所示。

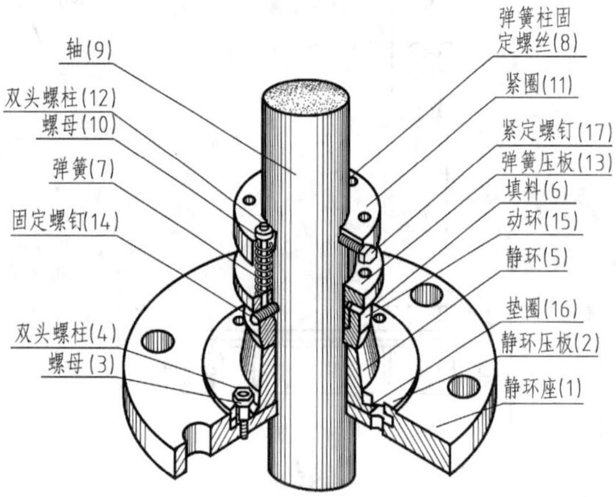

图 8-42 机械密封装置

静环（5）依靠螺母（3）双头螺柱（4）和静环压板（2）固定在静环座（1）上，紧圈（11）靠紧定螺钉（17）固定于轴（9）上，双头螺柱（12）使弹簧压板（13）与紧圈周向固定，固定螺钉（14）又使动环（15）的作用使动环与静环紧压在一起。轴转动时，动环与轴一起旋转，静环则固定于座架上，动环与静环相接触的端面阻止了介质泄漏。

8.3.11 齿轮

齿轮是化工设备和机器中应用很广的传动件，它不仅用来传递动力，并能改变转速及旋转方向。齿轮有圆柱齿轮、圆锥和蜗轮蜗杆等。圆柱齿轮常用于平行轴间的传动；圆锥齿轮常用于两相交轴间的传动；蜗轮蜗杆则用于交叉的两轴间的传动，见图 8-43。

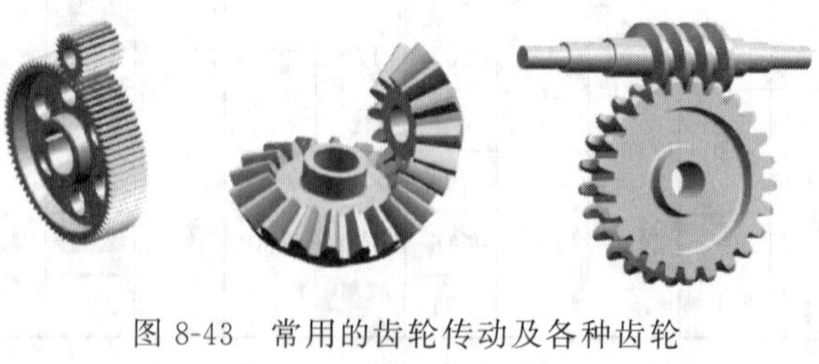

图 8-43 常用的齿轮传动及各种齿轮

为了使齿轮传动的速比恒定和工作平稳，齿轮必须有正确的齿形，常见的齿形曲线有渐开线和摆线，渐开线齿形由于制造容易、安装误差影响小等优点而被广泛应用。

下面介绍圆柱齿轮的基本知识及其规定画法，圆锥齿轮、蜗轮蜗杆的有关内容，必要时可参阅有关书籍及标准。

圆柱齿轮的轮齿有直齿、斜齿、人字齿三种，其中圆柱直齿齿轮应用最多，它又有标准直齿轮和变位直齿之分，现以标准直齿圆柱齿轮介绍之。

8.3.11.1　标准直齿圆柱齿轮的各部分名称和尺寸关系

图 8-44 为一对相互啮合的直齿圆柱齿轮，各部分名称如下。

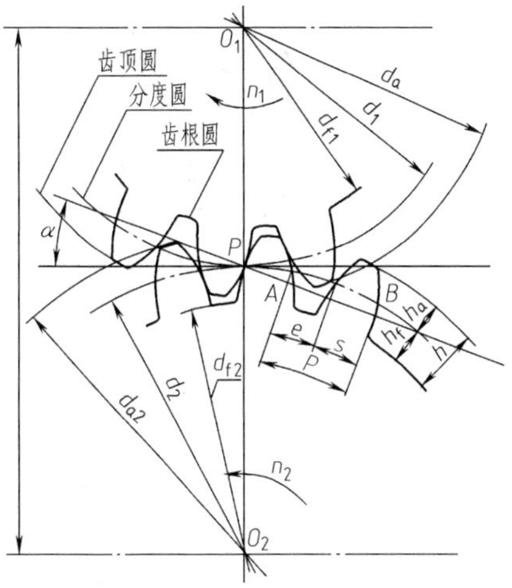

图 8-44　直齿圆柱齿轮各部分名称和代号

1）分度圆 d　设计制造时，齿轮计算尺寸和作为分齿依据的圆称为分度圆，直径以 d 表示，相互啮合的一对齿轮，它们的分度圆应相切。

2）模数 m　如已知齿轮齿数为 Z，分度圆上相邻两齿对应点之间的弧称为齿距 p（轮齿在分度圆上的弧长称为齿厚 s），分度圆周长等于 πd，也等于 zp

$$\pi d = zp \text{ 即 } d = \frac{p}{\pi} z$$

令 $\frac{p}{\pi} = m$ 则 $d = mz$，m 即齿轮的模数。为设计和制造方便，已将模数标准化，其数值可参见有关标准。当齿轮的齿数 z、模数 m 确定后标准直齿圆柱齿轮其余各部分的大小可通过计算求得。计算公式归纳于表 8-25。

表 8-25　标准直齿圆柱齿轮的计算公式

名　　称	计 算 公 式	名　　称	计 算 公 式
分度圆直径 d	$d = mz$	齿顶圆直径 d_a	$d_a = d + 2h_a = m(z+2)$
齿顶高 h_a	$h_a = m$	齿根圆直径 d_f	$d_f = d - 2h_f = m(z-2.5)$
齿根高 h_f	$h_f = 1.25m$	中心距 A	$A = \frac{1}{2}(d_1 + d_2) = \frac{1}{2}m(z_1 + z_2)$
齿高 h	$h = h_a + h_f = 2.25m$	压力角 α	$\alpha = 20°$

互相啮合的一对齿轮，它们的模数是相等的。

8.3.11.2　单个圆柱齿轮的规定画法

图 8-45 是圆柱齿轮的规定画法。

① 齿顶圆和齿顶线用粗实线绘制。

② 分度圆和分度线用点画线绘制。

③ 外形图和圆形视图中，齿根圆和齿根线用细实线绘制，也可省略不画。

④ 剖视图中，剖切平面通过齿轮轴线时，轮齿一律按不剖处理。

8.3.11.3　两圆柱齿轮啮合的规定画法

从图 8-46 可知：

① 在非圆的剖视图中，两齿轮啮合部分的分度线重合，用点画线绘制，各自的齿根线用粗实线绘制；齿顶线部分则将一个齿轮的轮齿视为可见，用粗实线绘制，另一个齿轮的轮齿部分视为被遮住，用虚线绘制（也可省略不画）。

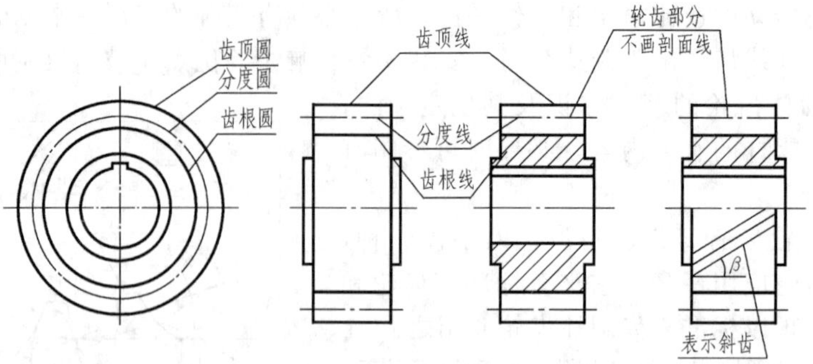

图 8-45　圆柱齿轮的规定画法

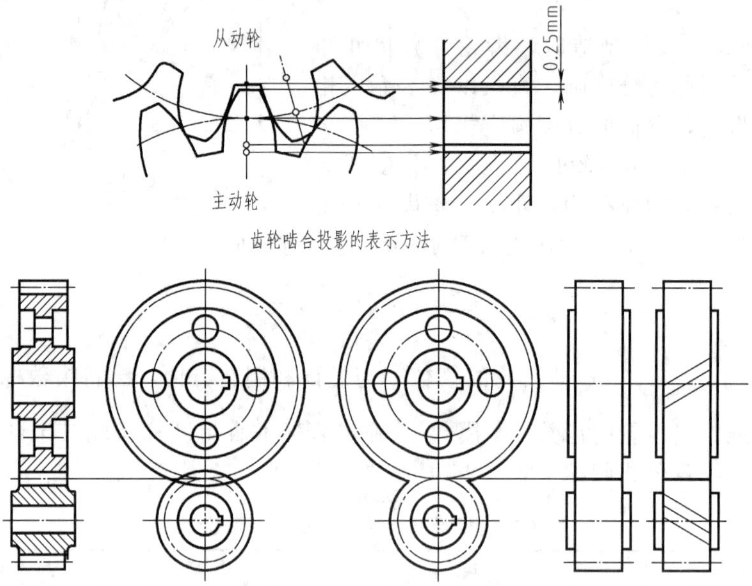

图 8-46　两圆柱齿轮啮合的画法

② 在投影为圆的视图中，两齿轮啮合部分的分度圆相切，用点画线绘制；啮合区内的齿顶圆均用粗实线绘制，也可省略不画。

③ 在非圆的外形视图中，啮合区的齿顶线不需画出，分度线用粗实线画出。

8.4　化工设备常用零部件制造的技术文件之二——装配图

在化工设备制造过程中，除了按照零件图制成零件外，还要将加工好的零件装配成部件如前述的人（手）孔、填料箱、机械密封装置等，而后再装配成化工设备。表达部件的图样，称为部件装配图，简称部件图，是化工设备制造、设计、检验、安装、使用、维修等生产过程中的主要技术文件之一。

8.4.1　部件图的内容和要求

部件图主要用以表达部件的结构、工作概况，零件间的装配关系及装配和检验上的技术要求等，必要时还要表达出若干主要零件的结构形状。

为了满足上述要求，部件装配图（如图 8-47 所示）应具有下列内容。

技术要求

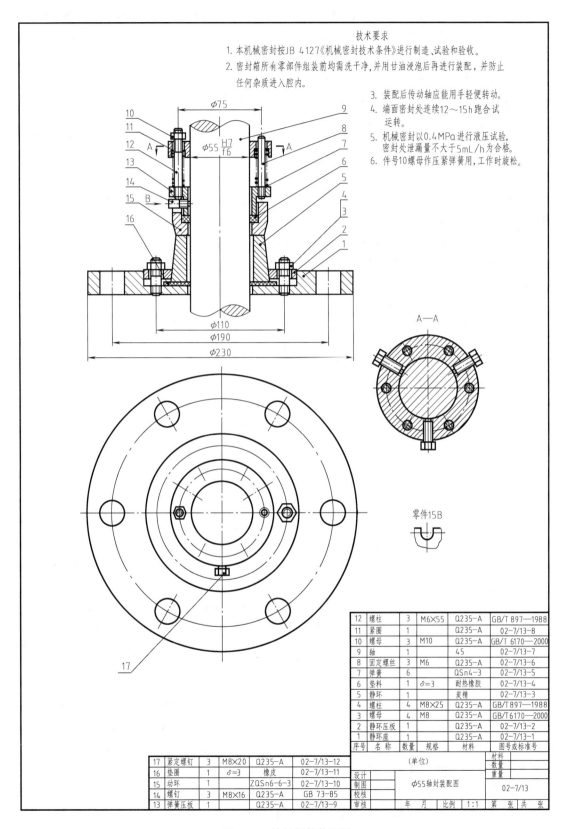

1. 本机械密封按JB 4127《机械密封技术条件》进行制造、试验和验收。
2. 密封箱所有零部件组装前均需洗干净，并用甘油浸泡后再进行装配，并防止任何杂质进入腔内。
3. 装配后传动轴应能用手轻便转动。
4. 端面密封处连续12～15h跑合试运转。
5. 机械密封以0.4MPa进行液压试验，密封处泄漏量不大于5mL/h为合格。
6. 件号10螺母作压紧弹簧用，工作时旋松。

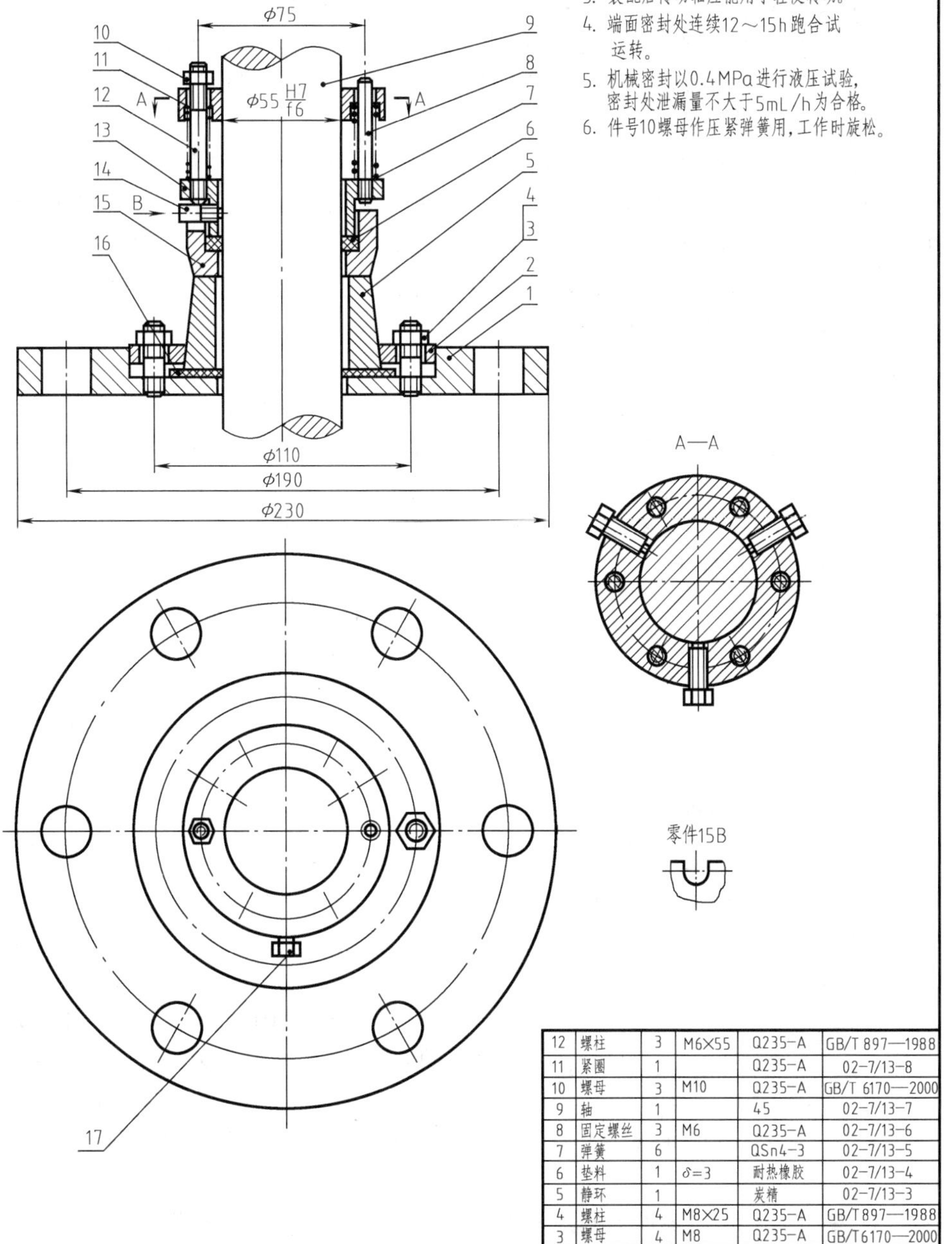

序号	名 称	数量	规格	材料	图号或标准号
12	螺柱	3	M6×55	Q235-A	GB/T 897—1988
11	紧圈	1		Q235-A	02-7/13-8
10	螺母	3	M10	Q235-A	GB/T 6170—2000
9	轴	1		45	02-7/13-7
8	固定螺丝	3	M6	Q235-A	02-7/13-6
7	弹簧	6		QSn4-3	02-7/13-5
6	垫料	1	δ=3	耐热橡胶	02-7/13-4
5	静环	1		炭精	02-7/13-3
4	螺柱	4	M8×25	Q235-A	GB/T897—1988
3	螺母	4	M8	Q235-A	GB/T6170—2000
2	静环压板	1		Q235-A	02-7/13-2
1	静环座	1		Q235-A	02-7/13-1

17	紧定螺钉	3	M8×20	Q235-A	02-7/13-12
16	垫圈	1	δ=3	橡皮	02-7/13-11
15	动环	1		ZQSn6-6-3	02-7/13-10
14	螺钉	3	M8×16	Q235-A	GB 73-85
13	弹簧压板	1		Q235-A	02-7/13-9

(单位)			材料	
			数量	
设计		ϕ55轴封装配图	重量	
制图			02-7/13	
校核				
审核		年　月　比例 1:1	第　张　共　张	

图 8-47　轴封部件装配图

① 一组视图　图 8-47 中以主视图（采用全剖视）、俯视图、A-A 断面图和零件 15 的 B 向视图为一组视图，用以清晰表达部件的结构、工作概况，各零件间的装配关系以及主要零件的结构形状。

② 必要的尺寸　按装配和使用的要求，标注出反映部件的性能、规格，零件的装配和安装情况及主要零件的重要数据，如图 8-47 中标注的 $\phi 55$、$\phi 110$、$\phi 190$ 等。

③ 零件件号及明细表　按生产和管理的需要，按一定方法和格式，将零件编号并列成表格——明细表，明细表中列出零件的名称、数量、材料、格式等内容。明细表列于标题栏上方。

④ 技术要求　用文字或符号提出部件在装配、安装、检验和使用等方面必须达到的要求和指标。它一般安排在图纸的右上角，如地位限制，也可写在图纸的空白处。如图 8-47 中右上角的“机械密封以 0.4MPa 进行液压试验……”。

⑤ 标题栏　用标题栏说明部件的名称、格式、作图比例和图号及设计人员等内容。

8.4.2　部件装配图的表达方法

8.4.2.1　规定画法和特殊表达方法

表达部件和表达零件有共同点，就是表达零件时的各种方法（视图、剖视和断面等）和选用原则，在表达部件时都适用，只是将部件作为一个整体处理。如图 8-47 中主视图采用全剖视以表达零件间装配关系，A-A 断面则表示紧定螺钉（件号 17）的装配关系等。由于表达部件和表达零件要求不同，国家标准《机械制图》提出了一些规定画法和特殊表达方法，仍以图 8-47 为例讨论。

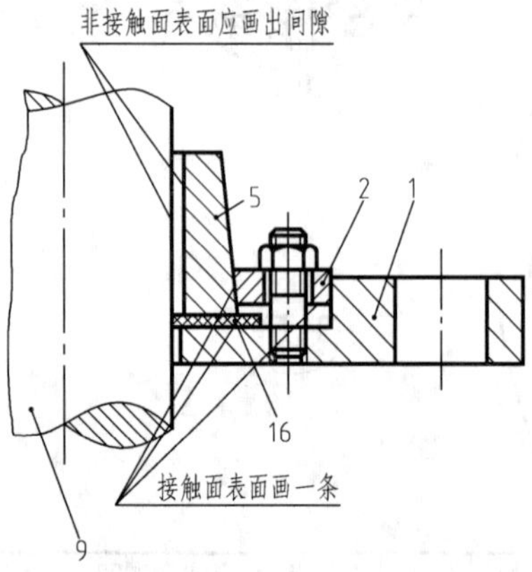

图 8-48　接触与非接触表面的画法
1—静环座；2—静环压板；5—静环；9—轴；16—垫圈

（1）零件间装配关系的画法

① 接触与非接触表面的画法　当两零件表面接触时，在部件图中其接触面只画一条线；当两零件表面不接触时，即使间隙很小也应画出两条线，如图 8-48 所示。

② 遮挡与被遮挡表面的画法　零件装配后，必有一些零件表面被另一些零件遮挡。此时，被遮挡的表面的投影一般不予画出，如图 8-48 中所示的轴（件 9），遮挡了静环（件 5）静环座（件 1）的某些投影。

（2）剖面线的画法　两相邻零件剖开后，其剖面线倾斜方向应相反，如图 8-42 中静环座（件 1）与静环压板（件 2）的剖面线方向就是相反的，如将相邻两零件的剖面线方向画成一致时，则应使其间隔不等。

（3）紧固件和实心零件的画法　螺栓、螺母和实心的轴、杆等零件，如剖切平面通过对称中心线或轴线时，均按不剖绘制，不画剖面线。如图 8-47 中的双头螺柱（件 4）、螺母（件 3）等以及轴等实心杆剖切后的画法即属这种情况。当需特别表明这些实心杆状零件上的某些结构（如凹槽，键槽、销孔等）时，则再采用局部剖视。

（4）零件的单独表示法　部件图中，需要表达的个别零件的形状尚未清楚表达时，可用视图、剖视、断面图单独表示该零件的结构形状，但需在视图上方注出相应的说明，如图 8-47 中的零件 15 的 B 向视图。

（5）简化画法

① 零件工艺结构的简化画法　在部件图中，零件上的退刀槽、倒角、小圆角等工艺结构允许不画。如图 8-49 中的双头螺栓、螺母就未画倒角。

② 重复投影的简化画法　在部件图中对于规格相同，且按规律分布的零件组如螺栓连接、螺钉连接等，在不影响读图的情况下，可以详细地画出一组或几组，其余省略，但需以中心线表示其装配位置并在明细表中注明其数量、规格和标准。见图 8-47 中所示的双头螺柱、螺母连接组的画法。

③ 对称图形的简化画法　在部件图中，表示滚动轴承、油封等标准件时，允许将对称图形用简化画法表示，用点画线在轮廓内画出对角线如图 8-50 中所示。

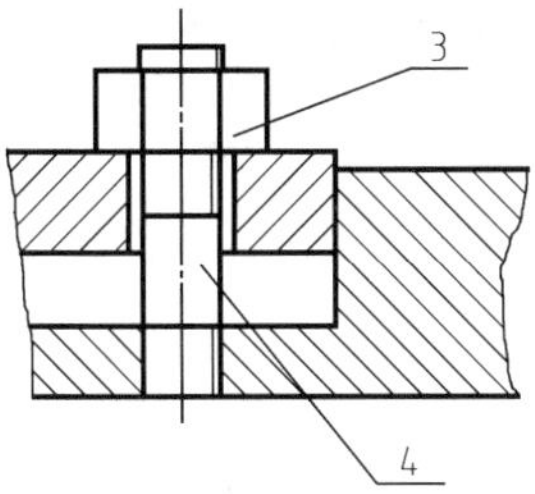

图 8-49　零件工艺结构的简化画法

3—螺母；4—双头螺柱

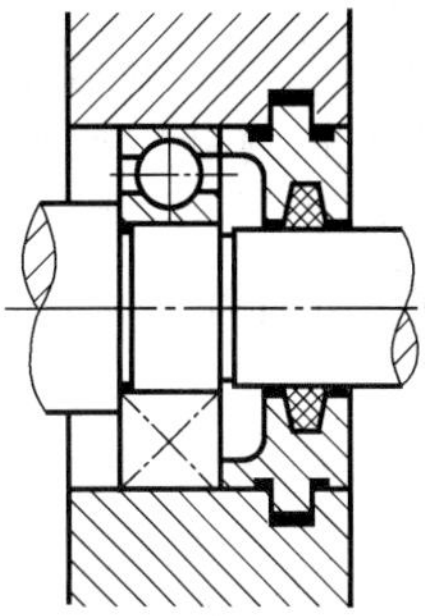

图 8-50　滚动轴承的简化画法

（6）夸大画法　部件图中，如难以按实际尺寸画出其投影时，或虽能如实画出但不清晰时，对该部分允许不按比例而采用夸大画法画出。常用于直径或厚度小于 2mm 的孔或薄片。采用夸大画法后，剖视（或）断面图中，表示厚度的两条线的间隙仍窄小时，可涂以浅黑或红色替代剖面符号。

（7）填料密封装置的习惯画法　填料密封装置中的填料应画成未被压紧的状态，如图 8-51 所示。

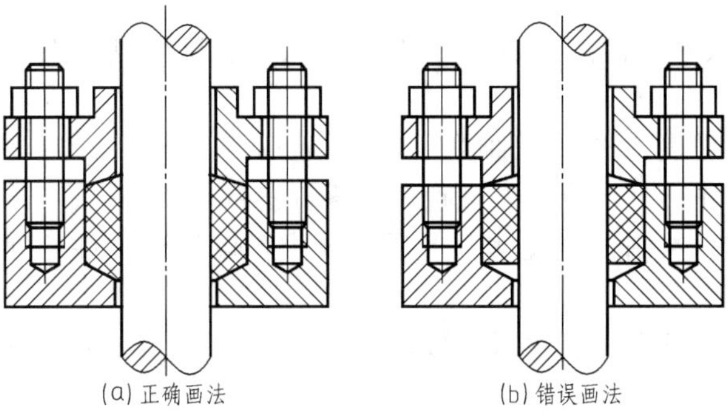

图 8-51　填料密封装置习惯画法

（8）假想画法和拆卸画法

① 假想画法　与部件有密切关系但不属于该部件的零部件的投影用假想画法，用双点画线画出，部件中有运动的零件，其运动极限位置也可用假想画法，用双点画线画出。

② 拆卸画法　当某些需表达的结构形状或装配关系被其他零件遮住时，可假想将其他零件拆卸后绘制。

8.4.2.2 表达方案的选择原则

要正确、简明地表达部件，就需要合理地选择表达方案，结合图 8-47 中所示 $\phi55$ 轴封装配图介绍几个原则。

(1) 主视图的选择 主视图是最主要的视图，所以，部件图中主视图的投射方向和安放位置选择是首要的。

① 考虑部件的工作位置。为有利于设计和装配工作，选择主视图时，常以正常的安放位置安置（如将部件中的底座放成水平位置或主要轴线放成水平或垂直位置）。图 8-47$\phi55$ 轴封装置部件图中主视图就是按“工作位置原则”将主要轴线画成垂直位置的。

② 考虑最能反映部件装配关系的方向作为主视图投射方向。如图 8-47 中主视图的投射方向即按此选择。

采用通过轴（件 9）的轴线的全剖视作为主视图。它表达了主要零件与其他零件间的装配关系；表达了轴封装置阻止泄漏的工作概况；表达了轴、动环、静环等主要零件的结构形状。

(2) 其他视图的选择

① 选择补充表达零件装配关系的视图。

② 选择补充表达部件工作概况的视图。

③ 必要时选择补充表达主要零件结构形状的视图。

图 8-38 所示轴封装置，当主视图选定后，又用俯视图以补充表达静环座（件 1）、静环压板（件 20）、螺母（件 3）、双头螺柱（件 4）……的装配关系，再画 A—A 断面图以补充表达弹簧、固定螺丝（件 8）双头螺柱（件 12）和紧定螺钉（件 17）的装配关系；又画出零件 15 的 B 向视图以补充表达动环上槽的结构形状。

合理选用表达方法，就能用最少量的视图，达到预期的要求，故在选择部件图的视图时，应考虑多种视图表达方案，而后进行分析比较，选取其中最适宜的方案和方法。

8.5 本章小结

本章主要由化工设备零件图、装配图技术要求、化工设备常用零部件结构等内容组成。

(1) 零件图的内容

① 一组视图 主要表达机械零件制造加工、检验等要求。

② 尺寸 完整、正确、清晰、合理地表达零件各部分大小。

③ 技术要求 零件在制造时应达到的质量要求，以保证零件的加工、制造精度，满足其使用性能。

④ 标题栏 显示零件名称、材料、数量、比例、图号、出图单位等内容。

(2) 零件表达方法

① 了解零件在机器中的功能和作用。

② 根据零件在加工或使用中的位置选择主视图。

③ 选择其他视图和适当的表达方法（视图、剖视、断面等图样画法）。

④ 参考典型零件的表达方法。

(3) 零件图上的尺寸标注

① 基准 设计基准是确定零件在机器或机构中正确位置而使用的基准，工艺基准是为保证零件制造精度，在零件加工时使用的基准。合理选择主要基准（长、宽、高方向上各一

个）和辅助基准。

② 功能尺寸　功能尺寸直接影响机器的装配精度和使用性能，所以必须优先保证，直接注出。

③ 工艺要求　不同加工方法所用的尺寸分开标注；标注尺寸要考虑测量方便；当零件是铸造件时，要注意加工面和铸造面单独标注，只有一个加工面和铸造面有尺寸联系。

④ 注意事项　零件图的尺寸链不允许注成封闭的尺寸链。

（4）零件图中的技术要求

1）极限　①公称尺寸；②实际尺寸；③极限尺寸；④偏差（上极限偏差、下极限偏差）；⑤尺寸公差；⑥公差带。

2）配合　①间隙配合；②过盈配合；③过渡配合；④标准公差；⑤基本偏差；⑥配合制度（基孔制、基轴制）。

3）几何公差　形状、几何、位置、跳动公差。

4）表面结构　轮廓算术平均偏差 Ra；表面结构符号、代号在图样中的注法。

（5）结构合理性

1）机械加工　①倒角；②退刀槽和砂轮越程槽；③凸台和凹坑；④钻孔结构；⑤沉孔结构。

2）铸造加工　①起模斜度；②铸造圆角；③过渡线；④铸造壁厚。

（6）装配图的内容和表达

一组视图（主要表达机器或部件的工作原理和装配关系）、必要的尺寸、技术要求、零部件序号、明细栏和标题栏。

1）图样画法

① 规定画法　接触面和配合面画一条线；相邻件剖面线方向相反或间距不一致；当剖切面经过紧固件及一些实心件轴线剖切时，这些零件按不剖绘制。

② 特殊表达方法　沿结合面剖切及拆卸画法；假想、夸大、简化画法。

2）尺寸标注　主要有规格（性能）、装配、安装和总体四类尺寸。

3）零部件序号、明细栏、标题栏和技术要求。

4）视图选择　主视图按工作位置安放，并尽量反映主要装配关系和（或）工作原理；其他视图反映其他装配线、装配结构以及主要零件的有关结构。

5）画图方法　一般采用由内向外、由主体到细节的画图方法，注意装配结构的合理性。

（7）零件上常见结构

1）螺纹

① 螺纹的形成　圆柱轴剖面上一个平面图形绕圆柱轴线作螺旋运动，在圆柱表面形成的螺旋体。

② 螺纹要素

a. 牙型　过螺纹轴线剖切得到的断面形状。

b. 直径　分大径、中径、小径，大径一般为公称直径。

c. 线数　螺纹的条数有单线和多线之分。

d. 螺距　螺距 P 和导程 Ph。单线时 $P=Ph$。n 线时 $P=Ph/n$。

e. 旋向　螺纹分左旋和右旋两种，常用的是右旋螺纹。

③ 螺纹画法　外螺纹画法；内螺纹画法。

2）齿轮　主要介绍直齿圆柱齿轮。

① 了解圆柱齿轮的功能、作用和齿轮各部分的名称、术语：包括齿顶圆、齿根圆、

分度圆、齿距、齿顶高、齿根高、齿高、节圆、中心距、传动比、齿数 z、模数 m、压力角 α。

② 了解几何尺寸计算公式，掌握圆柱齿轮的画法。圆柱齿轮的规定画法：齿顶圆、齿根圆、分度圆（包括齿顶线、齿根线、分度线）的线型，几何尺寸关系；剖视和不剖的画法。

③ 圆柱齿轮啮合的画法：注意啮合区内齿顶圆、齿根圆、分度圆的线型和几何尺寸及啮合区内画法。

第9章 零件的连接及其画法

9.1 概述

化工设备通常由许多零件和部件组成，这就需要进行装配并采用各种连接方法，如图 8-5（a）中筒体与封头、支座与筒体的连接，都采用了焊接的方法。容器法兰、人孔装置则采用了螺栓连接的方法等。

连接通常分可拆卸与不可拆卸连接。拆卸时，必须破坏或损坏连接或连接件的称不可拆卸连接，焊接即属此类；若拆开时，不破坏连接件或被连接件的，则为可拆卸连接，螺纹、键、销连接等属此类。

下面介绍常用的焊接、螺纹连接、销连接的结构、标准及画法。

9.2 焊接的表示法

9.2.1 概述

焊接一般指将被焊接件在连接处加热到熔化，然后在连接处熔入其他金属，冷却后使被焊件连成一体的过程。焊接广泛应用于化工设备中。焊接的方法和种类很多。制造化工设备时最常用的是电弧焊。电弧焊就是利用电弧产生的高热量来熔化焊口（金属板连接处）和焊条（补充的金属），使焊接连接在一起。根据操作方法，又分手工电弧焊、埋弧焊等。制造化工设备时，还采用气焊、氩弧焊等。

（1）焊接接头形式　两焊接件用焊接的方法连接后，其熔接处的接缝称焊缝，在焊接处形成焊接接头。由于两焊接件间相对位置不同，焊接接头有对接、搭接、角接和 T 形接头等基本接头形式，如图 9-1 所示。对接接头在化工设备中应用最多，筒体本体、筒体与封头间的焊接即是。搭接在化工设备中应用很少，通常只见于补强圈或垫板与筒体（或封头）的焊接。角接则用于接管（或容器法兰）与封头（或筒体）的焊接，如图 9-2（a）中所示。T 形接头则在鞍式支座中可见，如图 9-2（b）所示。

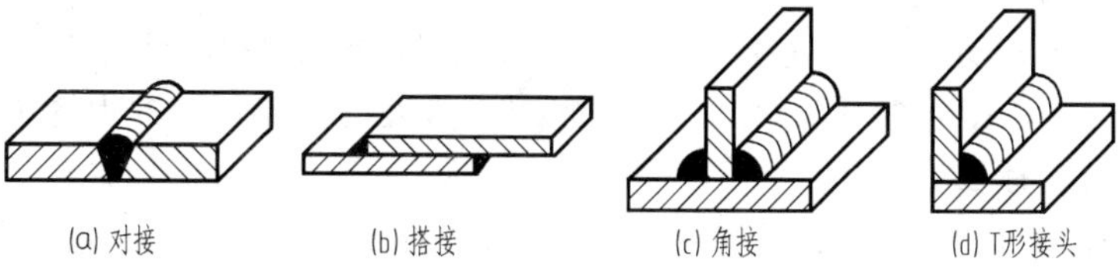

图 9-1　焊接接头形式

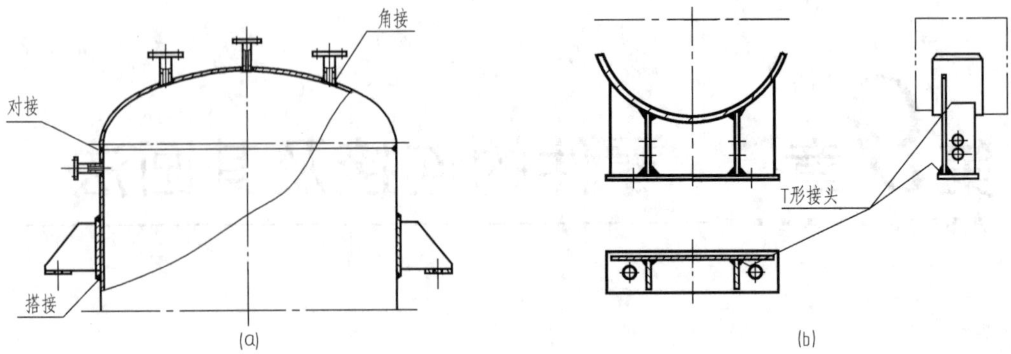

图 9-2　化工设备中的焊接接头形式

（2）焊接接头的坡口形式　为了保证焊接质量，一般需要在焊接件的接边处预制成各种形状，称为坡口。不同的坡口形式如图 9-3 所示。薄钢板可不开坡口；较厚钢板则采用单边 V 形（图 9-3a）和 V 形（图 9-3b）坡口；厚钢板则一般采用 U 形（图 9-3c）、K 形（图 9-3d）、X 形（图 9-3e）。

搭接接头一般不用坡口。

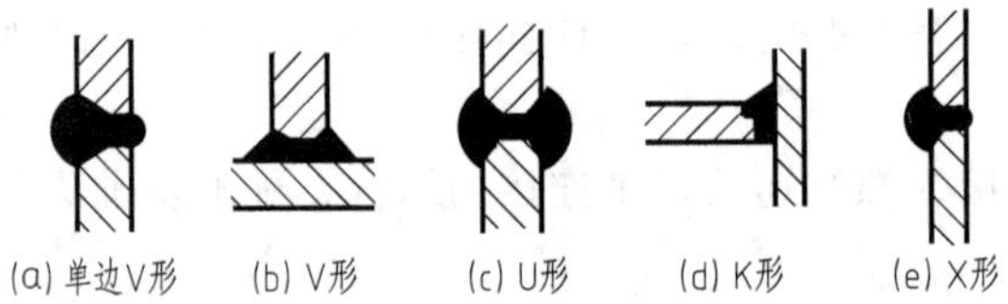

图 9-3　焊接接头坡口形式

9.2.2　化工设备图中焊接的画法

1）焊缝画法因焊缝宽度或焊角高度经缩小比例后图线间距的实际尺寸大于或小于 3mm 而不同。

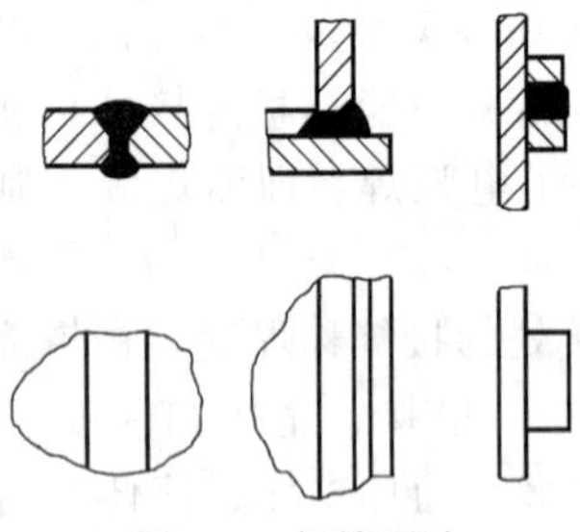

图 9-4　焊缝画法
（图线间距大于 3mm）

① 图线间距小于 3mm 时，视图中对焊接缝只画一条粗实线，角焊缝因原已有轮廓线，故可不画。剖视（断面）图中的焊缝，则按焊接接头的形式，画出焊缝端面，剖面符号用涂色表示即可，如图 9-3（a）所示。

② 图线间距大于 3mm 时，视图中的焊缝轮廓线应按实际焊缝的形状用粗实线画出。在剖视（断面）图中，焊缝的接头则按不同的形式画出断面的实际形状，剖面符号用相交细实线或涂色表示，如图 9-4 所示。

2）对于设备上某些重要焊缝或是特殊的、非标准形式的焊缝，则需用局部放大图，详细表示焊缝结构的形状和有关尺寸，如图 9-5 所示。

3）可见焊缝也有用沿缝画徒手短线（或垂直焊缝的短栅线）表示的。线型为细实线，长度一般大于 2mm，图 9-6 中即为设备中物料出口管处的涡流挡板的焊缝画法。

9.2.3　焊缝结构的标注

化工设备图的焊缝，除按上述规定画出其位置、范围和剖面形状外，还需根据 GB/T 324 等的有关规定代号，确切清晰地标注出对焊缝的要求。具体标注方法有下列几种。

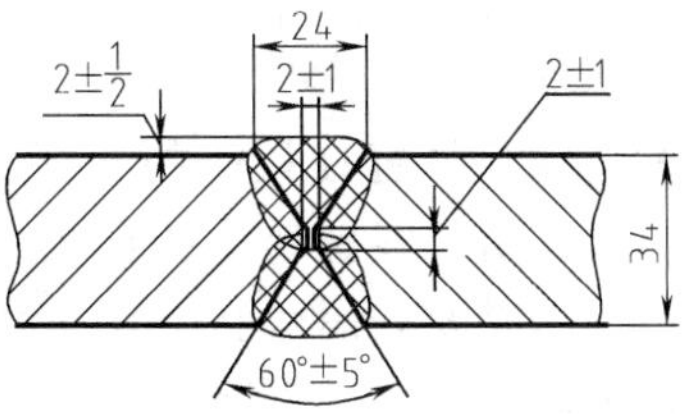

图 9-5　焊缝结构

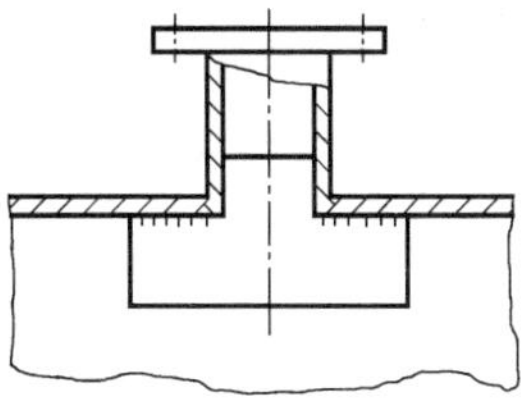

图 9-6　可见焊缝画法

对于常、低压设备，一般只需在技术要求中对本设备所采用的焊接方法以及焊接接头形式的要求作统一说明即可。例如："本设备采用电弧焊""焊接接头形式及尺寸除图中注明外……"。

当设备中某些焊接结构的要求和尺寸，未能包括在统一说明中，或有特殊需要必须单独注明时，可在相应的焊缝结构处注出焊缝代号或焊接接头的文字代号。

焊缝代号主要由基本符号、辅助符号、补充符号和焊缝尺寸符号、指引线等组成。

1）基本符号（见表 9-1）　表示焊缝横断面形状的符号，用粗实线绘制。

2）辅助符号（见表 9-2）　表示对焊缝表面形状特征的符号，用粗实线绘制。

3）补充符号（见表 9-2）　补充说明焊缝的某些特征而采用的符号，用粗实线绘制。

表 9-1　基本符号（摘录）

焊缝名称	焊缝形式	符号	焊缝名称	焊缝形式	符号
I 形	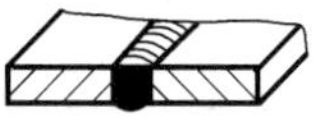	‖	U 形		Y
V 形		V	角焊	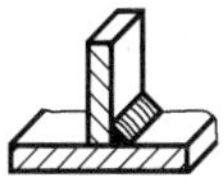	◺

表 9-2　辅助符号和补充符号（摘录）

名称		示意图	符号	说明
辅助符号	平面符号		—	焊缝表面齐平(一般通过加工)
	凹面符号	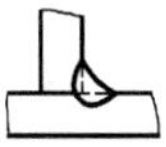	⌣	焊缝表面凹陷
	凸面符号		⌢	焊缝表面凸起
补充符号	带垫板符号		▭	表示焊缝底部有垫板
	三面焊缝符号	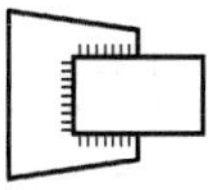	⊏	表示三面带有焊缝
	周围焊缝符号	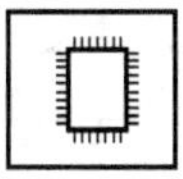	○	表示环绕工件周围焊缝
	现场符号			表示在现场或工地上进行焊接
	尾部符号		<	可以参照有关标准标注焊接工艺方法等内容

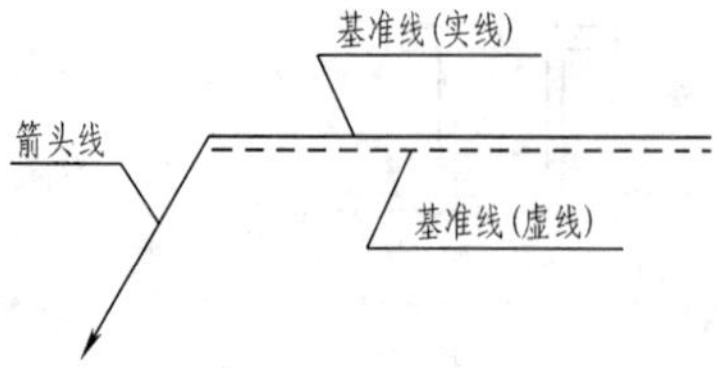

图 9-7　指引线

4）指引线　指引线一般由带箭头的指引线（简称箭头线）和两条基准线（一条为实线，另一条为虚线）两部分组成。虚线表示焊缝在接头的非箭头侧。指引线全部用细实线绘制。指引线的箭头指向焊缝，基准线一般与主标题栏平行。需要表示焊接方法等说明时，可在基准线末端加画尾部，如图 9-7 所示。

焊缝符号在基准线上的标注位置，见表 9-3。

表 9-3　焊缝符号在基准线上的标注位置

焊缝形式	标注方法	说　明
	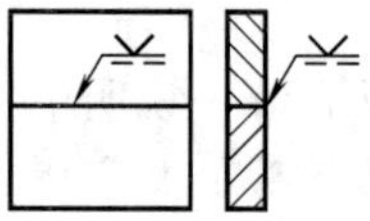	焊缝外表面(焊缝面)在接头的箭头侧,焊缝符号注在基准线实线侧
	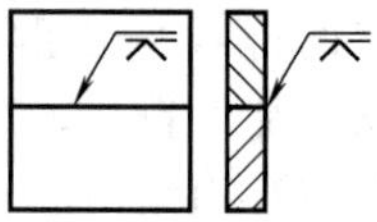	焊缝外表面(焊缝面)在接头的非箭头侧,焊缝符号注在基准线虚线侧
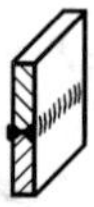	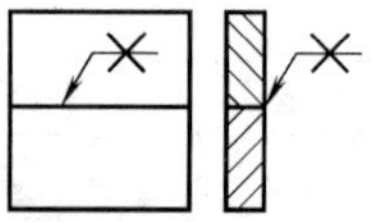	双面焊缝及对称焊缝应在基准线两侧同时标注焊缝符号,基准线可不画虚线

5）焊缝尺寸符号及其标注方法　焊缝尺寸一般不标注。只有设计或生产需要注明焊缝尺寸时才标注。

焊缝尺寸符号及数据的标注位置如图 9-8 所示。焊缝横截面上的尺寸（纯边高度 P、坡口高度 H、焊角高度 K……）注在基本符号的左侧；焊缝长度方向尺寸（焊缝长度 l、焊缝段数 n）标在基本符号的右侧，坡口角度 α、坡口面角度 β、对接间隙 b 注在基本符号上（下）侧，相同焊缝数量符号 N 标在尾部。其符号及标注方法示例于表 9-4。

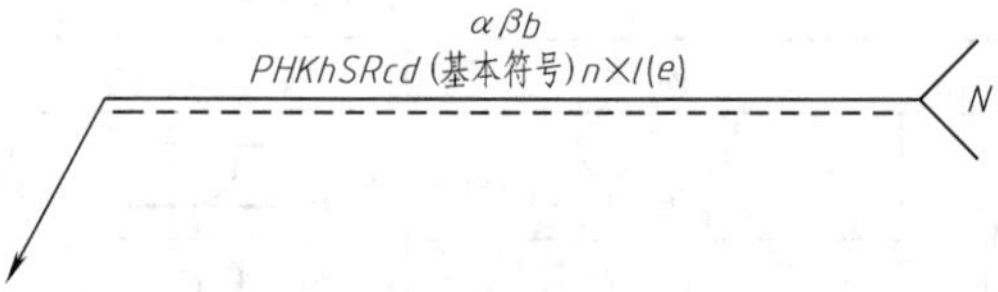

图 9-8　焊缝尺寸的标注位置

表 9-4　焊缝尺寸符号及其标注方法示例

名　称	符　号	示意图	标注方法
I 形焊缝	b(对接间隙)	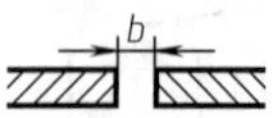	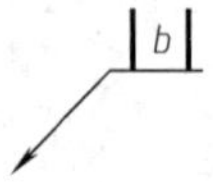
纯边 V 形焊缝	α(坡口角度)b(对接间隙)P(纯边高度)δ(板厚)	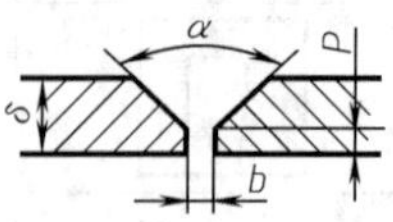	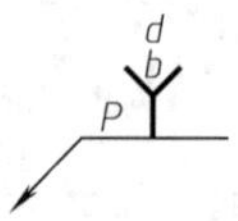
角焊缝	K(焊角高度)		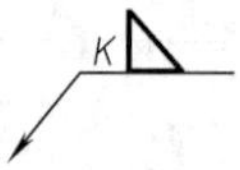

6）焊缝详细结构画法　如有需要，如前所述还可采用局部放大图以表示焊缝的详细结构（断面形状及尺寸），不必标注焊缝符号，见图 9-9。

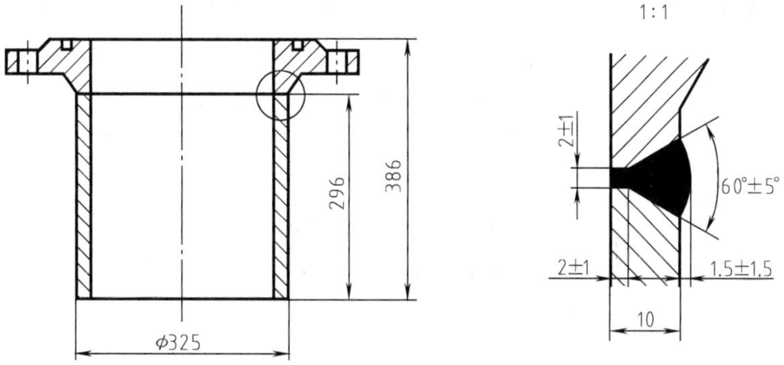

图 9-9　焊缝的详细结构画法

9.3　螺纹连接的表示法

9.3.1　概述

螺纹连接是利用带有螺纹的零件构成的可拆连接。利用螺纹连接两零件，应根据具体情况考虑决定：可以直接在需要连接的两零件上分别加工出内、外螺纹，然后旋合连接，也可以用螺纹紧固件来连接。常用的螺纹紧固件有螺栓、螺柱、螺钉、螺母和垫圈等。首先介绍螺纹的连接画法。

9.3.2　螺纹的连接画法

在画外螺纹和内螺纹的连接部分时，按外螺纹的规定画法画出，其余部分仍按各自规定画法画出。内外螺纹连接处，由于牙型、大径、螺距等要素必须一致，因此在图中表示螺纹大小径的线条应分别对齐，见图 9-10。

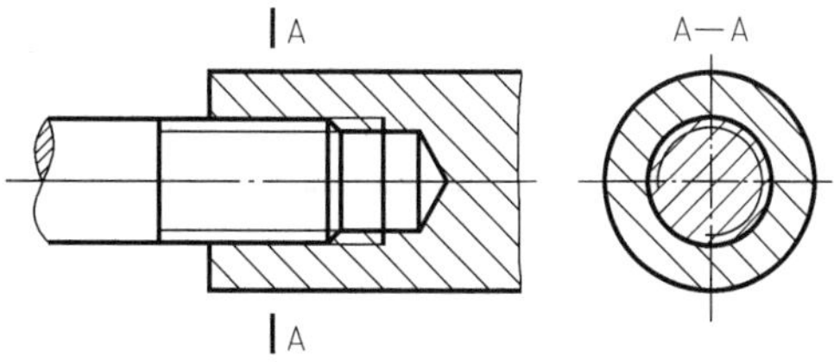

图 9-10　螺纹的连接画法

9.3.3　螺纹紧固件

工程上常用螺纹紧固件（如螺栓、双头螺柱、螺钉、螺母和垫圈等）将两个零件连接在一起，如图 9-11 所示。图 9-11（a）中，即为将螺栓插入被连接的上、下两个零件的孔中，套上垫圈，旋紧螺母后将两个零件紧固在一起的螺栓连接。

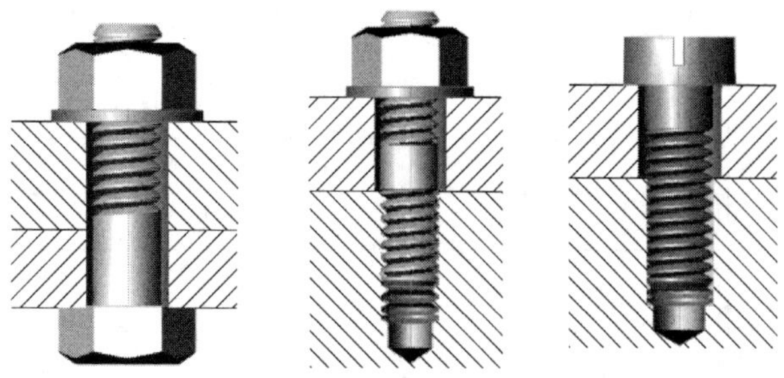

(a)　(b)　(c)

图 9-11　常用的螺纹紧固件

9.3.3.1 常用螺纹紧固件的规定标记

螺纹紧固件广泛应用于工程中，它们都是标准化的零件。国家标准规定了常用的螺纹紧固件的标记，可参见表 9-5。按照规定标记，从有关标准中可查得它们的结构形式和尺寸。表 9-6、表 9-7、表 9-8 为部分常用的六角头螺栓、六角螺母和垫圈的结构形式和尺寸。

表 9-5 常用的螺纹紧固件的规定标记

名　称	图　例	规 定 标 记
六角螺栓(C 级)	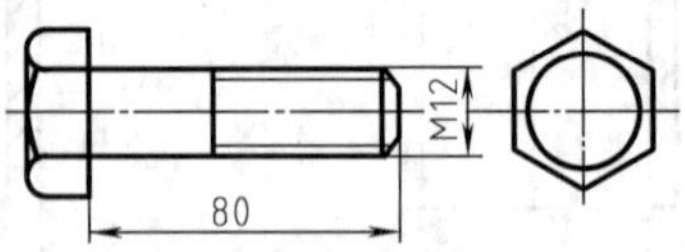	螺栓 GB/T 5780　M12×80
双头螺柱(B 型)	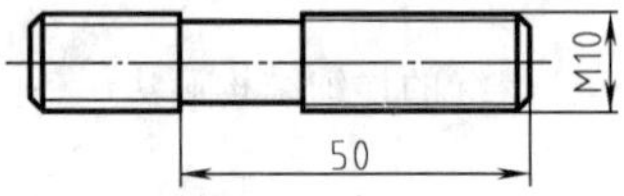	螺柱 GB 897—1988　M10×50
开槽盘头螺钉	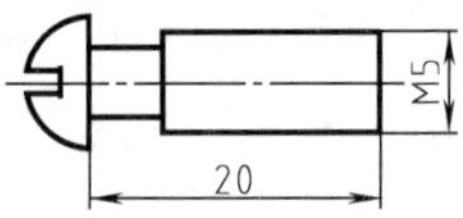	螺钉 GB/T 65　M5×20
I 型六角螺母（C 级）	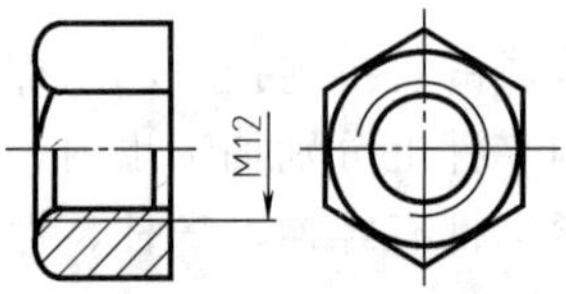	螺母 GB/T 41　M12
垫圈(倒角型)	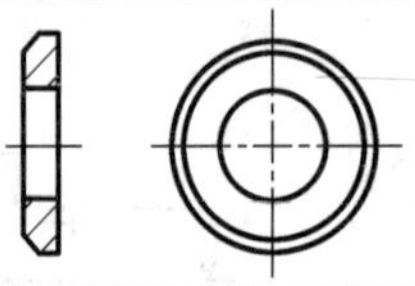	垫圈 GB/T 97.2—2002　8—140HV

表 9-6 六角头螺栓的结构形式和尺寸 /mm

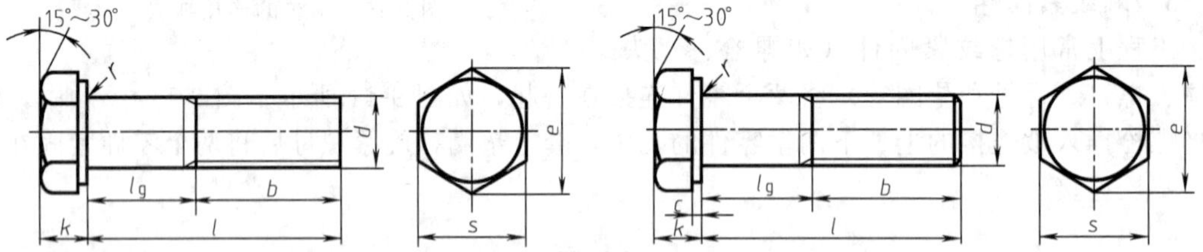

螺纹规格 d			M5	M6	M8	M10	M12	M16	M20	M24	M30	M36
	$l\leqslant125$		16	18	22	26	30	38	46	54	66	78
	$125<l\leqslant200$		—	—	28	32	36	44	52	60	72	84
	$l>200$		—	—	—	—	—	57	65	73	85	97
c			0.5	0.5	0.6	0.6	0.6	0.8	0.8	0.8	0.8	0.8
d_w	产品等级	A	6.9	8.9	11.6	14.6	16.6	22.5	28.2	33.6	—	—
		B	6.7	8.7	11.4	14.4	16.4	22	27.7	33.2	42.7	51.1

续表

螺纹规格 d			M5	M6	M8	M10	M12	M16	M20	M24	M30	M36
k			3.5	4	5.3	6.4	7.5	10	12.5	15	18.7	22.5
r			0.2	0.25	0.4	0.4	0.6	0.6	0.8	0.8	1	1
e	GB/T 5780											
	GB/T 5782	A	8.79	11.05	14.38	17.77	20.03	26.75	33.53	39.98	—	—
		B	8.63	10.89	14.20	17.59	19.85	26.17	32.95	39.55	50.85	60.79
s			8	10	13	16	18	24	30	36	46	55
l			5～50	30～60	35～80	40～100	45～120	50～160	65～200	80～240	90～300	110～360
l_g			$l_g=l-b$									
L(系列)			25,30,35,40,45,50,(55),60,(65),70,80,90,100,110,120,130,140,150,160,180,200,220,240,260,280,300,320,340,360									

注：1. 括号内的规格尽可能不采用。

2. A 级用于 $d\leqslant 24$mm 和 $l\leqslant 10d$ 或 $l\leqslant 150$mm（按较小值）的螺栓；
B 级用于 $d>24$mm 和 $l>10d$ 或 $l>150$mm（按较小值）的螺栓。

表 9-7　六角螺母的结构形式和尺寸　　/mm

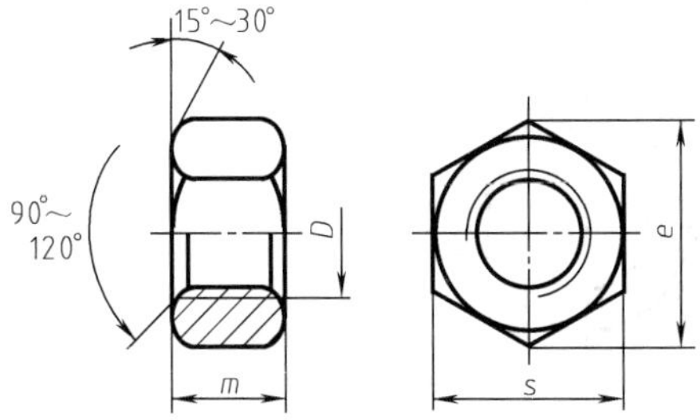

螺纹规格 D		M6	M8	M10	M12	M16	M20	M24	M30	M36
e	GB/T 41	8.63	14.20	17.59	19.85	26.17	32.95	39.55	50.85	60.7
	GB/T 6170	8.79	14.38	17.77	20.03	26.75	32.95	39.55	50.85	60.7
s	GB/T 41	8	13	16	18	24	30	36	46	55
	GB/T 6170	8	13	16	18	24	30	36	46	55
m	GB/T 41	5.6	6.1	9.5	12.2	15.9	18.7	22.3	26.4	31.5
	GB/T 6170	4.7	5.2	8.4	10.8	14.8	18	21.5	25.6	31

表 9-8　垫圈的结构形式和尺寸　　/mm

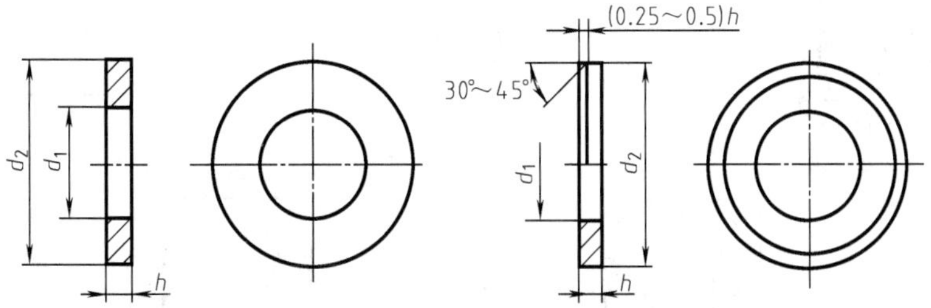

螺纹规格 d		5	6	8	10	12	16	20	24	30	36
d_1	GB/T 97.1	5.3	6.4	8.4	10.5	13	17	21	25	31	37
	GB/T 97.2	5.3	6.4	8.4	10.5	13	17	21	25	31	37
d_2	GB/T 97.1	10	12	16	20	24	30	37	44	56	66
	GB/T 97.2	10	12	16	20	24	30	37	44	56	66
h	GB/T 97.1	1	1.6	1.6	2	2.5	3	3	4	4	5
	GB/T 97.2	1	1.6	1.6	2	2.5	3	3	4	4	5

9.3.3.2 常用螺纹紧固件的装配画法

现以螺栓连接为例介绍。螺栓连接中的螺栓、螺母、垫圈等，除了根据有关标准查表，按实际尺寸画出外，也可采用比例画法（即螺栓、螺母、垫圈等的尺寸都是螺栓公称直径的倍数，见图 9-12）绘制，装配图中的螺栓连接一般都用比例画法。螺栓连接由螺栓、螺母、垫圈及被连接的两零件组成，绘制步骤按装配程序，如图 9-13 所示。从图 9-13 螺栓连接的装配图画图过程可知，装配图中零件的装配画法按照下列的国家标准规定：

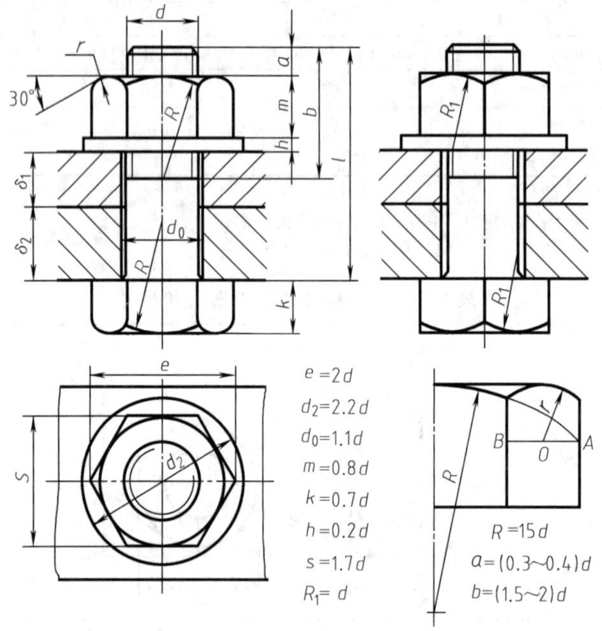

图 9-12 螺栓、螺母、垫圈连接的比例画法

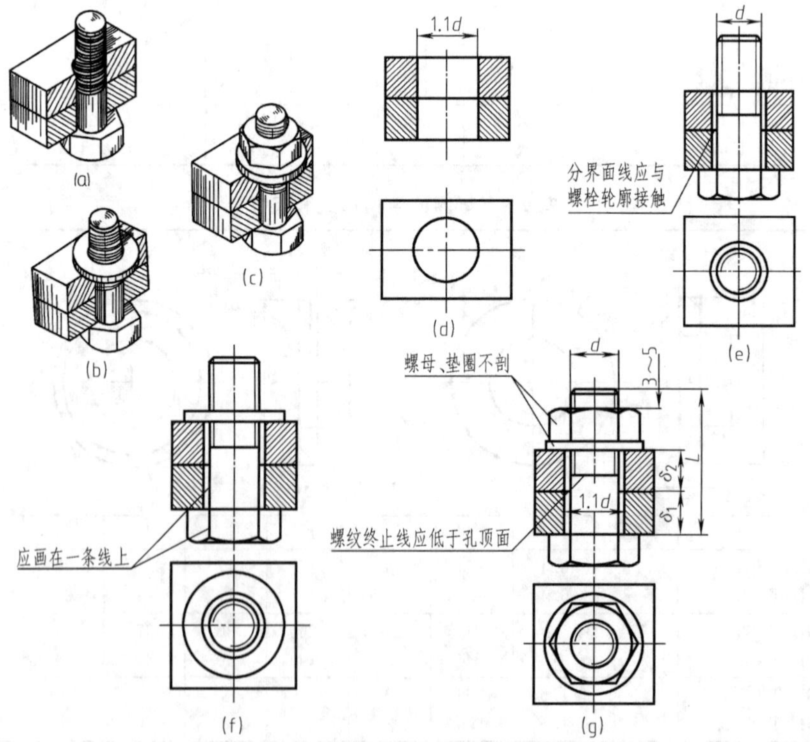

图 9-13 螺栓连接画图过程

① 相邻两零件的接触面画单线，非接触面则画双线。

② 螺栓、螺母、垫圈等标准零件或实心零件，剖切平面通过轴线时，这些零件作不剖处理。

③ 同一零件在各个视图的剖面线应一致；相互接触的两个零件，它们的剖面线方向应相反或方向虽同但间隔不同。

国家标准还规定，在装配图和螺栓连接中，螺栓、螺母等的倒角可省略不画，画法如图 9-14 所示。

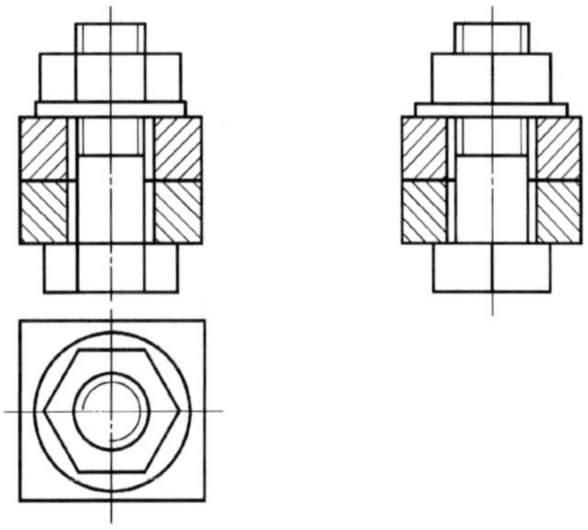

图 9-14　螺栓连接的简化画法

9.4　键、销连接的表示法

化工设备（如反应罐）中，装在轴上的一些零件如皮带轮、联轴器、搅拌器等都需和轴一起转动，轴与这些零件之间常采用键、销连接。

9.4.1　键连接

在键连接中，键的一部分嵌入轴的键槽中，另一部分嵌入轮类零件（如联轴器）的轮的键槽中，这样，转动轴时轮类零件就可通过键随着转动，见图 9-15。键和螺钉、螺栓等一样，是一种可拆的连接用标准件。键有多种，常用的有普通平键、半圆键等。其形式和规定标记见表 9-9。

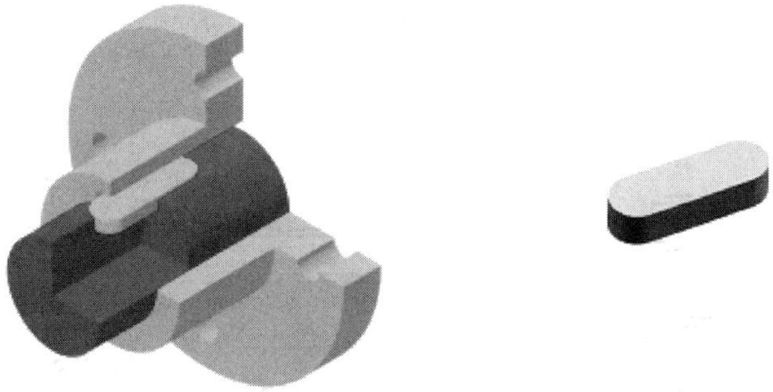

图 9-15　键连接

表 9-9　常用键的形式和规定标记

名称(形式)	普　通　平　键	半　圆　键
图例	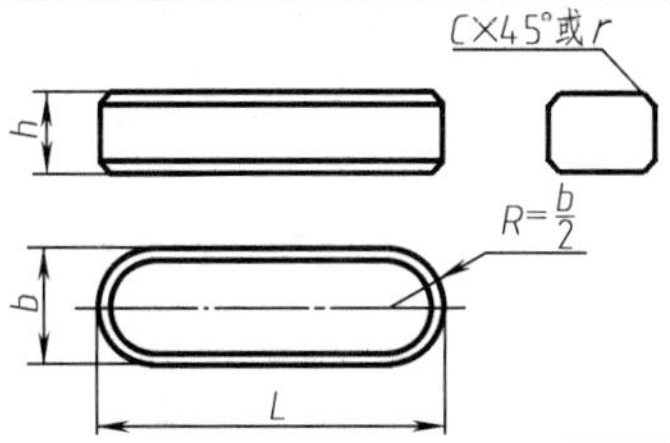	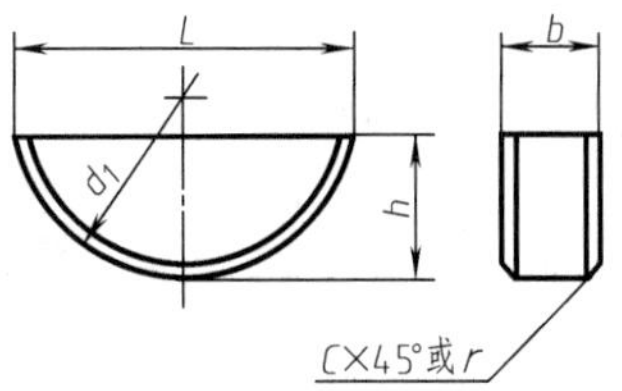
规定标记	$b=18$mm，$h=11$mm $L=100$mm 的 A 型普通平键： GB/T 1096 键　16×10×100 （A 型可不标出“A”，B 或 C 型则在规格尺寸前标出）	$b=6$mm，$h=10$mm，$d_1=25$mm，$L=24.5$mm 的半圆键： GB/T 1099.1 键　6×10×25

键和键槽的尺寸可根据轴的直径从相应的键的标准中查得。表 9-10、表 9-11 摘录了普通平键和键槽的有关尺寸。普通平键连接画法见图 9-16。

表 9-10 普通平键和键槽的剖面尺寸 /mm

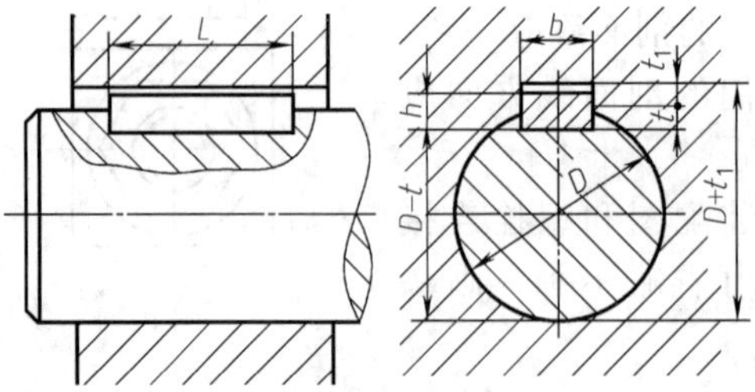

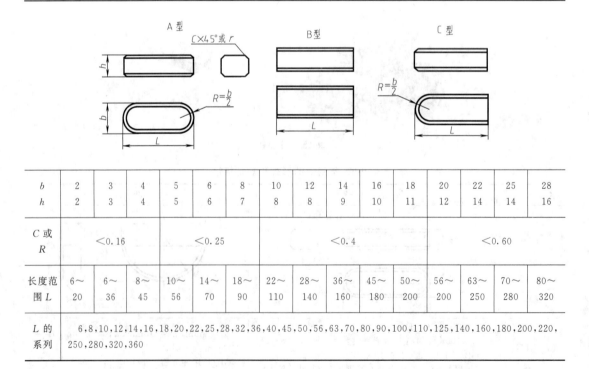

轴径 d		自 6～8	>8～10	>10～12	>12～17	>17～22	>22～30	30～38	>38～44	>44～50	>50～58	>58～65	>65～75	>75～85
键的公称尺寸	b	2	3	4	5	6	8	10	12	14	16	18	20	22
	h	2	3	4	5	6	7	8	8					
键槽	t	1.2	1.8	2.5	3.0	3.5	4.0	5.0	5.0	5.5	6.0	7.0	7.5	9.0
	t_1	1.0	1.4	1.8	2.3	2.8	3.3	3.3	3.3	3.8	4.3	4.4	4.9	5.4

表 9-11 普通平键的结构形式和尺寸 /mm

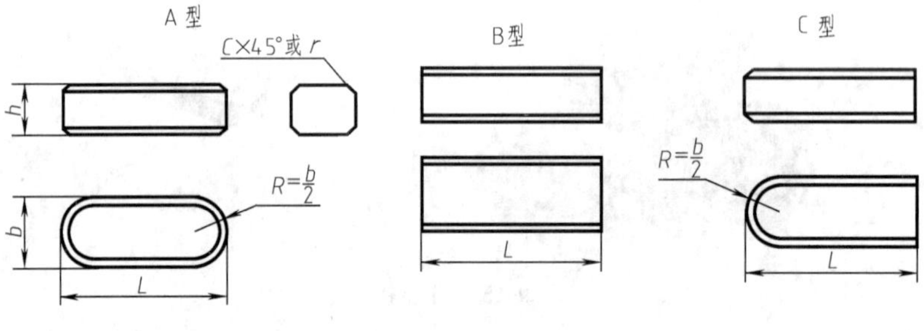

b h	2 2	3 3	4 4	5 5	6 6	8 7	10 8	12 8	14 9	16 10	18 11	20 12	22 14	25 14	28 16
C 或 R	<0.16			<0.25			<0.4					<0.60			
长度范围 L	6～20	6～36	8～45	10～56	14～70	18～90	22～110	28～140	36～160	45～180	50～200	56～200	63～250	70～280	80～320
L 的系列	6,8,10,12,14,16,18,20,22,25,28,32,36,40,45,50,56,63,70,80,90,100,110,125,140,160,180,200,220,250,280,320,360														

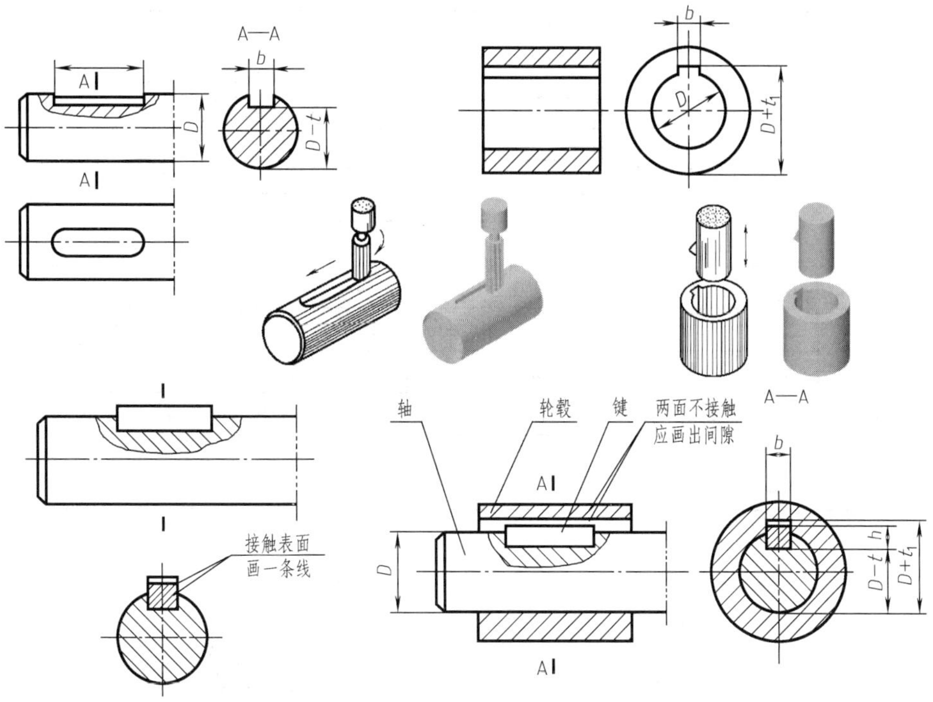

图 9-16　普通平键连接画法

9.4.2　销连接

销也是一种用于连接或定位的零件。常用的销有圆柱销、圆锥销、开口销三种。销也是标准件，使用时应按有关标准选取。其形式和规定标记见表 9-12。表 9-13 摘录了圆柱销的有关尺寸。销的连接画法见图 9-17。

表 9-12　销的形式和规定标记

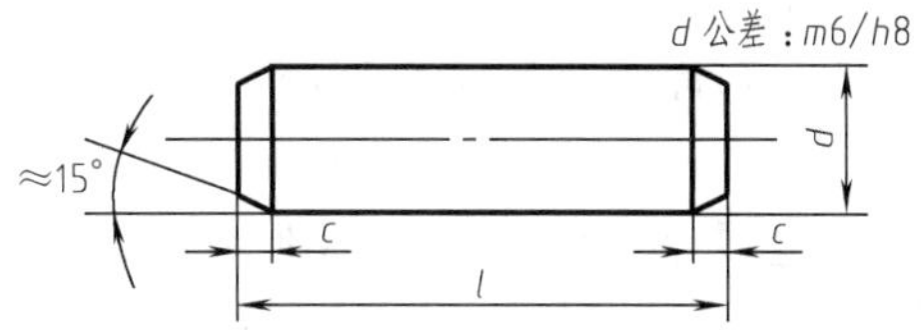

名称(形式)	圆　柱　销	圆　锥　销	开　口　销
图例	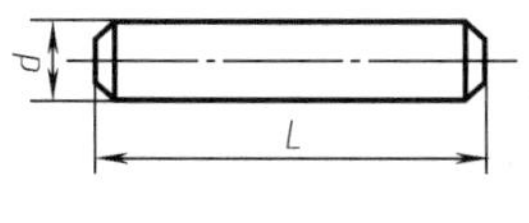	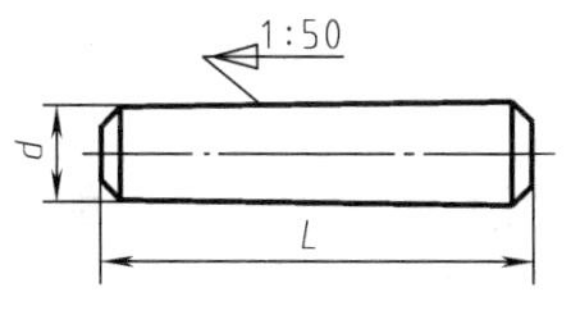	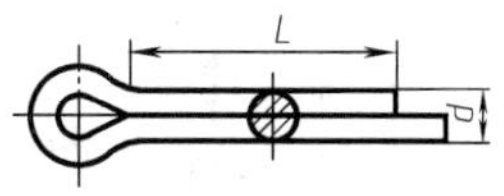
规定标记	公称直径 100mm，长 50mm 的 A 型圆柱销： 销 GB/T 119.1　A10×60	公称直径 10mm，长 60mm 的 A 型圆锥销： 销 GB/T 117　A10×60	公称直径 5mm、长度 50mm 的开口销： 销 GB/T 91　5×50

表 9-13 圆柱销的尺寸 /mm

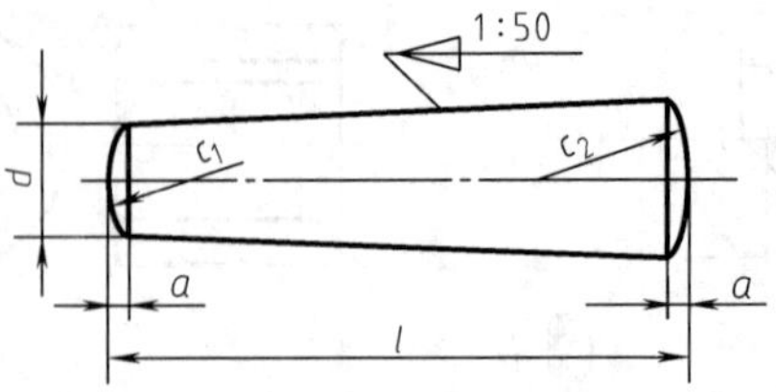

d	4	5	6	8	10	12	16	20	25	30	40	50
$a\approx$	0.50	0.63	0.80	1.0	1.2	1.6	2.0	2.5	3.0	4.0	5.0	6.3
$c\approx$	0.63	0.80	1.2	1.6	2.0	2.5	3.0	3.5	4.0	5.0	6.3	8.0
长度范围 L	8～40	10～50	12～60	14～80	18～95	22～140	26～180	35～200	50～200	60～200	80～200	95～200
L 的系列	6,8,10,12,14,16,18,20,22,24,26,28,30,32,35,40,45,50,55,60,65,70,75,80,85,90,95,100,120,140,160,180,200											

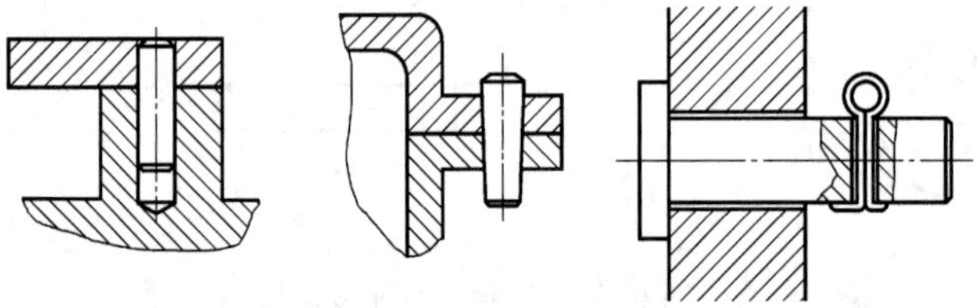

图 9-17 销的连接画法

9.5 本章小结

本章主要由焊接的表示方法、螺纹紧固件的连接和装配画法、键和销画法等内容组成。

(1) 化工设备图中焊接的画法

① 焊缝画法因焊缝宽度或焊角高度经缩小比例后图线间距的实际尺寸大于或小于 3mm 而不同。

② 对于设备上某些重要焊缝或是特殊的、非标准形式的焊缝，则需用局部放大图，详细表示焊缝结构的形状和有关尺寸。

③ 可见焊缝也有用沿缝画徒手短线（或垂直焊缝的短栅线）表示的。线型为细实线，长度一般大于 2mm。

(2) 螺纹连接

1) 螺栓连接

① 应用条件　两个被连接件不太厚，可以加工成通孔。

② 所用连接件　螺栓、螺母、垫圈。

③ 连接方式　被连接件加工成直径为 1.1d 的通孔，螺栓穿过通孔，然后垫上垫圈、用螺母拧紧。

2) 双头螺柱连接　注意与螺栓连接的区别。

3) 螺钉连接

(3) 键连接

1) 键类型 普通平键、半圆键、钩头楔键。

2) 画法 平键两侧是工作表面，画图时画为接触面；底面也是接触面，键的顶面与键槽有间隙。

3) 选型 根据键所在的轴段的直径先确定键的断面尺寸，根据所传递的载荷选取键的长度，再查表确定键槽的尺寸。

(4) 销连接

1) 销类型 圆柱销、圆锥销、开口销。

2) 圆柱销、圆锥销 用于零件的连接或定位。

3) 开口销 用于螺纹连接中的防松。

学习中注重建立标准件的概念，内容着重画法的掌握，并注意加强工程技术意识。

第10章 化工工艺图

10.1 概述

化工工艺图通常包括工艺流程图、设备布置图和管道布置图三大类，是表示化工生产工艺过程的图样，也是进行施工和生产的重要技术资料。化工工艺图通常包括管道及仪表流程图、设备布置图和管道布置图三大类。其中管道及仪表流程图分为工艺管道及仪表流程图和辅助系统管道及仪表流程图。前者以表达工艺管道和仪表为主，后者以表达正常生产和开停车过程中所需的空气（仪表用、工艺用）和加热用的燃料（气或油）为主。

10.2 管道及仪表流程图

工艺流程图有多种，都用于表达工艺生产流程。管道及仪表流程图是内容较详细的一种，是设备布置和管路布置设计的依据，并供施工、安装、生产和检修时参考，常由工艺人员和自控人员合作绘制。管道及仪表流程图中以工艺管道及仪表流程图为主，还有辅助管道及仪表流程图等，图10-1即为某工段的工艺管道及仪表流程图。

10.2.1 工艺管道及仪表流程图的内容

工艺管道及仪表流程图一般有下列内容。

1）图形　用规定图例或简单外形按工艺流程绘出设备、管道、管件、阀门、仪表控制点等。

2）标注　注写设备位号和名称、管段编号、仪表控制点符（代）号、物料走向及必要的尺寸数据等。

3）标题栏　填写图名、图号等。

4）图例说明　为了便于阅读，有的工艺管道及代表流程图还有图例说明，绘出必要的图例，并写出有关图例及设备位号、管段编号、控制点符（代）号等的说明。

10.2.2 表达方法和标注

管道及仪表流程图一般画在A1幅面图纸上，简单流程也有用A2幅面绘制的。

10.2.2.1　设备（机器）的表示方法和标注

（1）设备（机器）的表示方法　有规定图例的，按设计规定HG/T 20519绘制。没有规定图例的则画出其实际外形和内容结构特征。

图例（或图形）按相对比例用细实线画出。图例（或图形）在图幅中的位置安排要便于管道的连接和标注，其相互间物料关系密切者的高低位置应与实际吻合。

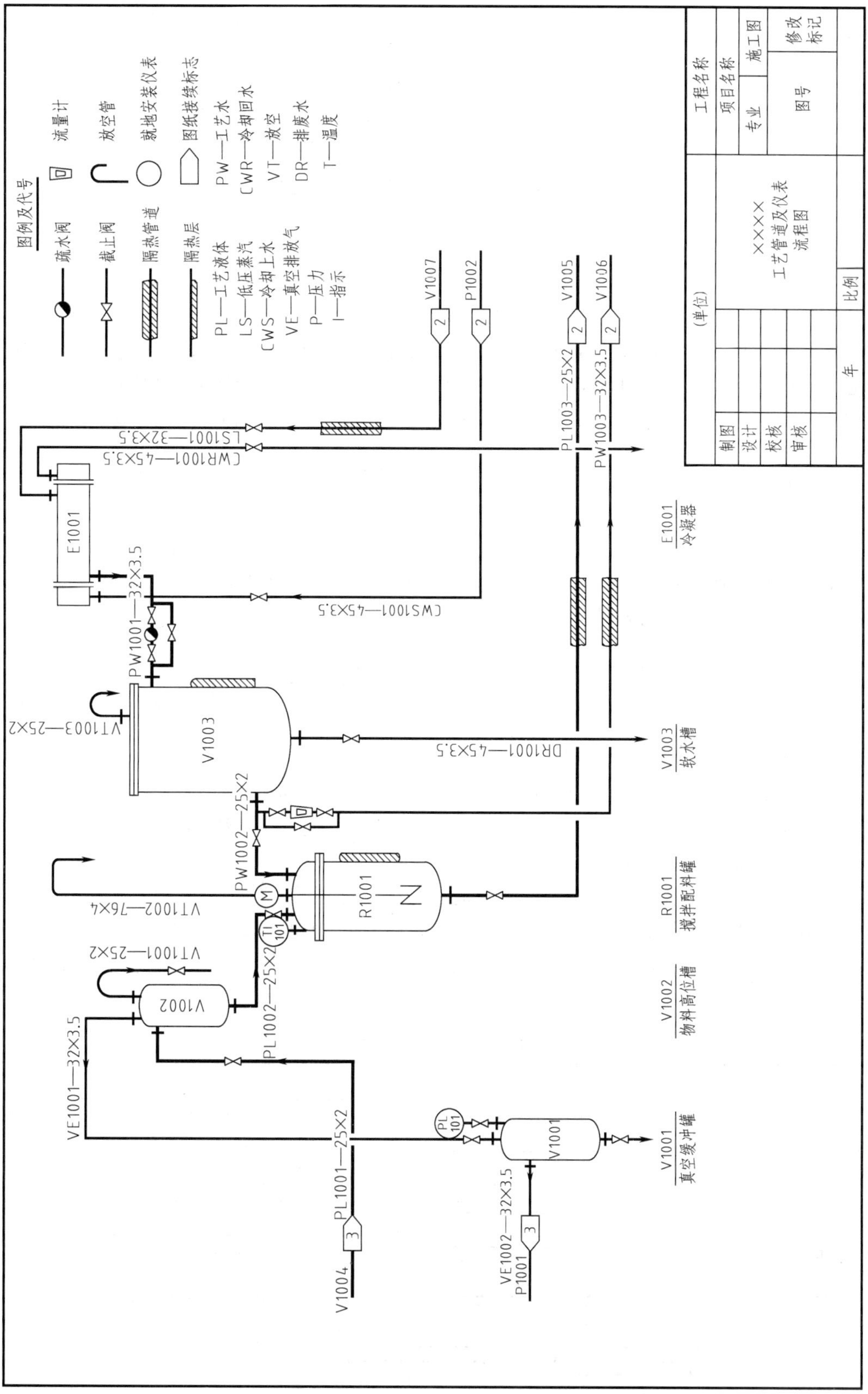

图 10-1　工艺管道及仪表流程

常见的设备图例如图 10-2 所示。

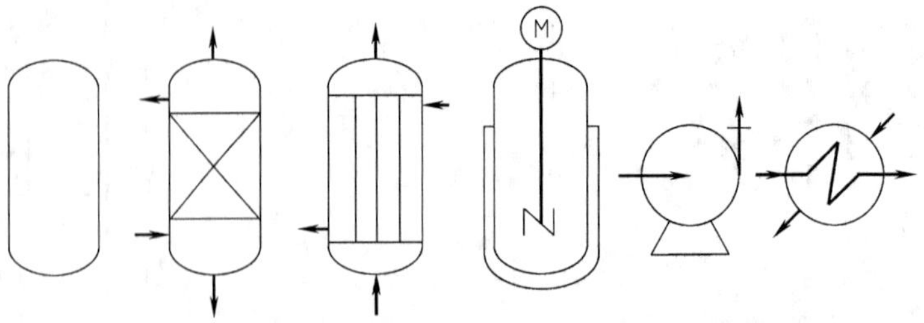

图 10-2　设备（机器）示意画法示例

设备（机器）管口尽可能全部画出，与配管及外界有关的管口必须画出，管口也画细实线。地下或半地下设备，应画出相关的一段地面。设备（机器）支承和底（裙）座可不画。

（2）设备（机器）的标注　设备（机器）应标注设备位号和名称，标注形式如图 10-1 中所示：$\frac{\text{V1003}}{\text{软水槽}}$，分子标注设备位号、分母标注设备名称，水平线为粗实线。设备位号由设备类别代号、设备所在主项编号（2 位数）、主项内同类设备顺序号（2 位数）和相同设备的数量尾号（按 A，B，C，…顺序编号，若无相同设备则不写）四部分组成。

设备类别代号按 HG/T 20519 标准规定，例见表 10-1。上述 V1003 表示第 10 主项（车间或工段）内的序号为 3 的容器。

表 10-1　设备类别代号

设备类别	容器(槽罐)	换热器	塔器	反应器	泵	压缩机、风机	其他机械	其他设备
代号	V	E	T	R	P	C	M	X

设备（机器）位号、名称一般注在两个地方：首先注在图纸的上方或下方，正对设备排列成行注代号及名称；第二次标注在设备（机器）内或其近旁，此处只注位号；如图 10-1 中所示。

10.2.2.2　管道的表示方法和标注

（1）管道的表示方法　绘出全部工艺管道及与工艺有关的一段辅助管道，包括阀门、管件和管道附件。管道图例及图线宽度按 HG/T 20519 标准规定，表 10-2 中摘录了部分图例。管道尽量画成水平或垂直，管道交叉时，应将一管道断开，如图 10-3 所示。物料流向常在管道上画出箭头表示。

表 10-2　管道图示符号

名　称	图　例	线型及线宽/mm
主物料管道		粗实线 $b=0.9\sim1.2$
辅助物料管道		中粗线 $b=0.5\sim0.7$
仪表管道		细实线 $b=0.15\sim0.3$
伴热(冷)管道		虚线 $b=0.5\sim0.7$
电伴热管道		点画线 $b=0.15\sim0.3$
管道隔热层	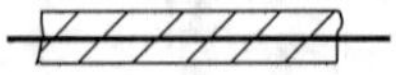	除管道外其他线为细实线
夹套管	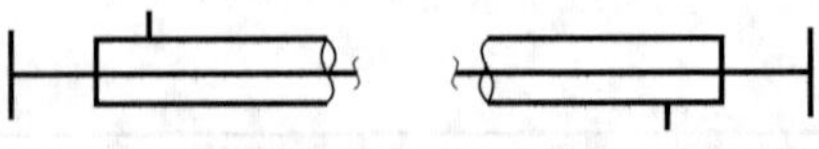	

若管道与其他图纸有关时，应将管道画到近图框线左方或右方，用空心箭头表示物料出（或入）方向，空心箭头画法如图 10-4 所示，箭头为粗实线。箭头内写接续的图纸图号，箭头附近注明来（或去）的设备位号或管道号，例见图 10-1 所示。

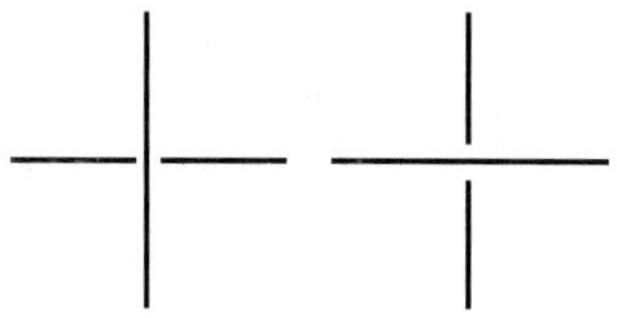

图 10-3　管道交叉表示法

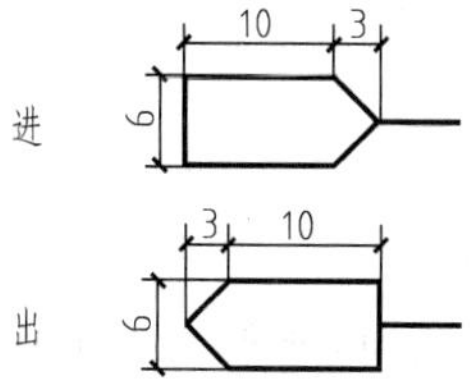

图 10-4　图纸连接标注图

（2）管道的标注　管道一般标注组合号，常写于管道上方或左方，也可用指引线引出。管道组合号一般写成图 10-5（a）所示，也可将管道组合号写于管线的两侧，如图 10-5（b）所示。

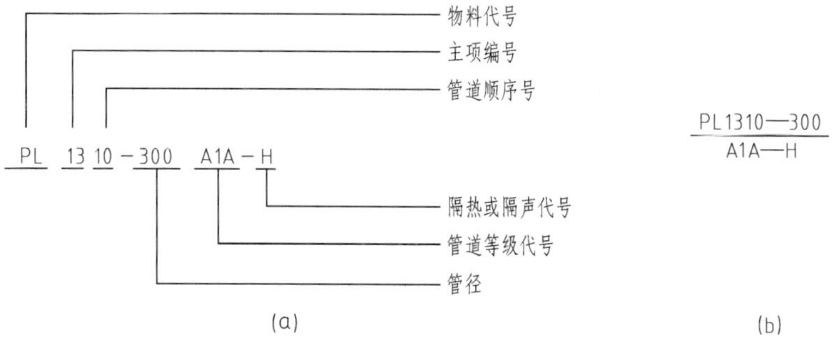

图 10-5　管道组合号示例

物料代号、主项编号（2 位数）管道顺序号（2 位数）总称为管道号（或管段号）。管道号编号原则是：一设备管口到另一个设备管口间的管道编一个号；连接管道（设备管口到另一管道间或两个管道间）也编一个号。管道顺序号按工艺流程顺序书写，若同一主项内物料类别相同时，则顺序号以流向先后为序编写。

管径一般注公称通径，也有注外径×壁厚的，单位为 mm。

物料代号，管道等级和隔热、隔音代号可参见化工部 HG/T 20519 标准。表 10-3 为该标准中物料代号的摘录。工艺流程简单，管道品种规格不多时，管道等级和隔热隔音代号可省略。

表 10-3　物料代号（摘录）

名称	工艺物料			辅助公用工程物料代号							
	工艺气体	工艺液体	工艺水	低压蒸汽	高压蒸汽	蒸汽冷凝水	冷却回水	冷却上水	放空	真空排放气	排液
代号	PG	PL	PW	LS	HS	SC	CWR	CWS	VT	VE	DC

10.2.2.3　阀门、管件和管道附件的表示法

管道上的阀门，管件和管道附件按化工部 HG/T 20519 规定的图形符号，全部用细实线绘制。表 10-4 摘录了标准中的图形符号。阀门的图形符号一般长 6mm，宽 3mm。阀门等按需要标注公称直径。

表 10-4 阀门、管件、管道附件图形符号（摘录）

名称	闸门阀	截止阀	节流阀	球阀	减压阀	疏水阀	阻火器
图形符号					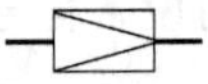	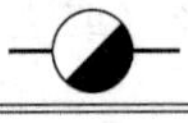	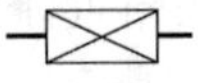
名称	同心异径管接头	管端法兰盖	管帽	放空帽(管)	弯头	三通	四通
图形符号	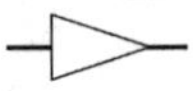		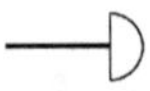				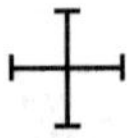

10.2.2.4 仪表、控制点的表示法

仪表、控制点应在有关管道上按大致安装位置用代号、符号表示。检测、控制等仪表在图上用细实线圆（直径 10mm）表示。仪表及控制点、控制元件的代号及图形符号可参见 HG/T 20519，表 10-5 摘录了部分内容。

表 10-5 仪表、控制点及控制元件代号、符号

仪表及控制点					
被测量变量代号		功能字母代号		图形	符号
第一字母		后续字母			
T	温度	I	指示	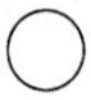	就地安装仪表
P	压力	R	记录	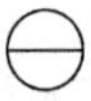	集中仪表盘面安装仪表(引至控制室)
F	流量	C	控制		就地仪表盘面安装仪表
L	液位	A	报警	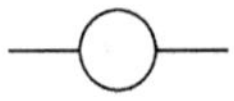	就地安装嵌在管道中
控制元件					
手动元件	自动元件	电动元件	电磁元件	数字元件	带弹簧薄膜元件
			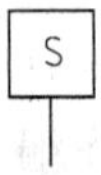	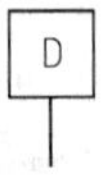	

图 10-1 中所注的表示就地安装的压力指示仪“101”中的第一位“1”表示工序号，一般用一位数；“01”表示顺序号，一般用 2 位数。

10.3 设备布置图

在工艺流程设计中所确定的全部设备，必须在厂房建筑内外进行合理布置，表示一个车间（装置）或一个工段（工序）的生产和辅助设备在厂房内外布置安装的图样，称为设备布置图，主要表示设备与建筑物、设备与设备之间的相对位置。图 10-6 为某工段的设备布置图。设备布置图一般有如下内容。

1）一组视图　表达厂房建筑的基本结构和设备在厂房内的布置情况。

2）标注　注写厂房的轴线编号、设备名称、位号，与设备安装有关的定位尺寸。

3）方向标　指示厂房和设备安装方向的基准。

4）附注说明　与设备安装有关的特殊要求的说明。

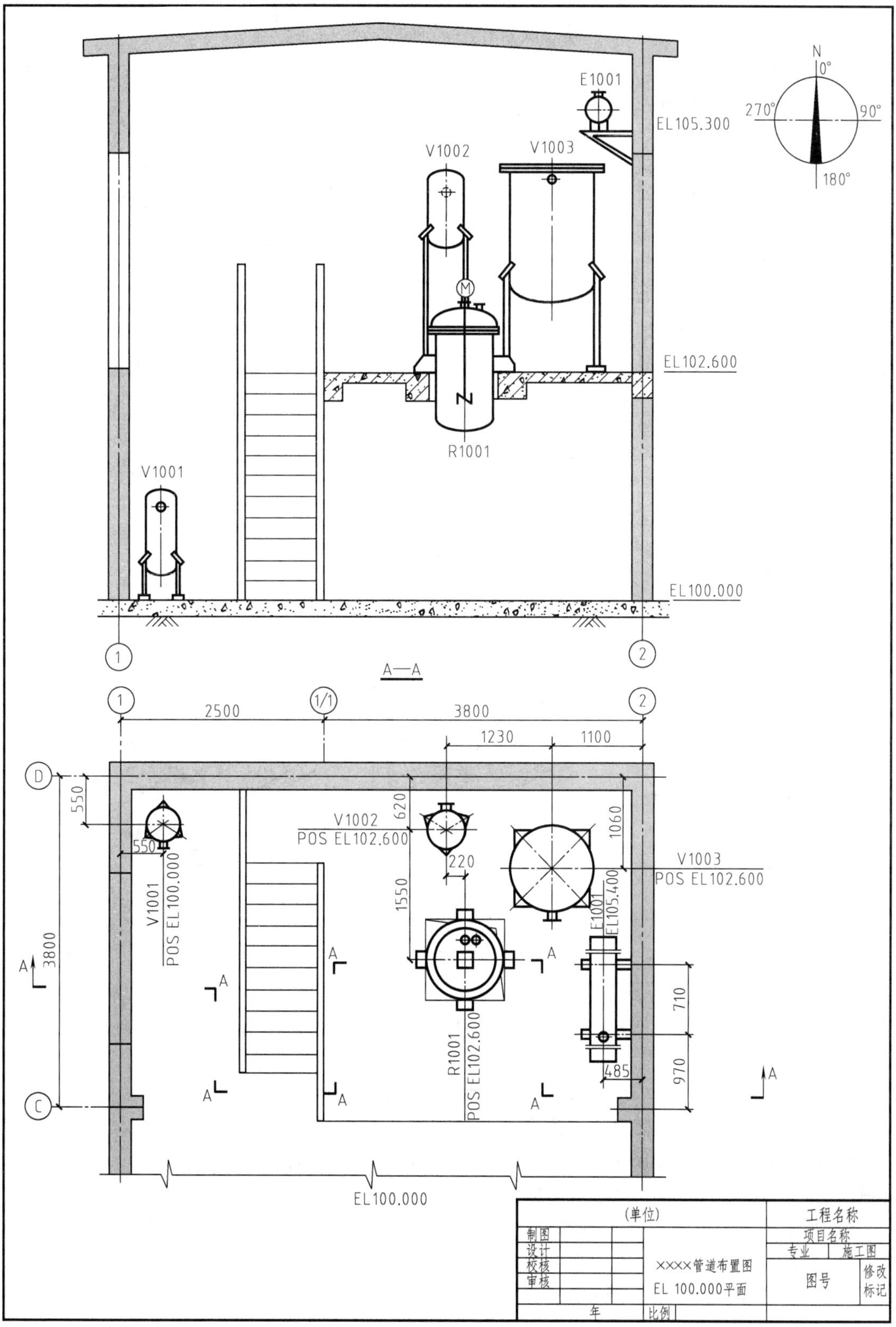

图 10-6 设备布置图示例

5）标题栏　图名、图号、比例等。

有时还有设备一览表，表中写有设备位号、名称、规格等。

设备布置图主要表示厂房建筑的基本结构以及设备在厂房内外的布置情况，所以设备布置图主要表达两部分内容，一是设备；二是建筑物及其构件。

10.3.1　房屋建筑图简介

房屋建筑图与设备（机械）图一样，都采用正投影法绘制。房屋建筑的形状、大小、结构以及材料要求与设备（机械）差异较大，表达也有其特点，建筑图样采用建筑制图国家标准。工程技术人员在学习房屋建筑图时，必须在了解建筑制图国家标准基础上才能进一步掌握房屋建筑图的表达特点和规律。

（1）房屋建筑图的基本表达形式　图 10-7（a）是一幢机房，用正投影法将此屋的各个方向形状画成视图，同时，又分别假设沿水平和垂直两个方向将房屋剖切开来画出剖视图，这样就可以把整个房屋的外形和内部情况基本表达清楚。用以上的方法可以得到房屋建筑的几种基本表达形式，如图 10-7 所示。

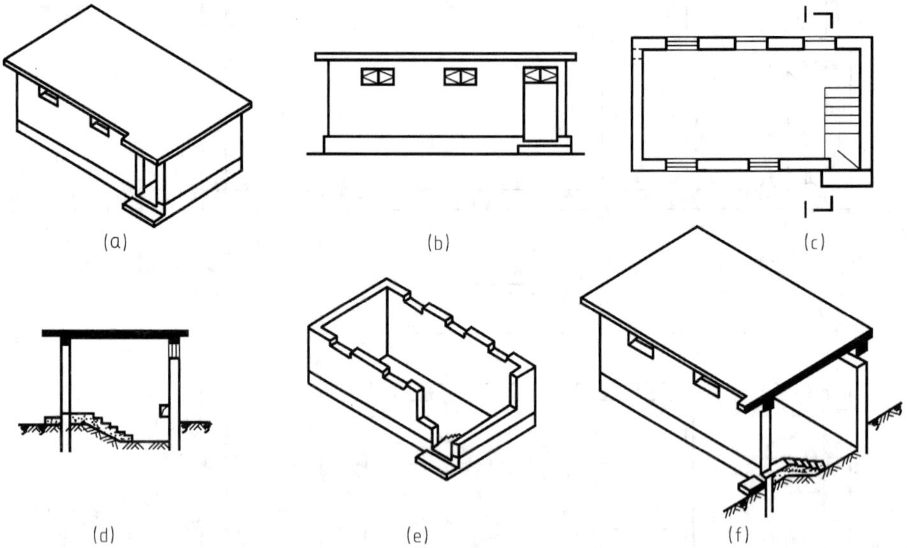

图 10-7　房屋建筑图的基本表达形式

1）立面图　从正面观察房屋所得的视图称正立面图，如图 10-7（b）所示。从侧面观察房屋所得的视图称侧立面图。立面图有时也按朝向分别称为东立面图、南立面图、西立面图和北立面图。

2）平面图　假设用一个水平面（或阶梯平面）通过门窗把房屋切开，移去上半部，从上向下投影而得的水平剖视图，称为平面图，如图 10-7（c）所示。如果是多层房屋而各层的布置又不同，则需分别沿各层门窗切开，依次得到低层平面图、二层平面图……平面图主要用以反映房屋的平面形状及室内房间的布局、墙厚、门窗位置等。

3）剖面图　假设用一个铅垂面（正平面或侧平面，也可用阶梯平面）将房屋切开，移去一边，向另一边投影而得的剖视图，称为剖面图，如图 10-7（d）所示。剖面图表达了房屋室内垂直方向的室内空间划分以及房屋的构造。

（2）建筑制图国家标准简介　建筑制图国家标准与机械制图国家标准对照可知，在比例、图线、尺寸注法和材料图例等内容有不同，另外如标高、指北针、建筑图比例等，是建筑制图国家标准中特有的，现摘要介绍如下。

1）比例与图名　房屋建筑图常用比例如下。

总平面图　1∶500，1∶1000，1∶2000。

平、立剖面图　1∶50，1∶100，1∶200。

详图　1∶1，1∶2，1∶5，1∶10，1∶20，1∶25，1∶50。

图名写在视图下方，并用粗实线画出字的底线；比例写在图名右方，字号比图名小一号（或两号）。如平面图 1∶100。

2）图线　房屋建筑图的线型及主要用途见表 10-6。

表 10-6　图线线型及主要用途

名　称	线　型	线　宽	主　要　用　途
粗实线	━━━━	d	主要可见轮廓线 剖面图中被剖着部分的轮廓线 建筑(构)物外轮廓线 剖切位置线(简称剖切线)、地面线、详图符号圆圈等
中等粗实线	────	0.5d	可见轮廓线 剖面图中未被剖着但仍能看到且需画出的轮廓线 标注尺寸的尺寸起止 45°短划等
细实线	────	0.35d	尺寸线、尺寸界线、引出线、图例线、标高符号线
粗点画线	━━ - ━━	d	平面图中起重运输装置的轨道线等
细点画线	── - ──	0.35d	中心线、对称线、定位轴线等
中等粗虚线	- - - - -	0.5d	需画出但看不到的轮廓线
细虚线	- - - - -	0.35d	不可见轮廓线、图例线等
折断线	─╱╲─	0.35d	不需要画全的断开界线
波浪线	～～	0.35d	不需要画全的断开界线
加粗粗实线	━━━━	1.4d	建(构)筑物地面线

3）尺寸注法　房屋建筑图的尺寸注法如图 10-8 所示。尺寸线两端用 45°斜短画表示起止点，尺寸单位除总平面图以 m 为单位外，其余一律以 mm 为单位。

4）标高　建筑物各部分的高度用标高表示，单位为 m，一般注出至小数点以后三位数，符号及标注方法如图 10-9。

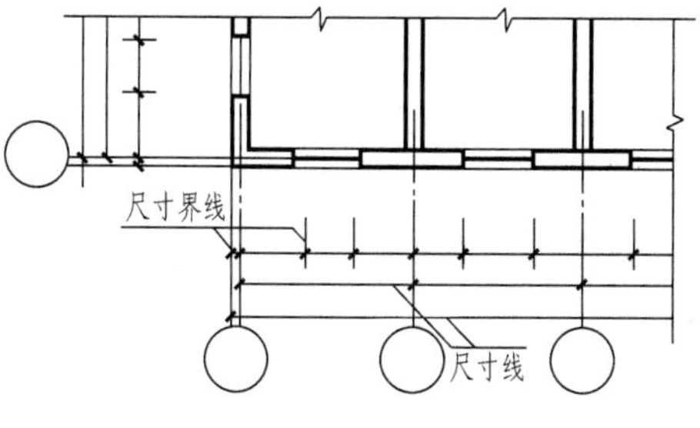

图 10-8　房屋建筑图的尺寸标注

图 10-9　房屋建筑图的标高标注

5）定位轴线　建筑物的承重墙、柱子等主要承重构件都应画上轴线以定其位置，这些定位轴线是施工定位放线的重要依据。非承重的分隔墙、次要的承重构件则有时用分轴线。

定位轴线用细点画线画出，并予编号。轴线端部画直径 8～10mm 的细实线圆圈。编号宜注在图的下方与左侧，横向自左向右顺序书写阿拉伯数字 1、2、3…，竖向则由下而上顺序书写大写拉丁字母 A、B、C…。

在两个轴线之间，如需附加分轴线时，则编号用分数表示。分母表示前一轴线的编号，分子表示附加轴线的编号（用 1、2、3、……），如图 10-6 中的轴线表示 1 号轴线后附加的第一条轴线。

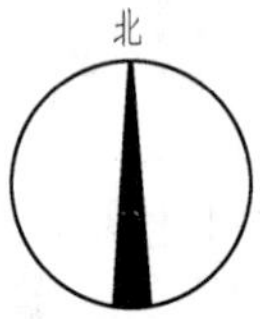

图 10-10 指北针

6）指北针 建筑平面图旁需画上方向符号“指北针”，画法如图 10-10 所示，用细实线画出，直径一般 24mm，指针尾部宽度为直径的 1/8。

7）图例 常见的建筑材料与配件图例见表 10-7。

表 10-7 常见建筑材料与配件图例

图例	说明		图例	说明	
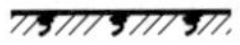	自然土壤			空门洞	门的名称代号用 M 表示
	素土夯实		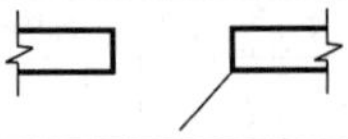	单扇门	
	混凝土			单扇双面弹簧门	
	钢筋混凝土		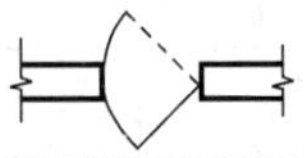	双扇门	
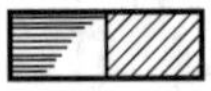	普通砖（包括砌体）		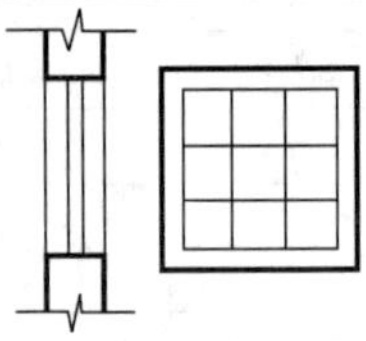	单屋固定窗	1. 立面图中的斜线表示窗扇开启方向，虚线表示内开 2. 平、剖面图中的虚线，表示开关方式，设计图中可不画 3. 窗的名称代号用 C 表示
	孔洞				
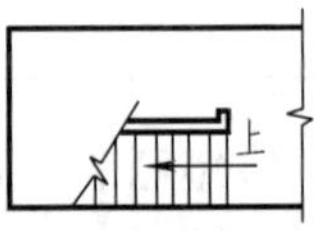	底层	楼梯	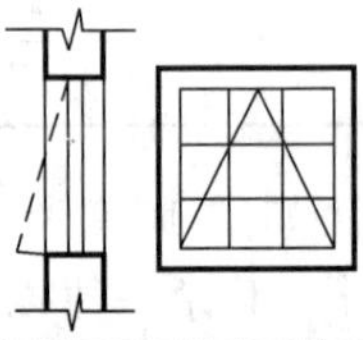	单层外开上悬窗	
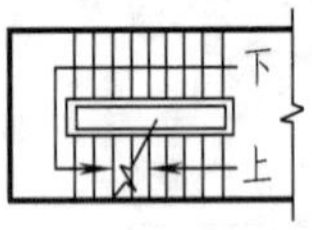	中间层		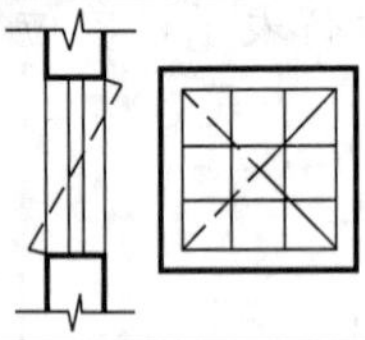	单层中悬窗	
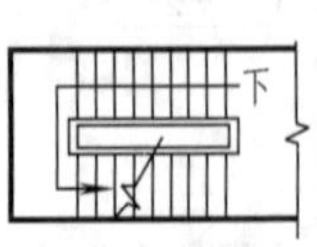	顶层		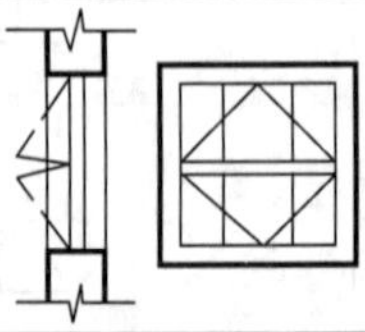	单层外开平开窗	
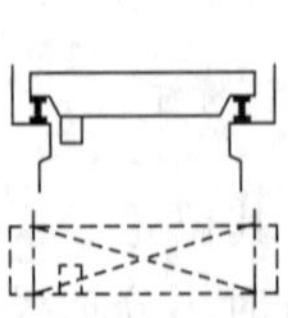	桥式起重机		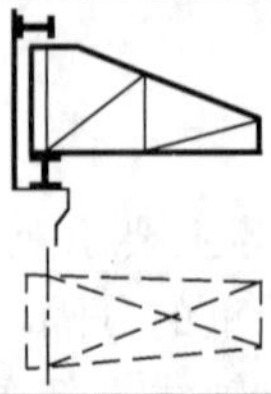	悬臂起重机	

10.3.2 房屋建筑施工图

建筑房屋要有施工图。由于专业不同，施工图又分为建筑施工图、结构施工图和设备施工图（如给排水、采暖通风、电气等）。现以某车间为例，介绍建筑施工图的基本内容。

（1）建筑平面图 用以表示建筑平面形状和内部各房间大小，用途和布置以及墙的厚度、门窗位置等。沿水平方向通过门窗将建筑剖切开，如图 10-11（a）所示。剖开后由上而下投射时，被剖切到的构件轮廓画粗实线，未剖到但可见的轮廓线画成稍细的实线，线型见表 10-6。平面图中主要表达了下列内容：

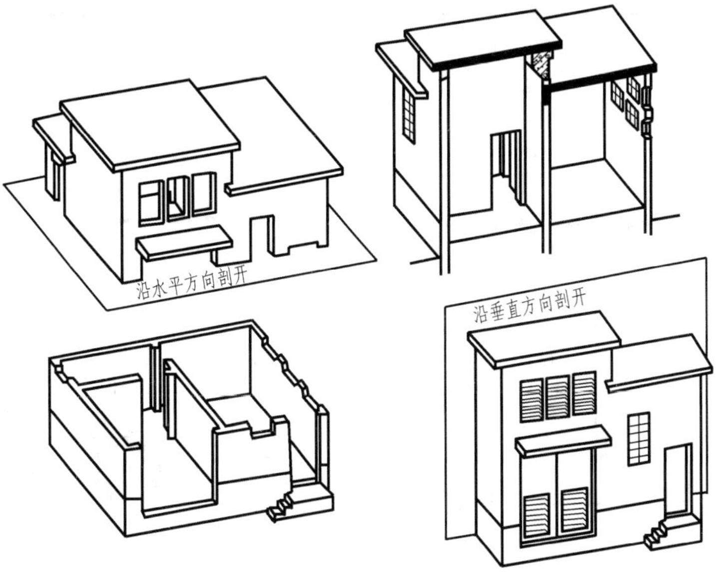

(a) (b)

图 10-11 房屋平、立面图的获得

1）建筑内部各房间的布置、名称、用途及相互间的联系。

2）定位轴线用来表达墙、柱位置。

3）各部分尺寸。平面图中，所有外墙一般注三道尺寸：第一道尺寸是外墙门窗洞宽度和洞间墙的尺寸（从轴线注起）；第二道尺寸是轴线间距尺寸；第三道尺寸是建筑两端外墙间的总尺寸；另外尚有某些局部尺寸（如内、外墙厚度，柱、砖墩断面尺寸等）。

4）地面标高，注出楼地面、台阶顶面及室外地面等的标高。

5）门窗图例和编号。图例表达了门的位置、开关方向及窗的位置、开关方向，在立面图上表示。门、窗的代号和编号常以 M_1，M_2，C_1，C_2…编写。

6）剖面图、详图位置及编号。剖面位置在平面图中用剖切位置线（简称剖切线，是断开的两段粗实线）表示，并画出剖视方向线（简称视向线，是垂直剖切线的短粗实线），再注明剖面的编号。如图 10-12 中平面图上的 1-1 剖切线和视向线，表示了剖切位置和观看方向是向后看。

7）建筑物朝向 如图 10-12 中的左下方的指北针，表明该车间正立面朝向是正南。

（2）建筑立面图 用以表示建筑立面形状和内部各房间大小、用途和布置以及墙的厚度、门窗位置等。沿垂直方向将建筑剖切开，如图 10-11（b）所示。立面图表示建筑外貌，通常画出东、南、西、北四个方向立面图。外形简单的建筑，仅画主要的立面图，如图 10-12 所示，画出了车间正（南）、侧（东）立面图。立面图主要表达以下内容。

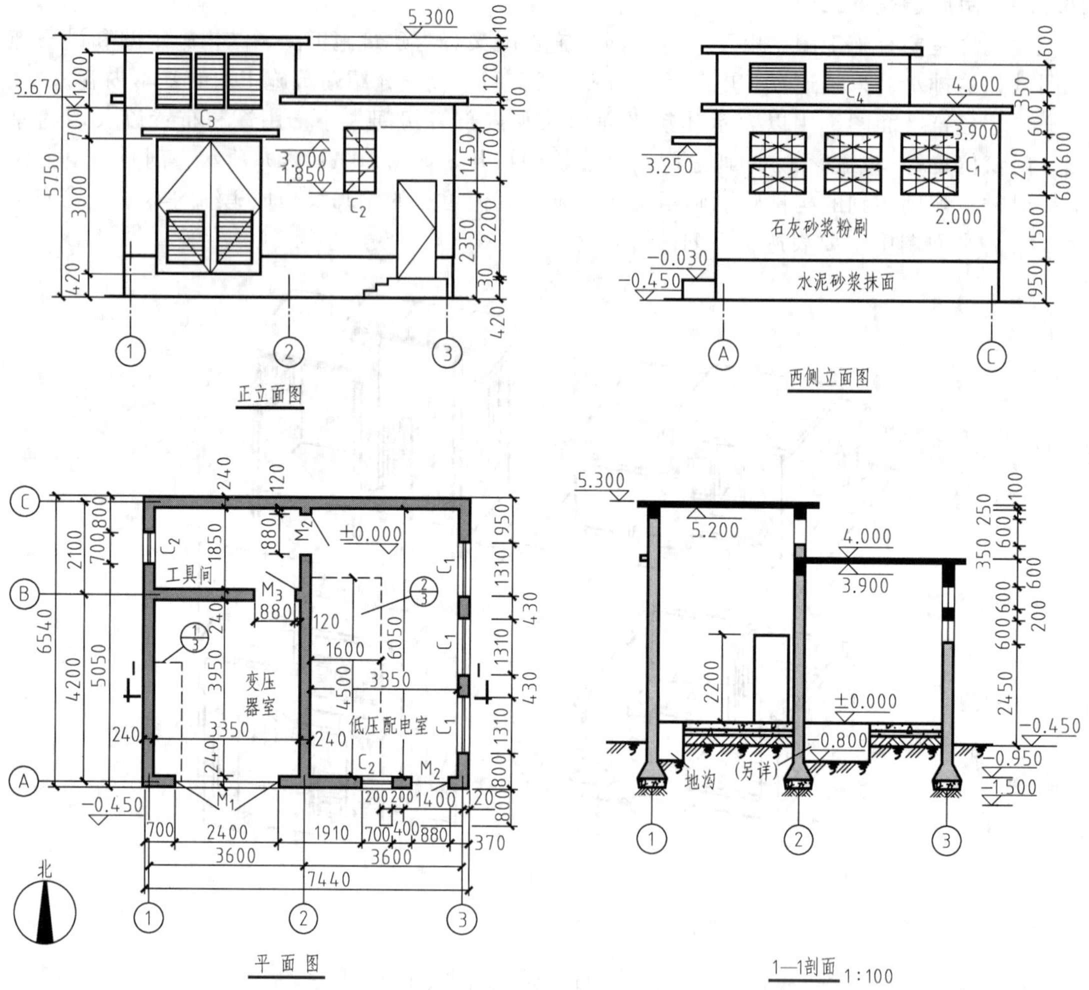

图 10-12 房屋建筑施工图

1）两端的定位轴线及编号。

2）门窗位置和形式。门窗的开关方式一般在立面图上表示：向外开的用细斜线表示，向内开的用斜虚线表示，斜线相交点位于窗的铰链或转轴所在一边。

3）房屋各部位的标高及局部尺寸。立面图上通常注出室外地坪、室内地坪、窗台、窗口上沿、站口、檐口等处的标高。标高以室内地坪为±0.000，高于它的为"正"，不写"+"，低于它的为"负"，要写出"−"。

4）外装饰材料及做法，一般都用文字说明。

5）其他构件（台阶等）的位置和标高。

（3）建筑剖面图　剖面图表示建筑物内部垂直方向高度、分层、垂直空间的利用及简要结构、构造等情况。剖面的位置、编号和剖视方向，标注于平面图上。剖面图的主要内容还有：

1）外墙（或柱）的定位轴线及其间距尺寸。

2）剖切到的室内外地面、内外墙等和未剖切到的可见部分。剖到的墙身轮廓画粗实线，未剖切到的可见的轮廓如门窗洞等画中粗实线，门窗扇等画细实线。

3）竖向方向的尺寸和标高。竖向尺寸一般也注三道：第一道门窗洞及洞间墙高度尺寸；第二道为层高尺寸；第三到尺寸为室外地面以上的总高尺寸，还有某些局部尺寸（如内墙上的门窗洞高度等）。

（4）建筑详图　如屋檐、墙身、门窗、地沟等构造，在建筑平、立剖面图中因采用比例较小，无法表达清楚，为施工方便，将局部用较大的比例另外画出，称建筑详图。

10.3.3　设备布置图的表达方法

10.3.3.1　概述

绘制设备布置图常用 1∶100（也有 1∶200 或 1∶50），一般采用 A1 幅面。多层厂房应按次分层绘制。图名分两行书写，上行写图名，下行写“EL×××、×××平面”或“××剖视”。地面设计标高规定为“EL100.000”，单位为“m”。有局部操作台时，也可只画操作台下设备，操作台上设备可另画局部平面图。平面图未能表达清楚设备布置情况时，可再绘制垂直方向剖切的剖视图，并标注图名和剖切位置线，如图 10-6 所示。

10.3.3.2　建（构）筑物的表达方法

（1）表达方法

1）在平面图的剖视图上，建（构）筑物（如墙、柱、地面、楼、板、平台、栏杆、楼梯、安装孔、地坑、吊车梁、设备基础）按规定画和图例用细实线画出。常用的建筑结构和构件的图例见 HG/T20519 标准，图 10-13 所示为部分摘录。

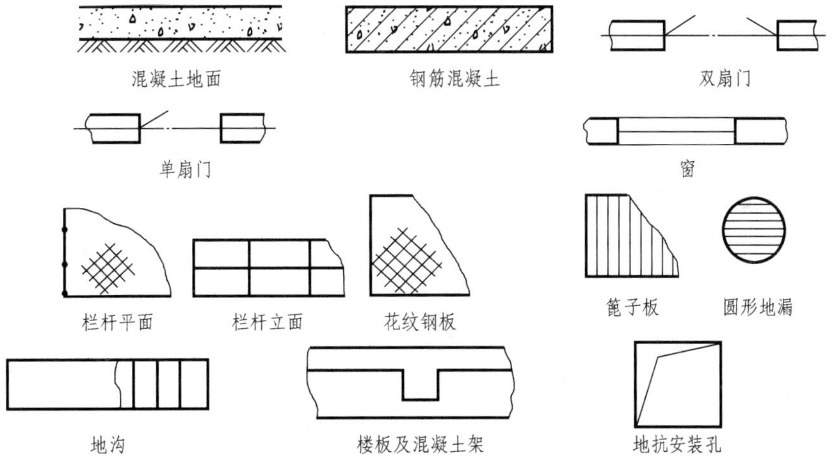

图 10-13　建（构）筑物图例

2）承重墙、柱等结构，用细点画线画出定位轴线。

3）门窗等构件一般只在平面图上画出，剖视图中可不表示。

（2）标注

1）平面图上标注的尺寸，单位一般为 mm。

2）以定位轴线为基准，注出厂房建筑长、宽总尺寸，柱墙定位轴线间距尺寸，设备安装预留孔洞及沟坑等的定位尺寸。

3）高度尺寸以标高形式标注，单位为 m，小数点后取三位数注出。

4）室内外地坪、管沟、明沟、地面、楼板、平台屋面等主要高度，与设备安装定位有关的建（构）筑物的高度尺寸。

5）标高可用一水平细线作为所需注高度的界限，在该界线上方注写 EL×××、×××。

6）有的图形也采用▽等形式的标高符号，如图 10-6 所示。

10.3.3.3 设备的表达方法

(1) 表达方法

1) 用粗实线画出表示外形特征的轮廓。无管口方位图的则要画出特征管口（如人孔符号 MH），并注写方位角。

2) 卧式设备一般需画出特征管口和支座。

3) 动设备可只画基础、并画出必要的特征管口位置。如图 10-6、图 10-14 所示。

(2) 标注

1) 平面图上注出设备的安装定位尺寸，以建（构）筑物定位轴线或已定位的设备中心线为基准。

2) 设备高度方向的定位尺寸，用标高形式注写，一般与设备位号结合注写。卧式设备常注以中心线标高 EL×××、×××，立式设备则注以支承点标高 POS EL×××、×××，动设备一般注以主轴中心线 EL×××、×××或底盘面标注（基础顶面）标高 POS EL×××、×××。上述标高注法可参见图 10-6、图 10-14。管廊、管架的标高，一般以架顶标高 TOS EL×××、×××注出。

3) 若绘立面图，则平面图上一般不再标注标高。

4) 设备的位号一般注于设备内或设备近侧，位号应与工艺管道及仪表流程图相一致。

10.3.3.4 方向标表示方式

方向标是表示设备安装方位基准的符号，如图 10-15 所示。方向标为粗实线圆、直径 20mm。北向作为方位基准，符号 N。设计项目中所有需表示方位的图样，其方位基准均按此定位。一般画于设备布置图中的右上角。

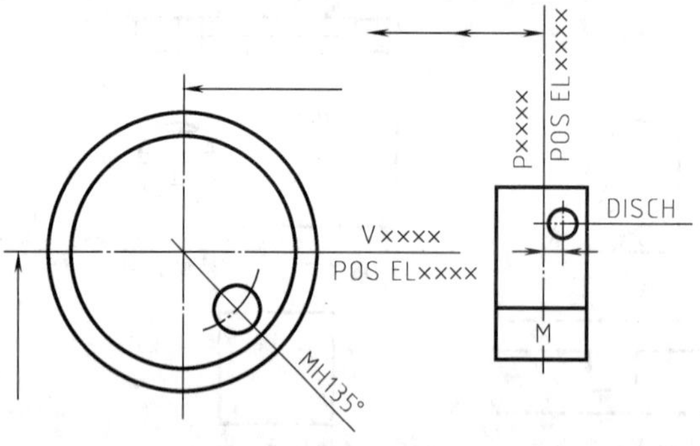

图 10-14 特征管口示例

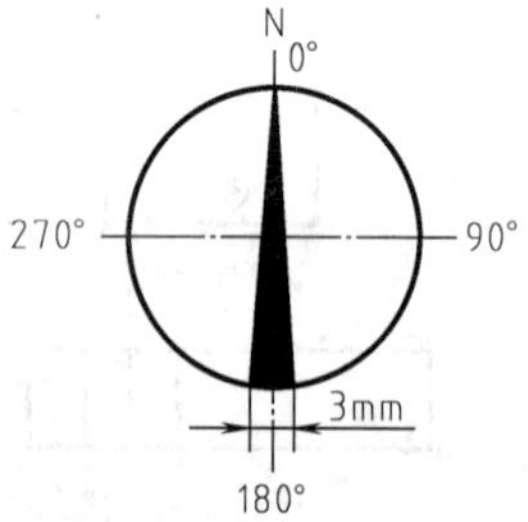

图 10-15 方向标画法

10.4 管道布置图

管道布置图是表达管道的空间布置情况、管道与建筑物和设备的相对位置和管道上附件及仪表控制点等安置位置的图样，是管道和仪表控制点等安装、施工的主要依据。图 10-16 是某工序的管道布置图。管道布置图一般具有下列内容。

1) 一组视图 由平面图、剖视图组成的一组视图，表达建（构）筑物、设备的简单轮廓和管道等的安装布置情况。

2) 标注 标注建（构）筑物轴线编号、设备位号、管段序号、仪表控制点代号和管道等的平面位置尺寸和标高。

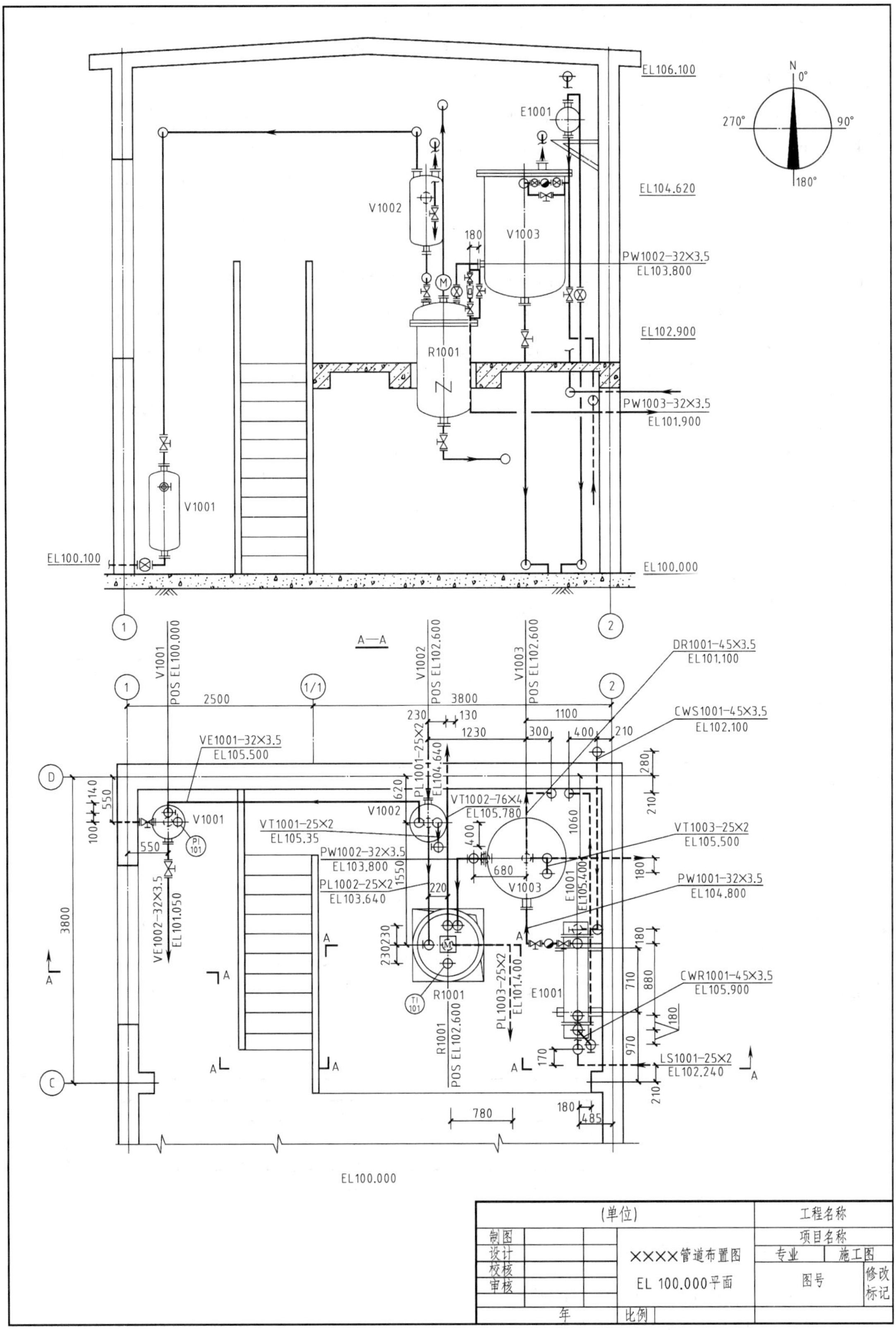

图 10-16　管道布置图示例

3）方向标　画在图纸右上方，与设备布置设计北向一致，以指出管道安装方位的基准。

4）标题栏　有时还有管口表，注写各设备上管口的有关数据。

10.4.1　表达方法

绘制管道布置常用1∶30，也有采用1∶25或1∶50的。图幅一般采用A0，简单的也可用A1或A2幅面。管道布置图一般只画平面图，常以车间（或工段）的单位进行绘制。有需要时，还可加画剖视图，剖视图标注A—A等图名，并在平面图上进行相应的标注。

多层建筑分层绘制，图下注明EL×××、×××平面（如EL100.000平面）。

（1）建（构）筑物表达方法　建（构）筑物根据设备布置图画出，凡与管道布置安装有关的建（构）筑物用细实线绘制，其他的建（构）筑物均可简化或省略。

（2）设备表达方法　设备根据设备布置图用细实线画出简单外形及中心线或轴线（附基础平台，楼梯等），并画出设备上与配管有关的接管口（包括仪表及备用管口）。

（3）管道表达方法　管道、阀门、管件、附件、仪表控制点等均应画出。管道规定画法一般以单线表示，主物料管道用粗实线，辅助物料管道用中粗线，仪表管则用细实线画出。

公称通径 DN 大于和等于400mm或16in管道用双线（中粗线）表示，小于等于350mm或14in管道用单线表示。如果大口径管道不多时，则 DN 大于或等于250mm或10in的管道用双线（中粗线）表示，小于等于20mm或8in者用单线画出。

1）管道断裂画法 只画一段时，中断处画断裂线，见图10-17。

2）管道弯折画法（如图10-18所示）管道公称通径小于等于50mm或小于2in的弯头，一律用直角表示，如图10-18（d）所示。

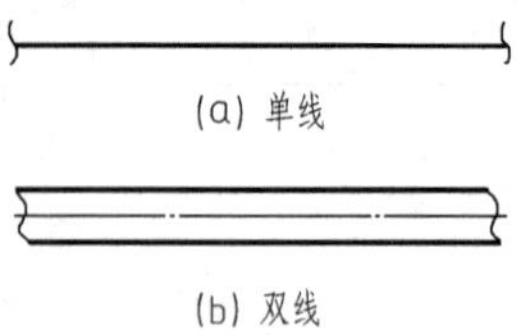

图10-17　一般管道的表示方法

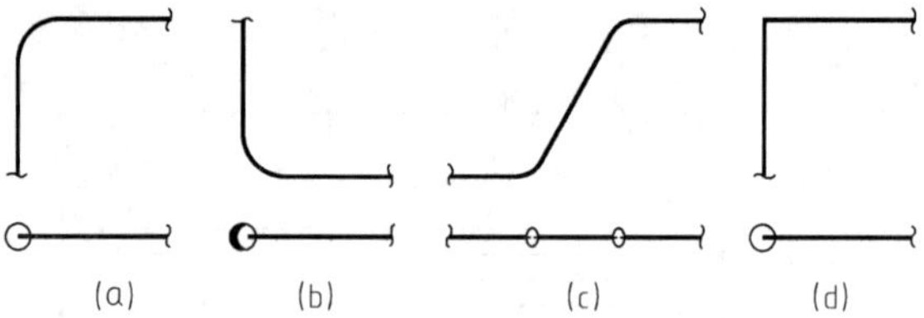

图10-18　管道弯折画法

3）管道交叉画法　画法有两种，一般是将被遮盖的管道投影断开，如图10-19（a）所示。若被遮管道为主要管道时，应将投影断开并画出断裂符号，如图10-19（b）中所示。

4）管道重叠画法　将可见管道的投影用断裂符号断裂画出，如图10-20（a）所示；也可在各管道上分别注出“a”“b”字母或管道序号，如图10-20（b）所示；管道弯折处画法则如图10-20（c）所示。

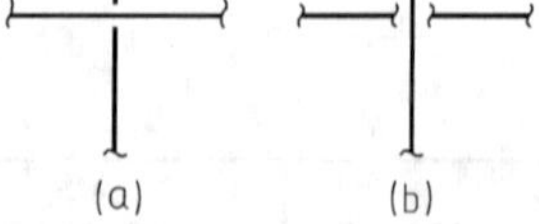

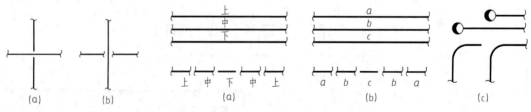

图10-19　管道交叉的表示法

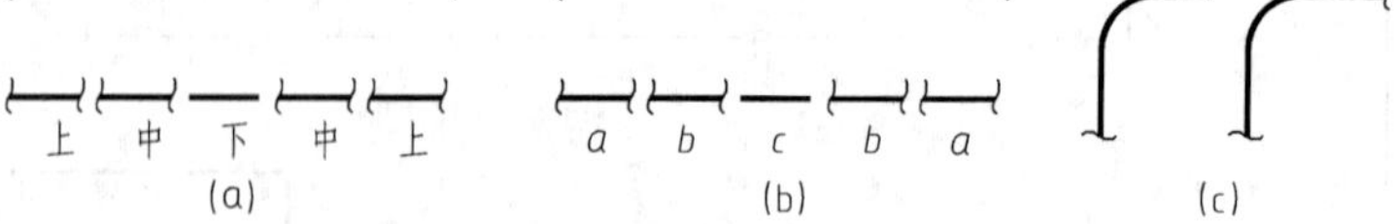

图10-20　管道重叠画法

5）管道相交画法　如图10-21所示。

6）物料流向　管道内物料流向须用箭头（长约5mm）在管道的适当位置画出（单线管道画在单线上，双线管道画在中心线上）。

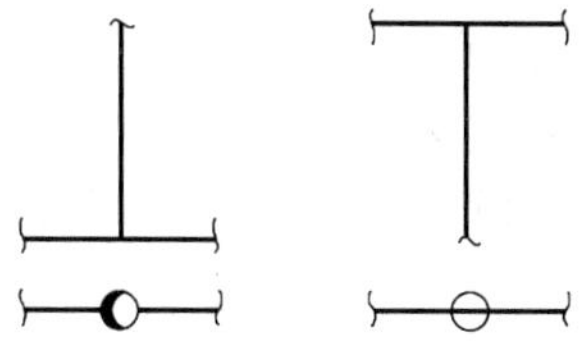

图 10-21　管道相交的表示方法

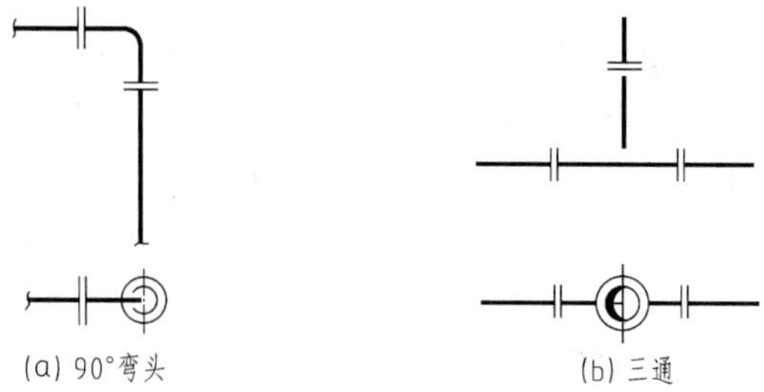

图 10-22　管件图形符号画法

(4) 阀门、管件、附件、检测文件仪表控制点表达方法

1) 管道上的阀门、管件、附件按规定图形符号用细实线绘制。图形符号可参阅 HG/T20519 标准。常见的管件如弯头等的画法如图 10-22 所示。阀门的控制手轮及安装方位，一般应在图上表示，如图 10-23 所示。管道、阀门、管道附件间的连接形式，常见的法兰，对焊、螺纹及承插等几种的表示方法如图 10-24 所示。图 10-25 (a) 为一段管道的轴测图，按上述管道及有关图形符号画出的主、俯视图则如图 10-25 (b) 所示。

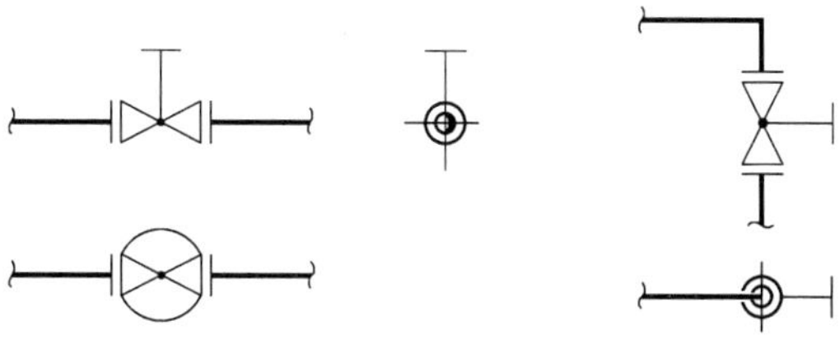

图 10-23　阀门控制手轮安装方位

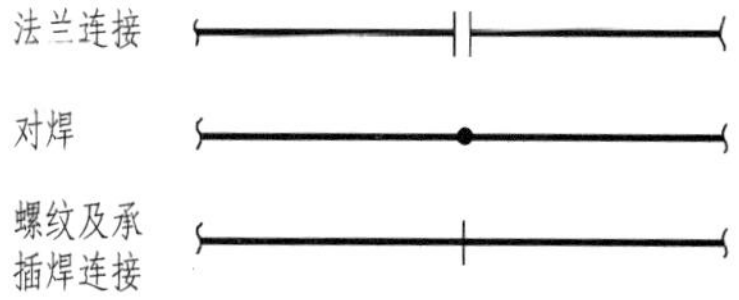

图 10-24　管道连接形式的表示方法

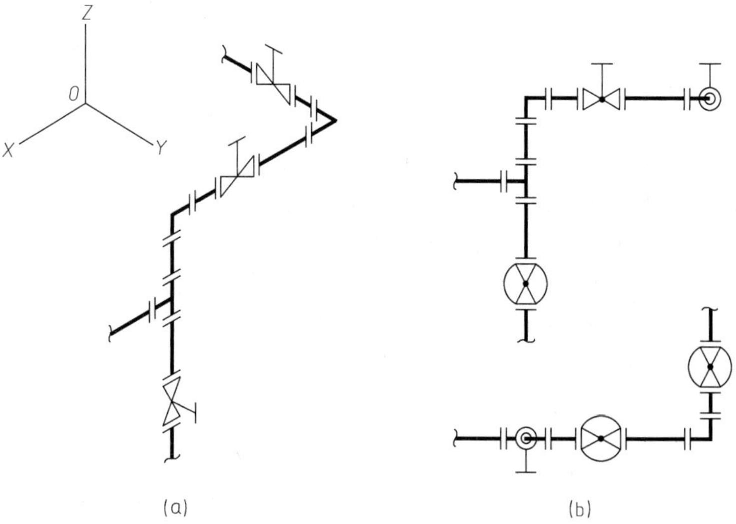

图 10-25　管道表示法示例

2) 管道上的仪表控制点应在能清晰表达其安装位置的视图上，画出其图示符号、表达方法与工艺管道与仪表流程图相同，即用细实线引出，再画直径约 10mm 的细实线圆，圆内书写与工艺管道及仪表流程图相同的符号。

10.4.2 标注

（1）建（构）筑物的轴线编号，轴线间的总尺寸和分尺寸　标注方式与设备布置图相同。

（2）设备的标注　标注设备的位号和定位尺寸，标注方式也与设备布置图相同。有时在管道布置平面图的设备中心线上面注位号，下方注轴中心线标高或支承点标高。

图样中也可按需用方框（5mm×5mm）标注设备管口（包括需要表示仪表接口及备用接口）符号及管口定位尺寸，如图 10-26 所示。并在画平面图的图纸标题栏上方列出该平面图所有设备的管口表（含设备代号、各管口符号、接管外径、壁厚、公称压力、法兰连接面形式标准，设备中心线主管口端面长度、方位、标高等），以便管道安装施工之用。表格形式可见 HG/T20519 标准。

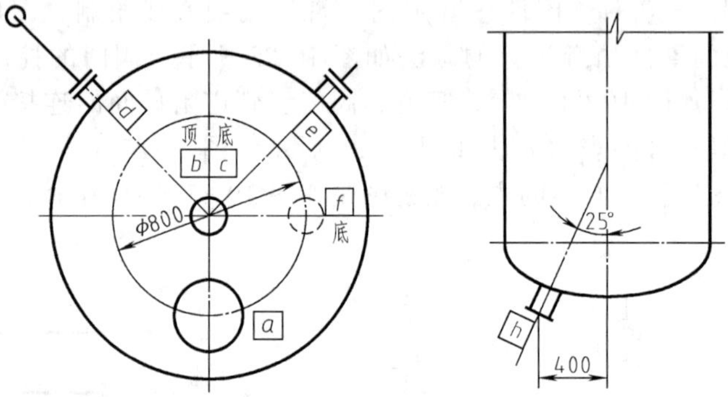

图 10-26　设备管口及尺寸标注

（3）管道等的标注

1）管道的标注

① 管道要标注组合号。组合号与工艺管道及仪表流程图中相同。

② 管道还要标注其定位尺寸。管道在平面图上的平面定位尺寸以建（构）筑物的轴线，设备中心线、设备管口中心线、管法兰的一端面作为基准进行标注。

管道高度方向定位尺寸以标高注出，标高以管道中心线为基准时，标注 EL×××、×××，以管底为基准时，则加注管底代号 BOP 注成 BOP EL×××、×××。

单根管道也可用指引线引出标注，几根管道一起引出标注时，其注法如图 10-27 所示。在平面图上不能清楚标注时，可在立面图上予以标注。

③ 管道的坡度标注　管路安装有坡度要求时，应注坡度（代号 i）和坡向，如图 10-28 所示，图中“WP EL×××、×××”为工作点标高。

2）阀门、管件、管道附件的标注　注出定位尺寸。

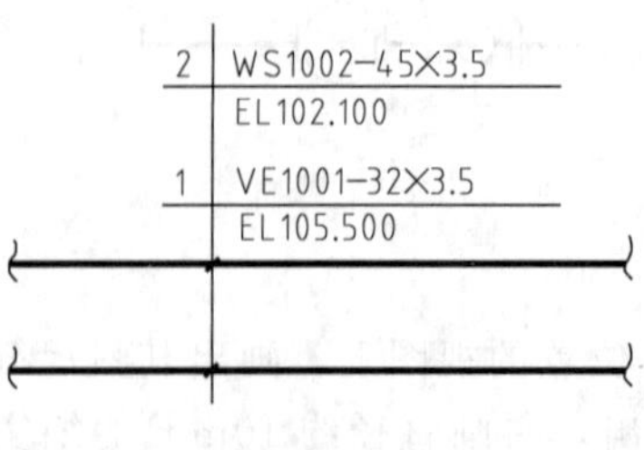

图 10-27　几根管道的引出标注方法

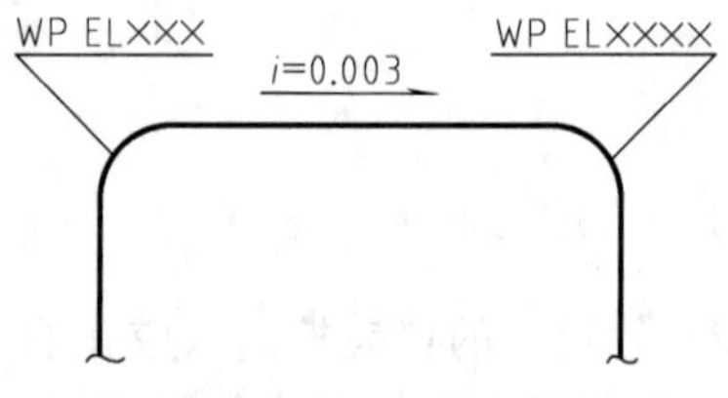

图 10-28　坡度及坡向标注

10.4.3　管架的表示方法和标注

管道安装在各种形式的管架上，管架安装于混凝土结构（代号 C）、地面基础（代号 F）、钢结构（代号 S）、设备（代号 V）、墙（代号 W）上。

管架有固定架（代号 A）、导向架（代号 G）、滑动架（代号 R）等几种。

管架一般在管道布置图的平面图中用图例表示，并在旁侧标注管架编号。图例、管架编号和标注如图 10-29 所示。

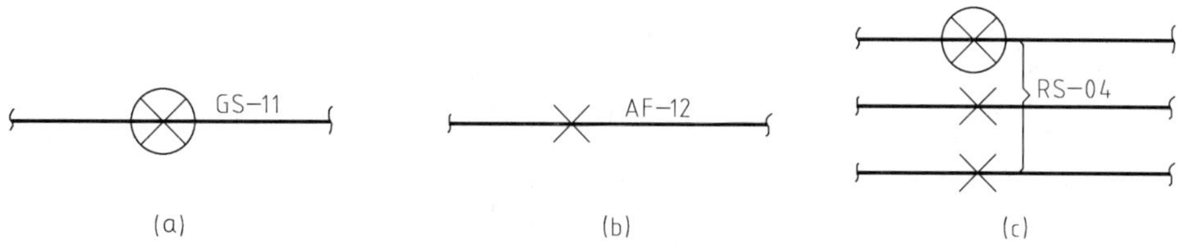

图 10-29　管架及标注示例

图中 10-29（a）表示生根于钢结构上序号为 11 有管托的导向型管架；图 10-29（b）表示生根于地面基础上序号为 12，无托管（或其他形式）的固定型管架；图 10-29（c）则为多根管道的管架的表示方法和标注。管架还需标注定位尺寸：水平方向管道的支架标注定位尺寸；垂直方向管道的支架标注支架顶面或支承面的标高。

10.5　管段图

管段图按正等测投影原理绘制，表示出一个设备到另一设备（或另一管段）间的一段管道及其所附管件、阀门、附件等空间配置的图样，称管段轴测图，简称管段图，也是管道设计中提供的一种图样。管段图立体感强、便于阅读，对管段预制、施工有利。图 10-30 所示即为管段图。管段图一般具有如下内容。

1）图形　按正等测原理绘制的管道及管件阀门等的规定图形符号。

2）标注　管道号、管段所连设备位号及管口号和预制安装所需全部尺寸。

3）方向标　指出安装方位的基准、与管道布置图中安装方位一致，常画于图纸右上角。

4）材料表　制表列出预制和安装管段所需的材料、规格、数量等，位于标题栏上方，其底边和标题栏顶边重合。

5）标题栏　填写图名，设计单位等。

10.5.1　表达方法

管段图不必按比例绘制，但阀门、管件等图形符号以及在管段中位置的相对比例要协调。图幅常用 A3。一般一个管道号画一张管段图。简单的可几个管道号画一张；复杂的可适当断开，用几张画出，但图号仍用一个。

管道用粗实线画出，并在适当位置画箭头表示流向。与管道连接的设备管口，应用细实线画出，并画出其中心线。管件、阀门的规定图形号按大致比例和实际位置用较细实线绘制。管件、阀门、附件与管道的连接形式（法兰连接、螺纹连接、焊接）的图形符号也用较细实线画出。

各种形式的阀门、管件的图形符号及其与管段的连接画法，详见 HG/T20519 标准。摘录如图 10-31～图 10-33 所示。

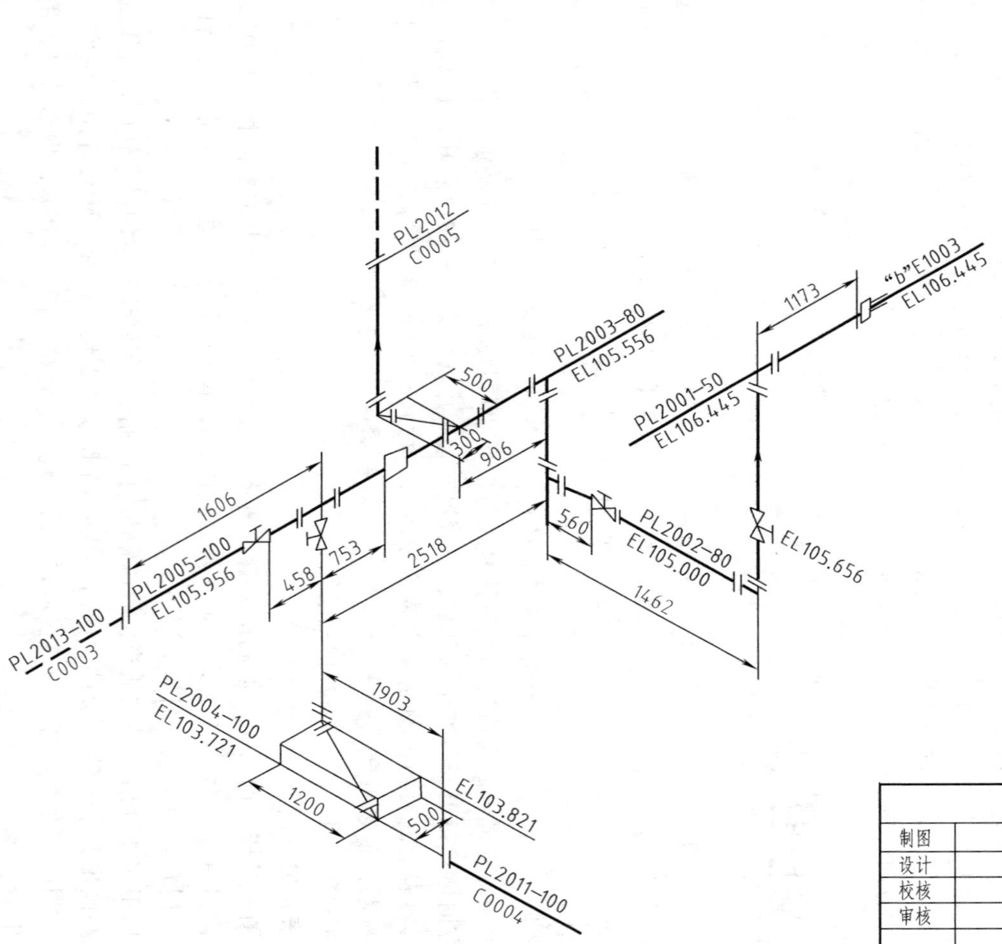

管道号	名称及规格	材料	重量	国号或标准号
	直管φ89×4L=656	10	1	
PL2002				
	石棉橡胶板MFM50-1	石棉橡胶板	6	HGJ 69-91
	螺母M16	Q235-A	24	GB 41-86
	螺栓M16×55	Q235-B	24	GB 5787-86
	法兰50-1	Q235-A	8	HGJ 45-91
	90°弯头*PN*1 *DN*50	轴	1	
	阀门*DN*50	垫片		G41CJ-6
	直管φ57×3.5L=1009	10	2	
	直管φ57×3L=506	10	1	
PL2001				

(单位)			工程名称	
制图		PL2001 PL2002 PL2003 PL2004 PL2005 管道轴测图	项目名称	
设计			专业	施工图
校核			国号	修改标记
审核				
2003年4月		比例		

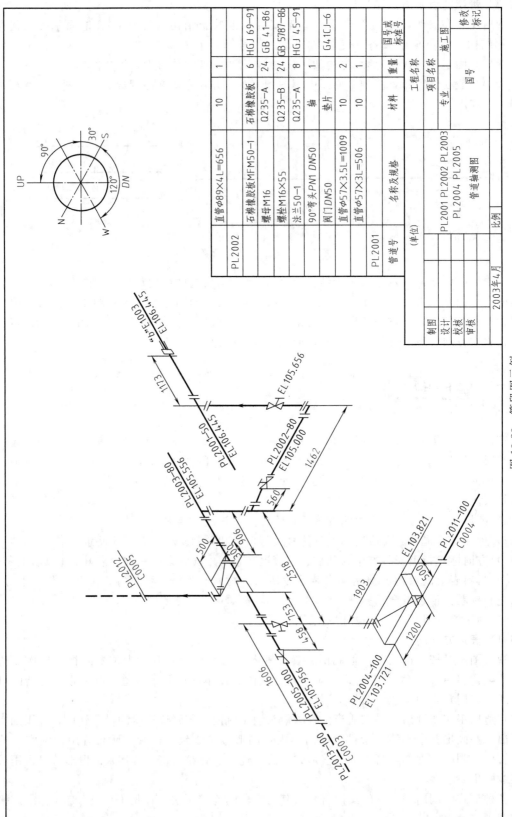

图 10-30 管段图示例

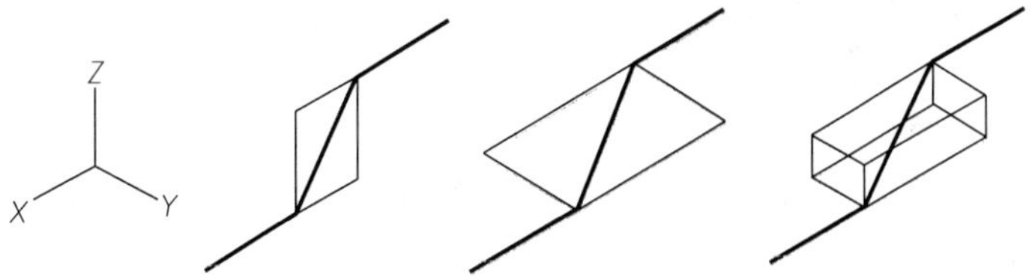

图 10-31　不平行于坐标轴或坐标面管段的画法

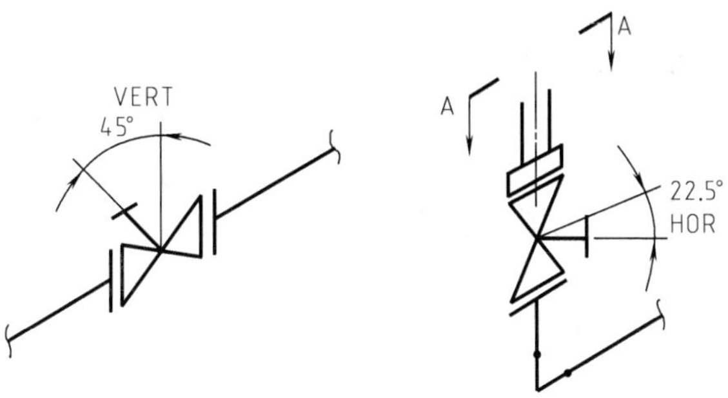

图 10-32　阀门及其与管段连接画法

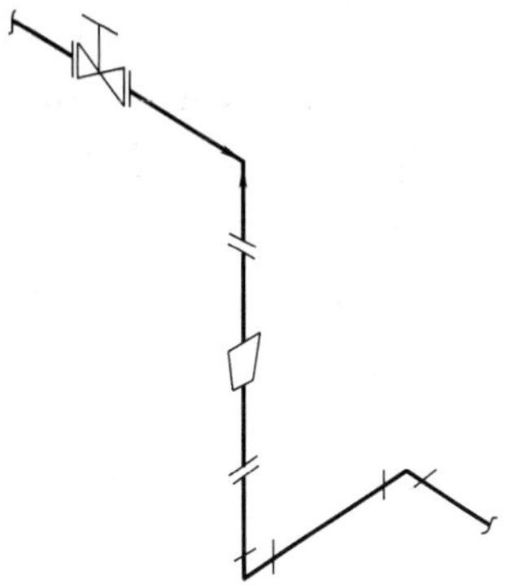

图 10-33　各种连接形式画法

10.5.2　尺寸及标注

（1）尺寸标注

1）管段、阀门、管件等应注出加工及安装所需全部尺寸。

2）尺寸单位为 mm，标高单位为 m。

3）垂直管道上一般不注长度尺寸，而以水平管道的标高“EL”表示。

4）管道上带法兰的阀门和管道元件注出主要基准点到阀门或管道元件的一个法兰面的定位尺寸，图 10-30 中的“456”“EL105.656”即是。

5）螺纹连接和承插焊连接的阀门、定位尺寸注到阀门中心线。

6）管道上的阀门或其他独立的管道元件位置是由管件与管件直接相接的尺寸所决定时，不要注定位尺寸。

7）不是管件与管件直连时，异径管以大端标注定位尺寸，如图 10-30 中的“753”。

（2）管道号等的标注

1）管道号和管径注在管道的上方。

2）水平向管道标注“EL”，注在管道下方。

不需注管道号和管道仅需注标高时，标高可注在管道上方或下方。

标注在设备管口相连接的尺寸时，在管口近旁注出管口符号，管口中心线旁注出设备位号和中心线标高“EL”或管口法兰面（或端面）标高“EL”如图 10-30 中的$\frac{''b''\mathrm{E}1003}{\mathrm{EL}106.445}$。

10.6　本章小结

本章主要由管道及仪表流程图、设备布置图、管道布置图、管段图等内容组成。

（1）管道及仪表流程图

1）图形　用规定图例或简单外形按工艺流程绘出设备、管道、管件、阀门、仪表控制点等。

2）标注　注写设备位号和名称、管段编号、仪表控制点符（代）号、物料走向及必要的尺寸数据等。

3）标题栏　填写图名、图号等。

4）图例说明　绘出必要的图例，并写出有关图例及设备位号、管段编号、控制点符（代）号等的说明。

（2）设备布置图

1）一组视图　表达厂房建筑的基本结构和设备在厂房内的布置情况。

2）标注　注写厂房的轴线编号、设备名称、位号，与设备安装有关的定位尺寸。

3）方向标　指示厂房和设备安装方向的基准。

4）附注说明　与设备安装有关的特殊要求的说明。

5）标题栏　图名、图号、比例等。

（3）管道布置图

1）一组视图　由平面图、剖视图组成的一组视图，表达建（构）筑物、设备的简单轮廓和管道等的安装布置情况。

2）标注　标注建（构）筑物轴线编号、设备位号、管段序号、仪表控制点代号和管道等的平面位置尺寸和标高。

3）方向标　画在图纸右上方，与设备布置设计北向一致，以指出管道安装方位的基准。

4）标题栏　有时还有管口表，注写各设备上管口的有关数据。

（4）管段图

1）图形　按正等测原理绘制的管道及管件阀门等的图形。

2）标注　管道号、管段所连设备位号及管口号和预制安装所需全部尺寸。

3）方向标　指出安装方位的基准、与管道布置图中安装方位一致，常画于图纸右上角。

4）材料表　制表列出预制和安装管段所需的材料、规格、数量等，位于标题栏上方，其底边和标题栏顶边重合。

5）标题栏　填写图名、设计单位等。

第11章 化工设备图

11.1 概述

化工设备的施工图样，一般包括化工设备装配图、部件装配图和零件图等。本章所述的化工设备图是化工设备装配图的简称。化工设备图是表示化工设备的结构形状，各零部件间的装配连接关系，必要的尺寸、技术特性和制造、检验、安装的技术要求等内容的图样，如图 11-1 所示。因此，它应有前述的部件装配图中具有的一组视图，必要的尺寸、零（部）件序号及明细表、技术要求、标题栏等内容，此外还有：管口符号及管口表、技术特性表。用拉丁字母顺序编出各管口和开孔序号再列表（管口表）填写出有关数据和用途，以及用表格形式列出设备的工作压力、工作温度、物料名称等主要工艺特性，表明设备重要特性指标的内容，这将大大有利于读图和备料、制造、检验、产生操作。

11.2 化工设备图的视图表达

化工设备种类很多，但常见的典型设备主要是容器、换热器、塔器和反应器等，分析它们的基本结构组成，可得出共同的结构特点是：主体（筒体和封头）以回转体为多，主体上管口（接管口）和开孔（人孔、视镜）多，焊接结构多，薄壁结构多，结构尺寸相差悬殊，通用零部件多，这些结构特点使化工设备的视图表达也有其特殊之处。

11.2.1 基本视图及其配置

由于化工设备主体以回转体为多，所以一般立式设备用主、俯两个基本视图，卧式设备则用主、左两个基本视图。俯（或左）视图也可配置在其他空白处，但需在视图上方写上图名。

11.2.2 多次旋转表达方法

由于化工设备主体上管口开孔多，它们的周向方位可在俯（左）视图中确定，其轴向位置和它们的结构则需用多次旋转表达方法——假想将分布于设备上不同周向方位的管口（或开孔）结构，分别旋转到与某一基本投影面平行后，再向该投影面投射的画法，画出视图（或剖视图）。

如图 11-1 中，人孔 C 是假想按逆时针方向旋转之后在主视图上画出的，液面计 B 则是按顺时针方向假想旋转 45°后在主视图上画出的。

在基本视图上采用多次旋转表达方法时，一般不予标注；但这些管口或开孔结构的周向方位则要在图中的技术要求中说明；以管口方位图（或俯视图）为准。

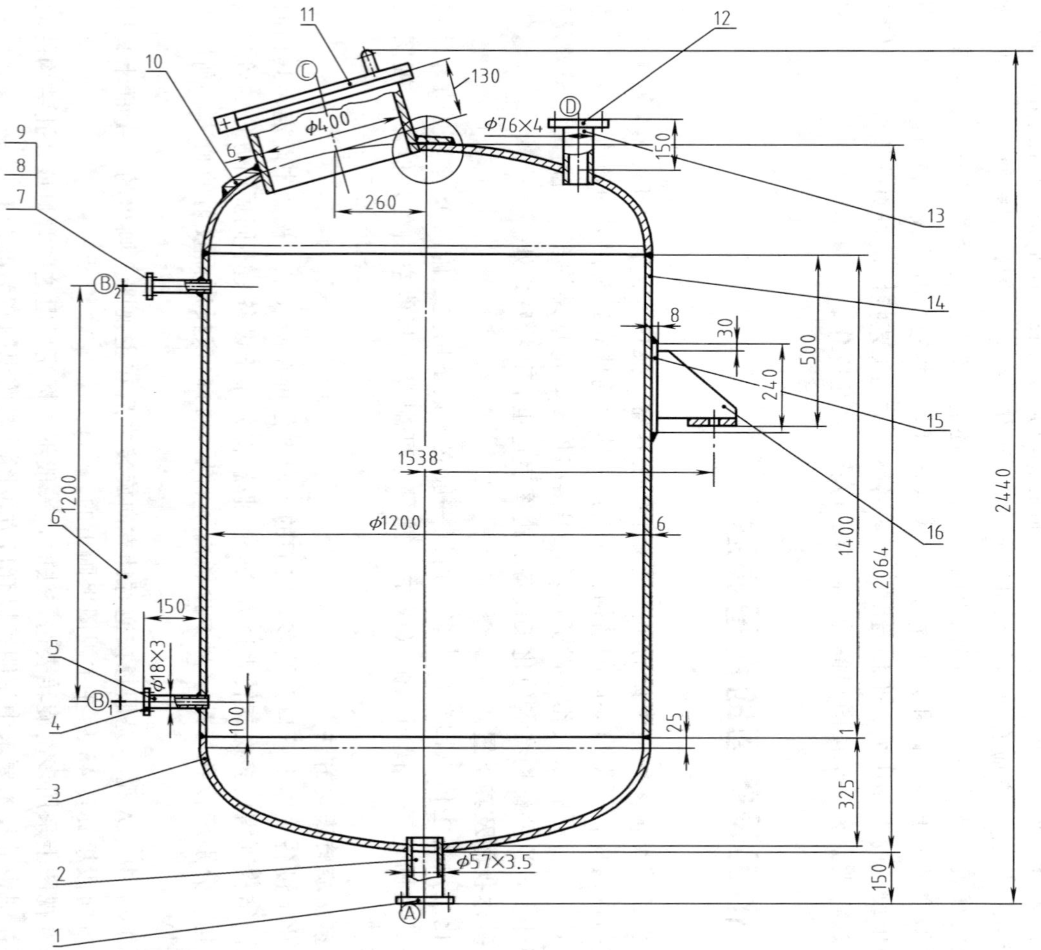

技术要求

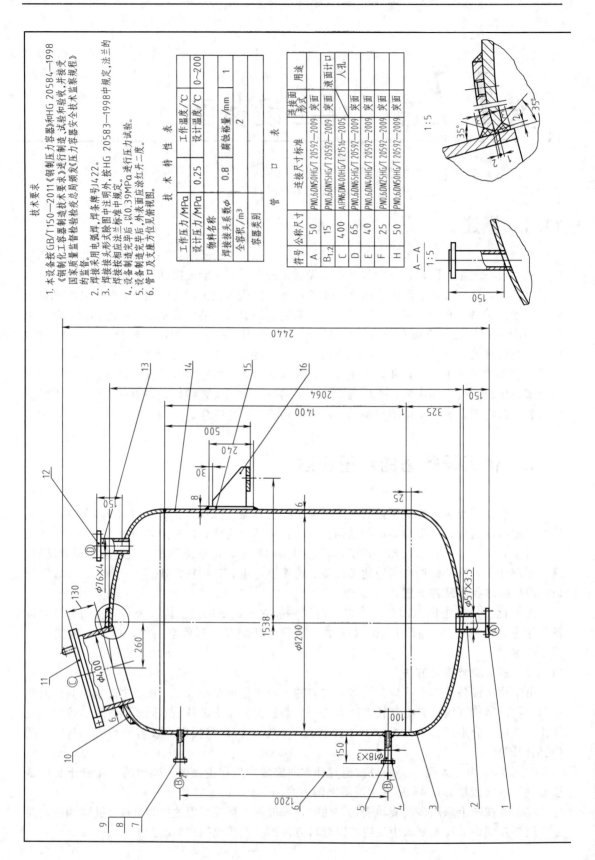

1. 本设备按GB/T150—2011《钢制压力容器》和HG 20584—1998《钢制化工容器制造技术要求》进行制造、试验和验收，并接受国家质量监督检验检疫总局颁发《压力容器安全技术监察规程》的监督。
2. 焊接采用电弧焊，焊条牌号J422。
3. 焊接接头形式除图中注明外，按HG 20583—1998中规定，法兰的焊接按相应法兰标准中规定。
4. 设备制造完毕后，以0.39MPa进行压力试验。
5. 设备制造完毕后，外表面应涂红丹二度。
6. 管口及支座方位见俯视图。

技 术 特 性 表

工作压力/MPa		工作温度/℃	
设计压力/MPa	0.25	设计温度/℃	0~200
物料名称			
焊接接头系数φ	0.8	腐蚀裕量/mm	1
全容积/m³	2		
容器类别			

管 口 表

符号	公称尺寸	连接尺寸标准	连接面形式	用途
A	50	PN0.6DN50HG/T 20592—2009	突面	
$B_{1,2}$	15	PN0.6DN15HG/T 20592—2009	突面	液面计口
C	400	AIPN6DN400HG/T 21516—2005		人孔
D	65	PN0.6DN65HG/T 20592—2009	突面	
E	40	PN0.6DN40HG/T 20592—2009	突面	
F	25	PN0.6DN25HG/T 20592—2009	突面	
H	50	PN0.6DN50HG/T 20592—2009	突面	

A—A
1:5

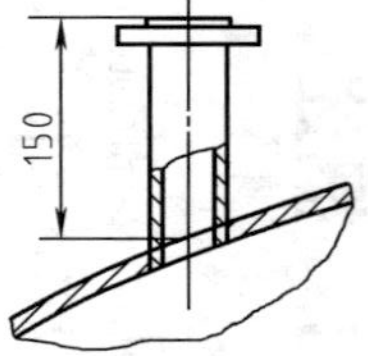

1:5

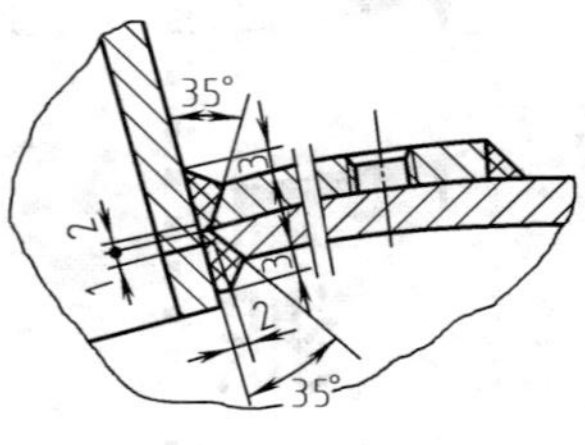

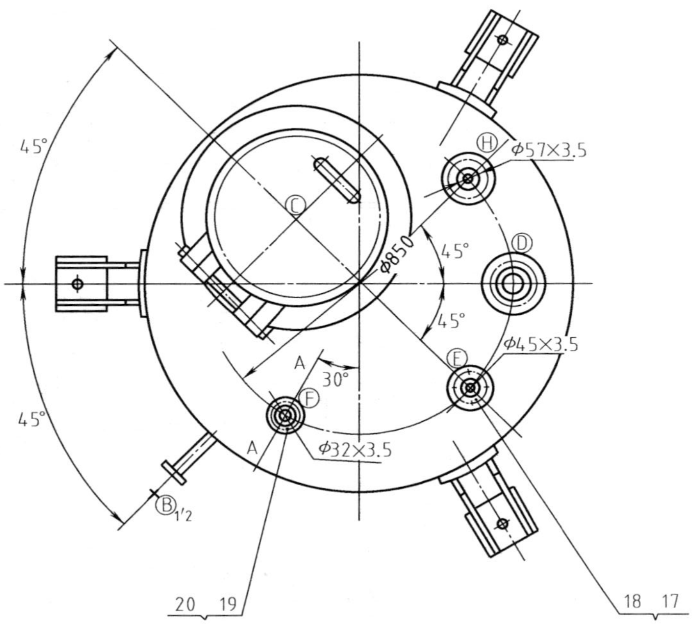

总质量465kg

件号	图号或标准号	名称	数量	材料	单件质量/kg	总质量/kg	备注
20		接管 $\phi32\times3.5$ L=175	1	20		0.5	
19	HG/T 20592—2009	法兰 25-0.6	1	Q235-A		0.7	
18		接管 $\phi45\times3.5$ L=180	1	20		0.8	
17	HG/T 20592—2009	法兰 40-0.6	1	Q235-A		0.6	
16	JB/T 4725—92	耳座 B3	3	Q235-A•F	4.2	12.6	
15		垫板 250×200×8	3	Q235-A•F	3.1	9.3	
14		筒体 DN1200×6，H=1400	1	Q235-A•F		188	
13		接管 $\phi76\times4$，L=185	1	20		1.3	
12	HG/T 20592—2009	法兰 65-0.6	1	Q235-A		1.67	
11	HG/T 21516—2005	人孔 AIP_g6D_g400	1			71.7	
10	JB/T 4736—2002	补强圈 DN400×6-B	1	Q235-A•F		10.3	
9	HG/T 20606—2009	垫片 RF65-0.6 δ=2	2	石棉橡胶板			
8	GB 6170—2000	螺母 M12	8	Q235-A	0.016	0.2	
7	GB 5782—2000	螺栓 M12×45	8	Q235-B	0.054	0.5	
6	HG 21592—1995	液面计 DAI L=1200	1			8	
5		接管 $\phi18\times3$	2	20	0.2	0.4	
4	HG/T 20592—2009	法兰 15-0.6	2	Q235-A	0.34	0.7	
3	JB/T 4737—1995	椭圆形封头 DN1200×6	2	Q235-A•F	76	152	
2		接管 $\phi57\times3.5$	2	20	0.7	1.4	
1	HG/T 20592—2009	法兰 50-0.6	2	Q235-A	1.4	2.8	

(单位)			工程名称
制图		立式容器 VN=2m^3 装配图	项目名称
设计			专业 | 设计阶段
校核			图　　号
审核			
年		比例 1:10	

图 11-1　容器装配图

11.2.3 细部结构表达方法

由于化工设备各部分结构间尺寸大小悬殊，基本视图的作图比例常难以兼顾某些细部结构的清晰表达，因此，常采用局部放大（俗称节点图）表达之。设备中的焊接结构、法兰连接结构常采用细部结构表达方法。

局部放大图可根据表达需要，采用视图、剖视、断面等表达方法，必要时还可采用几个视图表达同一个细部结构，如图 11-2 所示。

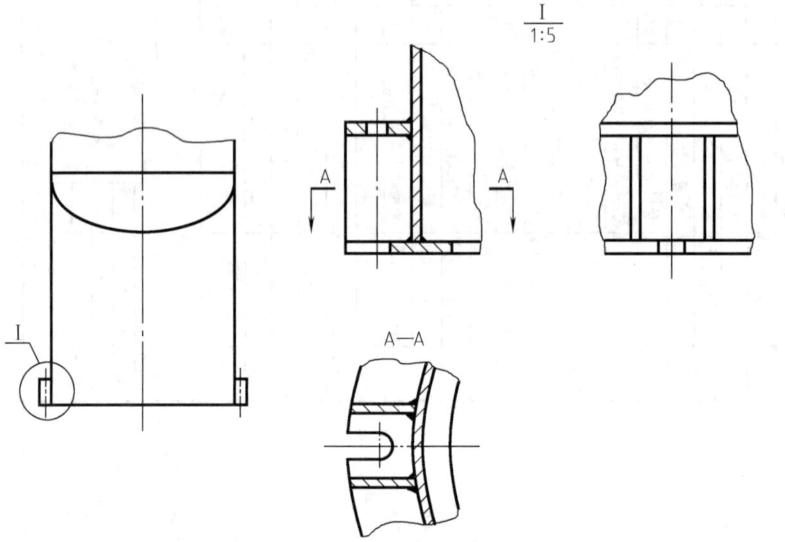

图 11-2 细部结构表达方法

11.2.4 断开和分段（层）的表达方法

较长（或较高）的设备，沿长度（或高度）方向相当部分的形状和结构相同或按规律变化时，可采用断开画法，以节省图幅、简化作图，如图 11-3 所示填充塔。

当设备不宜采用断开画法但图幅又不够时，如图 11-3 中的填料塔可采用分段（层）画法。

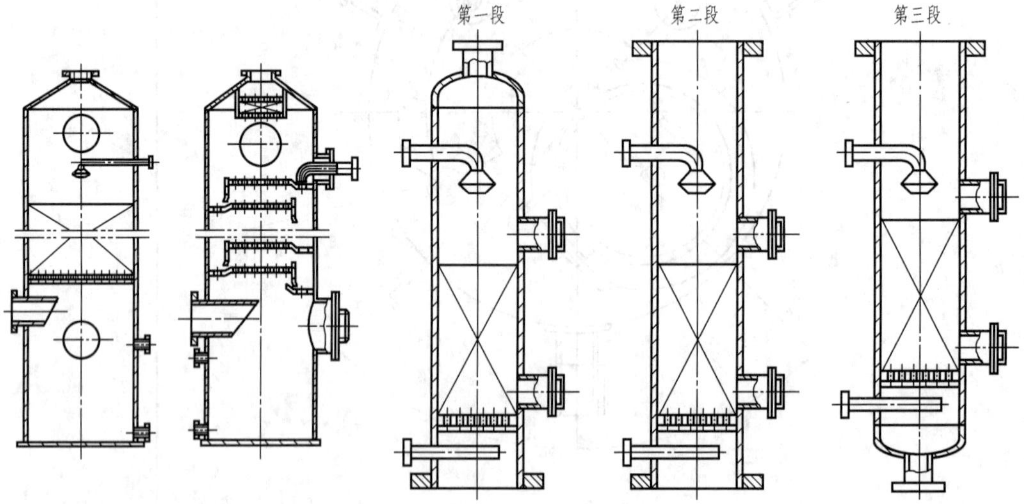

图 11-3 断开（或分段）表达方法

11. 2. 5 简化画法

化工设备图中，除采用机械制图国家标准中的简化、规定画法外，还采用按化工设备特点而补充的简化画法。

（1）有标准图、复用图、外购零部件的简化画法　在装备图中可按比例只画出表示特征的外形轮廓线，如图 11-4（a）所示；图 11-4（b）中的玻璃管用细点画线画出，符号“＋”用粗实线。

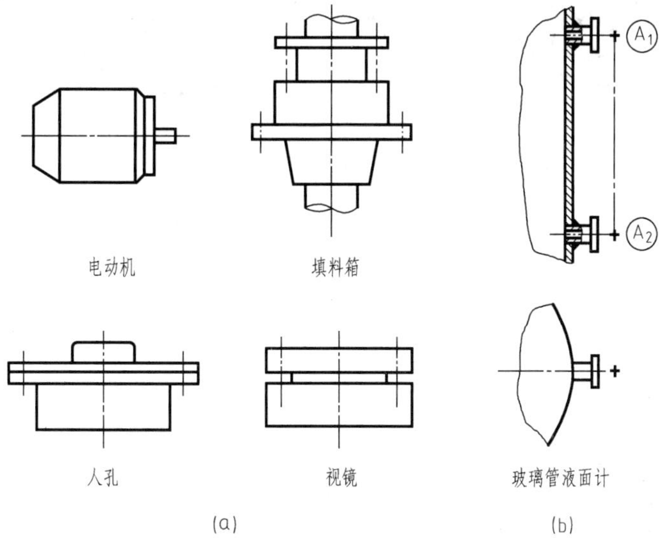

图 11-4　零部件简化画法

（2）管法兰的简化画法　如图 11-5 所示。

（3）重复结构的简化画法

1）螺栓孔、螺栓连接可只画出中心线，螺栓连接则还须加画粗实线绘制的符号“×”和“＋”如图 11-6 中所示。

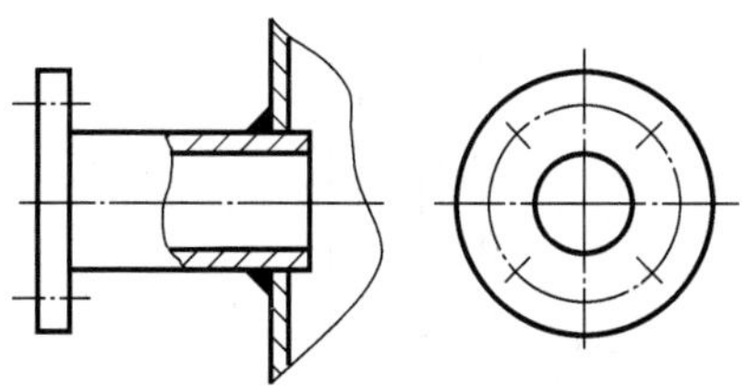

图 11-5　管法兰简化画法

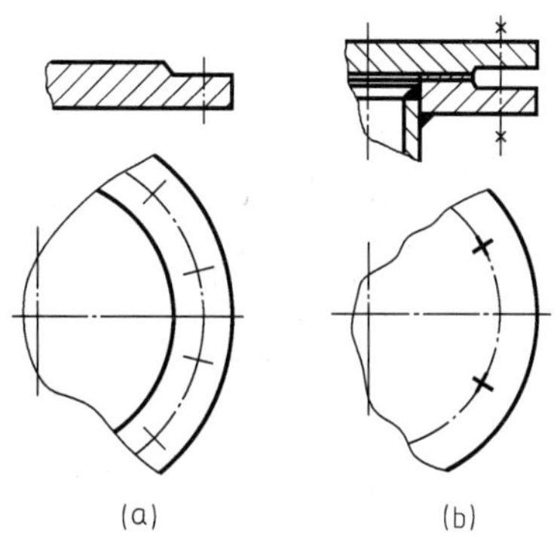

图 11-6　螺栓孔、螺栓连接的简化画法

同样规格的螺栓孔、螺栓连接，数量多且均匀分布时，可只画几个（至少两个）。

2）多孔板（换热器中的管板，塔器中的塔板等）上按规则排列的孔，均可采用简化画法，如图 11-7 所示。

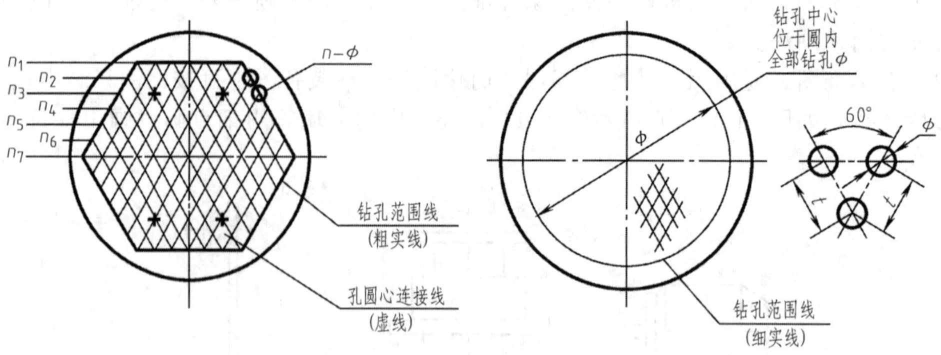

图 11-7 多孔板上孔的简化画法

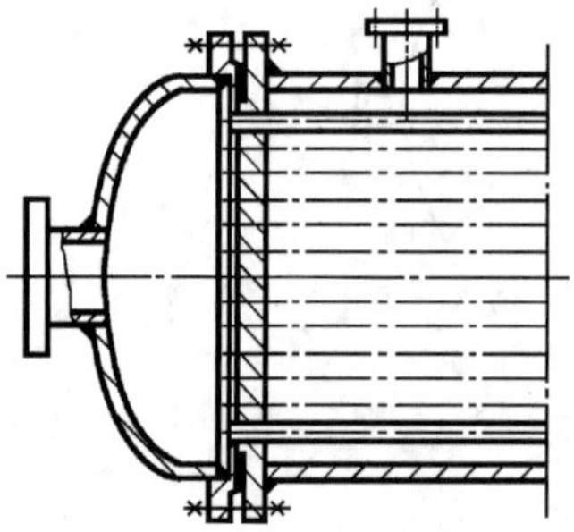

图 11-8 按规则排列管子简化画法

3）按规则排列的管子（如列管热交换器中的换热管），可只画一根管子，其余则用中心线表示，如图 11-8 所示。

4）填料塔中的填充物（包括瓷环、玻璃棉、卵石等）和填料箱中的填料都可用相交细线表示，但填充物需加注规格和堆放方法，如图 11-9 所示。

11.2.6 单线示意画法

设备用断开（或分段）画出后，其整体可在装配图中用单线示意画出，表达主要结构并注必要尺寸，如图 11-10（a）所示；设备中的零部件，若已有零部件图或另有其他视图将结构表达清晰时，装配图上可用单线示意画出，如塔设备中的塔盘和热交换器中的折流板、拉杆、挡板等，如图 11-10（b）、（c）所示。

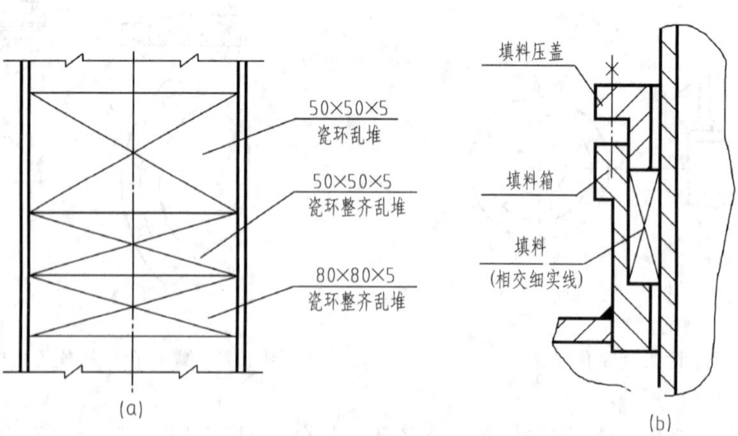

图 11-9 填充物和填料简化画法

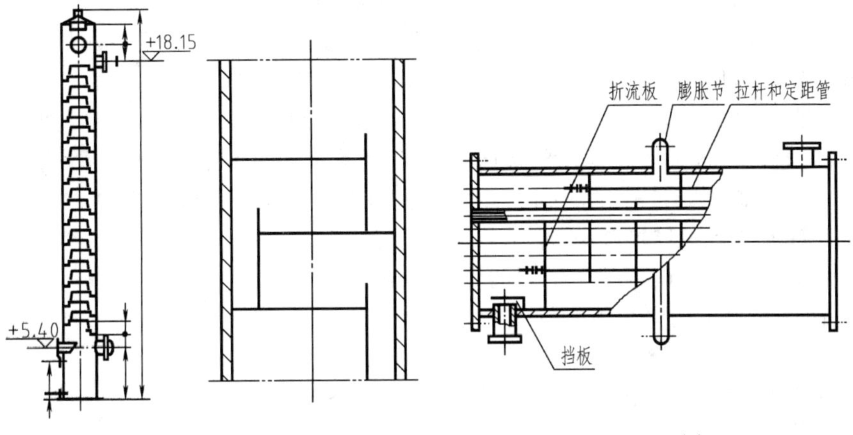

图 11-10　单线示意

11.3　尺寸标注

化工设备图是装配零部件和设计零部件时的主要依据，一般不直接用来制造零部件，这同其他装配图（如机械装配图、部件装配图）一样在图上不需注出全部尺寸，一般只注下列尺寸，以供装配运输、安装和设计之用。

11.3.1　尺寸种类

（1）规格（性能）尺寸　表示该设备（或部件）的特性和规格的尺寸，如图 11-1 中的筒体直径 ϕ1200 和高 1400。

（2）装配尺寸　表示设备（或部件）中零件（或部件）之间的相对位置和装配关系的尺寸，是装配工作中的重要依据，如图 11-1 中的人孔（件号 11）上标注的“260”、“130”、“45°”等。对有配合要求的尺寸，除注出基本尺寸外，一般还需注出公差配合的代号。

（3）安装尺寸　表示设备（或部件）安装到他处所需要的尺寸，常是安装螺栓、地脚螺

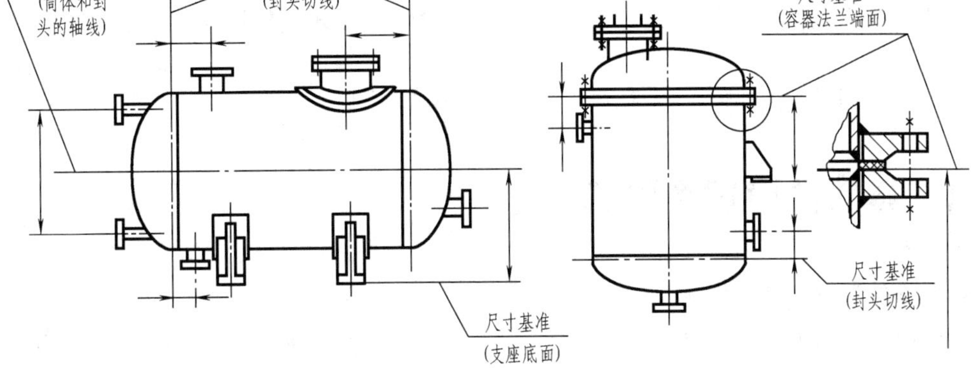

图 11-11　化工设备常用的尺寸基准

栓用孔的直径和孔间距，如图 11-1 中支座螺栓孔中心距“1538”。

（4）外形（总体）尺寸　表示设备（或部件）的总长、总宽、总高，用以估计设备（或部件）所占体积，以便于包装、运输和安装，如图 11-1 中的高“2440”。

（5）其他重要尺寸　如某些零件的主要尺寸（在设计时经过计算而在制造时必须保证的尺寸，如搅拌轴径），零件运动范围的极限尺寸以及零部件的规格尺寸和不另绘零件图的零件的有关尺寸等。如图 11-1 中的人孔（件 11）的规格尺寸“ϕ400”，“6”。

11.3.2　尺寸基准和常见结构注法

（1）尺寸基准　化工设备图中常用的尺寸基准见图 11-11。

① 设备筒体和封头的中心线和轴线；

② 设备筒体和封头焊接时的环焊缝；

③ 设备容器法兰的端面；

④ 设备支座底面。

（2）常见结构尺寸注法

1）筒体的尺寸注法　一般标注内径（钢管为筒体时则为外径）、壁厚和高度（或长度）。

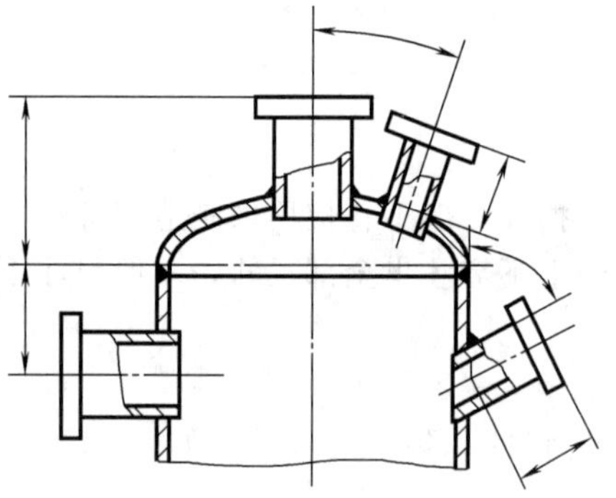

图 11-12　接管伸出长度标注

2）封头尺寸注法　标注壁厚和高度（包括直边高度）。

3）接管尺寸注法　标注规格尺寸和伸出长度。

① 规格尺寸　直径×壁厚（无缝钢管为外径，卷焊钢管为内径），图中一般不标注。

② 伸出长度　主管法兰连接面到接管中心线和相接零件（如筒体和封头）外表面交点间的距离，如图 11-12 中所示。所有管口的伸出长度都相等时，图上可不标出，而在“注”中写出。若仅部分管口伸出长度相等时，除在图中注出不等的尺寸外，其余可在“注”中写“除已注明外其余管口伸出长度为××mm”。

4）填充物（瓷环等）的尺寸注法　一般只注总体尺寸（筒体内径、堆放高度）和堆放方法、规格尺寸，如图 11-9（a）中“500×50×5”表示瓷环直径×高×壁厚，“ϕ2000”为内径，“1200”为堆放高度。

11.3.3　其他规定注法

① 除外形尺寸、参考尺寸外，不允许标注成封闭链形式。外形尺寸、参考尺寸常加括号或“～”符号。

② 个别尺寸不按比例时，常在尺寸数字下加画细实线。

11.4　零部件序号和管口符号

11.4.1　零部件序号编写方法

为了便于读图和装配以及进行生产管理工作，应对每个不同的零（部）件进行编注序号并编写序号一致的明细表。化工设备上的零部件序号、编写要求是清晰，醒目，件号排列整齐、美观。编写时应遵守以下几点。

① 化工设备图中件号编写的常见形式见图 11-13（a）。序号数字一般应比尺寸数字大一

号。指引线不能相交，若通过剖面线时，指引线不应与剖面线平行，必要时指引线可曲折一次，如图 11-13（b）所示。

② 化工设备图中所有零部件都须编写序号，形状大小、材料完全相同的零（部）件用一个序号。序号一般只编注一次。如图 11-1 中的接管法兰（件号 1）虽然 2 只，但其结构、形状、尺寸都相同，故只编一个件号，也只注一次。

③ 化工设备图中的序号，一般从主视图左下方开始。序号应按顺（或逆）时针方向连续顺序整齐排列在水平或垂直方向上。需增加序号时，则另在外圈编排补足，如图 11-14 所示。

④ 一组紧固件以及装配关系清楚的零件组，可以采用公共指引线，如图 11-14 中的螺栓连接组件号 7、8、9 的编号。

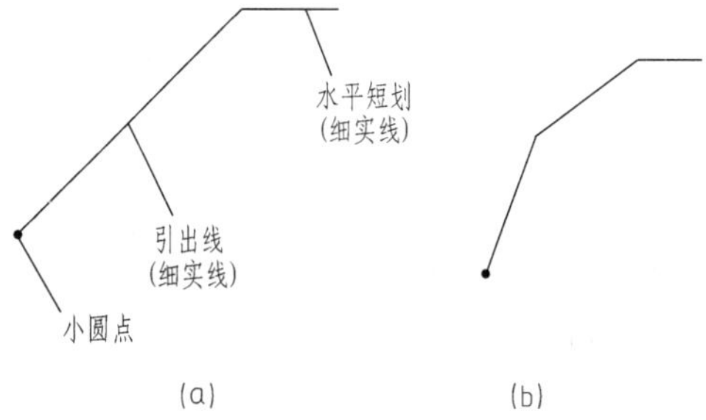

图 11-13　指引线画法

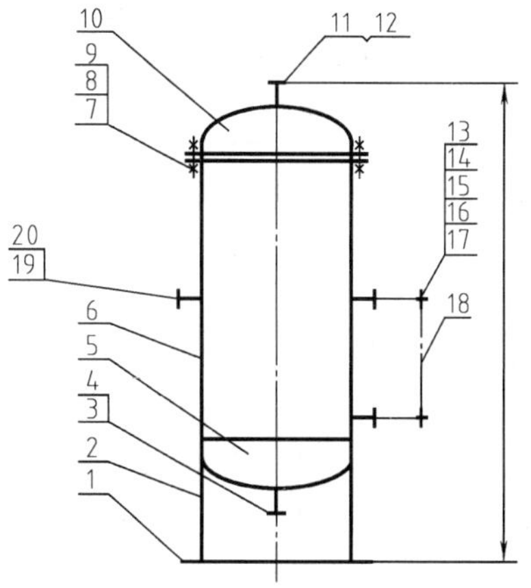

图 11-14　件号编写

11.4.2　管口符号编写方法

为清晰表达开孔和管口位置、规格、用途等，化工设备图上应编写管口符号和与之对应的管口表。

① 管口符号注在管口投影旁，尺寸线外侧用小写拉丁字母（a、b、c…）编写，字体大小一般与零部件件号相同，如图 11-15 所示。

② 规格、用途及密封面形式不同的管口，需单独编号。规格、用途及密封面形式完全相同的管口，则编写同一个符号，但需在右下角加阿拉伯数字下标，如 b_1、b_2。

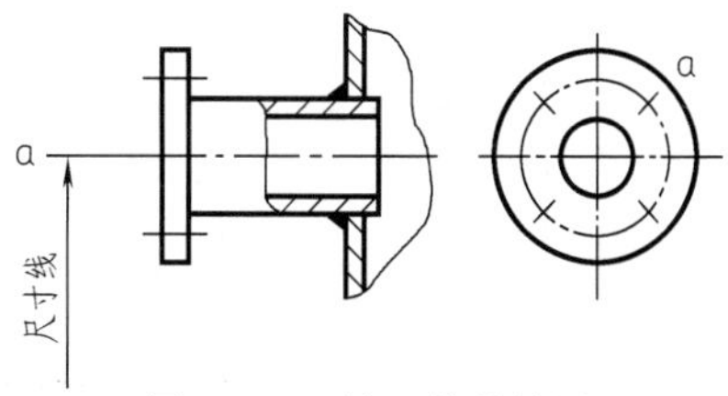

图 11-15　管口符号编写

③ 管口符号一般从主视图左下方开始，顺时针依次编写；其他视图（或管口方位图）上管口符号，按主视图中对应符号注写，见图 11-1 中所示。

11.5　标题栏、明细表、管口表、技术特性表

11.5.1　标题栏

化工设备图标题栏的内容和格式尚未统一，但内容类同。现推荐表 11-1 所示的一种，其中图名一般分三项（设备名称、设备主要规格和图样名称），按上下三行填写。

表 11-1 化工设备标题栏

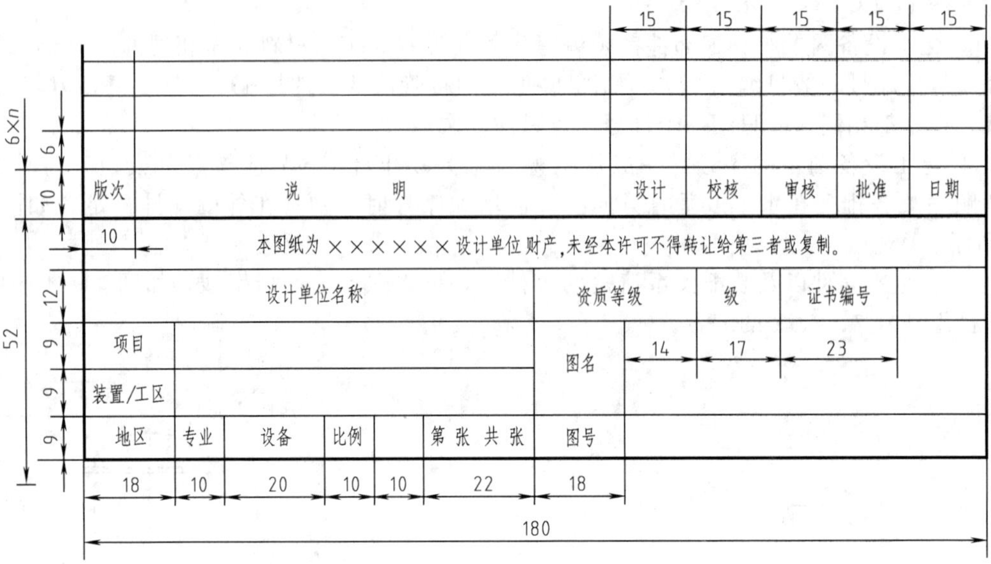

11.5.2 明细栏

明细栏是化工设备组成部分（零部件）的详细目录。化工设备图中明细栏的内容及格式推荐表 11-2。明细栏画在紧接标题栏上方，填写时按零件序号应与图中零部件序号一致并由下向上逐件填写。若位置不够，可在标题栏左边继续画表填写。

表 11-2 明细栏

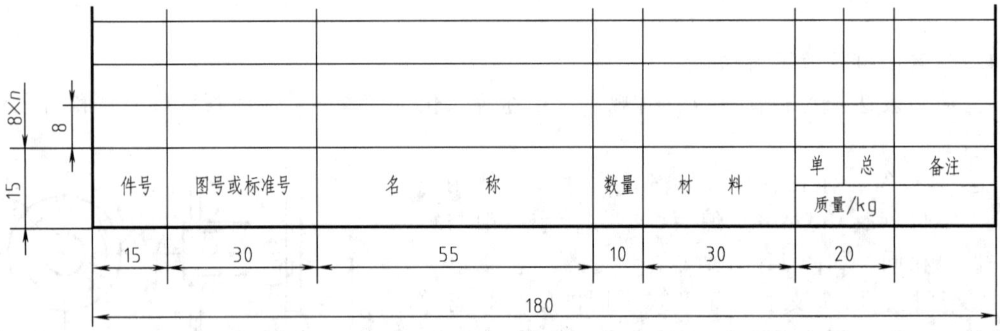

填写明细栏时，"名称栏"应采用公认和简明的提法填写零部件的名称和规格；"图号或标准号栏"中标准零部件填写标准号或通用图号；"数量栏"中应填写同一件号零部件的全部数量，填写大量木材、填充物数量以 m^3 为单位；"备注栏"中填写必要的参考数据和说明，如接管长度的 $L=150$，外购件的"外购"等。

11.5.3 管口表格式

推荐的管口表格式见表 11-3。管口表一般画在明细栏上方。填写管口表时应注意：

① 公称尺寸栏　无公称直径管口时公称尺寸栏按内径填写；椭圆孔填"长轴×短轴"。

② 连接尺寸栏　不对外连接管口用细斜线填写，螺纹接口则填螺纹规格。

11.5.4 技术特性表

技术特性表用来表示设备基本性能，是技术说明资料的一部分。内容包括工作压力、工作温度、容积、物料名称、热交换面、搅拌轴转速、搅拌类型、转动功率及其他有关表示设备主要性能的资料。上述内容按设备的种类、性能不同而异。列成表格后，常编写在管口表的上方。容器的技术特性表格式见表 11-4，其中容器类别按有关规定，根据容器压力高低、介质危害程度分为：一类容器，1kgf/cm^2（0.1MPa）$\leqslant p \leqslant$16kgf/cm^2（1.6MPa）；二类容器，1.6MPa$\leqslant p \leqslant$10MPa 和三类容器，$p>$10MPa。

不同类别的化工设备有不同的技术特性表格式，可参考有关资料。

表 11-3　管口表

管口表							
符号	公称尺寸	公称压力	连接标准	法兰形式	连接面形式	用途和名称	设备中心线至法兰面距离
A	250	0.6	HG20593	PL	突面	气体进口	660
M	600	0.6	HG20593			人孔	见图
B	150	0.6	HG20593	PL	突面	液体进口	660
C	50×50				突面	加料口	见图
H	250	0.6				手孔	见图
$D_{1\sim2}$	15	0.6	HG20593	PL	突面	取样口	见图
E	20		M20		内螺纹	放净口	见图
F	20/50	0.6	HG20593	PL	突面	回流口	见图
15	15	15	25	20	20	40	

180；5；10；8×n

表 11-4　容器技术特性表

工作压力/MPa		工作温度/℃	
设计压力/MPa		设计温度/℃	
物料名称			
焊缝系数 ϕ		腐蚀裕度/mm	
容器类别			
40	20	40	20

8；8

11.6　图面技术要求和注

图面技术要求主要说明设备在图样中未能表示出来的制造、试验、验收等的有关内容。通常以容器类设备的技术要求为基本内容，再按各类设备的特殊要求适当补充。容器设备的技术要求，一般包括以下内容。

① 设备在制造中依据的通用技术要求；

② 设备在制造（焊接，机械加工）和装配方面的要求；

③ 设备的检验要求；

④ 设备在保温、防腐蚀、运输等方面的其他要求。

各类设备的技术要求可参阅有关资料。常写在图纸幅面的右上角。

钢制焊接压力容器（无蛇管、无夹套）装配图面技术要求，一般有如下内容。

① 本设备按 GB 150.1～GB150.4—2011《压力容器》和 HG20584—1998《钢制化工容

器制造技术要求》进行制造、试验和验收，并接受劳动部颁发《压力容器安全监察规程》的监督。

② 焊接采用电弧焊，焊条牌号______。

③ 焊接接头形式及尺寸除图中注明外，按 HG20583—1998 中规定。

④ 容器上的 A 类和 B 类焊缝应进行无损探伤检查，探伤长度______%。射线探伤符合 GB 3323—2005 规定中______级为合格；或超声波探伤符合 JB 1152—1981 规定中______级为合格。

⑤ 设备制造完毕后，以______ MPa 进行压力试验，合格后再以______ MPa 的压缩气体进行致密性试验。

⑥ 管口及支座方位见管口方位图，图号见选用表（方位和俯视图一致时写：管口及支座方位按本图）。

以上 6 项中的焊条牌号、探伤要求及标准，压力试验及致密性试验的压力规定可参阅有关资料。

另外，如容器材料的特殊要求、容器钢板和焊缝的低温冲击韧性试验、容器及其元件的焊后热处理、液位计和接管的安装允差等特殊要求，也应作为技术要求填写。

不属技术要求但又无法在其他内容表示的内容，如“除已注明外，其余接管伸出长度为 120mm”等可以“注”的形式写在技术要求的下方，见图 11-1。

11.7 技术数据表

为提高化工设备设计效率，图样技术要求表达的内容和形式，近几年有采用制造、检验主要数据表形式，再另列管口表和需补充的技术要求内容的。制造、检验主要数据表的内容和格式以及在图样幅面中的布置情况，可参阅有关资料。更有将技术特性表、管口表和技术要求中的有关内容列成技术数据表的，一般画在图样幅面的右上角，如图 11-16 所示。

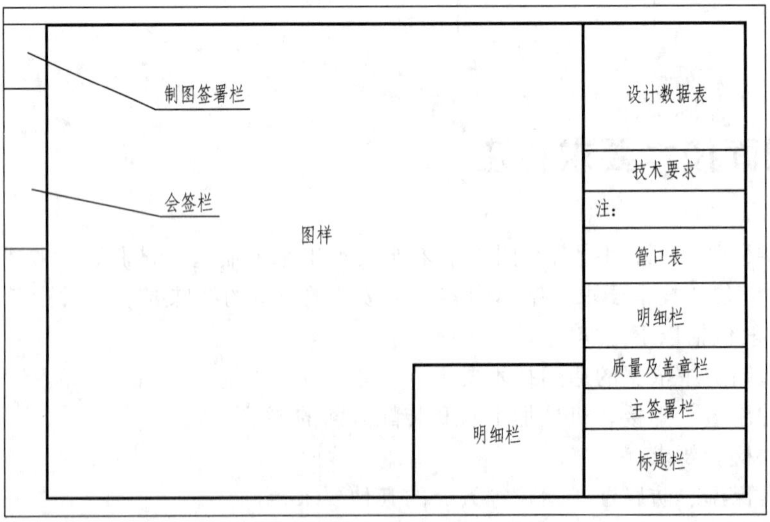

图 11-16 技术数据表在幅面中的位置

技术数据表在计算机绘制的化工设备图中被广泛采用。表 11-5 所示为某容器的技术数据表。技术数据表大体有五个基本栏目：基本数据栏、设计数据栏、制造检验及验收栏、焊条表栏、管口表栏。由于化工设备类型的不同，前四栏所填写的基本内容也略有不同。

表 11-5　容器技术数据表

Ⅰ基本数据

	容　器			容　器
设计压力/MPa	0.6	容器类别		一类
最高工作压力/MPa		物料名称		氮气
设计温度/℃	常温	物料特性		
最高/低工作温度/℃		质量/kg	空质量	421
水压试验压力/MPa	0.75		其中不锈钢	
气密试验压力/MPa			充满水	
全容积/m^3	1.24		操作	
充装系数				
换热面积/m^2		设计标准		GB 150.1～GB150.4—2011
主要受压元件材料	Q235-A			

Ⅱ设计数据

腐蚀裕度/mm		2	保温	材料
焊缝接头系数	A类	0.80		厚度/mm
	B类	0.80	油漆	部位及材料
安全阀开启压力/MPa				标准
爆破片爆破压力/MPa			封头各部位实测厚度不小于/mm	

Ⅲ制造检验及验收

标准，规范			GB 150.1～GB150.4—2011，压力容器安全技术监察规程		
材料要求					
材料无损探伤					
焊接规程			JB/T 4709—2007	产品焊接试板	
焊缝无损探伤	容器	类别	射线探伤长度 20%		射线探伤长度 20%B
		标准	JB 4730—2005，Ⅲ级		JB 4730—2005，Ⅲ级 B
热处理				表面处理	
管口及支座方位			见侧视图	包装及运输	按 JB 2536—1980
其他要求					

Ⅳ焊条表 焊缝代号

手工电弧焊焊条牌号焊缝坡口形式及尺寸 按 GB/T 985、GB 986

Ⅴ管口表

符号	公称规格	连接法兰标准	密封面	用途或名称	管子尺寸	伸出长度
a	*PN*1.0*DN*32	HG/T 20592—2009	RF	氮气进口	ϕ38×3.5	100
b	*PN*1.0*DN*32	HG/T 20592—2009	RF	氮气出口	ϕ38×3.5	100
c	*PN*1.0*DN*25	HG/T 20592—2009	RF	排污口	ϕ25×3	100
d	*PN*6*DN*450	HG/T 21516—2005	—	人孔	ϕ480×6	

11.8 化工设备图的绘制

11.8.1 概述

绘制化工设备图一般通过两种途径：一是测绘化工设备；二是依据化工工艺设计人员提供的“设备设计条件单”进行设计、制图。

设备设计条件单的具体内容和格式见表 11-6。设备设计人员按设备设计条件单中提出的要求，通过必要的强度计算和零部件选型等工作后绘制图样。

11.8.2 绘制化工设备图的步骤

图 11-1 是按上述设计条件图绘制的图样。绘制化工设备图是一项细致的工作，故必须有步骤地进行，现简述如下。

（1）对所绘设备的分析　通过有关资料及设备条件单，分析设备（或部件）的结构、工作状况、装配关系等。

表 11-6　设备设计条件单

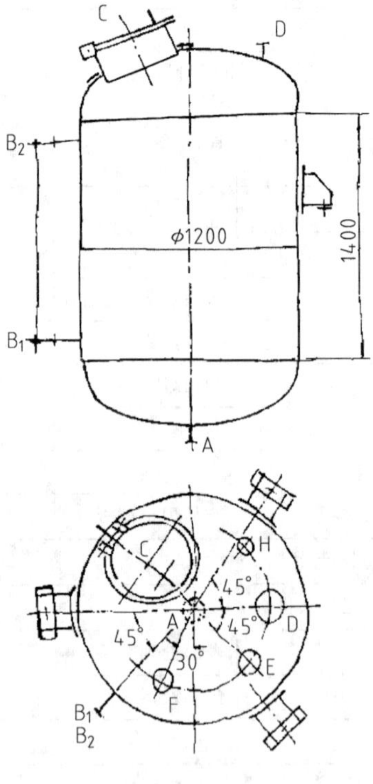

设备技术特性及要求

	设 备 内	夹 套 内	管 内	管 间
工作压力	0.25MPa			
密封压力				
工作温度	××℃			
壁温				

续表

操作物料	名称	××				
	黏度					
	相对密度					
	特性					
操作情况						
设备材料		碳钢	传动要求			
			搅拌形式			
设备技术特性及要求						
		设　备　内	夹　套　内	管　　内	管　　间	
设备容积			转速			
操作容积			功率			
传热容积			电动机形式			
保温要求			安装要求			
其他要求						
符号		公称尺寸	连接面形式	公称压力	用途	备注
A		50	突面	$PN0.6$	液面计口人孔	
$B_{1,2}$		15	突面	$PN0.6$		
			—	$PN0.6$		
C		400	突面	$PN0.6$		
D		70	突面	$PN0.6$		
E		40	突面	$PN0.6$		
F		25	突面	$PN0.6$		
H		50	突面	$PN0.6$		
工程编号		设计			会签工种	
工程名称		项目负责人				
设备编号		组长				
设备名称	储罐	提出科室			接受科室	

(2) 选择视图表达方案　按所绘化工设备的结构特点选择视图表达方案。

首先选择主视图，一般按工作位置，最能表达各零部件装配和连接关系。工作原理及设备的结构形状。主视图选定后，再选用其他必要的视图，以补充表达设备的主要装配关系和连接关系、工作原理、结构特征以及主要的零部件的结构形状。

化工设备一般除用主视图和俯（或左）视图两个基本视图表达设备的主要结构形状、装配、连接关系等外，再采用局部放大图、×向视图、剖视图及断面等各种表达方法，补充表达零部件的装配关系、接管与筒体（或封头）连接，焊缝结构、零部件结构形状等。主视图一般采用多次旋转画法。

图 11-1 所示的容器就采用了主俯两个基本视图，再采用局部放大图和 A—A 局部放大剖视图分别表示人孔、补强圈和封头间的装配连接关系及焊缝结构、接管和封头装配结构。

(3) 选比例、图幅、安排图面　绘图比例一般应按机械制图国家标准规定。化工设备图中，基本视图的比例有 1∶5，1∶10 等，以 1∶10 为多；局部视图则常用 1∶2 和1∶5，标注方法如$\frac{1}{1:5}$，$\frac{A-A}{2:1}$。图纸幅面大小应力求全部内容在幅面上布置匀称、美观，常见为 A1 幅面。幅面安排一般如图 11-17（a）所示。须注意的是，化工设备图中除主视图外，其他视图在幅面中一般都可灵活安排。

（4）绘制视图　视图绘制一般按照下列原则：先定位（画轴线、对称线、中心线、作图基准线），后定形（画视图）；先画基本视图（主视图，俯、左视图），后画其他视图；先画主体（筒体、封头），后画附件（接管等）；先画外件，后画内件；然后画剖面符号、书写标注，如图 11-17（b）所示。

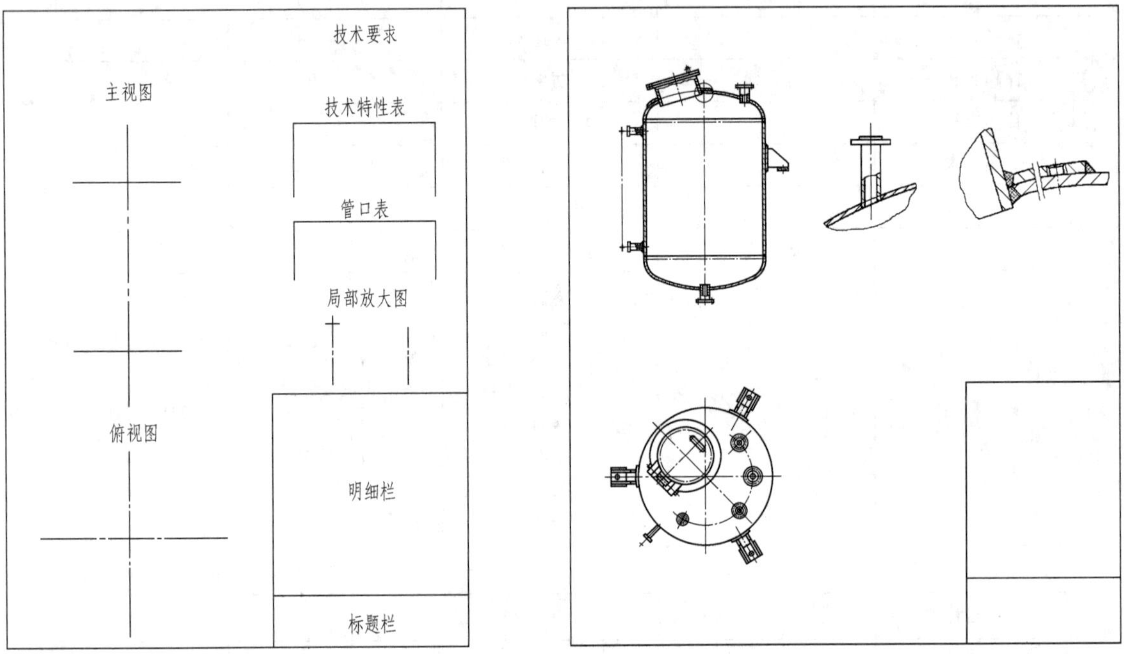

(a)　　(b)

图 11-17　容器装配图绘制步骤

（5）标注尺寸等　标注尺寸、焊缝代号，再编注零部件序号、管口符号，然后编写标题栏、明细栏、技术特性表和图面技术要求等内容，经校核、修改、审定，绘出如图 11-1 所示立式容器装配图。

11.9　化工设备图的阅读

11.9.1　概述

在设计、制造、使用或维修化工设备进行技术交流时，都需要阅读化工设备图，因此工程技术人员必须掌握阅读化工设备图（或部件装配图）的技能。

阅读化工设备图和其他装配图一样，主要达到下列要求。

① 了解设备的用途、工作概况、结构特点和技术特性等；

② 了解各零部件的装配连接关系等；

③ 了解零部件的结构形状、材料等；

④ 了解设备制造、检验、安装的技术要求等。

11.9.2　阅读步骤

阅读化工设备图，其方法、步骤与阅读其他装配图一样，一般可分概括了解、详细分析和归纳总结三步骤。

在阅读化工设备图前，应具有一定的化工设备基础知识，以提高读图质量和效率。

现以图 11-18 所示反应罐装配图为例介绍。

(1) 概括了解　大致阅读装配图的标题栏、明细栏、技术特性表、技术要求等内容和视图配置情况，以初步了解设备的名称、用途和性能，各视图间的关系和表达意图。

从图 11-18 中标题栏可知该设备的名称是“反应罐”，是将化工物料进行混合和反应的一种常用设备。这将帮助了解它的结构特征，并知道它是由 51 种零部件组成。

容器内是氨水、浓硫酸，工作压力 0.2MPa，夹套内是冷却盐水，工作压力为 0.3MPa，工作温度为 100℃，搅拌转速为 80r/min。反应罐有 10 个接管口，其用途、尺寸详见管口表。该反应罐采用了两个基本视图（主、俯视图），五个局部放大图。

(2) 详细分析

1) 视图分析　弄清楚图名称、表达方法、视图间的投影联系和表达内容。

反应罐装配图的主视图采用多次旋转画法，用以表达该设备的主要装配关系、结构形状和接管口附件的轴向位置。俯视图采用拆卸画法（拆卸了件号为 32、33、34 等的零部件），用以清晰地表达各接管口、支座等附件的周向方位。A—A 剖视局部放大图用以表达压料管（件号 12）和管夹（件号 11）在筒体内的装配情况，它的剖切平面位置见主视图。B—B，C—C，D—D 和 E—E 剖视图也采用放大画法，用以清晰地表达有关接管口、温度计套管的结构和装配情况，它们的剖切平面位置在俯视图上可见，各局部放大图的比例分别为 1∶5，1∶2，标注在图的上方。

2) 装配连接关系分析　如从主视图可知筒体封头（件号 5)、筒体（件号 9）用法兰连接和焊接方法装配组成设备主体。由夹套封头（件号 4)，夹套筒体（件号 6）焊接成夹套后与设备主体焊接装配。还有机械密封装置，接管口、支座、人孔等则都是用焊接方法装配在筒体或封头上。

搅拌轴分上轴（件号 28）和下轴（件号 10)，用刚性联轴器（件号 15）通过螺栓连接。装于轴上的桨式搅拌器（件号 7）则用圆柱销（件号 8）和螺栓连接。

3) 分析零部件结构形状　通常按照先主要后次要并参考明细栏中件号的顺序依次进行。

如读图 11-18 时，可先分析封头（件号 5)、筒体（件号 9)，后分析其他零部件。如果个别零部件的某些结构形状暂时未能读清，可待其他零部件的结构形状弄清后再行补充分析后予以解决。

在分析零件形状时，首先要从装配视图中分离出零件的视图，其方法一般如下。

① 根据零部件的件号，找出该零部件的有关投影。如从图 11-18 所示反应罐装配图中读件号 11 的零件——管夹，就应按件号“11”的指引线，先从有关视图——主视图上找出它的投影轮廓，见图 11-19 (a)。

② 根据投影关系，找出该零部件在不同视图中的各个投影。上述“管夹”按投影关系，可在 A—A 局部放大剖视图中再找出它的投影轮廓，见图 11-19 (b)。

在图样中分离零件的投影时，应按照同一零件在各视图中的剖面符号相同或剖面线方向及间隔相同的这一规定来帮助区分，并划出该零件在各视图中的投影轮廓。

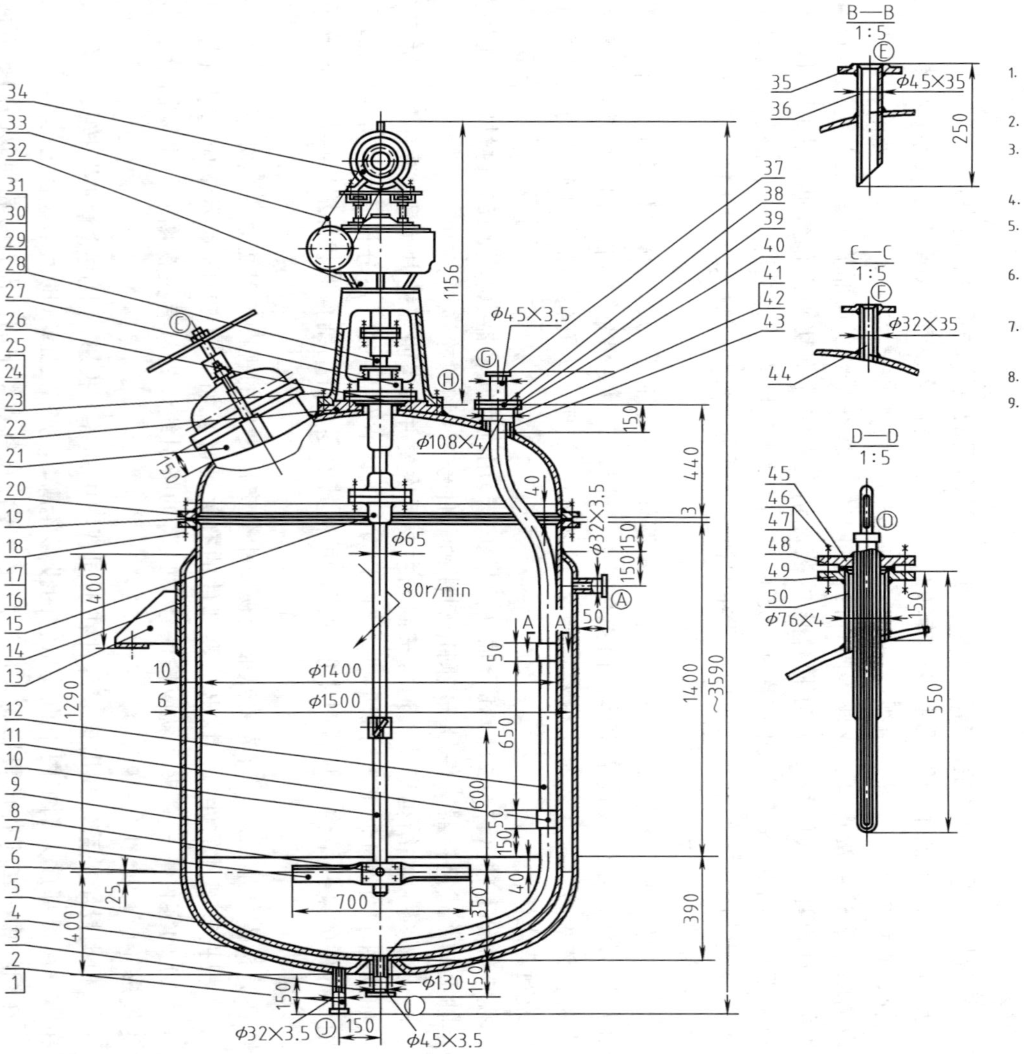

技术要求

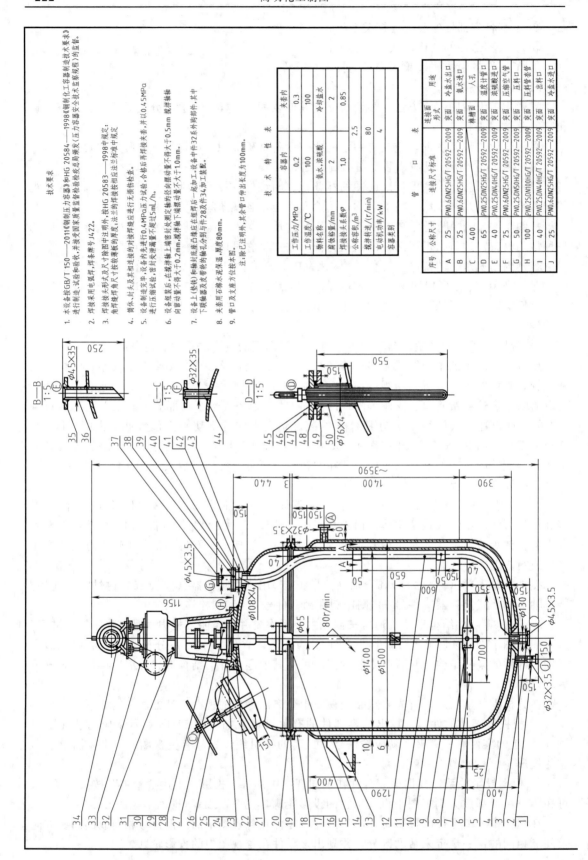

1. 本设备按GB/T 150—2011《钢制压力容器》和HG 20584—1998《钢制化工容器制造技术要求》进行制造、试验和验收，并接受国家质量监督检验检疫总局颁发〈压力容器安全技术监察规程〉的监督。
2. 焊接采用电弧焊，焊条牌号J422。
3. 焊接接头形式及尺寸除图中注明外，按HG 20583—1998中规定：角焊缝焊角尺寸按较薄板的厚度；法兰的焊接按相应法兰标准中规定
4. 筒体、封头及其相连接的对接焊缝应进行无损伤检查。
5. 设备制造完毕，设备内先进行0.4MPa压力试验，合格后再焊接夹套，并以0.45MPa进行压缩试验，密封处泄漏量不超过5mL/h。
6. 设备组装后，在搅拌轴上端密封处测定轴的径向摆动量不得大于0.5mm 搅拌轴轴向窜动量不得大于0.2mm，搅拌轴下端摆动量不大于1.0mm。
7. 设备上(垫铁)和轴封底座凸缘应在组焊后一起加工。设备中件32系外购部件，其中下联轴器及皮带轮的轴孔分别与件28及件34加工装配。
8. 夹套用石棉水泥保温，厚度80mm。
9. 管口及支座方位按本图。

注：除已注明外，其余管口伸出长度为100mm。

技　术　特　性　表

	容器内	夹套内
工作压力/MPa	0.2	0.3
工作温度/℃	100	100
物料名称	氨水，浓硫酸	冷却盐水
腐蚀裕量/mm	2	2
焊接接头系数φ	1.0	0.85
公称容积/m³	2.5	
搅拌转速/(r/min)	80	
电动机功率/kW	4	
容器类别		

管　口　表

序号	公称尺寸	连接尺寸标准	连接面形式	用途
A	25	PN0.6*DN*25HG/T 20592—2009	突面	冷盐水出口
B	25	PN0.6*DN*25HG/T 20592—2009	突面	氨水进口
C	400		榫槽面	人孔
D	65	PN0.25*DN*25HG/T 20592—2009	突面	温度计管口
E	40	PN0.25*DN*40HG/T 20592—2009	突面	浓硫酸进口
F	25	PN0.6*DN*25HG/T 20592—2009	突面	压缩空气管
G	50	PN0.25*DN*50HG/T 20592—2009	突面	压料口
H	100	PN0.25*DN*100HG/T 20592—2009	突面	压料管套管
I	40	PN0.25*DN*40HG/T 20592—2009	突面	出料口
J	25	PN0.6*DN*25HG/T 20592—2009	突面	冷盐水进口

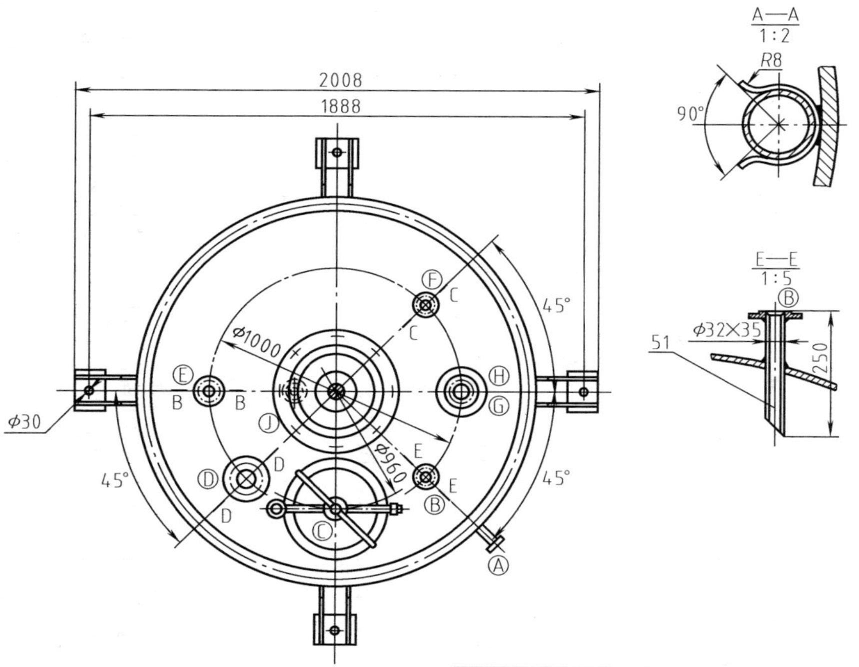

件号	图号或标准号	名称	数量	材料	单质量/kg	总质量/kg	备注
51		接管Φ32×3.5	1	10			
50		接管Φ76×4	1	10			
49	HG/T 20592-2009	法兰65-0.25	1	Q235-A			
48	HG/T 20606-2009	垫片RF65-0.25	1	石棉橡胶板			
47	GB 6170—2000	螺母M16	4	Q235-A			
46	GB 5782—2000	螺栓M16×6	4	Q235-B			
45		温度计	1				
44		接管Φ32×3.5	1	10			
43		接管Φ108×4	1	10			
42	GB 6170—2000	螺母M6	4	Q235-A			
41	GB 5782—2000	螺栓M16×65	4	Q235-B			
40		垫片 RF 100-0.25	1	石棉橡胶板			
39	HG/T 20592-2009	法兰100-0.25	1	Q235-A			
38		盖板100-0.25	1	Q235-A			
37	HG/T 20592-2009	法兰50-0.25	1	Q235-A			
36		接管Φ45×3.5	1	10			
35	HG/T 20592	法兰40-0.25	2	Q235-A			
34		电动机	1				
33	GB/T 1171	三角胶带B-1250	3	橡胶			
32		蜗轮减速机	1				
31	GB 858	垫圈45	1	Q215-A			
30	GB 812	圆螺母M45×1.5	2	Q235-A			
29	GB 1096	平键18×70	1	45			
28		搅拌器上轴	1	45			
27		机械密封	1				
26		垫片Φ130/Φ62 δ=3	1	石棉橡胶板			
25	GB 6170	螺母M16	8	Q235-A			
24	GB 97.1	垫圈16	8	Q235-A•F			
23	GB 897	螺栓M16×50	8	Q235-B			
22		垫铁	1	Q235-A•F			
21		旋柄快开人孔Dg400	1				
20	JB 4701	法兰PⅡ1400-0.25	2	Q235-A			
19	JB 4704	垫片Φ1465/Φ1427 δ=3	1	石棉橡胶板			
18	GB 6170	螺母M20	52	Q235-A			
17	GB 97.1	垫圈20	52	Q215-A			
16	GB 5782	螺栓M20×95	52	Q235-B			
15		刚性联轴器DN65	1				
14		加强板280×180×8	4	Q235-A•F			
13	JB/T 4725	支座B3	4	Q235-A•F			
12		压料管Φ57×3.5	1	10			
11		管夹 扁钢50×4×170	2	Q235-A•F			
10		搅拌器下轴	1	45			
9		筒体DN1400×10	1	Q235-A			
8	GB119	圆柱销12×90	1	45			
7	HG/T 3796.3	桨式搅拌器	2				
6		夹套筒体DN1500×6	1	Q235-A			
5	JB/T 4736	封头DN1400×10	2	Q235-A			
4	JB/T 4737	夹套封头DN1500×6	1	Q235-A			
3		接管Φ45×3.5	1	10			
2		接管Φ32×3.5	2	10			
1	HG/T 20592	法兰25-0.625	4	Q235-A			

(单位)			工 程 名 称	
制图		反 应 罐 $V_s=2.5m^3$ 装 配 图	项目名称	
设计			专业	设计阶段
校核				
审核				
年		比例 1:10		

图 11-18 反应罐装配图

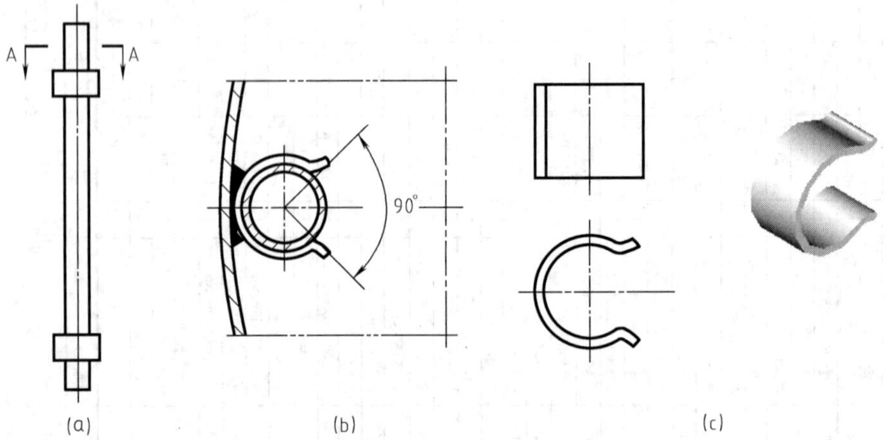

图 11-19 分析装配图中的零件结构形状

③ 根据完整的一组投影，分析想象零部件结构形状，如图 11-19（c）所示。

对于另有图样的零部件（包括标准件、通用件）则阅读有关零部件图进行分析。

4）了解技术要求 读技术要求可知该设备的制造、检验、安装方面的有关要求。如该设备按＜钢制压力容器技术条件＞＜压力容器安全技术监察规程＞进行制造、试验和验收等，并有水压试验、石棉水泥保温等要求。

（3）归纳总结

1）工作概况 氨水自管口 B 放入罐内，固体物料可从快开人孔（件号 21）投入，浓硫酸从管口 E 送入，并由搅拌器（件号 7）充分混合，反应完成后，可由管口 F 通入压缩空气，将料液从压料管 G 压出，必要时也可由底部管口 I 排出。反应时所产生的热量则被流经夹套的冷却盐水带走，冷却盐水从管口 J 进入夹套，从管口 A 流出。

2）结构及表达方案概况 反应罐结构常有：容器部分（封头、筒体等组成）、换热装置（夹套等组成）、搅拌装置（搅拌轴、搅拌器等组成）、减速装置（皮带轮、蜗轮减速机等组成）、密封装置（机械密封等组成）等。

一般由主视图、俯（或左）视图及其他视图（如剖面图、局部放大图等）组成表达方案。

3）其他 连接装配形式多样，有焊接、法兰连接、螺栓连接、销连接等。零件主要选用了 Q235-A，10，石棉橡胶板等材料。

各类典型化工设备（如热交换器、塔器等）装配图的阅读方法步骤相同，可结合有关图样、资料自行阅读。

11.10 本章小结

本章主要由化工设备图的视图表达、尺寸标注、零部件序号和管口符号、标题栏、明细表、管口表、技术特性表、图面技术要求和注、技术数据表、化工设备图的绘制、化工设备图的阅读等内容组成，重点是化工设备图的绘制与阅读。

（1）化工设备图的绘制 化工设备图的绘制方法和步骤与机械图大致相似，但因化工设备图的内容和要求有其特殊之处，故它的绘制方法也有相应的差别。

化工设备图的绘制有两种依据：一是对已有设备进行测绘，这种方法主要应用于仿制引进设备或对现有设备进行革新改造；二是依据化工工艺设计人员提供的设备设计条件单进行设计和绘制。须掌握绘制化工设备装配图的有关要求和步骤。化工设备的零部件图与一般机械零部件图类似。

绘制化工设备图的步骤大致如下：

① 选择视图表达方案，绘图比例和图面安排；

② 绘制视图；

③ 标注尺寸及焊缝代号；

④ 编写零部件件号和管口符号；

⑤ 填写明细栏和管口表；

⑥ 填写设计数据表、编写图面技术要求；

⑦ 填写标题栏；

⑧ 校核、审定。

(2) 化工设备图的阅读　化工设备图是化工设备设计、制造、使用和维修中的重要技术文件，也是进行技术交流、完成设备改造的重要工具。因此，每一个从事化工生产的专业技术人员，不仅要求具有绘制化工设备图的能力，而且应该具备熟练阅读化工设备图的能力。

阅读图样，就是通过图样来认识和理解所表达设备（或零部件）的结构、形状、尺寸和化工设备图技术要求等资料。读图能力的培养，有利于我们引进国内外先进的技术和设备；有利于设备的制造、安装、检修和使用；有利于对设备进行技术革新和改造；还有利于培养和发展我们的空间想象力，丰富和完善我们的设计思想。

通过对化工设备图的阅读，应达到以下几方面的基本要求：

① 了解设备的性能、作用和工作原理。

② 了解各零部件之间的装配连接关系和有关尺寸。

③ 了解设备主要零部件的结构、形状和作用，进而了解整个设备的结构。

④ 了解设备上的开口方位以及在设计、制造、检验和安装等方面的技术要求。

化工设备图的阅读方法和步骤，与阅读机械装配图基本相同，一般可分为概括了解，详细分析和归纳总结三个步骤。在读总装配图对一些部件进行分析时，应结合其部件装配图一同阅读。在读图过程中，必须着重注意化工设备图的各种表达特点、简化和习惯画法、管口方位图和技术要求等与机械制图不同的方面。

第12章 AutoCAD三维化工制图

12.1 概述

用计算机直接绘制三维图形的技术称为三维几何造型。三维几何造型就是将物体的形状及其属性（颜色、纹理、材质等）储存在计算机内，形成该物体的三维几何模型。这种模型是对原物体形状的数学描述，或者是对原物体某种状态的真实模拟。三维几何造型在化工设备设计化工管道设计等方面有着广泛的用途。

12.2 AutoCAD 三维化工设备制图

根据工艺设计提供的化工设备设计条件单（如图 12-1 所示），对设备各零部件进行选型和定形、定位设计。将所选零部件列表，如表 12-1 所示。由表 12-1 可知立式储槽的零部件分二类，一类是标准件和通用件，这类零部件的结构形状和尺寸大小均可由查表得到。另一类是非标准件，这类零件的结构形状和尺寸大小需自行设计确定。

表 12-1　化工设备零部件

29		接管 $\phi 32 \times 3.5$　$L=153$	2	10	1.46	1.92	
28	HG 20593—2009	法兰 PL 25IBI-1.25RF	2	Q235-A	1.73	1.46	
27	GB 97.1—2002	垫圈 21	36	Q 235-B	1.04	1.44	
26	GB 6171—2000	螺母 M20	36	Q235-A	1.09	3.24	
25	GB 5782—2000	螺栓 M20×120	36	Q235-B	1.42	15.12	
24		接管 $\phi 57 \times 3.5$　$L=153$	1	Q235-A		1.51	
23	HG 20593—2009	法兰 PL50(B)-0.25 RF	2	Q235-A	1.51	3.02	
22	HG 20606—2009	垫片 RF50-2.5	1	石棉橡胶板			
21	GB 6171—2000	螺母 M12	4	Q235-A	1.116	1.164	
20	GB 5782—2000	螺栓 M12×50	4	Q235-B	1.154	0.22	
19	HG 20593—2009	法兰 PL40IBI-0.25RF	2	Q235-A	1.38	2.76	
18	HG 21516—2005	人孔Ⅲ|A·G|A400-0.6	1			84	
17	JB/T 4736—2002	补强圈 $d_N 400 \times 6$-D	1	Q235-A		10.3	

续表

16	JB/T 4711—2002	法兰-RF 1200-1.25	2	Q235-A	85.3	171.6	
15	JB/T 4714—2002	垫片 1200-1.25	1	石棉橡胶板			
14	HG/T 20606—2009	垫片 RF20-2.5	2	石棉橡胶板			
13	GB 6171—2000	螺母 M12	8	Q235-A	1.116	1.13	
12	GB 5782—2000	螺栓 M12×55	8	Q235-B	1.06	1.96	
11	HG 21592—1995	液面计 AG1.6-IW 1210	1			11.5	
10		进料管 $\phi 45 \times 3.5$ $L=2330$	1	10		8.4	
9		拉筋 4×12 $L=170$	2	Q235-A·F	1.07	1.14	
8		管夹 $\phi 45$	2	Q235-A	1.25	1.5	
7		筒体 DN1210 6=6 $H=1363$	1	Q235-A		24.26	
6	HG/T 20592—2009	法兰 20-2.5	2	Q235-A	1.94	1.88	
5		接管 $\phi 25 \times 3.5$ $L=153$	2	10	0.25	1.5	
4	JB/T 4746—2002	椭圆形封头 EHA1210×6	2	Q235-A	76.4	152.8	
3	JB/T 4724—1992	支座 B2 $H=550$	4	11.0235-A F/Q235-A	9.3	37.2	
2		接管 $\phi 57 \times 3.5$ $L=153$	1	10		0.71	
1	HG 20593—2005	法兰 PL50(B)-0.25 RF	1	Q235-A		1.51	
件号	图号或标准号	名　称	数量	材　料	单	总	备　注
					质量/kg		

12.2.1　AuotCAD 三维造型基本方法

将表 12-1 中同类零件单列一组，如接管 2、5、24、29；法兰 1、6、16、23、28；垫圈 27；螺母 13、21、26；螺栓 12、20、25；垫片 14、15、22；人孔 18；补强圈 17；封头 4；支座 3；液面计 11。同组零件的形状相同，因此造型方法相同。从各个零件的形状分析，它们主要是：拉伸形体，如螺母外形；旋转形体，如法兰；或是二种形体的组合，如支座由底板和接管组成，其中底板为拉伸形体，接管为旋转形体。对于零部件如人孔可对组成人孔的各零件进行形体分析，分别造型后再组合成人孔。在 AutoCAD 中有两个从轮廓线生成三维实体的命令。轮廓线对象是闭合的平面对象。Revolve 命令使轮廓线绕某一轴旋转而生成三维实体。Extrude 命令沿指定的方向或路径将轮廓线拉成三维实体（图 12-2）。

轮廓线对象必须是单一的闭合实体。可以一次拾取几个实体，但每一个都必须是闭合的。例如一个图形虽然闭合，但它是由一级首尾相连的直线组成的，该图形就不能被作为轮廓线对象拾取。轮廓线对象还必须是平面的。如波状盘或螺旋线，也不能作为轮廓线对象拾取。图 12-3 表示了合法与非法的轮廓线对象。面类对象的外廓线，甚至 3D 平面都可以作为轮廓线对象来用。文字、多边面和多边体不能作为轮廓对象用。3D 多段线也不能作为轮廓线对象用。生成的实体对象在当前层内而不是在轮廓线对象的层内。轮廓线对象是否保留，由系统变量 Delobj 决定。当 Delobj 为 0 时轮廓线对象被保留，当 Delobj 为 1 时轮廓线对象和实体对象生成后就被自动删除掉。

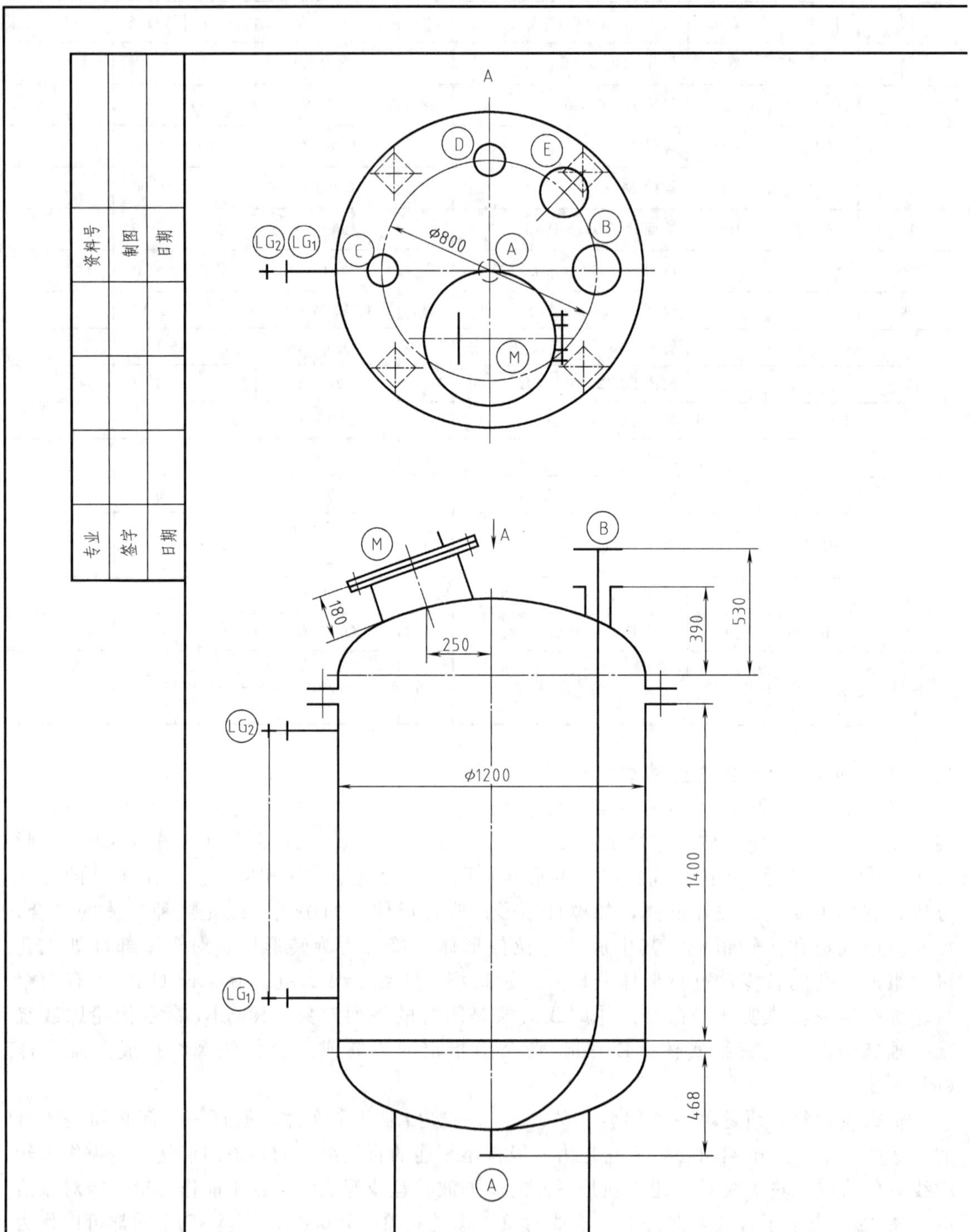
资料号
制图
日期
专业
签字
日期
A
D
E
B
C
LG2
LG1
Φ800
A
M
M
A
B
180
250
390
530
LG2
Φ1200
1400
LG1
468
A

图 12-1 化工设备

管口表							
符号	公称尺寸	公称压力	连接标准	法兰形式	连接面形式	用途和名称	设备中心线至法兰面距离
A	50					出料口	见图
$LG_{1\sim2}$	20					液面计口	756
M	400					人孔	见图
B	40					进料口	见图
C	25					放空口	
D	25					备用口	
E	40					进料口	

材料表		设计数据表				采用标准
壳体,封头		规范		压力容器类别		
法兰		介质和其特性		焊后热处理		
接管		工作温度/℃	60	无损检测		
支座		设计温度/℃		全容积	1.8	
		工作压力/MPa(G)	0.15	防腐要求	外表涂红丹两度	
		设计压力/MPa(G)				
		水压试验压力/MPa(G)				
		气密试验压力/MPa(G)				
		焊接接头系数				
		腐蚀裕量/mm				
		估计质量表		负荷表		
		净质量/kg				
		操作质量/kg				
		充水质量/kg				

技术要求

1. 安装液面计时两接管之间的距离公差为±1.5mm，接管对于基准距离公差为3mm。
2. 保温层材料为矿渣棉板材。

注：

版次	说明	设计	校核	审核	批准	日期

本图纸为　　　　工程公司财产，未经本许可不得转让给第三者或复制。

工程公司				资质等级	甲级	证书编号	
项目				图名	设备设计条件单		
装置/工区							
地区	专业		比例	：	第　张　共　张	图号	

设计条件单

12.2.2 Revolve 命令

当一个平面轮廓线绕一根轴旋转时，本命令将其轨迹转换成一个实体。它与 Revsurf 命令有点像，但它生成的是实体对象而不是表面，它使用闭合的面轮廓线而不是边界曲线。Revolve 需要三个不同的步骤。首先要拾取一个轮廓线，其次选择一根轴，最后要指定一个轮廓线旋转的角度。

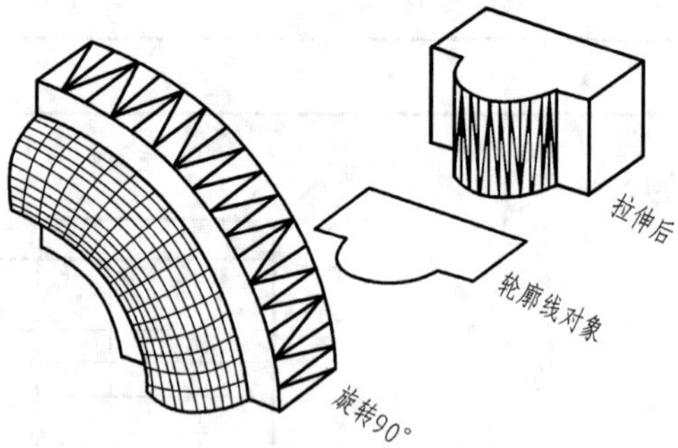

图 12-2 旋转与拉伸

轮廓线对象可以与轴接触，但是不可以与它相交。轴也可以是反方向的，在生成不完整的实体时旋转轴的方向决定旋转的方向（图 12-4）。

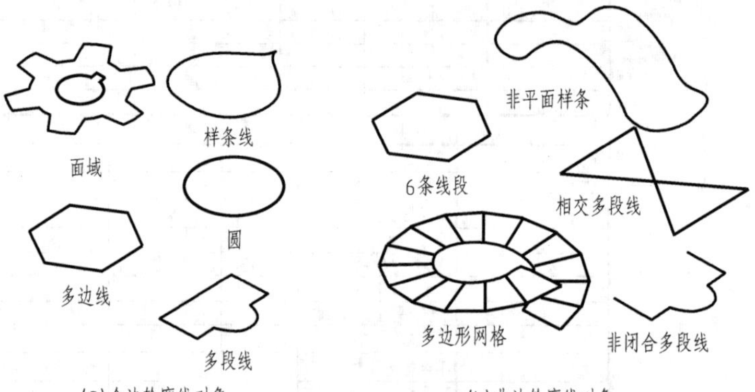

图 12-3 轮廓线的选用

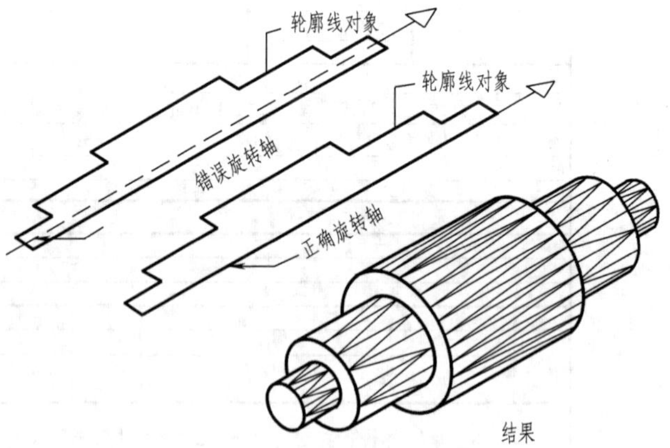

图 12-4 旋转轴的选用

Revolve 命令的格式如下。

Command：Revolve

Current wire frame density：ISOLINES=(current)

Select objects：(用各种方法选择对象)

Specify start point for axis of revolution or

define axis by [Objcet/x (axis)/y (axis)]：(指定一个点或选项)

可以选几个对象，但是 AutoCAD 只会旋转所选的第一个对象。一旦选好轮廓线对象，

AutoCAD 就给出四个选择来定义旋转轴。

Start point of axis 选项：这一定义转轴的选取项定义了轴的第一个点，AutoCAD 会接着提示，输入第二个点。从第一个点到第二个点的方向为正向（图 12-5）。

Specify endpoint of axis：(指定一个点)

Specify angle of revolution ＜360＞：(指定一个角度或回车)

对于定义转轴的各个选项，旋转角度（Angle of revolution）的提示都是相同的。

（1）Object 选项　可以把现成的直线、或单段 2D 或 3D 多段线作为旋转轴。多段线必须只有一段并且是直线段。直线的正方向是从线上离拾取点近的端点到另一个端点（图 12-6）。

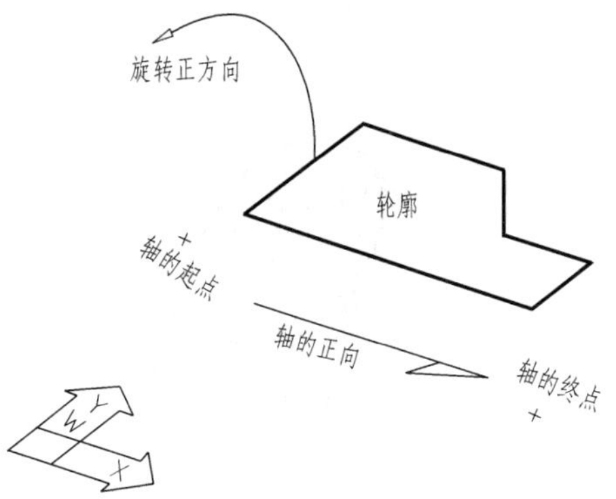

图 12-5　定义两点为轴

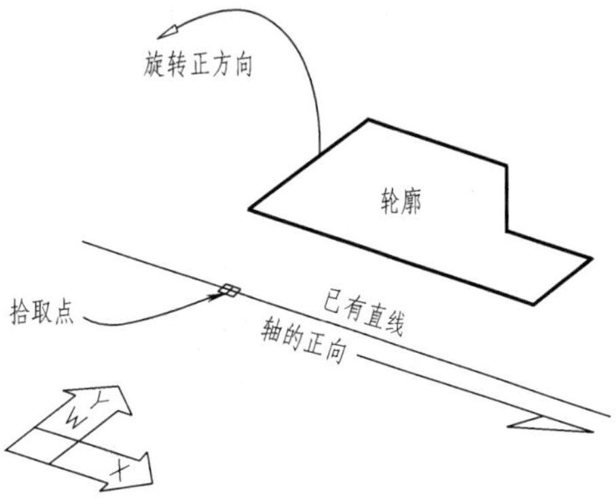

图 12-6　已知直线为轴

Specify an object：(指定一直线对象)

Specify angle of revolution ＜360＞：(指定一个角度或回车)

X 选项

这一选项将 *X* 轴作为转轴。转轴的正方向与 *X* 轴正方向相同。

Specify angle of revolution ＜360＞：(指定一个角度或回车)

Y 选项

这一选项将 *Y* 轴作为转轴。转轴的正方向与 *Y* 轴正方向相同。

Specify angle of revolution ＜360＞：(指定一个角度或回车)

当指定了一个要旋转的对象和转轴后，AutoCAD 会询问旋转角度。旋转实体总是从轮廓线所在位置绕转轴旋转，角度可以是 0°～360°之间的任何值。旋转方向符合右手法则，也就是说如果从转轴尾部顺着它的正向看，旋转的正向是顺时针方向。也可以输入负的角度使旋转方向反过来。对“Angle of revolution”的提示直接回车就是取它的缺省值 360°，在这种情况下角度就没有意义了（图 12-7）。

（2）应用实例　为了说明 Revolve 命令，旋转一个轮廓线对象，如图 12-8 所示，将它分别绕 *X* 轴和 *Y* 轴旋转使之生成两个完全不同的实体。该轮廓线对象是个闭合 2D 多段线。使它一端与 *Y* 轴接触，另一端离 *X* 轴的距离为 1（图 12-8）。旋转后生成的用等值线表示的 3D 实体图形如图 12-9 和图 12-10 所示。

首先使它绕 *Y* 轴转－90°，如图 12-9 所示。

Command：Revolve

Current wire frame density：ISOLINES＝4

Select object：(选 2D 闭合多段线)

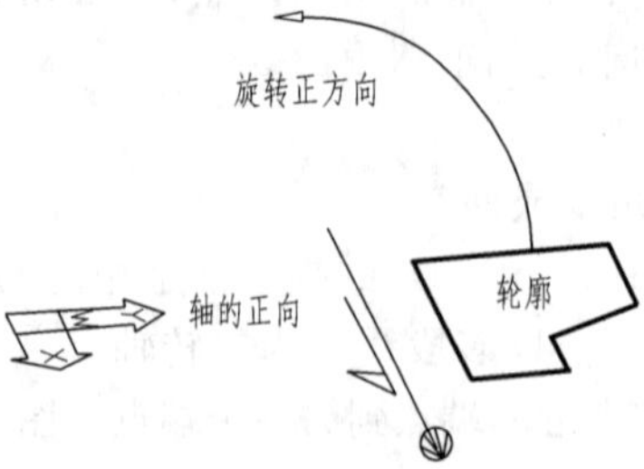

图 12-7 旋转方向

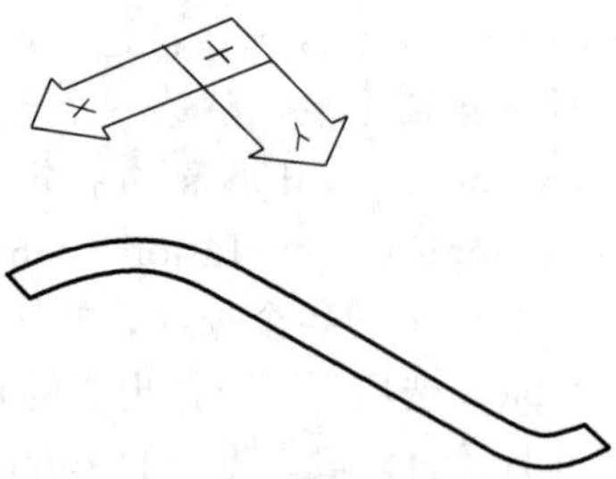

图 12-8 绕不同的轴旋转

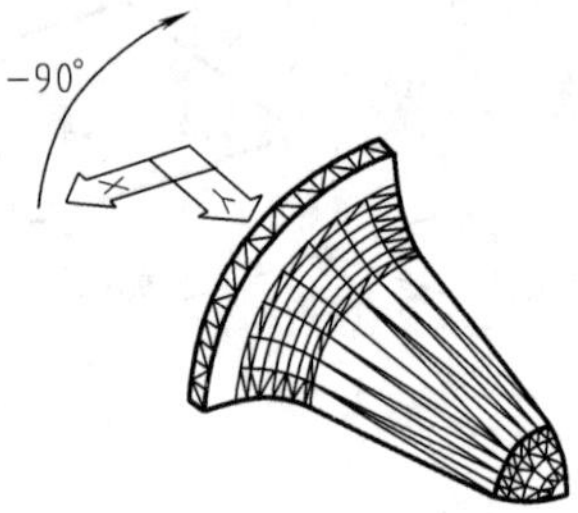

图 12-9 绕 Y 轴生成的形体

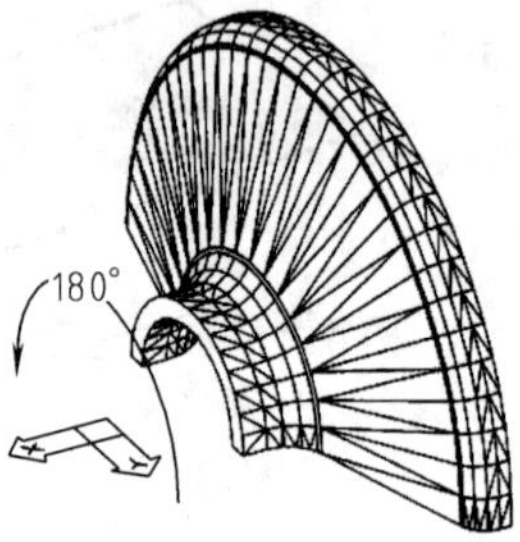

图 12-10 绕 X 轴生成的形体

Specify start point for axis or revolution or

define axis by [Object/X (axis) /Y (axis)]: *Y*

Specify angle of revolution <360>: −90

接下来使它绕 X 轴转 180°，如图 12-10 所示。

Command: Revolve

Current wire frame density: ISOLINES=4

Select objects:(选 2D 闭合多段线)

Specify start point for axis or revolution or

define axis by [Object/X (axis) /Y (axis)]: X

specify angle of revoltuion <360>: 180

12.2.3 Extrude 命令

Extrued 命令将轮廓线对象空间移动的轨迹转变成实体对象。AutoCAD 中的拉伸既可以使轮廓线的法向沿指定的对象的路径走，又可以带有锥度。Extrued 的命令格式如下。

Command: Extrued

Current wire frame density: ISOLINES=(current)

Select object:(用各种方法拾取对象)

Specify height of extrusion of [Path]:(指定一个距离或输入 P)

所选的对象会被沿着指定路径拉伸同样的高度。

Height of extrusion 选项：指定一个距离可以用拾取两个点的方法，也可以直接输入一个值。拉伸轮廓线对象所沿的方向不一定是 Z 轴方向。一个实体的 Z 向经常被称为拉伸方向。当一个平面闭合对象创建时，它的 Z 向通常就是 Z 轴方向，它总是与平面闭合对象相垂直。如果输入的高度是个负值，对象将会被向相反方向拉伸。当输入一个高度后，Auto-

CAD 会询问锥角。

Specify angle of taper for extrusion<0>：(指定一个角度或回车)

锥角的缺省值是 0°，它使截面尺寸沿整个拉伸路径上保持恒定；锥角如为正，拉伸时向内斜，截面变小；锥角如为负，拉伸时向外斜，截面尺寸沿整个拉伸路径变大（见图 12-11）。锥角代表拉伸方向与生成的实体的倾斜面的夹角。除了 －90°和 90°，任何角度都是可以的，但实际上内锥角取决于拉伸的高度。锥角不能大到拉伸的边相交。太大的锥角会有出错信息，提示拉伸件自身相交，不能生成。

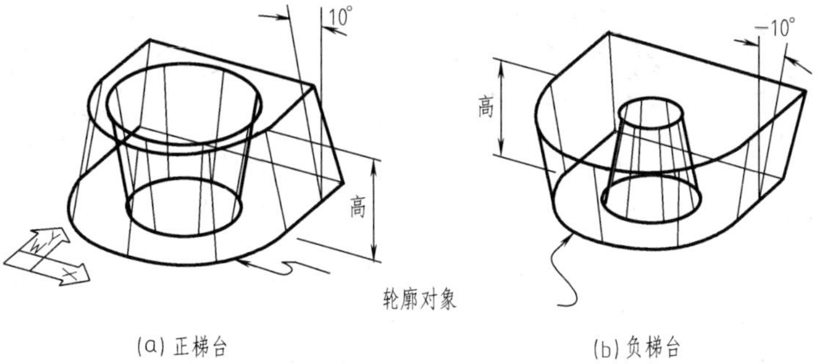

图 12-11　锥角正、负与内、外斜的关系

(1) Path 选项　这一选项用一独立存在的对象作为拉伸路径。该路径对象决定了拉伸的长度、方向和形状。当选了 Path 选项，拉伸就不能再有锥角了，它的截面尺寸保持不变。可用的路径实体有直线、圆弧、椭圆、2D 多段线、2D 多边形、3D 多段线和样条线。

路径可以不闭合，也可以是非平面的曲线，但也是有限制的。一个限制是路径的圆弧部分的半径必须大于等于轮廓对象的宽度。也就是说，如果轮廓对象的宽度是 1，则路径上所有的圆弧部分的半径必须大于等于 1。另一方面，路径上允许有角（即具有不同方向的两段直线相交处），甚至可以将直线间的这个角看作是半径为 0 的圆弧。AutoCAD 只是简单地将拉伸的角斜接（图 12-12）。

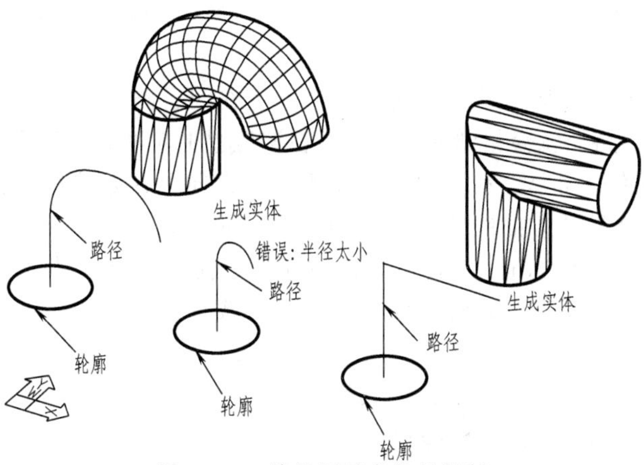

图 12-12　路径圆弧半径的限制

三维曲线包括螺旋线，只要它是由 3D 多段线和直线段组成的，就可以作为路径。样条拟合 3D 多段线和非平面样条实体不能用作路径。

有一个特别之处：即使路径的起点与轮廓不垂直，拉伸也总是从轮廓开始，而在结束点上路径与轮廓垂直，如图 12-13 所示。结果是当路径的起点与轮廓不垂直时实体像是被切掉了一块。虽然起点与轮廓不垂直是可以被接受的，但是拉伸实体的截面是不同于轮廓面的。

不同的是当路径为样条曲线（实体类型，而不是样条拟合多段线）时，在路径的起点，拉伸生成的实体的端面总是垂直于路径。如果轮廓在起点不垂直于路径，AutoCAD 自动地旋转轮廓使之同路径垂直，如图 12-14 所示。在拉伸生成实体的一端与样条曲线路径垂直，和其他类型的路径一样。

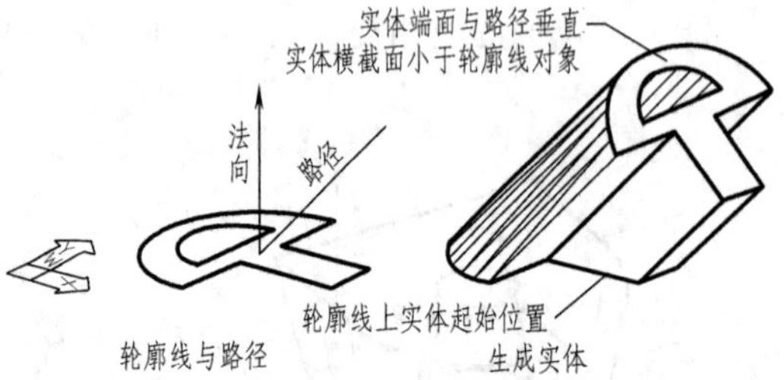

图 12-13 拉伸从轮廓线开始

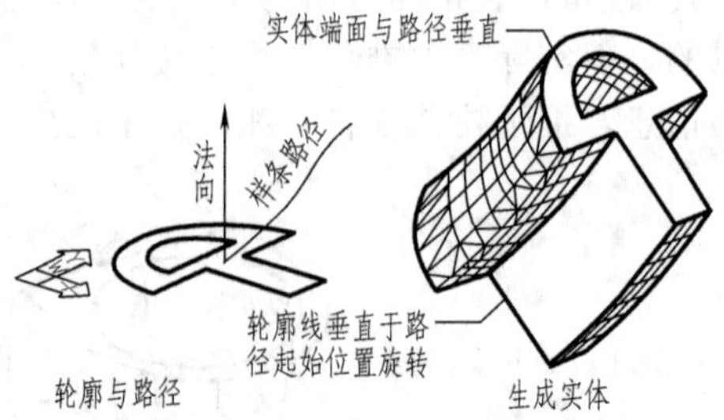

图 12-14 轮廓线同路径垂直

图 12-15 显示了一个轮廓对象和三个可能的路径，没有一个路径位于轮廓上。路径 2 的方向线位于轮廓两个端点的中间，所以它的拉伸长度等于路径的全长。路径 1 就像图中箭头所示那样向轮廓的中心投影，会变短。路径 3 在向轮廓的中心投影时会变长。同一轮廓对象经由三个不同的路径拉伸的实体如图 12-16 所示。

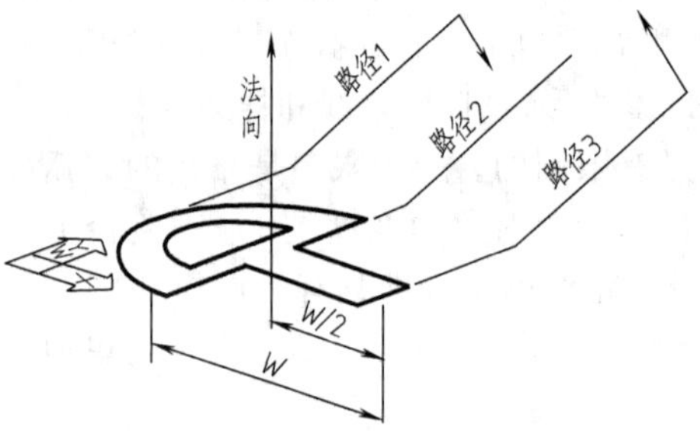

图 12-15 几种可能的路径

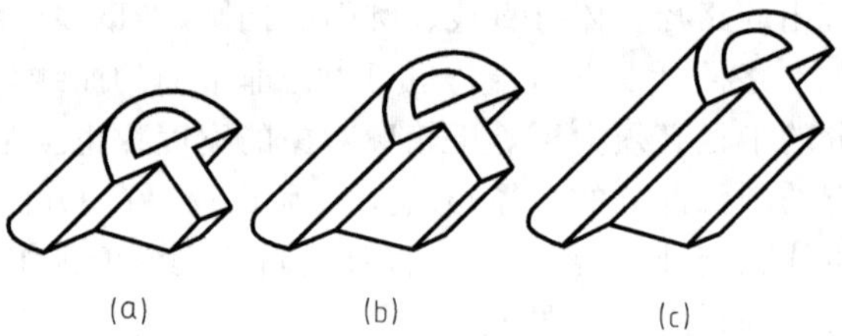

图 12-16 不同路径拉伸的实体

这种由于投影而带来的路径尺寸的变化也会发生在闭合路径中。并且当闭合路径有锐角时，比如多边形路径，路径就会移到一个位置，在该位置上轮廓处于两个拉伸体斜接的中点。

提示：尽量保持路径简单。在与轮廓对象垂直的方向上开始路径。将路径定在每个轮廓对象的中心，也就是路径的方向线位于轮廓两个端点的中间。

（2）创建复合实体　在 AutoCAD 中，用户还可以使用现有实体的并集、差集创建复合实体。其中，Union 命令可以合并两个或多个实体（或面域），构成一个复合实体。制作复合实体的步骤如下（图 12-17）。

① 从 Modify 菜单中选择 Soldis editing/Union。

② 分别单击 1 和 2 选择要复合的对象。

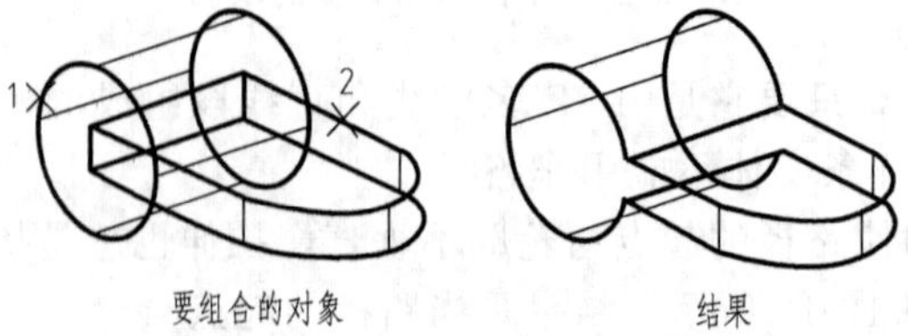

图 12-17 实体的并集

Subtract 命令可删除两实体间的公共部分。例如，可用 Subtract 命令在对象上减去一个圆柱，从而在机械零件上增加孔。消除两实体间公共部分的步骤如下（图 12-18）。选定被减的对象，选定要减去的对象结果（为了清晰显示，将线进行消隐）。

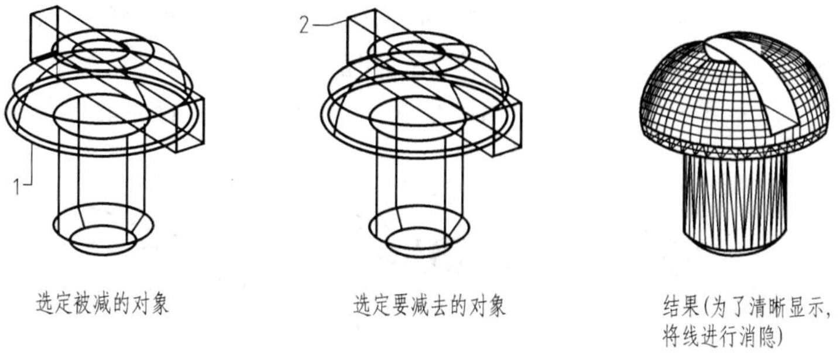

图 12-18　实体的差集

① 从 Modify 菜单中选择 Solids editing/Subtract。

② 单击 1 选择被减的对象。

③ 单击 2 选择减去的对象。

Intersect 命令可以用两个或多个重叠实体的公共部分创建复合实体。利用两个或多个实体相交部分创建实体的步骤如下（图 12-19）。

① 从 Modify 菜单中选择 "Solids"/"Intersect"。

② 单击 1 和 2 选择相交的对象。

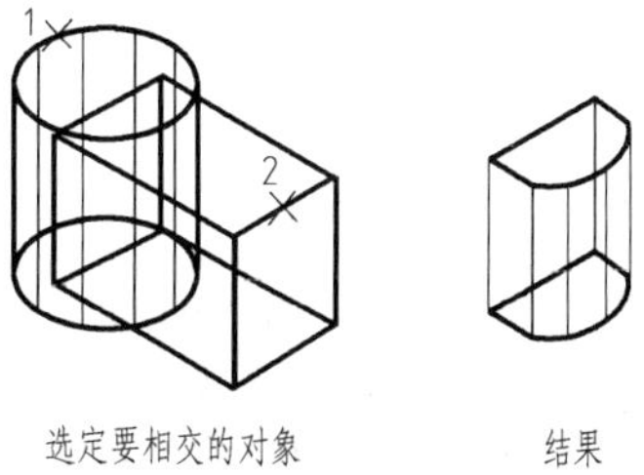

图 12-19　实体的交集

Interfere 执行的操作与 Intersect 一样，但保留两个原始对象。

对于二维平面绘图，常用的编辑命令有 Move、Copy、Mirror、Array、Rotate、Offset、Trim、Fillet、Chamfer、Lengthen 等。这些命令当中有一些适用于所有三维对象，如 Move、Copy；而另一些命令则仅限于编辑某种类型的三维模型，如 Offset、Trim 等只能修改 3D 线框，不能用于实体及表面模型；还有其他一些命令如 Mirror、Array 等，其编辑结果与当前的 UCS 平面有关系。

对于三维建模，AutoCAD 提供了专门用于在三维空间中旋转、镜像、阵列、对齐 3D 对象的命令（Rotate3D、Mirror3D、3DArray、Align），这些命令使用户可以灵活地在三维空间中定位及复制图形元素。

在 AutoCAD 中，用户能够编辑实心体模型的面、边、体，例如可以对实体的表面进行拉伸、偏移、锥化等处理，也可对实体本身进行压印、抽壳等操作。利用这些编辑功能，设计人员就能很方便地修改实体及孔、槽等结构特征的位置。

对于网格表面的编辑，经常遇到调整网格节点位置及修改网格表面类型的情况，这时，可利用 Pedit 命令或 Ddmodify 命令。另外，在变动网格节点位置时，还可利用关键点编辑模式进行编辑。

12.3　三维编辑

AutoCAD 是一个二维和三维功能有机地融合在一起的 CAD 软件。其编辑功能并没有严格的二维和三维之分，大多数编辑命令既使用于二维对象，也使用于三维对象。

AutoCAD 中用户可以方便地编辑三维对象，进行旋转、创建阵列或镜像、修剪、倒角和圆角等操作。对三维和二维都可以用 Array、Copy、Mirror、Move 和Rotate命令。此外，编辑三维对象还可使用对象捕捉以进行精确绘图。

12.3.1 旋转三维对象

用平面的 Rotate 命令可以绕指定点在当前 UCS 内旋转二维对象。而 Rotate3D 命令则可以绕指定的轴旋转三维对象。用户可以输入空间的 2 个点来设定旋转轴，设定经过空间某点与 X 轴、Y 轴或 Z 轴平行的旋转轴。图 12-20 说明了该命令的一般操作步骤和效果。

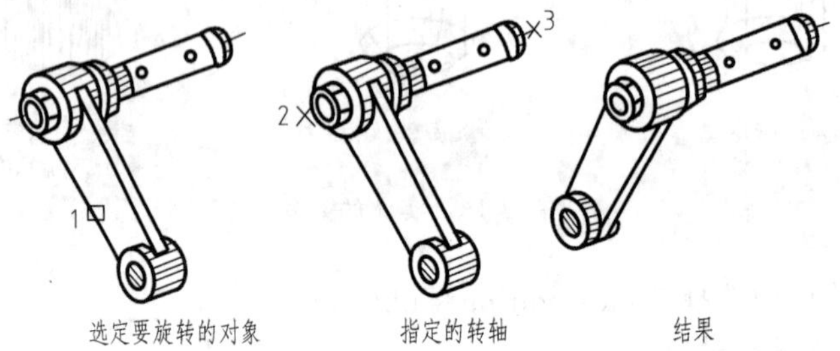

图 12-20 旋转三维对象

① 从 Modify 菜单中选择 3D operation/rotate 3D。

② 单击 1 选择要旋转的对象。

③ 单击 2 和 3 指定对象旋转轴的起点和端点。从起点到端点的方向为正方向，按右手定则旋转。

④ 定旋转角。

12.3.2 创建三维对象的阵列

三维阵列 3DArray 命令也是平面命令的扩展。通过这个命令用户可以在三维空间创建对象的矩形阵列或环形阵列。创建对象的矩形阵列的步骤如下（图 12-21）。

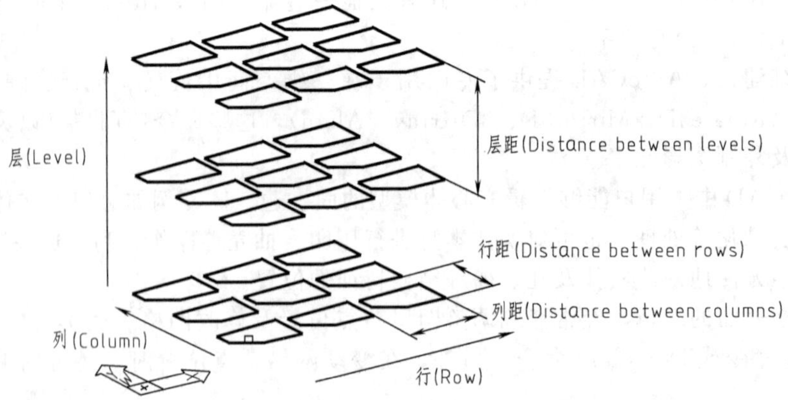

图 12-21 创建三维对象的矩形阵列

① 从 Modify 菜单中选择 3D operation/3D array。

② 单击 1 选择要阵列的对象。

③ 指定 Rectangular。

④ 输入行数。

⑤ 输入列数。

⑥ 输入层数。

⑦ 指定行间距。

⑧ 指定列间距。

⑨ 指定层间距。

创建对象的环形阵列的步骤如下（图 12-22）。

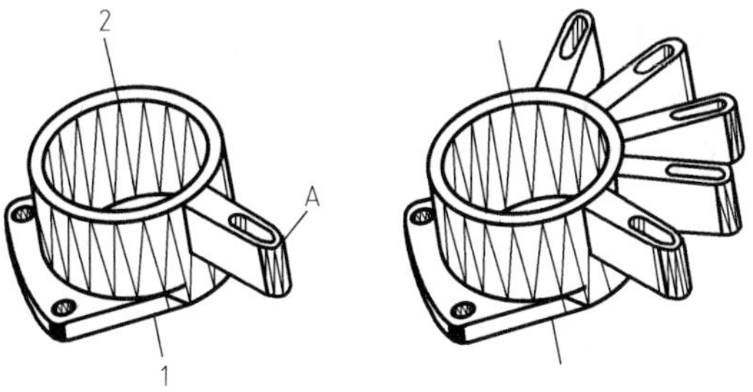

图 12-22 创建对象的环形阵列

① 从 Modify 菜单中选择 3D operation/3D array。

② 单击 1 选择要阵列的对象。

③ 指定 Polar。

④ 输入要阵列的项目数。

⑤ 指定阵列对象的角度。

⑥ 按 Enter 键旋转对象进行阵列，或者输入 n 保留它们的方向。

⑦ 单击 2 和 3 指定对象旋转轴的起点和端点。

12.3.3 创建三维对象的镜像

平面 Mirror 命令可以以平面上的一条直线为对称轴镜像对象，而用 Mirror3D 命令不但可以完成平面 Mirror 命令的功能，还可以以空间的任意一个平面为对称面镜像对象。对称面可用多种方法来设定，如输入三点确定对称面，以 X、Y、Z 的平行平面为对称面等。

创建三维对象镜像的步骤如下（图 12-23）。

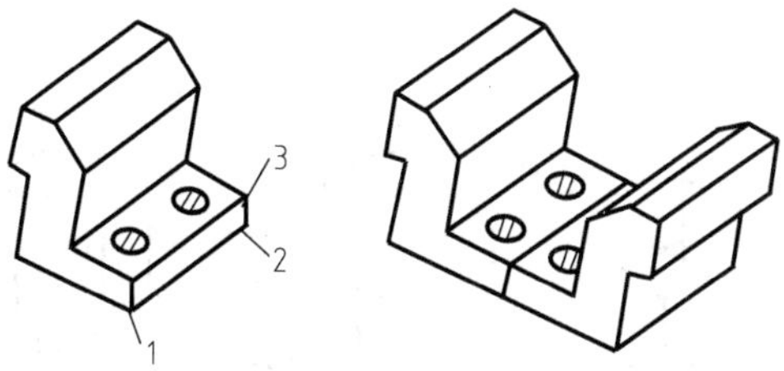

图 12-23 创建三维对象镜像

① 从 Modify 菜单中选择 3D operation/Mirror 3D。

② 单击 1 选择要创建镜像的对象。

③ 单击 2、3 和 4 指定三点定义镜像平面。

④ 按 Enter 保留原始对象，或输入 Y 删除它们。

12.3.4 修剪和延伸三维对象

Trim 和 Extend 命令可以在 3D 空间中修剪平面延伸对象。在三维空间中，可以修剪对象或将对象延伸到其他对象，且不用考虑被编辑的对象是否在同一个平面内。当修剪或延伸空间中交叉线条时应先设定投影平面，AutoCAD 将把线条对象投影在此平面内，并根据这些投影来完成操作。用户可以通过 Trim 或 Extend 命令的 Project 选项为修剪、延伸指定某种投影平面，该选项有 3 个子选项。

① None　修剪或延伸 3D 空间中实际相交的线条。

② Ucs　当前的 UCS 平面是投影平面。

③ View　投影平面为当前视区。

以下操作说明了如何在三维空间中进行修剪或延伸。

在当前 Ucs 的 *XY* 平面延伸对象的步骤如下（图 12-24）。

① 从 Modify 菜单中选择 Extend。

② 单击 1 选择延伸边界的边。

③ 输入 e（边）。

④ 输入 e（延伸）。

⑤ 输入 p（投影）。

⑥ 输入 u（UCS）。

⑦ 单击 2 选择要延伸的对象。

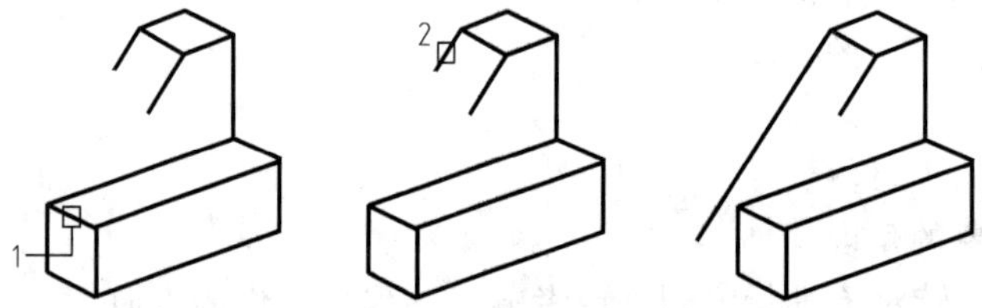

图 12-24　在当前 UCS 的 *XY* 平面延伸对象

在当前视图平面修剪对象的步骤如下（图 12-25）。

① 从 Modify 菜单中选择 Trim。

② 单击 1 选择用于修剪切边。

③ 输入 p（投影）。

④ 输入 v（视图）。

⑤ 单击 2 选择要修剪的对象。

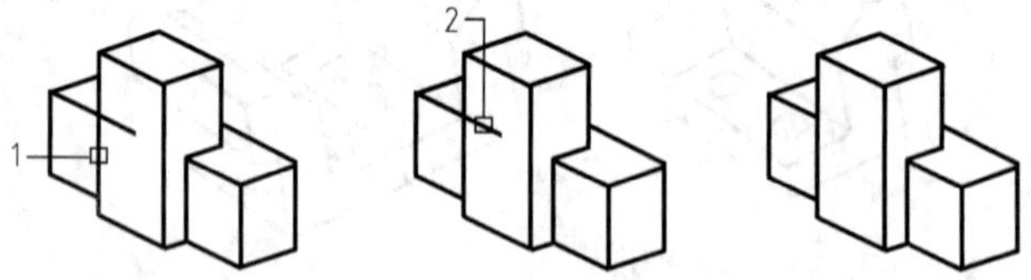

图 12-25　在当前视图平面修剪对象

在真实三维空间修剪对象的步骤如下（图 12-26）。

① 从 Modify 菜单中选择 Trim。

② 单击 1 和 2 选择用于修剪的剪切边。

③ 输入 p（投影）。

④ 输入 n（无）。

⑤ 单击 3 和 4 选择要修剪的对象。

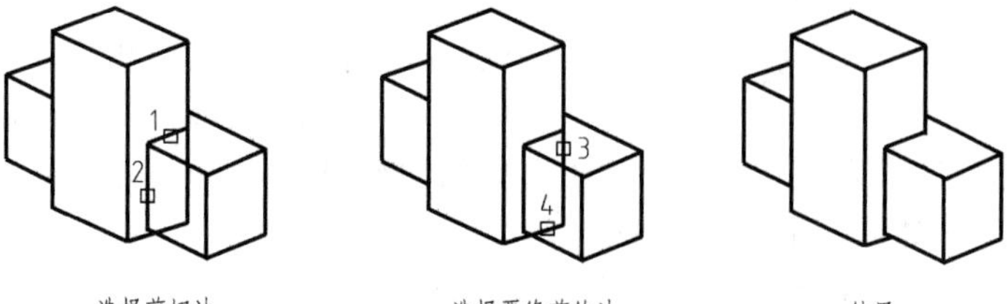

图 12-26　在真实三维空间修剪对象

12.3.5　3D 倒圆角

Fillet 命令可以给实心体的棱边倒圆角，该命令对表面模型不适用。在 3D 空间中使用此命令时与在 2D 有一些不同，用户不必事先设定倒角有半径值，AutoCAD 会提示用户进行设定。

键入 Fillet 命令，AutoCAD 提示如下。

Select first object or [Polyline/Radius/TriM]：//选择实体的棱边

Enter fillet radius<10.0000>：//设定倒角的半径值，

当指定圆角的半径后，AutoCAD 继续提示

Select an edge or [Chain/Radius]：

各选项的功能如下。

Select an edge　可以继续选择其他的倒角边。

Chain　如果各棱边是相切的关系，则选择其中一个边，所有这些棱边都将被选中。

Radius　该选项使用户可以为随后选择的棱边重新设定圆角半径。

为实体对象倒圆角的步骤如下（图 12-27）。

① 从 Modify 菜单中选择 Fillet。

② 单击 1 边。

③ 输入圆角半径。

④ 单击 2、3 边。

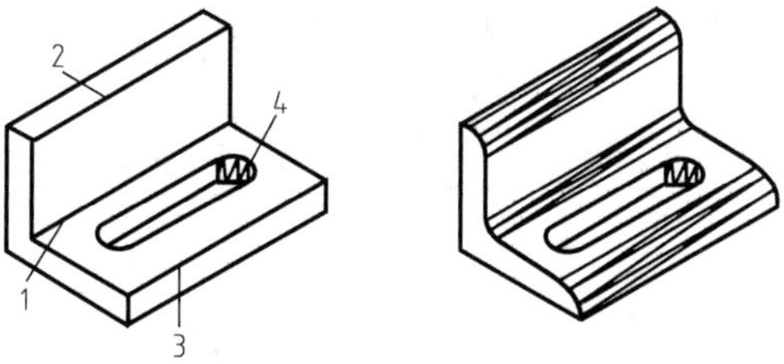

图 12-27　倒圆角

12.3.6　3D 倒斜角

倒斜角 Chamfer 命令只能用于实体，而对表面模型不适用。其操作步骤如下（图 12-28）。

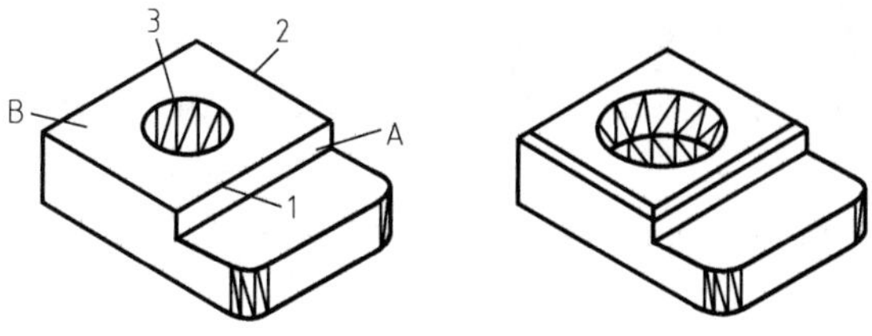

图 12-28　实体倒角

① 从 Modify 菜单中选择 Chamfer。

② 单击 1 选择要倒角的基面边，AutoCAD 亮显选定的边的两相邻曲面之一。

③ 要选择另一个曲面，输入“n（下一个）”：或按 Enter 键使用当前曲面。

④ 指定基面距离。基面距离是指从所选择的边到基面上一点的距离，其他曲面距离是指从所选择的边到相邻曲面上一点的距离。

⑤ 指定相邻曲面距离。“环”将选择基面的所有边，“选择边”将选择单独的边。

⑥ 单击 2 指定要倒角的边。

12.4 三维编辑与实体修改

12.4.1 剖面

用 Section 命令可以在实心体模型的任意地方生成剖面，生成的剖面可以作为一个面域或作为一个未命名的图块。

用户可以通过如下方法之一指定剖切面的位置。

① 指定 3 点确定剖切面的位置，这是缺省的选择方式。

② 使剖切平面与当前用户坐标系的 XY 面平行，再指定剖切面通过的一点确定剖切面位置。

③ 使剖切平面与当前用户坐标系的 YX 面平行，再指定剖切面通过的一点确定剖切面位置。

④ 使剖切平面与当前用户坐标系的 ZY 面平行，再指定剖切面通过的一点确定剖切面位置（图 12-29）。

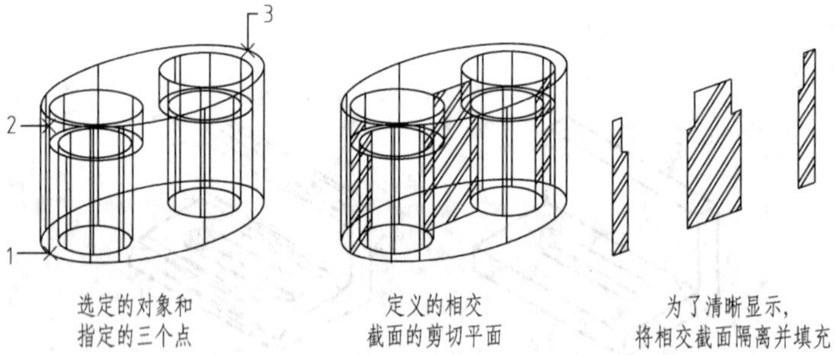

图 12-29 创建实体相交截面

其操作步骤如下。

① 从 Draw 菜单中选择 Solids/Section。

② 选择要创建相交截面的对象。

③ 指定三点定义平面。第一点指定剪切平面的原点（0，0，0），第二点定义 X 轴，第三点定义 Y 轴。

如果要对相交截面的剪切平面进行填充，必须先将相交截面的剪切平面与 UCS 对齐。

12.4.2 剖切实体

使用 Slice 命令可以定义一个平面将实心体切割成两半，在制作零件的效果图时可用此命令对模型进行剖切，以更好地观察其内部的结构。缺省情况下，系统将提示用户选择要保留的一半，然后除去另一半，也可以两半都予以保留。切割后得到的实心体与原来的实心体将保持一致的图层、颜色等属性。剖切实体的步骤如下（图 12-30）。

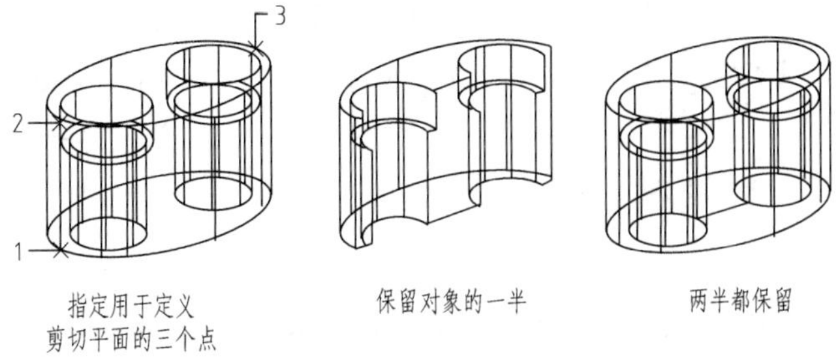

图 12-30　剖切实体

① 从 Draw 菜单中选择 Solids/Slice。

② 选择要剖切的对象。

③ 指定三点定义剪切平面。

④ 指定要保留的一半，或输入 b 将两半都保留。

12.4.3　编辑三维实体的面

除了可对实心体进行倒角、阵列镜像、旋转操作外，还能编辑实体模型的表面、棱边及体。AutoCAD 的实体编辑功能概括如下。

① 对于面的编辑，提供了拉伸、移动、旋转、锥化、复制和改变颜色等选项。

② 边编辑选项使用户可以改变实体棱边的颜色或复制棱边，形成新的线框对象。

③ 体编辑选项使用户把一个几何对象“压印”在三维实体上，另外还可以拆分实体或对实体进行抽壳操作。

（1）拉伸面　AutoCAD 可以根据指定的距离拉伸或将面沿某条路径进行拉伸。拉伸时，如果是输入拉伸距离值，那么还可输入锥角，这样将使拉伸所形成的实体锥化。

拉伸实体对象上的面的步骤如下（图 12-31）。

① 从 Modify 菜单中选择 Solids editing/Extrude faces。

② 单击 1 选择要拉伸的面。

③ 选择其他面或按 Enter 键进行拉伸。

④ 指定位伸高度。

⑤ 指定倾斜角度。

⑥ 按 Enter 键结束命令。

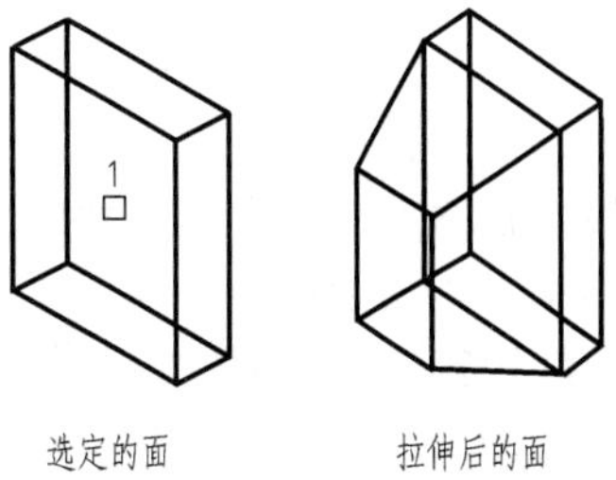

图 12-31　拉伸实体对象上的面

可以沿指定的直线或曲线拉伸实体对象的面。选定面上的所有剖面都沿着选定的路径拉伸。可以选择直线、圆、圆弧、椭圆、椭圆弧、多段线或样条曲线作为路径。路径不能和选定的面位于同一平面，也不能具有大曲率的区域。

沿实体对象上的路径拉伸面的步骤如下（图 12-32）。

① 从 Modify 菜单中选择 Solids editing/Extrude faces。

② 单击 1 选择要拉伸的面。

③ 选择其他面或按 Enter 键进行拉伸。

④ 输入 p（路径）。

⑤ 单击 2 选择用作路径的对象。

⑥ 按 Enter 键完成命令。

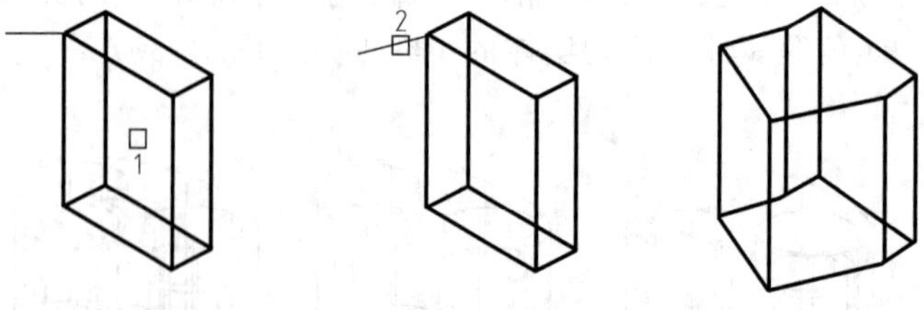

图 12-32 沿路径拉伸面

（2）移动面 可以通过移动面来修改三维实体的尺寸或改变某些特征如孔、槽的位置，AutoCAD 只移动选定的面而不改变其方向。使用 AutoCAD，可以非常方便地移动三维实体上的孔。可以使用“捕捉”模式、坐标和对象捕捉精确地移动选定的面。

移动实体上的面的步骤如下（图 12-33）。

① 从 Modify 菜单中选择 Solids editing/Move faces。

② 单击 1 选择要移动的面。

③ 选择其他面或按 Enter 键移动面。

④ 单击 2 指定移动的基点。

⑤ 单击 3 指定位移的第二点。

⑥ 按 Enter 键结束命令。

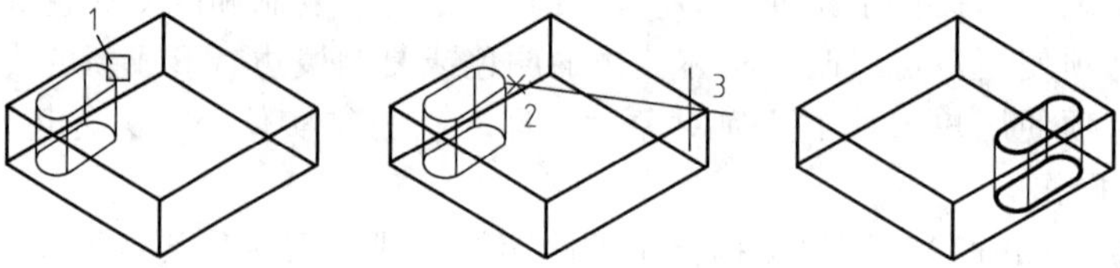

图 12-33 移动实体上的面

（3）旋转面 通过旋转实体的表面就可改变面的倾斜角度，或将一些结构特征如孔、槽旋转到新的方位。在旋转面时，用户可通过拾取两点，选择某条直线或设定旋转轴平行于坐标轴等方法来指定旋转轴。另外，应注意旋转轴的正方向。

旋转实体上的面的步骤如下（图 12-34）。

① 从 Modify 菜单中选择 Solids editing/Rotate faces。

② 单击 1 选择要旋转的面。

③ 选择其他面或按 Enter 键进行旋转。

④ 输入 Z 表示 Z 轴点。也可以指定 X 或 Y 轴、两个点（定义旋转轴），或通过对象指

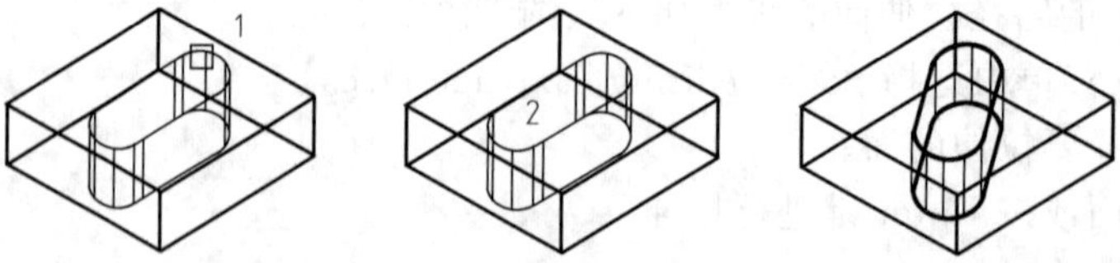

图 12-34 旋转实体上的面

定轴（将旋转轴与现有对象对齐）从而定义轴点。轴的正方向是从起点到端点，遵从右手定则进行旋转，除非在 Angdir 中已经对其进行了设置。

⑤ 指定旋转角度。

⑥ 按 Enter 键结束命令。

（4）偏移面　对于三维实体，可通过偏移面来改变实体及孔、槽等特征的大小，进行偏移操作时，用户可直接输入数值或拾取两点来指定偏移的距离，随后 AutoCAD 根据偏移距离沿表面的法线方向移动面。输入正的偏移距离，将使表面向其外法线方向移动，否则被编辑的面将向相反的方向移动。

偏移实体对象上的面的步骤如下（图 12-35）。

① 从 Modify 菜单中选择 Solids editing/Offset faces。

② 单击 1 选择要偏移的面。

③ 选择其他面或按 Enter 键进行偏移。

④ 指定偏移距离。

⑤ 按 Enter 键结束命令。

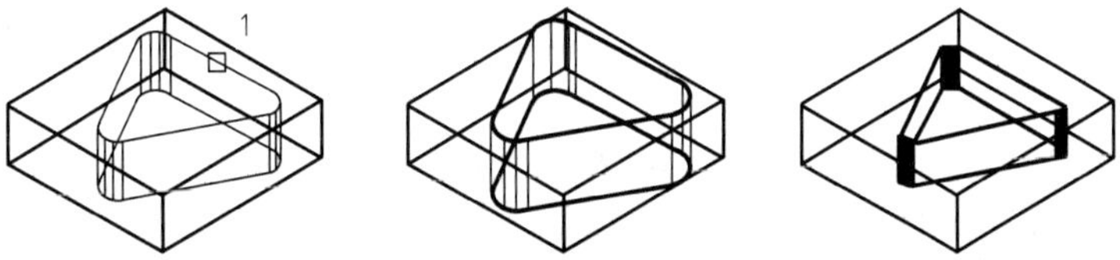

(a) 选定的面　　(b) 面的偏移量1　　(c) 面的偏移量−1

图 12-35　偏移实体对象上的面

实体的体积较大时，实体对象内的孔的偏移较小。锥化面可以沿指定的矢量方向使实体表面产生锥度。在进行锥化面操作时，其倾斜方向由锥角的正负号及定义矢量时的基点决定。若输入正的锥角值，则将已定义的矢量绕基点向实体内部倾斜，否则，向实体外部倾斜。矢量的倾斜方式说明了被偏移表面的倾斜方式。

下面的样例用于倾斜孔，使其从圆柱变为圆锥。其操作步骤如下（图 12-36）。

① 从 Modify 菜单中选择 Solids editing/Taper faces。

② 单击 1 选择要倾斜的面。

③ 选择其他或按 Enter 键进行倾斜。

④ 单击 2 指定倾斜的基点。

⑤ 单击 3 指定轴上第二点。

⑥ 指定倾斜角度。

⑦ 按 Enter 键结束命令。

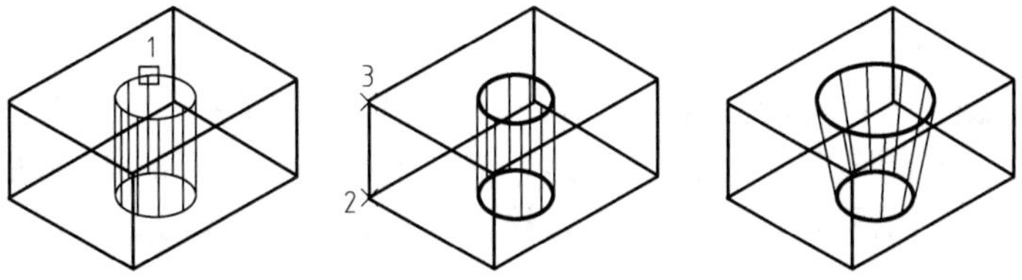

(a) 选定的面　　(b) 选定的基点和第二点　　(c) 倾斜10°后的面

图 12-36　倾斜对象上的面

(5) 删除面　Solid edit 命令的面编辑功能提供了删除及改变面颜色的选项。Delete 删除实体上的表面，包括倒圆角和倒斜角时形成的面。

下面的样例删除实体上的圆角，其操作步骤如下（图 12-37）。

① 从 Modify 菜单中选择 Solids editing/Delete faces。

② 单击 1 选择要删除的面。

③ 选择其他面或按 Enter 键进行删除。

④ 按 Enter 键结束命令。

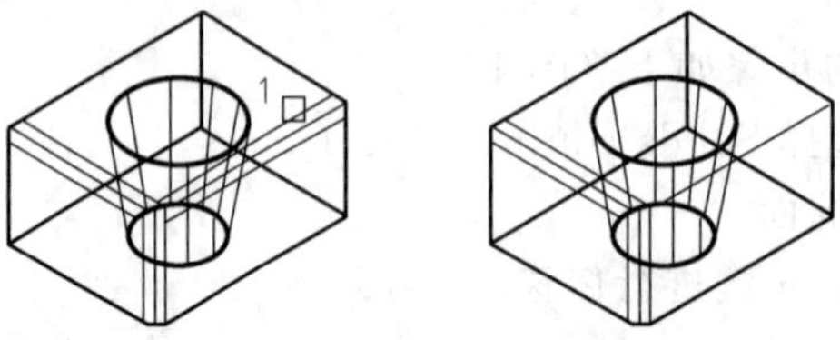

(a) 选定的面　(b) 删除的面

图 12-37　删除对象上的面

(6) 复制面　可以将实体的表面复制成新的图形对象，该对象是面域或体。

下面的样例用于复制实体上的面，其操作步骤如下（图 12-38）。

① 从 Modify 菜单中选择 Solids editing/Copy faces。

② 单击 1 选择要复制的面。

③ 选择其他面或按 Enter 键进行复制。

④ 单击 2 指定复制的基点。

⑤ 单击 3 指定位移的第二点。

⑥ 按 Enter 键结束该命令。

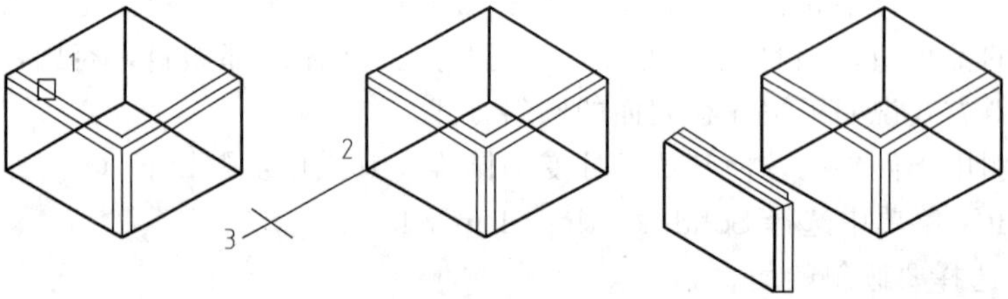

(a) 选定的面　(b) 选定的基点和第二点　(c) 复制的面

图 12-38　复制实体对象上的面

12.4.4 编辑三维实体的边

用户可以改变边的颜色或复制三维实体对象的各个边。要改变颜色，可以在“选择颜色”对话框中选取颜色。此外，所有三维实体的边都可复制为直线、圆弧、圆、椭圆或样条曲线对象。

(1) 修改边的颜色　可以为三维实体对象的独立边指定颜色，既可以从七种标准颜色中选择，也可以从“选择颜色”对话框中选择。指定颜色时，可以输入颜色名或一个 AutoCAD 颜色索引（ACI）编号，即从 1 到 255 的整数。设置边的颜色将替代实体对象所在图层的颜色设置。

修改实体对象的颜色的步骤如下。

① 从 Modify 菜单中选择 Solids editing/Color edges。

② 选择面上要修改颜色的边。

③ 选择其他边或按 Enter 键。

④ 在“选择颜色”对话框中选择颜色，然后选择“确定”。

⑤ 按 Enter 键结束命令。

（2）复制边　可以复制三维实体对象的各个边。所有的边都复制为直线、圆弧、圆、椭圆或样条曲线对象。如果指定两个点，AutoCAD 使用第一个点作为基点，并相对于基点放置一个副本。如果指定一个点，然后按 Enter 键，AutoCAD 将使用原始选择点作为基点，下一点作为位移点。

下面的样例复制面上的边，其操作步骤如下（图 12-39）。

① 从 Modify 菜单中选择 Solids editing/Copy edges。

② 单击 1 选择面上要复制的边。

③ 选择其他边或按 Enter 键。

④ 单击 2 指定移动的基点。

⑤ 单击 3 指定位移的第二点。

⑥ 按 Enter 键结束命令。

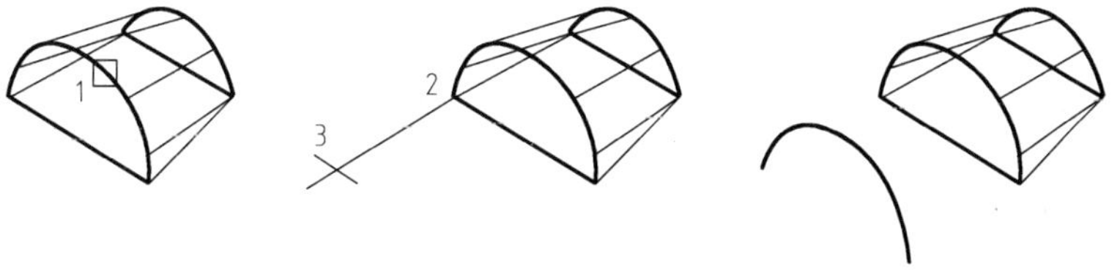

(a) 选定的边　(b) 选定的基点和第二点　(c) 复制的边

图 12-39　复制边

12.4.5　压印实体

可以把圆弧、圆、直线、二维和三维多段线、椭圆、样条曲线、面域、体和三维实体等对象压印到三维实体上，使其成为实体的一部分。用户必须使被压印的几何对象在实体表面内或与实体表面相交，压印操作才能成功。

压印三维实体对象的步骤如下（图 12-40）。

① 从 Modify 菜单中选择 Solids editing/Imprint。

② 单击 1 选择三维实体对象。

③ 单击 2 选择要压印的对象。

④ 按 Enter 键保留原始对象，或者按 Y 将其删除。

⑤ 选择要压印的其他对象或按 Enter 键。

⑥ 按 Enter 键完成命令。

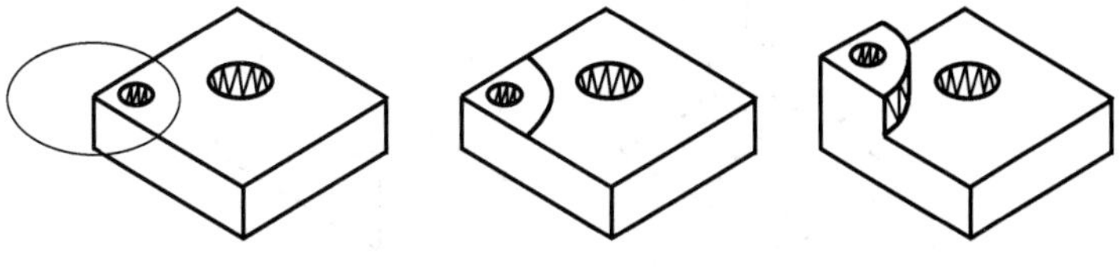

选定的实体　压印并删除原对象　拉伸新生成的面

图 12-40　压印三维实体对象

12.4.6 分割实体

可以将组合实体分割成零件。在将三维实体分割后，独立的实体保留其图层和原始颜色。所有嵌套的三维实体对象都将分割成最简单的结构。

将复合实体分割为单独实体的步骤如下。

① 从 Modify 菜单中选择 Solids editing/Seperate。

② 选择三维实体对象。

③ 按 Enter 键完成命令。

组合三维实体对象不能共享公共的面积或体积。

12.4.7 抽壳实体

可以从三维实体对象中以指定的厚度创建壳体或中空的墙体。AutoCAD 通过将现有的面向原位置的内部或外部偏移来创建新的面。偏移时，AutoCAD 将连续相切的面看作单一的面。

下面的样例为在圆柱体中创建抽壳，其操作步骤如下（图 12-41）。

① 从 Modify 菜单中选择 Solids editing/Shell。

② 选择三维实体对象。

③ 单击 1 选择不抽壳的面。

④ 选择其他不抽壳的面或按 Enter 键。

⑤ 指定抽壳偏移值。正偏移值在正面方向上创建抽壳，负的偏移值在负面方向上创建抽壳。

⑥ 按 Enter 键完成该命令。

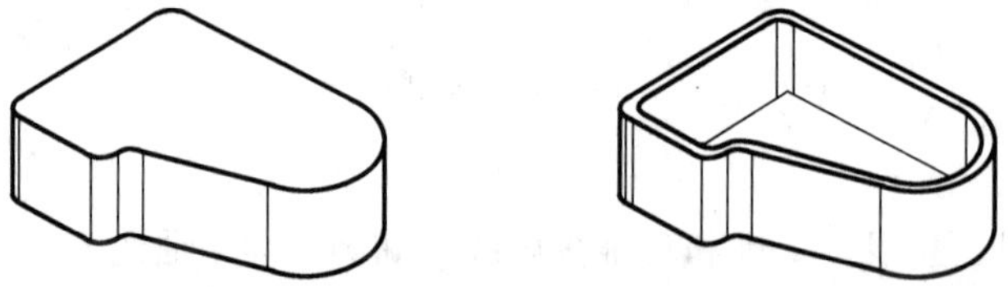

图 12-41 创建三维实体抽壳

12.4.8 清除实体

如果边的两侧或顶点共享相同的曲面或顶点定义，那么可以删除这些边或顶点。AutoCAD 将检查实体对象的体、面或边，并且合并共享相同曲面的相邻面。三维实体对象所有多余的、压印的以及未使用的边都将被删除。

清除三维实体对象的步骤如下（图 12-42）。

① 从 Modify 菜单中选择 Solids editing/Clear。

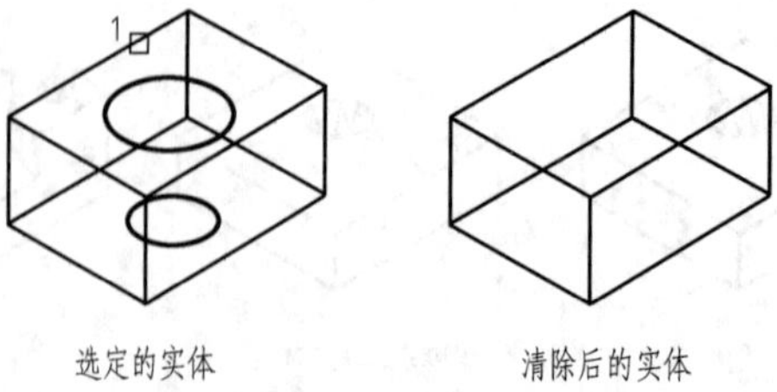

图 12-42 清除三维实体对象

② 单击 1 选择三维实体对象。

③ 按 Enter 键完成该命令。

12.4.9　检查实体

可以检查实体对象看它是否是有效的三维实体对象。对于有效的三维实体，对其进行修改不会导致 ACIS 失败错误信息。如果三维实体无效，则不能编辑对象。

校验三维实体对象的步骤如下。

① 从 Modify 菜单中选择 Solids editing/Check。

② 选择三维实体对象。

③ 按 Enter 键完成命令。AutoCAD 显示一个信息说明该实体是一个有效的 ACIS 实体。

12.5　化工设备零部件的三维造型

根据 12.1 的分析，化工设备标准件、通用件主要由拉伸与旋转形成。对拉伸形体只需确定轮廓线形状特征与拉伸方向，应用拉伸命令 Extrude 即可形成拉伸形体。而对旋转形体则需确定轮廓线形状特征与旋转轴，应用旋转命令 Revolve 即可形成旋转形体。为便于造型，各零件的轮廓线特征与造型命令如表 12-2 所示。

在根据表 12-2 造型时，应注意以下几点。

(1) 轮廓线形状　表中轮廓线形状与大小均由标准件、通用件的标准规范中查取。

轮廓线形状必须是封闭的轮廓组合线，可用 Pedit 命令将组成轮廓的各线段组成一组合线。

表 12-2　特征与造型命令

零件名称	基本形体	轮廓线形状特征	造型命令	三维形体	说　明
拉管	拉伸形体		Extrude	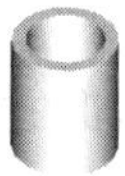	外、内圆柱作差运算
法兰	旋转形体＋拉伸形体	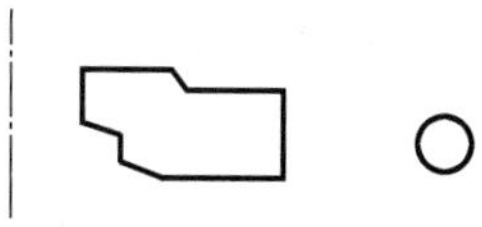	Revolve＋Extrude	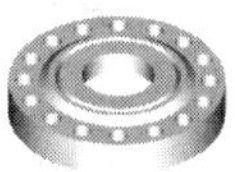	法兰主体与圆柱作差运算，圆周上均匀分布的圆柱由阵列命令 Array 获得
垫圈	拉伸形体		Extrude		外、内圆柱作差运算
垫片	拉伸形体		Extrude		外、内圆柱作差运算
封头	旋转形体		Revolve		1/4 外椭圆弧画好后内弧可根据壁厚由偏移命令 Offset 获得
螺栓	拉伸形体＋旋转形体	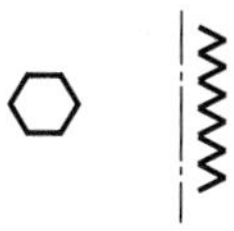	Extrude＋Revolve		螺栓头与螺柱两部分作并运算；有关螺栓头形状另作说明

续表

零件名称	基本形体	轮廓线形状特征	造型命令	三维形体	说明
螺母	拉伸形体+旋转形体	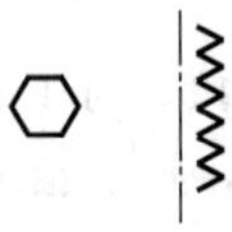	Extrude+Revolve		螺母外形与螺柱作差运算；有关螺母外形另作说明
支座	拉伸形体	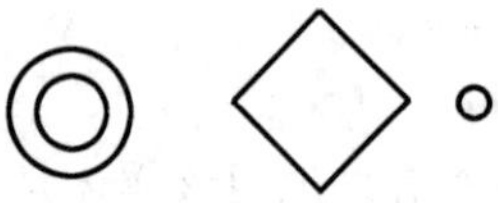	Extrude		底板与接管作并运算；方板与圆柱作差运算

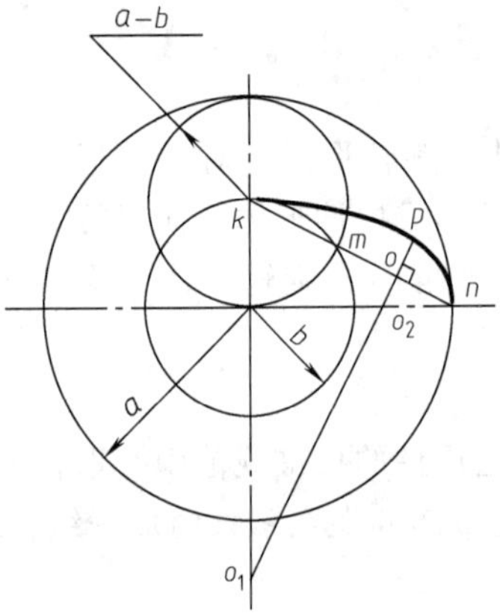

图 12-43 椭圆四心圆画法

(2) 封头的造型 由于椭圆、椭圆弧不是多段线对象，因此封头的轮廓线形状特征可用四心圆法绘制近似的椭圆，如图 12-43 所示，其作图步骤如下。

① 以椭圆长、短轴 a/b 为半径画两个同心圆。

② 将椭圆长轴与短轴端点用直线 kn 相连。

③ 在直线 kn 上量取 $km=a-b$，得 m 点，作 mn 线的中垂线与椭圆短、长轴交于 o_1、o_2 两点。

④ 以 o_1 为圆心画圆弧 kp，以 o_2 为圆心画圆弧 pn，二段圆弧构成 1/4 近似椭圆弧。

(3) 螺栓的造型 螺栓的螺柱部分与螺母的螺孔部分是近似造型。螺栓头部与螺母外形造型方法一样，其步骤如下。

① 画正六边形。

② 拉伸正六边形成为正六棱柱并复制一份。

③ 作一圆锥，此圆锥的底圆直径为六边形对角距离，高度为底圆半径。将圆锥与六棱柱放置如图 12-44 所示。

④ 对图 12-44 所示的圆锥和六棱柱作交运算，并将运算结果复制一份，然后将其中一份旋转 180°，如图 12-45 所示，形成螺母、螺栓六角头的上、下两部分。

⑤ 以六边形为轮廓特征线拉伸出一个六棱柱，与六角头上下两部分作并运算完成螺母、螺栓六角头外形，如图 12-46 所示。

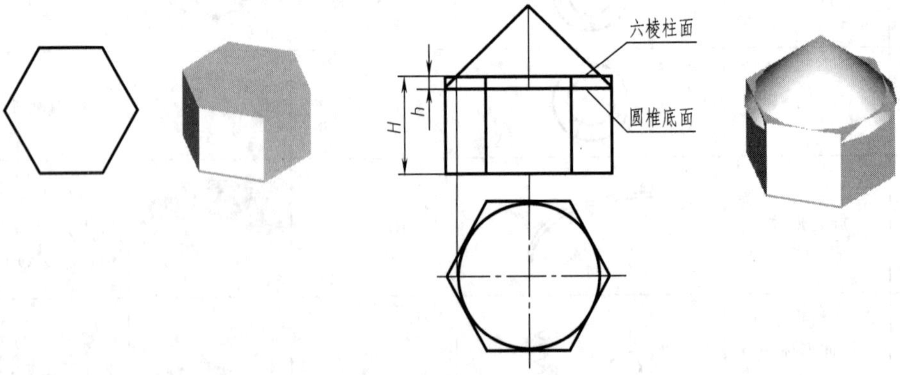

图 12-44 螺母外形造型方法

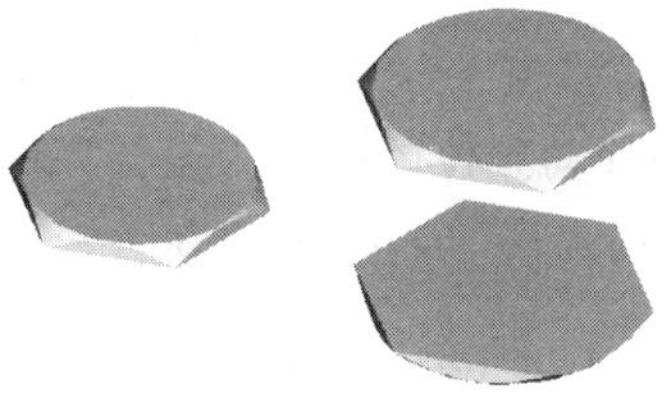

图 12-45　螺母两端造型

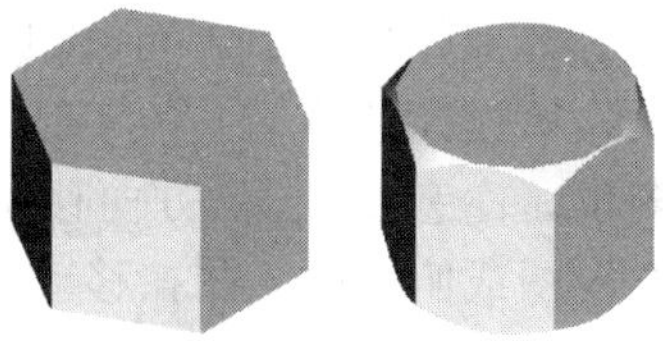

图 12-46　螺母外形造型

（4）补强圈造型　补强圈的形状可以作两个圆柱管，由这两个圆柱管的交运算获得，如图 12-47 所示。

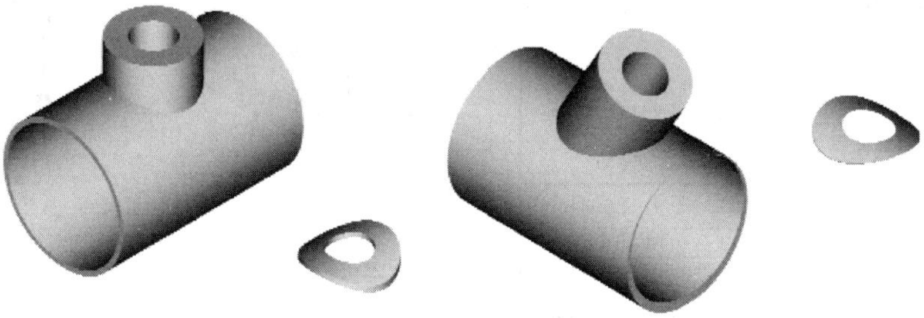

图 12-47　补强圈造型

（5）人孔造型　人孔是由筒节、螺栓、螺母、法兰、垫片、法兰盖把手、轴销、销、垫圈、盖轴耳、法兰轴耳等组成。可与储槽各零件的造型分析一样，对人孔的各个零件进行造型，读者可以自行练习，最后将它们组合成人孔，如图 12-48 所示。

12.5.1　储槽非标准件的造型

对于储槽的四个非标准件筒体、管夹、进料管、拉筋的造型分析如下：筒体的造型与接管一样。管夹的形状如图 12-49 所示，由图可知管夹是一个拉伸形体。进料管的造型，也可用拉伸造型命令，只是拉伸路径应为组合线，如图 12-50（a）所示，其拉伸结果如图 12-50（b）所示。要对拉筋造型，可先用二维工程图样表达自己的设计，然后按所设计的二维工程图样进行三维造型，如图 12-51 所示。

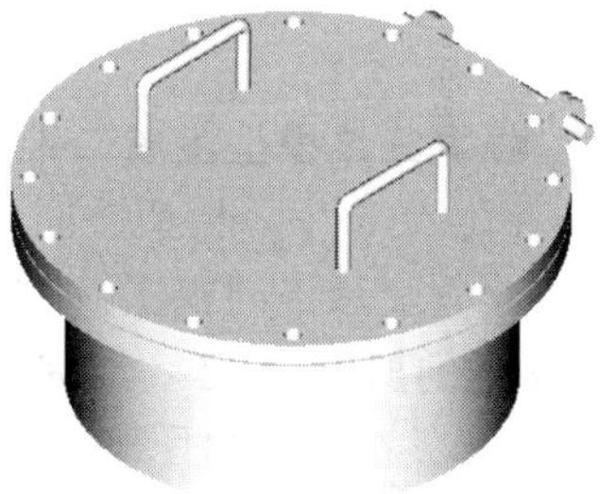

图 12-48　人孔造型

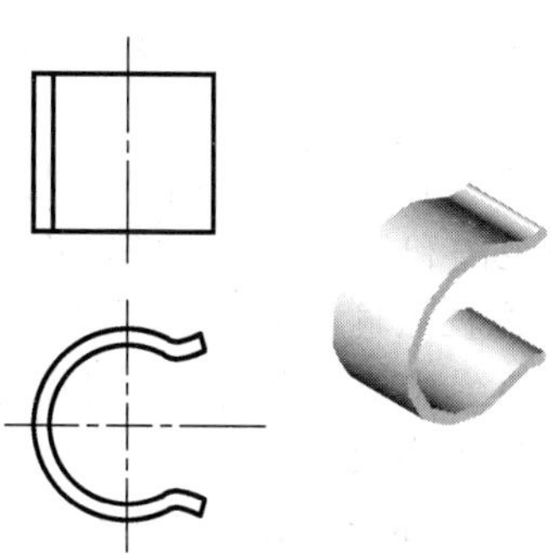

图 12-49　管夹造型

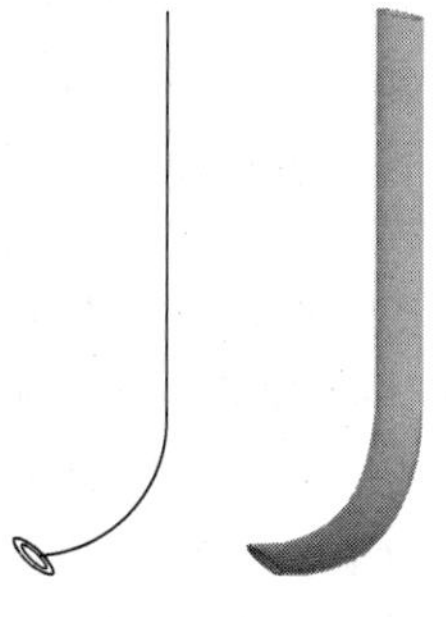

(a)　(b)

图 12-50　料管造型

12.5.2 储槽三维装配

将储槽各零部件造型后，可将其组装成储槽整体，如图 12-52 所示。组装过程十分简单，只需按储槽设计条件单上各零部件的位置将各零件移动到位即可。为使各零件既方便又准确移动到位，注意在 x、z 方向移动时，将视图切换到主视图，而在 y 方向移动时应将视图切换到左视图或俯视图，并在移动零件时应用捕捉功能。

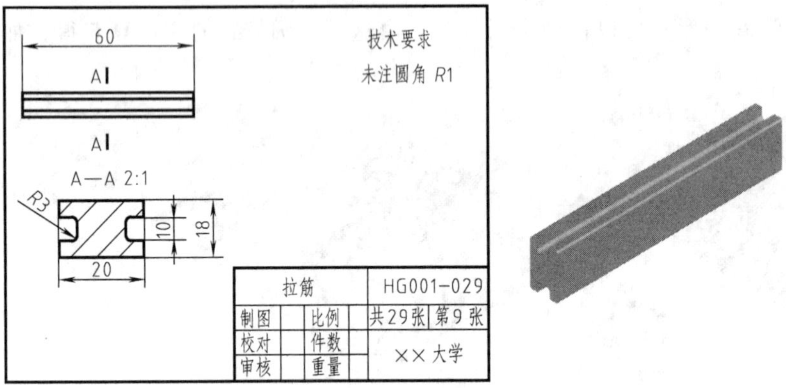

图 12-51 拉筋造型

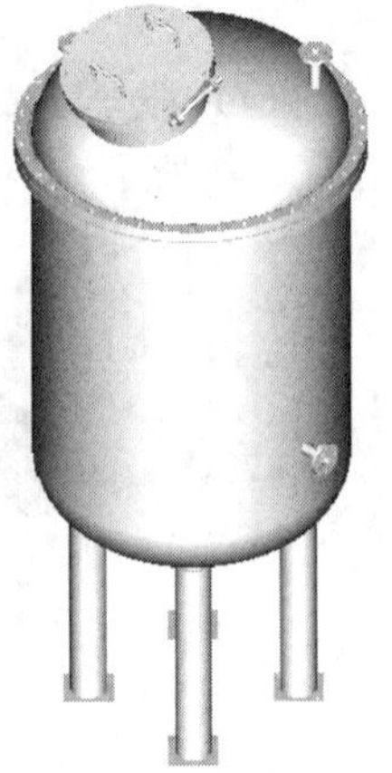

图 12-52 储槽装配造型

12.6 根据三维模型生成二维工程图样

12.6.1 根据三维模型生成二维图

在 AutoCAD 中，模型空间与图纸空间是两种不同的屏幕显示工具。在模型空间中工作时，可以建立显示不同视图（View）的视区（Viewport），并且可以保存视区的配置信息，然后在需要的时候恢复。当完成三维造型后，用户就可以从图形窗口下边缘选择布局（Layout）标签准备输出图纸。一个 Layout 就是一个图纸空间，它可以模拟图纸，让用户通过它了解输出的图纸外观。

12.6.2 图纸空间和模型空间

模型空间是一个完全的 3D 环境，可以构造具有长、宽和高的 3D 模型。进一步，可以设置空间中的任一点为视点来观察这一模型，用 Vports 命令可以把屏幕划分成多个视口，从多个不同的视点来同时观察这个模型，如图 12-53 所示。

然而，在模型空间中，不管计算机屏幕上有多少个视口，仅能输出当前视口。因而不能同时输出 3D 模型的多个正投影视图，如主视图、俯视图和侧视图。另外，添加注释、标注尺寸和控制实体是否可见都很不方便，也难以根据任意视点输出具有精确比例的视图。

上述问题在 AutoCAD 中是用图纸空间予以解决的。在图纸空间中，可以进行注释、绘制图框、添加标题栏，而且借助于图纸空间视口，可以观察模型空间。

图纸空间的作用就是为在模型空间中创建的实体进行标注并输出 2D 图形。模型空间用来造型，图纸空间则用来输出。

由此可见图纸的设置和输出离不开 AutoCAD 的模型空间和图纸空间。其中，模型空间

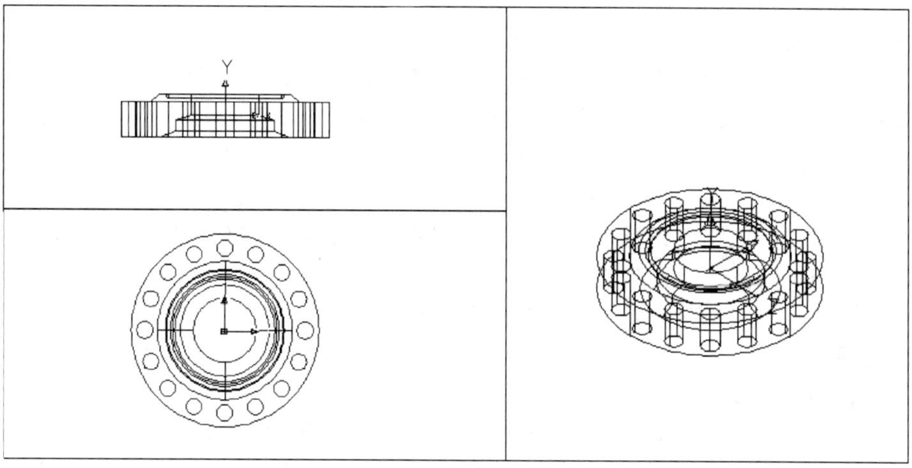

图 12-53　多视点观察

又分为平铺视口里的模型空间和浮动视口里的模型空间。前面介绍的所有操作都是在平铺视口（Tiled Vport）里进行的，鼠标点击位于 AutoCAD 图形窗口底边处的选项卡 Layout1，打开［Page Setup-layout1］对话框设置图幅后单击 OK 进入图纸空间，AutoCAD 在所设图纸上自动创建一个浮动视口，而图纸空间为实现其功能使用了浮动视口。

图 12-54 为在图纸空间里输出三维模型的例子，在这个例子中，在图纸空间里建立了 3 个浮动视口用来显示模型的 3 个不同观察角度的视图。注意在建立视口时，把视口建立在独立的图层，并把读图层冻结，以隐藏视图，因此在图 12-54 中用户看不见视口的边框。另外，在图纸空间中，UCS 图标呈直角三角形形状。

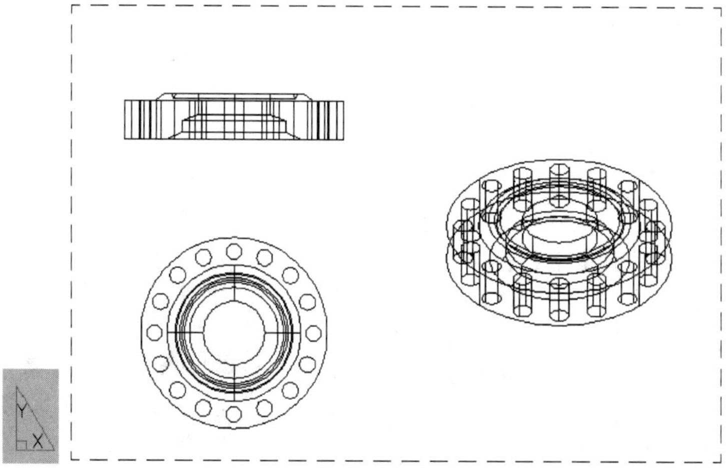

图 12-54　利用图纸空间输出三维模型

利用图纸空间来设置图纸具有以下好处。

① 在图纸空间里所作的任何设置对模型空间里的模型都不会产生影响，这样用户在模型空间里可以专注于模型的建立，而不必受标题栏等的干扰。

② 可以在同一张图纸里同时输出三维模型各个方向的视图。在图纸空间里，用户可以设置多个视口，可以分别设置各个视口的观察方向和视图比例，从而在同一张图纸里得到三

维模型的主视图、俯视图、左视图等。

③ 可以很方便、准确地设置输出比例，而无需用 Scale 命令缩放模型。这样用户在模型空间里建模时就可以一律采用全比例建模，在图纸空间里输出图纸时再考虑输出的比例。而如果直接从模型空间输出图纸，则往往要用 Scale 命令缩放图形或标题栏，这样做会导致尺寸标注也随之改变，虽然可以修改标注的比例系数，但却非常麻烦。

④ 可以在同一张图纸里输出图形的多个拷贝，而无须用 Copy 命令复制图形。对于平面图形，用户可以在图纸空间设置多个视口，可以在不同的视口观察图形的不同区域，并可以分别设置各个视口的图层的可见性。

另外，AutoCAD 的有些命令，如专用于三维实心体的 Solview、Soldraw、Solprof 命令都必须使用图纸空间。

12.6.3 设置图纸空间

在 AutoCAD 中，设置图纸空间的操作比较简单。当用户在图形窗口的 Model 标签中绘制好图形，就可以单击 Layout 标签，进入图纸空间，并且设计此空间环境。通常，用户需要使用的操作步骤如下。

① 在 Model 中绘制好各投影视图。

② 配置好绘图输出设备。

③ 指定 Layout 页面设置。

④ 插入标题块。

⑤ 建立浮动视区。

⑥ 设置视图比例。

⑦ 绘图输出。

12.6.3.1 使用模型空间

如上所述，模型空间提供了一个绘图环境，所有的几何体都可以在此建立。熟练的用户会在模型空间中按 1∶1 的比例，使用真实的尺寸与单位绘制图形，然后建立一个布局于各浮动视区，让 AutoCAD 按指定的比例打印绘图输出。

12.6.3.2 建立平铺视区

平铺视区（Tiled Viewports）需要在模型空间中建立，它们分别用于建立各投影视图，以便于进行绘图与编辑操作。在 AutoCAD 默认状态下，开始绘图时是在一个视区中进行操作的。如果需要，用户可以建立多个平铺视区，让各视区显示不同的视图。这样进入图纸空间后，各浮动视区就能完整地显示各视图。

建立平铺视区操作步骤如下。

① 单击 Model 标签，进入模型空间。

② 从 View 下拉菜单中选择 Viewports 命令，进入 Viewports 子菜单后选择 New Viewports 命令，参见图 12-55。

③ 在 Viewports 对话框中单击 New Viewports 选项卡，参见图 12-56。

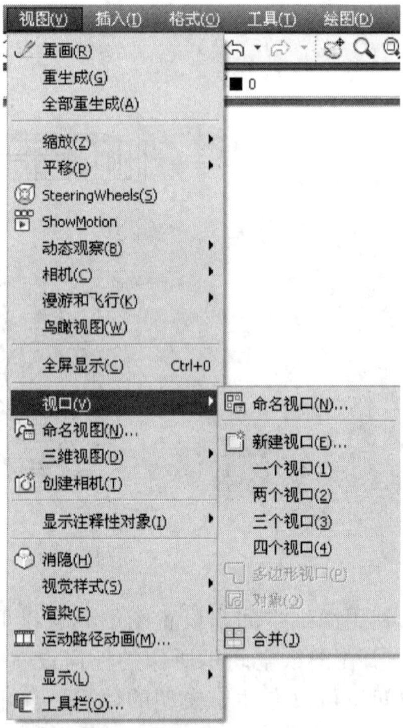

图 12-55 Viewports 子菜单

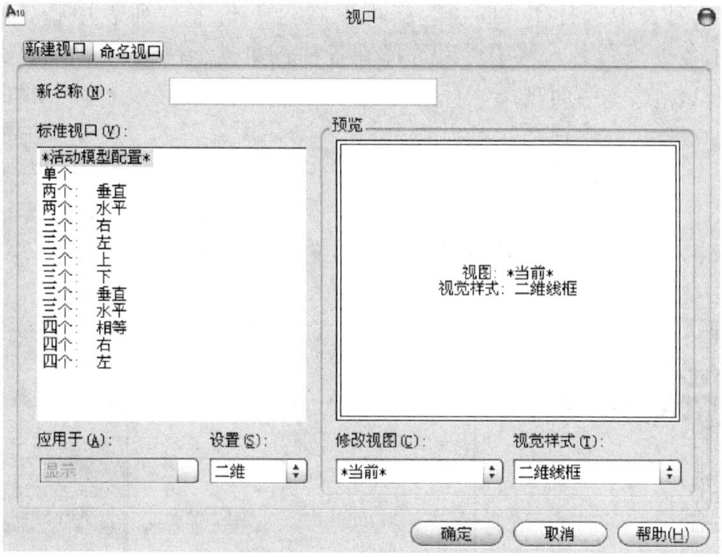

图 12-56　单击 New Viewports 选项卡

④ 在 New name 文字编辑框中输入新的平铺视区名称，如 T-L-R。

⑤ 从列表中选择一个视区配置标准，参见图 12-57。

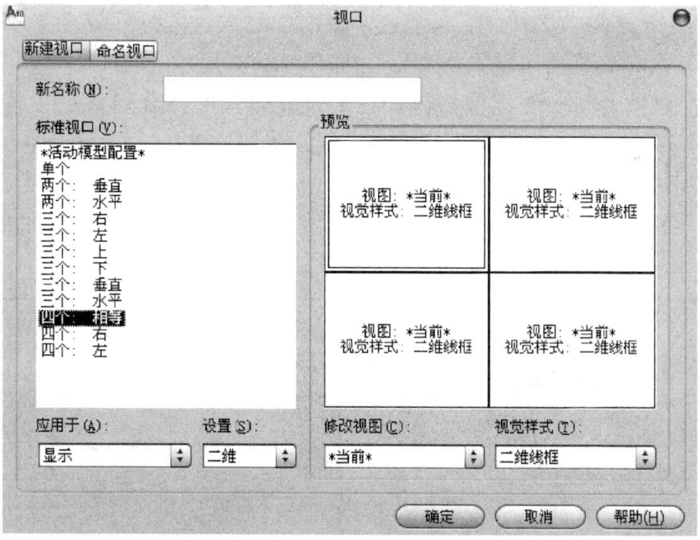

图 12-57　选择视区配置标准

⑥ 单击 Setup 下拉按钮，然后从下拉列表中选择 3D 项。该列表中的 2D 项用于使用当前所有视区中的视图配置，3D 项则可以设置标准的三维正交视图。

⑦ 单击 Apply to 下拉按钮，然后从下列表中选择 Display 项，将当前视区配置应用于所有视区或者当前视区。

注：通过 Viewports 对话框中的预览窗口可以观察到当前配置结果。

⑧ 在预览窗口中，单击左上角的视区。

⑨ 单击 Change view to 下拉按钮，进入如图 12-58 所示的下拉列表。

⑩ 从下拉列表中选择 Front 视图。

在 Setup 下拉列表中选择了 3D 项，就可以在这一份下拉列表中指定各视区的视图。AutoCAD 列出了各种视图名，从中可以选择到各种正交投影视图、等轴视图等。

Current	当前视图	Back	后视图
Top	俯视图	Left	左视图
Bottom	仰视图	Right	右视图
Front	正视图	Isometric	等轴视图

⑪ 见图 12-59，用上述操作步骤设置 Top、Left、Current 视图。

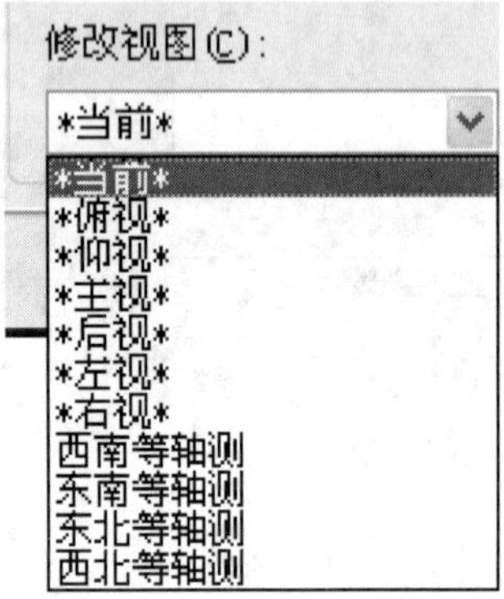

图 12-58 Change view to 下拉列表

图 12-59 设置其他视区的视图

⑫ 单击 OK 按钮。

完成上述操作后，平铺视区就设置好了，如图 12-60 所示。此后，用户就可以在这些视区中绘制图形了。如果绘制一个三维物体，它的各投影视图将分别显示在各视区中。

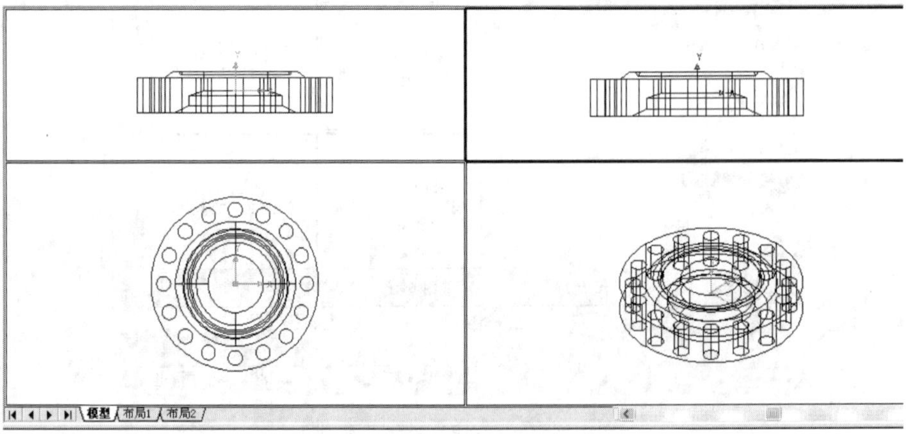

图 12-60 设置平铺视区

12.6.3.3 输出模型空间图纸

如上所述输出模型空间中的图形至图纸上时，AutoCAD 只允许输出某一个视区中的图形（只有通过布局才能全部输出在一张图纸上），若要输出全部视区中的图形，需要进行多次操作，而且只能分别输出在一张图纸上。可以使用的操作步骤如下。

① 选择图形窗口下边缘的 Model 标签。

② 从 File 下拉菜单中选择 Plot 命令。

③ 进入 Plot 对话框后，参照前面的内容进行操作。

12.6.4　使用图纸空间

图纸空间的主要用途是预览与输出图纸，但是如果用户不会使用三维方式进行设计，使用它的意义就不太大。

12.6.4.1　配置布局页面

从绘图窗口下边缘上选择一个 Layout 标签，就将进入图纸空间。在当前图形中，若第一次进入，屏幕上将显示如图 12-61 所示的 Page Setup 对话框的 Layout 选项卡，让用户设置页面，可以使用的操作步骤如下。

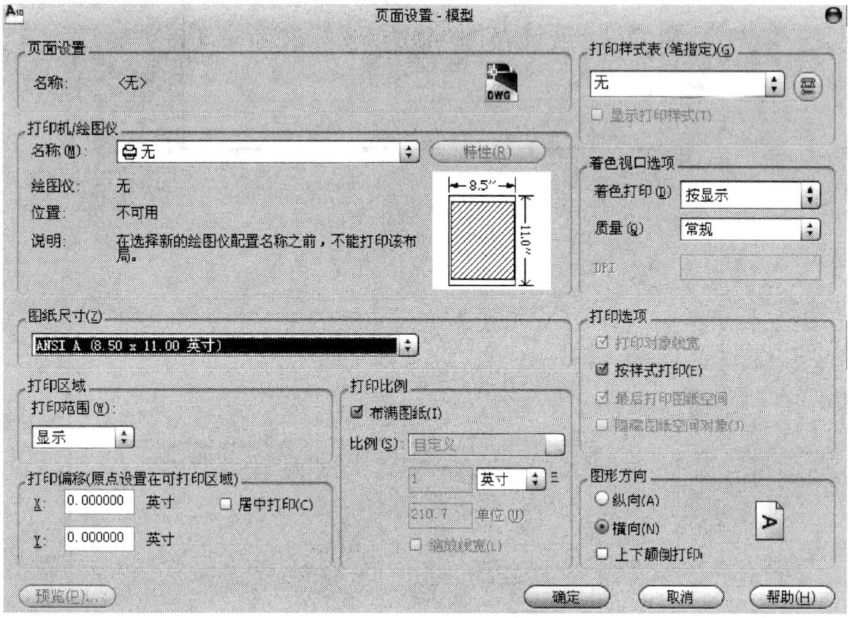

图 12-61　页面设置对话框

① 单击 Paper size and paper units 区域中的表示 mm（毫米）单位制式的单选按钮。

② 单击 Paper size 下拉按钮，进入图 12-62 所示的下拉列表中选择一种图纸尺寸。

③ 参照前面的内容完成 Page setup 对话框中的操作。

④ 单击“确认”按钮。

完成这些操作后，用户就将进入图纸空间，但只有一个浮动视区，如图 12-63 所示。

12.6.4.2　建立浮动视区

建立浮动视区与建立平铺视区的操作相同。为了建立图 12-64 中的四个浮动视区，用户可以按下列步骤进行操作。

① 选择视区边界线，见图 12-65。

② 按下键盘上的 Delete 键，删除此视区，结果如图 12-66 所示。

③ 参见前面建立平铺视区的操作，为图纸空间建立四个浮动视区。

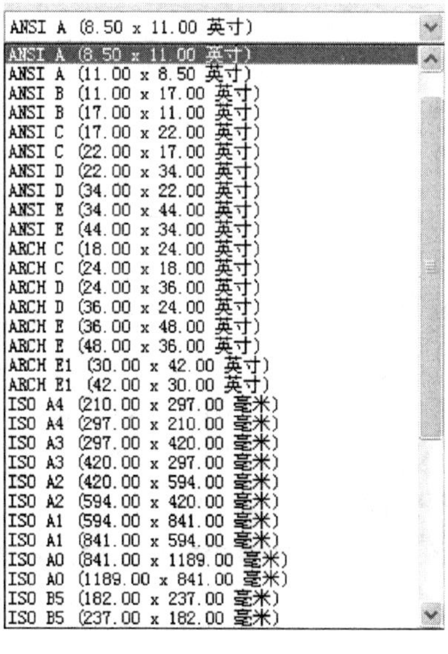

图 12-62　图纸尺寸选择

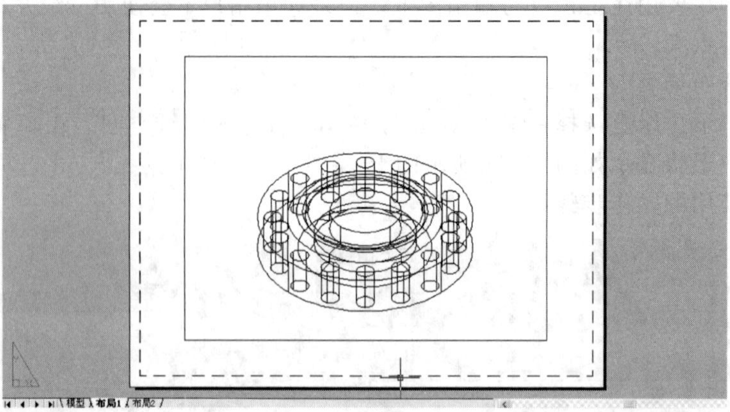

图 12-63 图纸空间

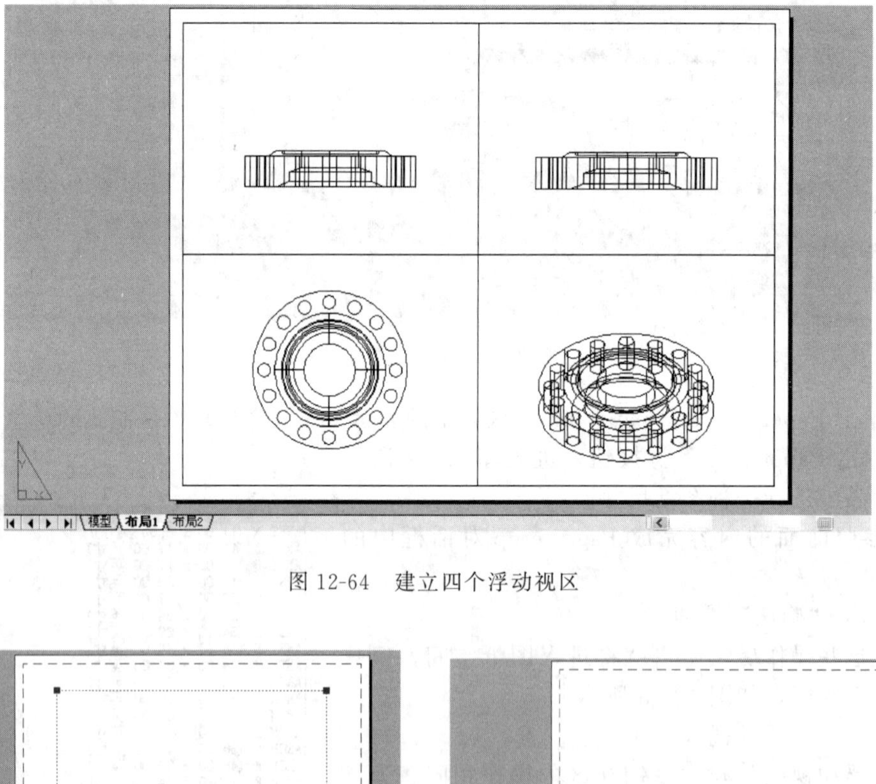

图 12-64 建立四个浮动视区

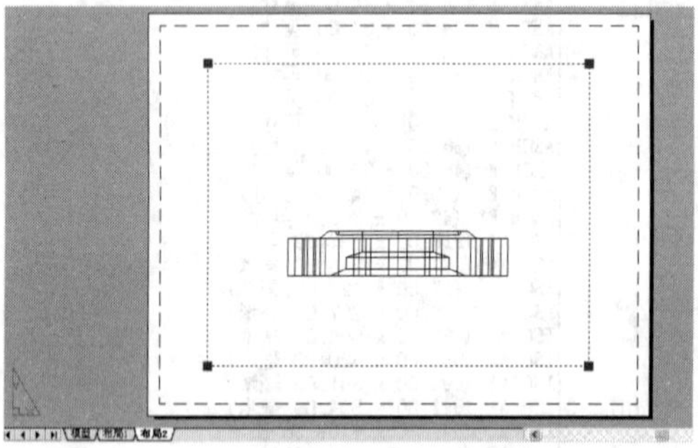

图 12-65 选择视区边界线

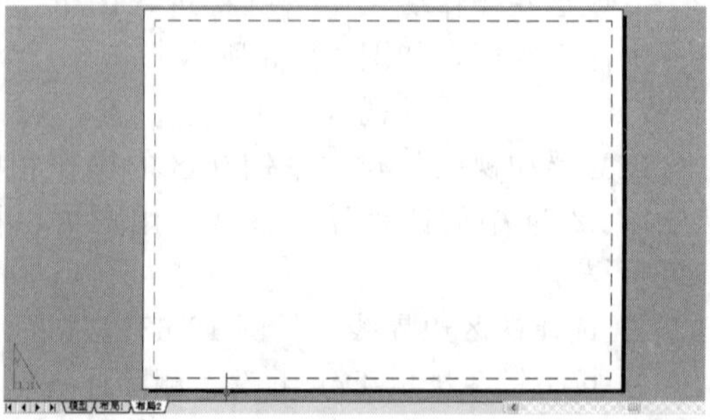

图 12-66 删除视区

完成这些操作后，屏幕上就将显示如图 12-64 所示的结果。如果用户单击右下角的浮动视区边界线，然后按下键盘上的 Delete 键删除该视区，该布局中的图形就将如同第一角投影的“三视图”，如图 12-67 所示。

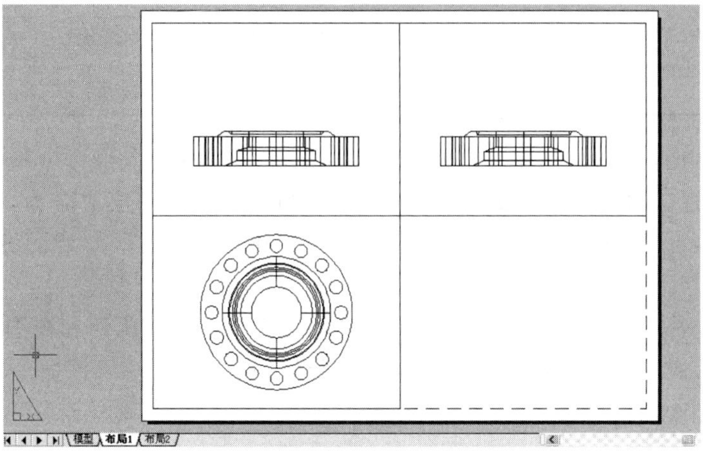

图 12-67　机械设计中的“三视图”

但是，图中的视图与实际投影图还有区别，比如主视图中虚线、实线不分，缺圆孔轴线，俯视图中缺圆的中心线等。要使所得的视图符合国家制图标准，须在将三维模型生成二维视图后再作适当的编辑。而上述方法得到的视图实际上还是三维视图，即图 12-67 中的每个视图还可切换成三维模式。为得到真正的二维视图，AutoCAD 有三条专用命令——Solprof、Solview、Soldraw 用于在图纸空间中处理 3D 实体，生成各种二维视图。

Solprof 命令用于生成 3D 实体的轮廓和边的线框对象组成的图块。虽然此图块位于模型空间，但这个命令须在图纸空间浮动视口中执行。所有的边，不管是可见的或是隐藏的，都包含在此图块中。用户可选择把可见的边和隐藏的边放在不同的图块中。

AutoCAD 使用 PV-handle 图层来放置实体的可见边，使用 PH-handle 图层来放置实体的隐藏边。这些层名中 handle 是浮动视口的描述字。例如：如果浮动视口的描述字是 7A，则图层名为 PV-7A 和 PH-7A。浮动视口的描述字是 AutoCAD 分配的十六进制数，通过 LIST 命令可以看到视口的描述字。

Solprof 命令的格式如下。

Command：Solprof

Select objects：(选择一个或多个 3D 实体)

Display hidden profile lines on separate layer? [Yes/No] <Y>：(输入 Y 或 N，或按回车)

Project profile lines onto a plane? [Yes/No] <Y>：(输入 Y 或 N，或按回车)

Delete tangential edges? [Yes/No] <Y>：(输入 Y 或 N，或按回车)

Solview 命令为从 3D 实体模型生成多个视图的工程图纸建立浮动视口，Solview 命令能为正投影视图、辅助视图和剖面视图创建和排列浮动视口；为这些视口中的模型设置合适的视图方向和比例；为可见线、隐藏线、尺寸线和剖面线在每个视口中创建层。

把视口放置在名为 VPORTS 的图层中。如果这个图层不存在，AutoCAD 会自动生成。AutoCAD 为可见线、隐藏线、尺寸线和剖面线创建的图层，由 Soldraw 命令来使用，为尺寸线创建的图层是给用户一个方便，仅在适用的视口中解冻，在其他视口中都是冻结的。这些图层如下。

层名	层中放置的项目
View_name-VIS	可见对象的线和边
View_name-HID	隐藏对象的线和边
View_name-DIM	尺寸对象
View_name-HAT	剖面线

在这些图层中的 View _ name 是使用 Solview 命令时在每个视口中指派的视图名。例如，假设命名了视口的视图名为 SEC，AutoCAD 则会给这些图层取名为 Sec-vis、Sec-hid、Sec-dim 和 Sec-hat。View _ name-HAT 图层仅当使用了 Solview 命令的 Section 选项时才创建。

Solview 命令是一条交互式的命令，提示输入位置、尺寸、比例和视图名。如果系统的变量 Tilemode 的值不为 0，AutoCAD 将会把它设置为 0，然后继续该命令的操作，Solview 命令执行格式如下。

Command：Solviw

Enter an option [Ucs/Ortho/Auxiliary/Section]：(输入一选项或按回车)

在执行完一个选项后重复这一提示，按 Enter 键结束本命令。除 UCS 外的所有选项需要一个现有的浮动视口。因此所选择的第一个选项必须是 UCS。

Soldraw 命令是 Solview 命令的配套命令。Solview 命令建立视口，而 Soldraw 命令则画出轮廓和各边以及这些视口中的剖面和阴影线。此命令完成很多操作，用户只须选择在哪个视口操作。Soldraw 命令的命令执行格式如下。

Command：Soldraw

Select viewports to draw：

Select objects（选择用 Solview 命令建立两个视口）

注意，如果视口不是由 Solview 命令配置，或者 3D 实体是一个图块，Soldraw 命令就无法执行。

下面以零件法兰为例说明由法兰三维模型生成真正二维视图的过程。预期的视图方案用主、俯两个视图表达法兰，其中主视图采用全剖视图，俯视图表达圆周方向均匀分布的孔，各视图都应画出必需的轴线或中心线。

① 打开法兰三维模型，单击模型标签，进入图纸空间，再单击图纸标签成为活动的模型空间。

② 选择视图/视口/新建视口菜单命令，对弹出的视口对话框进行设置，如图 12-68 所示。按确定后得到的结果如图 12-69 所示，单击模型标签进入图纸空间后删除原法兰图形并对主视图作适当移动，如图 12-70 所示。此时已得到主、俯二个视图，但这二个图仍然是三维图形，为了获得真正的二维图形，再单击图纸空间标签进入活动的模型空间后应用 Solprof 命令来获得每个视图的轮廓，简单操作是：输入 Solprof 命令后选中主视图，再一直回车，在回车过程中，对每一选项不作选择直到回到命令状态，即可得到主视图的轮廓；对俯视图作同样的操作，现在已得到了二个视图的轮廓，但图形与操作 Solprof 命令前没有变化，需要删除原三维图形后才能得到仅存主、俯视图轮廓的图形，这是真正的二维图形，如图 12-71 所示。

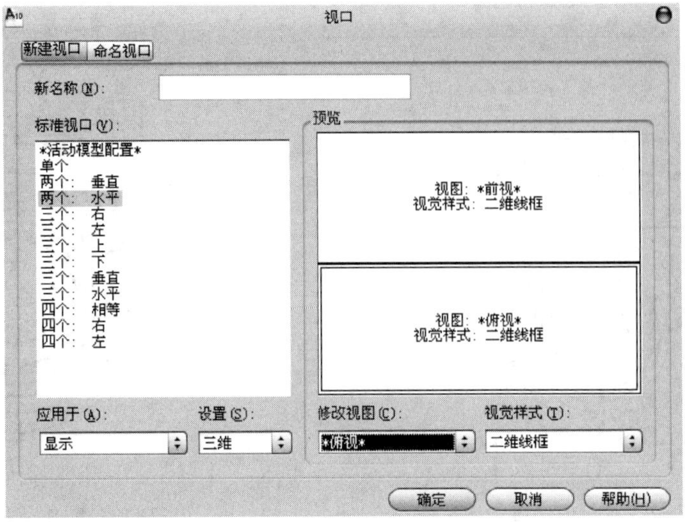

图 12-68　视口设置

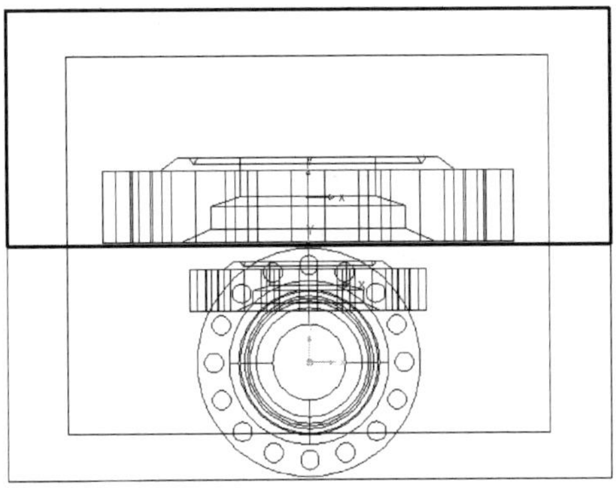

图 12-69　进入图纸空间

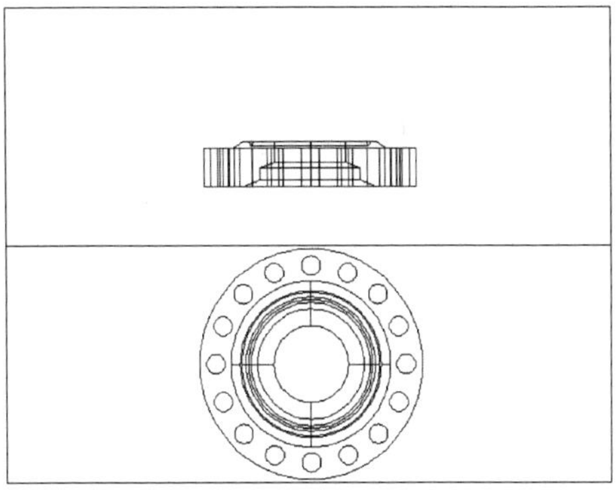

图 12-70　调整后的主、俯视图

图 12-71 还不符合预期的视图表达方案，需进行适当编辑。为便于编辑将主、俯视图复制到一个新建图形，应用 Explode 命令将其分解，然后按二维绘图编辑，最后得到所需的视图，如图 12-72 所示。

上面是获得二维图的一种方法，下面介绍另一种用 Solview、Soldraw、Solprofs 三个命令获得二维视图的方法，具体步骤如下。

① 打开法兰三维模型，单击模型标签，进入图纸空间，再单击图纸标签成为活动的模型空间。将法兰移动到左上角，单击模型标签，进入图纸空间后将图框缩小（只须用鼠标点中图框，此时图框线变成虚线，按住鼠标左键向左上角移动即可），如图 12-73所示。

② 输入 Solview 命令，选“正交（O）”回车后选中视口要投影的一侧。因为要获得俯视图，所以用鼠标点中虚线框上面一条边，表示俯视图由上向下投影获得。

③ 将鼠标移到主视图下方适当位置以指定视口中心。回车后用左下角点和右上角点确定俯视图的图形范围，如图 12-74 所示。

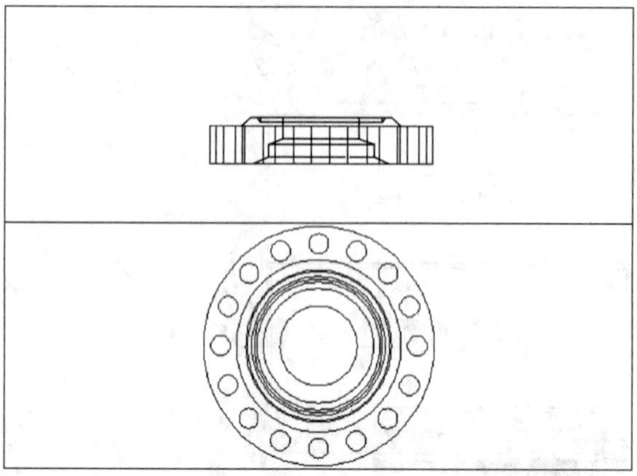

图 12-71 真正的二维视图

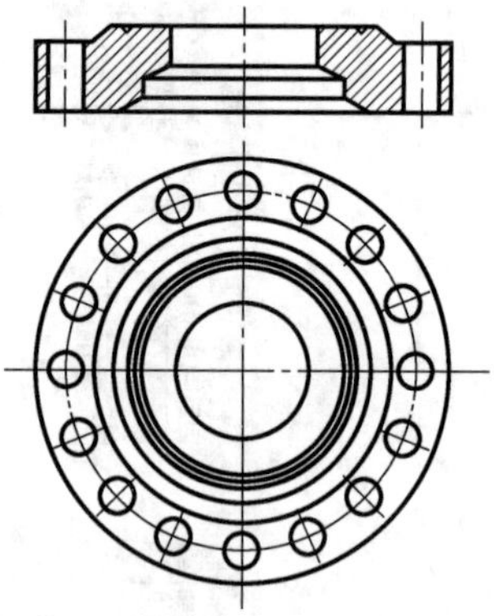

图 12-72 编辑后的二维图形

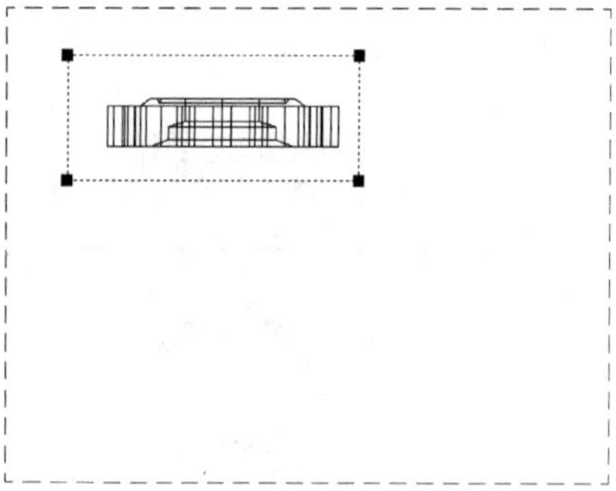

图 12-73 进入图纸空间并作调整

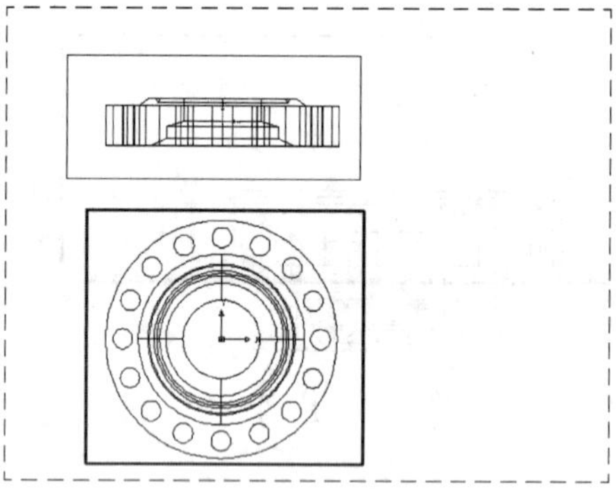

图 12-74 由 Solview 命令获得俯视图

④ 输入俯视图名称后回车得到俯视图。

⑤ 因为要将主视图作全剖视，所以继续选“截面（S）”选项，然后回车。回车后要确定剖切面的位置，由于剖切平面与主视图所在投影面平行，该平面从上向下投影为一条直线，可在俯视图上输入两个点，这两个点所确定的直线就代表了截面位置。

⑥ 截面位置确定后回车，要求从指定侧查看，因主视图是由前向后投影在正立平面上得到的，所以用鼠标在俯视图下方（在空间代表前方）点击，并默认视图比例值，回车后指定剖视图中心，并用左下角与右上角两个点确定剖视图范围，然后输入剖视图名称，即得到剖视图（剖面线还未画），如图 12-75 所示。

⑦ 由图 12-75 可知，获得剖视图后原来的主视图变为多余，应删除。可用鼠标点中主视图边框线，然后用 Erase 命令将其删除，再用 Move 命令将剖视图调整到适当位置，如图 12-76所示。

⑧ 设置剖面图案及图案比例。

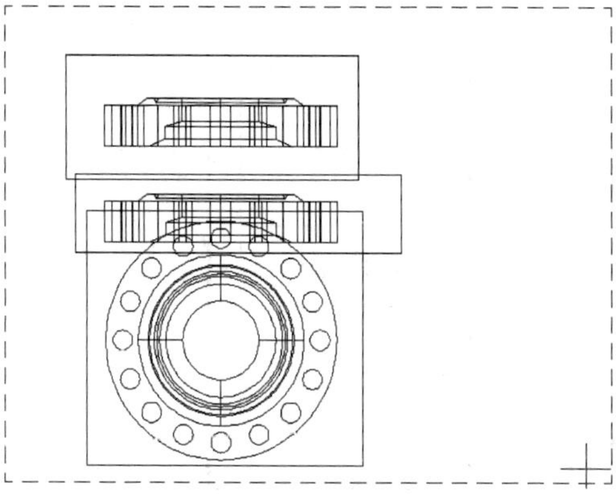

图 12-75　获得剖视

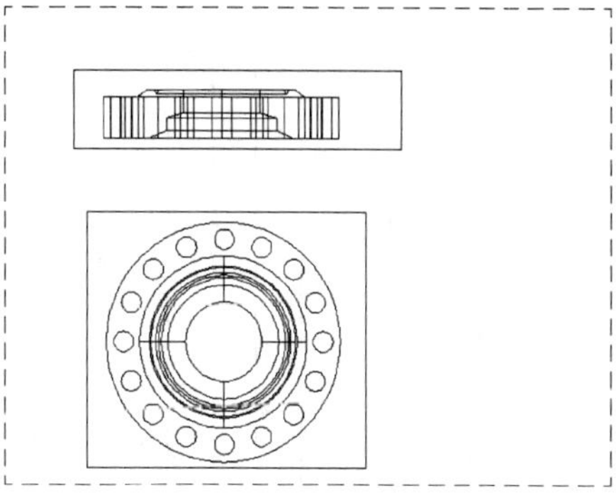

图 12-76　调整后的剖视

Command：Hpname

Enter new valve for HPNAME＜ “ANGLE” ＞：ansi31（输入图案名称）

Command：hpscale

Enter new valve for HPSCALE＜1.0000＞：6

⑨ 输入 Soldraw 命令，回车后用鼠标点中剖视图的线框，再回车即得剖视图，如图 12-77 所示。

⑩ 输入 Solprof 命令，回车后选择俯视图，一直回车到命令状态。

⑪ 用 Erase 命令删除原俯视图中的三维模型，剩下的轮廓便是二维的俯视图，结果如图 12-78 所示。

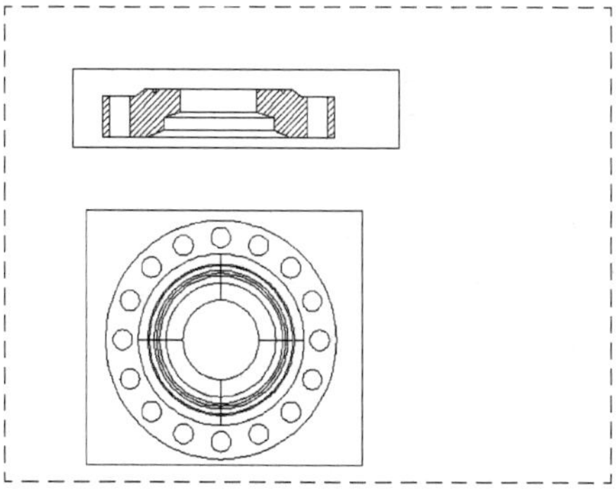

图 12-77　画剖面线

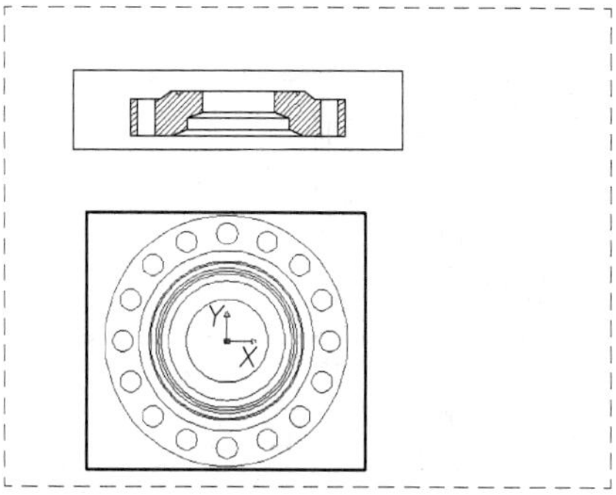

图 12-78　获得主、俯二维视图

获得两个二维视图后，再编辑成符合制图标准的工程图，其编辑方法与第一种由三维模型生成二维图形所用的方法相同，不再重复。

按法兰视图的生成方法，生成储槽容器各零件的二维视图，然后组成储槽的装配图，如图 12-79 所示。图中的尺寸、文字等内容都按第 4 章所述方法注写。

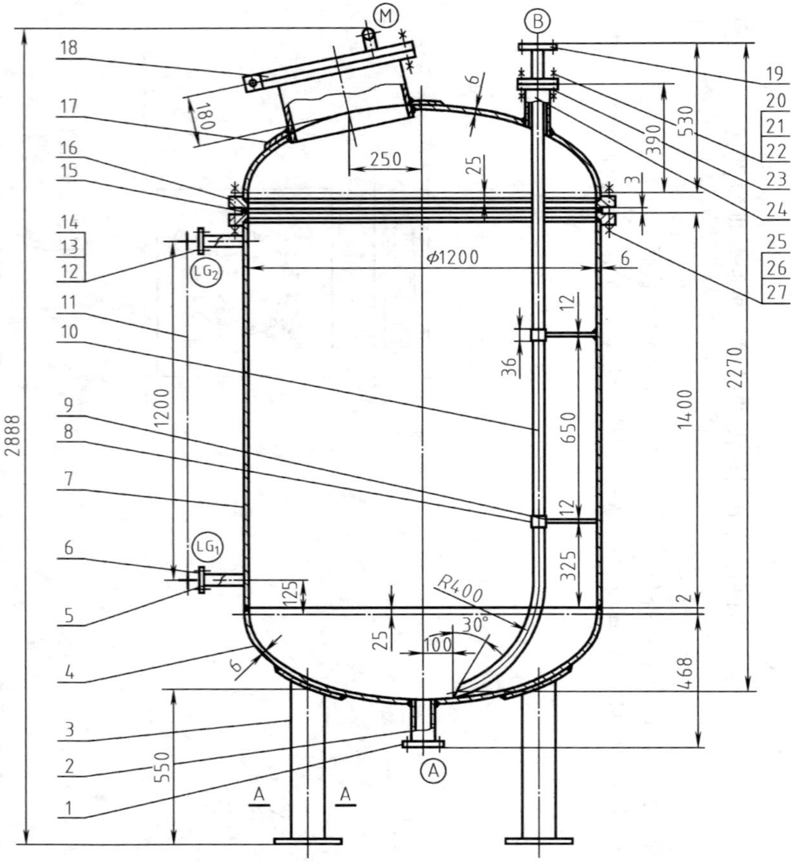

设 计 数 据 表

规范 CODE	GB150《钢制压力容器》《压力容器安全监察规程》		
	容器	压力容器类别	
介质		焊条型号	按JB/T4709—2000规定
介质特性		焊接规程	按JB/T4709—2000规定
工作温度/℃	60	焊缝结构	除注明外采用全焊透结构
工作压力/MPa(G)	0.15	除注明外角焊缝腰高	按较薄板厚度
设计温度/℃	80	管法兰与接管焊接标准	按相应法兰标准
设计压力/MPa(G)	0.25	无损检测 N.D.E 焊接接头类别	方法-检测率 标准-级别
腐蚀裕量/mm	1	A.B 容器	RT-%10 JB4730-III
焊接接头系数	0.85	C.D 容器	按规范
热处理		全容积/m^3	1.8
水压试验压力卧试/立试/MPa(G)	0.25	管口方位	按俯视图
气密性试验压力/MPa(G)			
保温层厚度/防火层厚度/mm	80/0		
表面防腐要求	外表涂红丹两度		
其他			

技术要求

1. 安装液面计时两接管之间的距离公差为±1.5mm,接管对于基准距离公差为3mm。
2. 保温层材料为矿渣棉板材。

管 口 表

符号	公称尺寸	公称压力	连接标准	法兰形式	连接面形式	用途和名称	设备中心线至法兰面距离
A	50	0.25	HG 20593	PL	RF	出料口	见图
$LG_{1\sim2}$	20	2.5	HG 20592	PL	RF	液面计口	756
M	400	0.25				人孔	见图
B	40	0.25	HG 20593	PL	RF	进料口	见图
C	25	0.25	HG 20593	PL	RF	放空口	见图
D	25	0.25	HG 20593	PL	RF	备用口	见图
E	40	0.25	HG 20593	PL	RF	进料口	见图

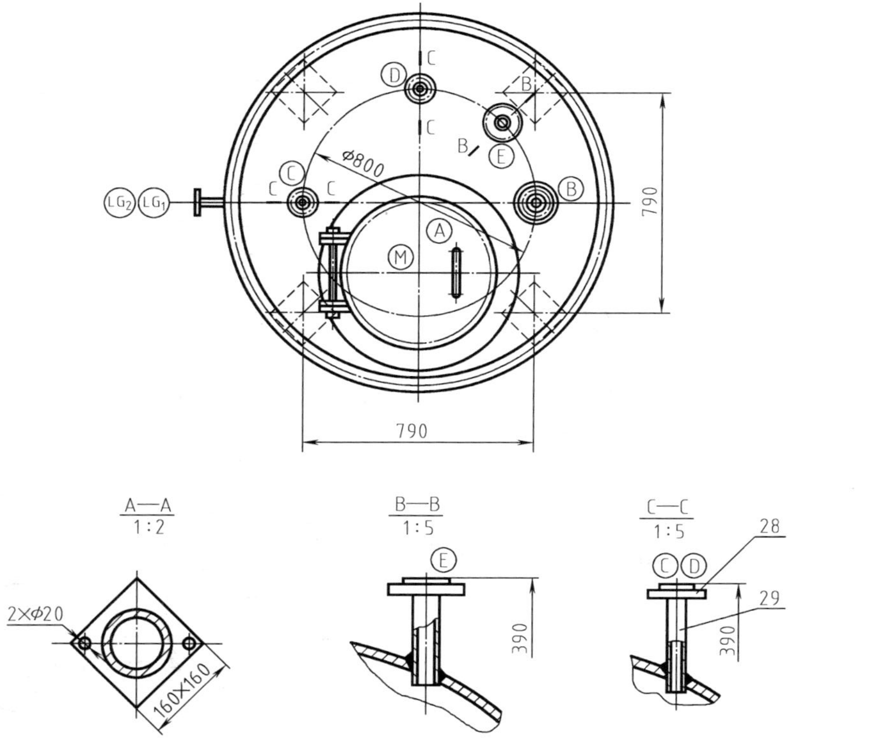

件号	图号或标准号	名称	数量	材料	单 质量/kg	总 质量/kg	备注
22	HG 20606	垫片RF50-2.5	1	石棉橡胶板			
21	GB 6170	螺母M12	4	Q235-A	0.016	0.064	
20	GB 5782	螺栓M12×50	4	Q235-B	0.054	0.22	
19	HG 20593	法兰PL40(B)-0.25 RF	2	Q235-A	1.38	2.76	
18	HG 21516	人孔III(A·G)A400-0.6	1			84	
17	JB/T 4376	补强圈d_N400×60-D	1	Q235-A		10.3	
16	JB/T 4701	法兰-RF 1200-0.25	2	Q235-A	85.3	170.6	
15	JB/T 4704	垫片1200-0.25	1	石棉橡胶板			
14	HG/T 20606	垫片RF20-2.5	2	石棉橡胶板			
13	GB 6170	螺母M12	8	Q235-A	0.016	0.13	
12	GB 5782	螺栓M12×55	8	Q235-B	0.06	0.96	
11	HG 21592	液面计AG1.6-IW 1200	1			10.5	
10		进料管Φ45×3.5 L=2330	1	10		8.4	
9		拉筋4×12 L=170	2	Q235-A·F	0.07	0.14	
8		管夹Φ45	2	Q235-A	0.25	0.5	
7		筒体$DN1200\delta=6$ $H=1363$	1	Q235-A		242.6	
6	HG/T 20592	法兰20-2.5	2	Q235-A	0.94	1.88	
5		接管Φ25×3.5L=153	2	10	0.25	0.5	
4	JB/T 4746	椭圆形封头EHA1200×6	2	Q235-A	76.4	152.8	
3	JB/T 4724	支座B2 $H=550$	4	10,Q235-A.F/Q235-A	9.3	37.2	
2		接管Φ57×3.5L=153	1	10		0.71	
1	HG20593	法兰PL50(B)-0.25RF	1	Q235-A		1.51	

设备净质量/kg		753	压力容器设计许可证章
其中	瓷环/kg		
	不锈钢/kg		
	钛材/kg		
空质量/kg			
操作质量/kg			
盛水质量/kg			
最大可拆件重量/kg			

版次	说明	设计	校核	审核	批准	日期
0	装配图					

本图纸为	工程公司财产,未经本许可不得转让给第三者或复制							
工程公司					资质等级	甲级	证书编号	
项目					图名	储槽 VN=m³装配图 V1002		
装置/工区								
地区	专业	设备	比例	1:10	第 张 共 张	图号		

29		接管Φ32×3.5L=153	2	10	0.46	0.92
28	HG 20593	法兰PL25(B)—0.25RF	2	Q235-A	0.73	1.46
27	GB 97.1	垫圈20	36	Q235-B	0.04	1.44
26	GB 6170	螺母M20	36	Q235-A	0.09	3.24
25	GB 5782	螺栓M20×120	36	Q235-B	0.42	15.12
24		接管Φ57×3.5L=153	1	Q235-A		1.51
23	HG 20593	法兰PL50(B)-0.25RF	2	Q235-A	1.51	3.02

图 12-79 储槽二维工程图

12.7 化工管道三维配置

12.7.1 管道的三维线框模型

AutoCAD一般用三维线框模型来表达三维管道的布线设计。用线框构造三维形体的一般步骤如下。

① 通过在 *XY* 平面上建立2D形状，再移到3D空间的相对位置，绘图时首先将UCS坐标系移到作图的位置，并使UCS的 *XY* 平面与当前平面重合，使绘图更方便和容易。

② 通过画线命令Line和Spline，在请求输入点时，输入三维坐标，用户可以绘制出三维的直线和曲线。

③ 通过3Dpoly命令绘制3D多义线，用户按命令行的提示选择使用可绘制出相应的线框模型。3Dpoly只含直线，线型为实线。可用Pedit编辑3Dpoly。注意，可对线框模型进行蒙面处理，使线框模型变成面模型，也可以通过对三维实体的模型编辑操作，提取三维实体线框。

图12-80是用直线、圆弧以及一些二维符号建立的三维管道模型。这是三维线框模型的一个典型应用。用线条和符号来描述管道在三维空间的布置，可以简化图形，减小图形文件的尺寸。在建筑设计中常常要用到这样的三维线框模型，在机械设计中也常用这样的模型来进行三维电路、油路的布线设计。

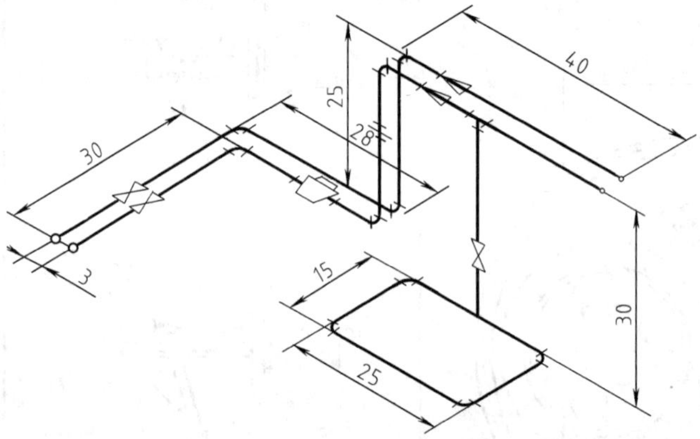

图12-80 三维管道的线框模型

一般来说，布线设计是在主体设计完成后进行的，在线设计的过程中，利用主体设计的图形可以帮助确定布线的位置、提供捕捉的目标等。

图12-81表示管道符号的图块，图中的“×”表示图块的插入点。

图12-82～图12-87为作图的简要过程。

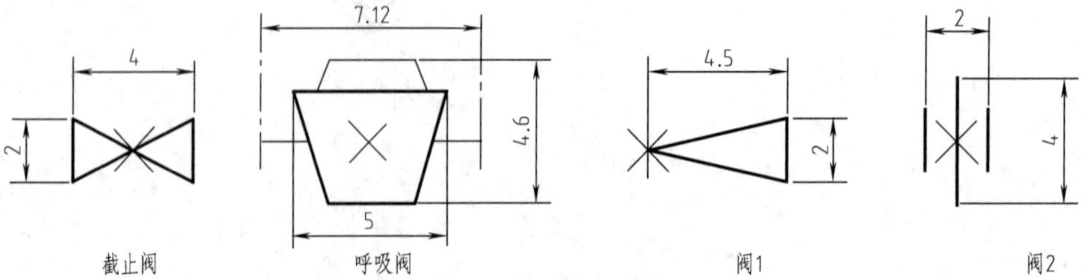

图12-81 管道符号图块

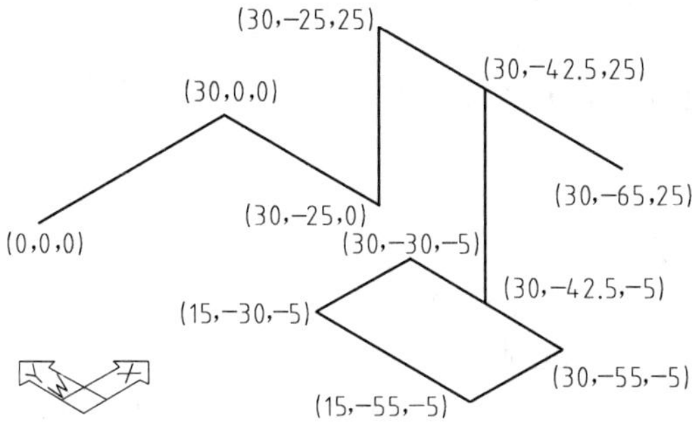

图 12-82　步骤一

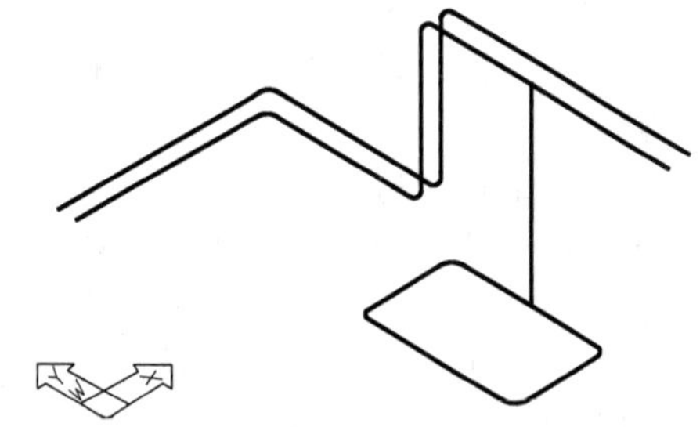

图 12-83　步骤二

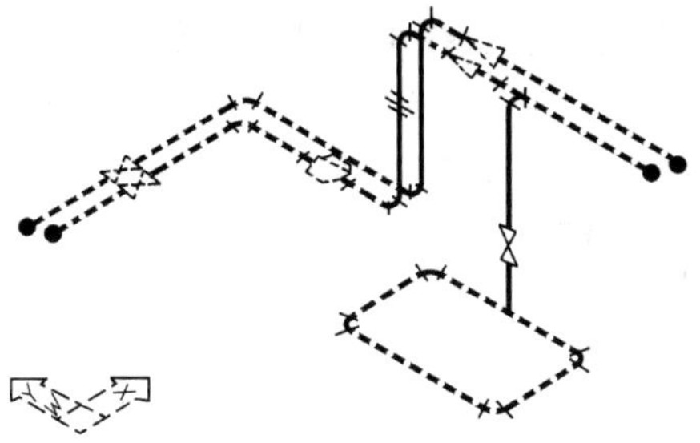

图 12-84　步骤三

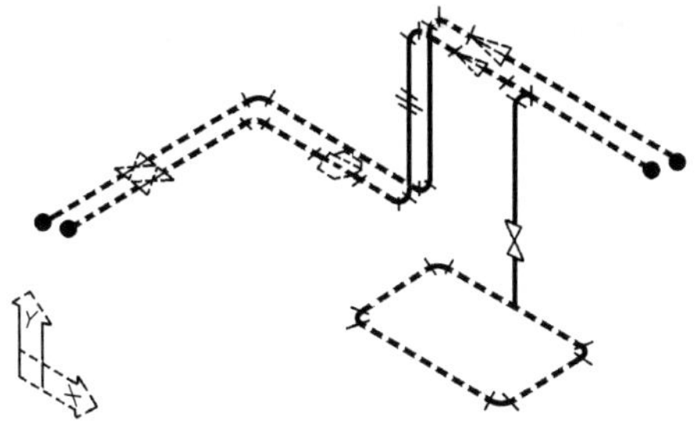

图 12-85　步骤四

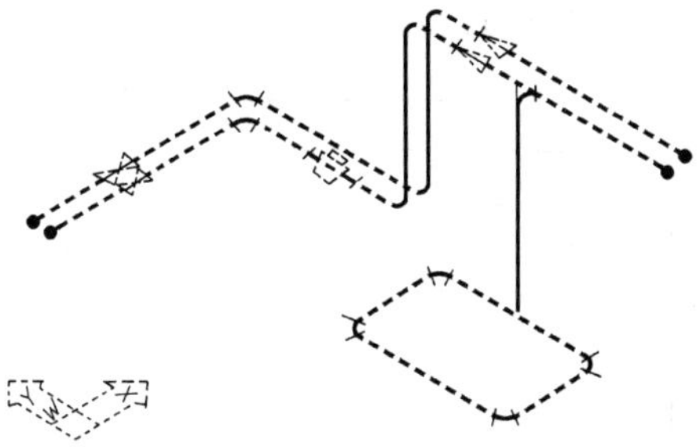

图 12-86　步骤五

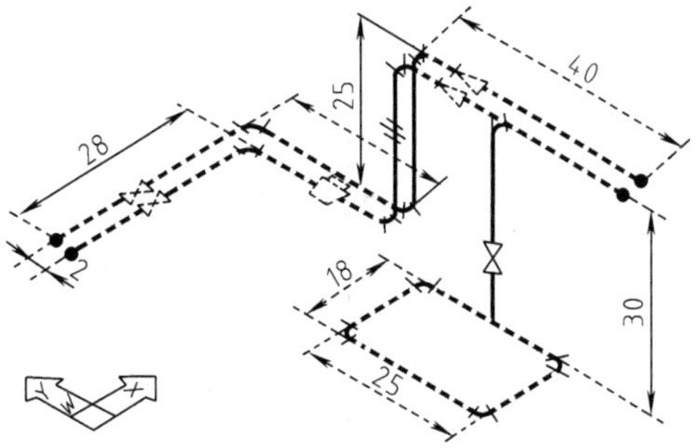

图 12-87　三维管道造型

根据图中所示的点的坐标值，用 Line 命令画出管道的轮廓线。用 Copy 命令和夹持点编辑法绘制另一条管道线，用 Fillet 命令在管道的转角处绘制半径为 1.5 的圆角。用 Line 命令、Copy 命令绘制管道的细节，用 Ddinsert 命令插入管道符号图块。变换 UCS，继续用 Line 命令、Copy 命令绘制细节，用 Ddinsert 命令插入管道符号图块。

用 Break 命令将管道线在管道符号处断开。

标注尺寸，注意在标注的过程中，要根据标注线的位置变换 UCS。

12.7.2　管道的三维实体造型

管道三维实体造型是个重大的设计方法改革，在国外已经成熟且普遍采用，传统的管道平面图的使用已日趋减少。

现在进行模型设计所使用的各种规格的管道、弯头、管件、阀门、仪表和各种常用的设备结构都用塑料制作，并可在市场上买到，采用溶剂黏结，塑料部件在几秒钟内就可粘住，刷漆也很容易。这一切，降低了对模型设计人员的模型制作技巧的要求，缩短了模型制作时间。模型制作完毕后运往施工现场指导施工，当有问题需要处理时，在设计单位既无平、立面图，又无模型的情况下，就可以采用管道的三维实体造型来解决问题。

管道的三维实体造型优点很多，主要的有以下几种。

① 容易看清管道通过的合理途径，使配管更经济，布置更合理；减少装置的投资、运行和维修费。

② 有效地避免碰撞。

③ 有利于全面地考虑操作、检修、安全的需要。

④ 方便校审，容易发现施工时可能出现的问题，并事先获得解决。

⑤ 有利于工程建设制订计划、编制预算、划分分包范围。

常用的管道三维造型有两种情况，一种是根据配管的立面图、平面图画出三维管线图；另一种是根据管段图生成立面图、平面图。图 12-88 是氨水泵配管图，在根据立面图、平面图进行三维造型时首先将注意力放在管道造型上，由立面图、平面图画出管线三维图，如图 12-89所示。将处于同一平面内的线段组成一条组合线，然后在组合线端画管截面，如图

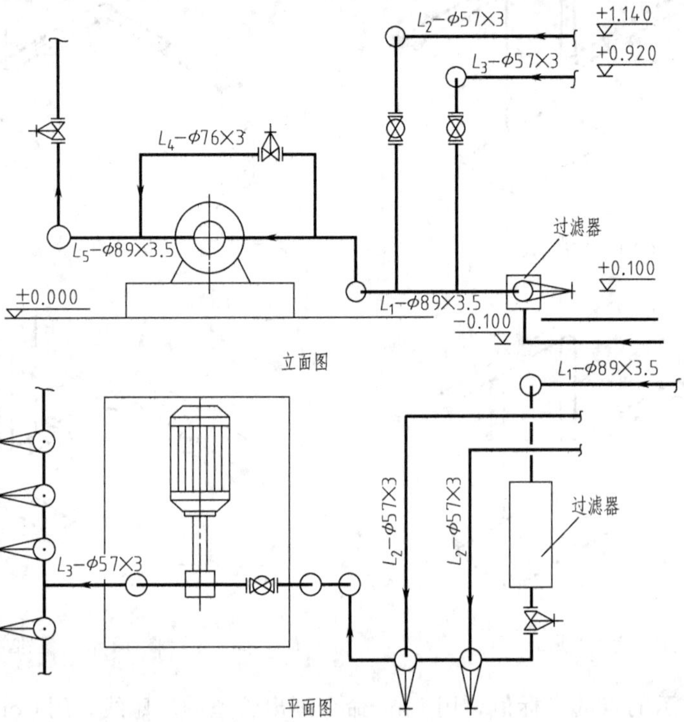

图 12-88 氨水泵平面图

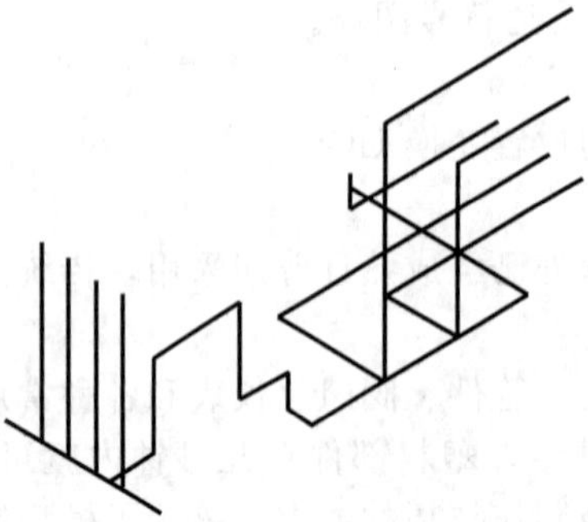
图 12-89 氨水泵管线三维图

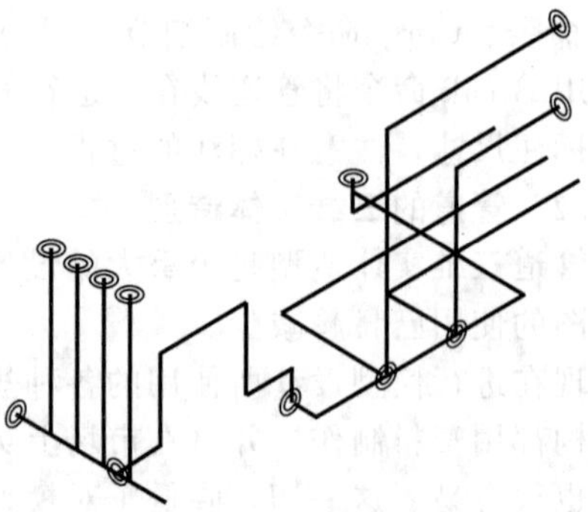
图 12-90 画出管截面

12-90 所示。注意，画管截面时应使其与组合线所在平面垂直，应用 UCS 可满足这一要求。以组合线为拉伸路径，以管截面为拉伸对象即可生成管道。一般管系由圆管组成，因此管截面可以用两个同心圆表示，两个同心圆沿路径拉伸后生成两个直径不同的实心体，两个实心体作差运算即生成管道，如图 12-91 所示。

图 12-92 是氮气管路的管段图，根据管段图进行三维造型如图 12-93 所示，同时可以获得立面图和平面图，如图 12-94 所示。

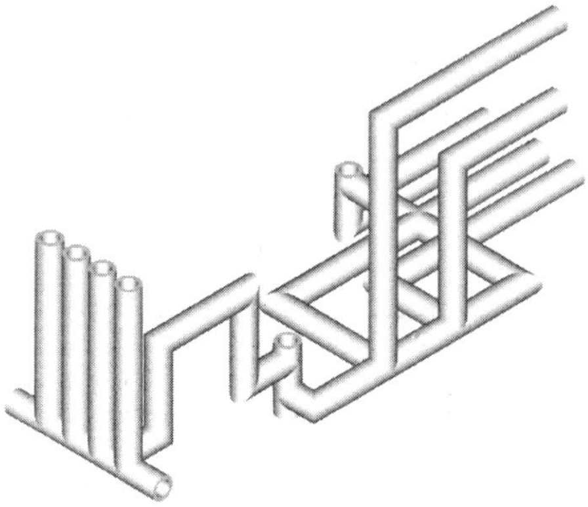

图 12-91　氨水泵管道造型

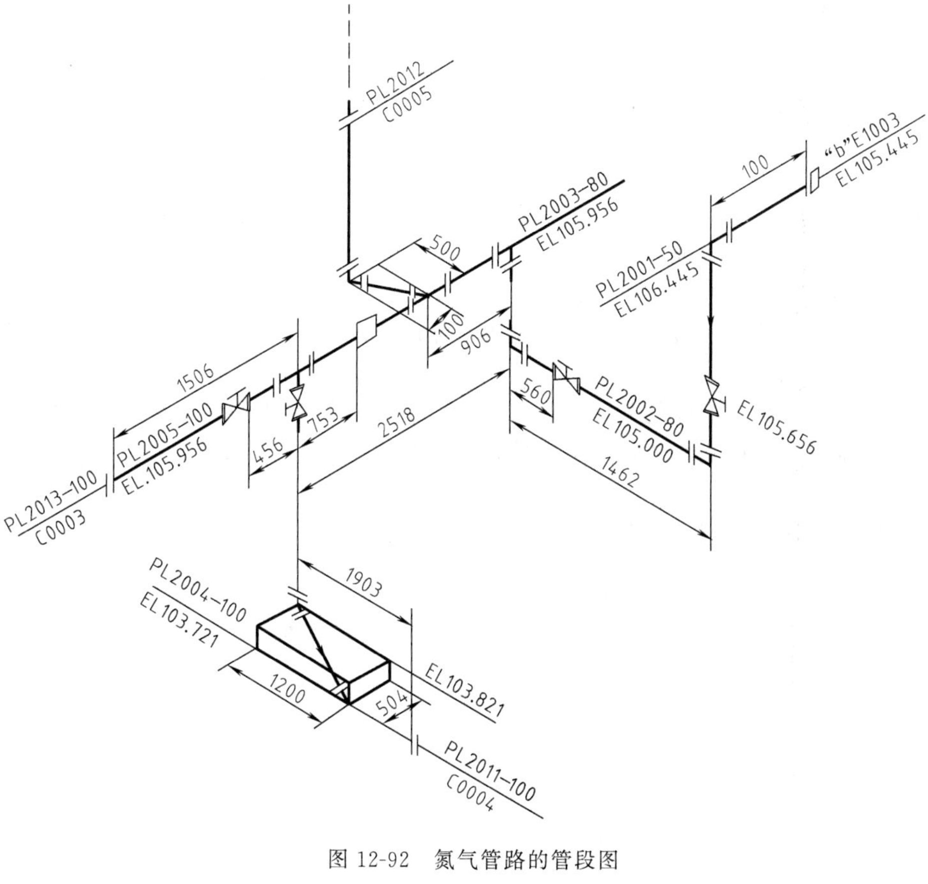

图 12-92　氮气管路的管段图

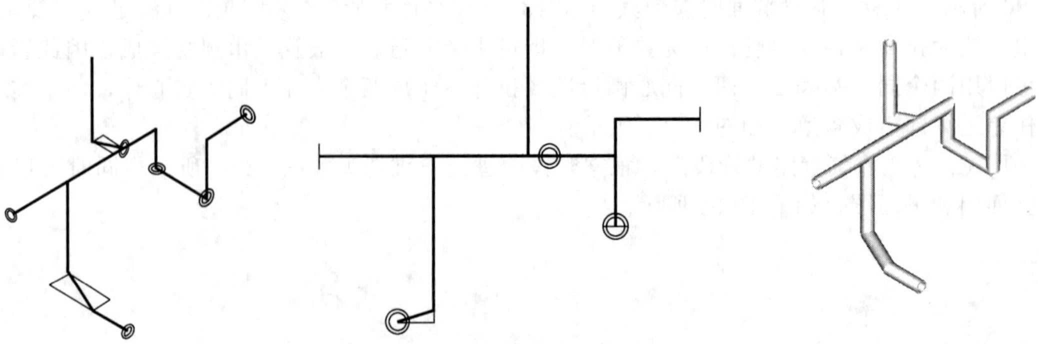

图 12-93　氮气管路三维造型

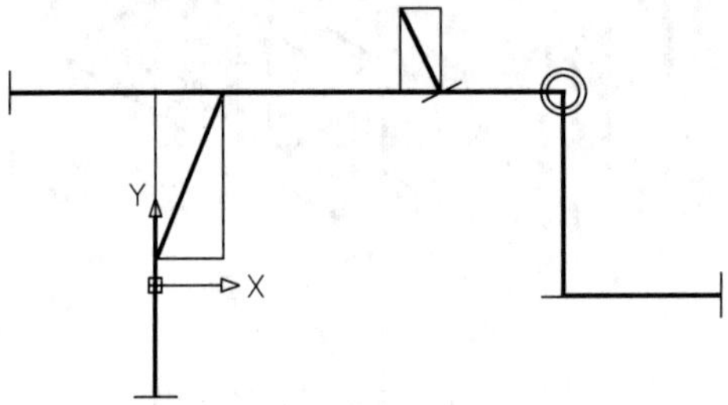

图 12-94　氮气管路平、立面图

12.8　本章小结

本章主要由 AutoCAD 三维实体造型基本方法、三维编辑、化工设备零部件造型、三维模型生成二维视图等内容组成。

（1）基本操作　拉伸，旋转，创建复合实体。

（2）三维编辑功能　旋转三维对象，三维对象的阵列，三维对象的镜像，三维对象修剪和延伸，倒圆角，倒斜角。

（3）三维实体编辑　实体的截面，剖切实体，编辑三维实体的面，编辑三维实体的边，压印实体，分割实体，抽壳实体，清除实体，检查实体。

（4）零件的三维造型

（5）根据三维模型生成二维图形

第13章 机械制图外国标准简介

13.1 概述

工程图样是工程技术界进行国际技术交流的“国际语言”。为此，中国和其他许多国家的制图标准都在结合本国国情的基础上，积极采用国际标准化组织 ISO（International Standardization Organization）制订的 ISO 标准。由于国情的不同，不同国家的工程图样，其画法及有关规定，虽然有不少共同点，但仍有若干差异处，所以有必要了解国外工程图样画法及有关规定，以便参阅国外技术资料和工程图样，有利于学习、引进先进技术。

13.2 第三角投影法和第一角投影法的对比

三个互相垂直的投影面可把空间分成八个象角，世界各国绘制工程图样时，分别采用了第一角投影法和第三角投影法，如图 13-1 所示。ISO 标准规定：绘图时采用的第一角投影法和第三角投影法同等有效。

中国、俄罗斯及欧洲大多数国家（如英国、法国、德国等）采用第一角投影法，采用第三角投影法的主要有美国、日本等。

如图 13-2、图 13-3 所示，第一角画法的特点为用正投影法将机件置于观察者与投影面之间进行投射。而第三角画法的特点，则是用正投影法将投影面置于观察者与机件之间进行投射，这时把投影面看作是透明的。

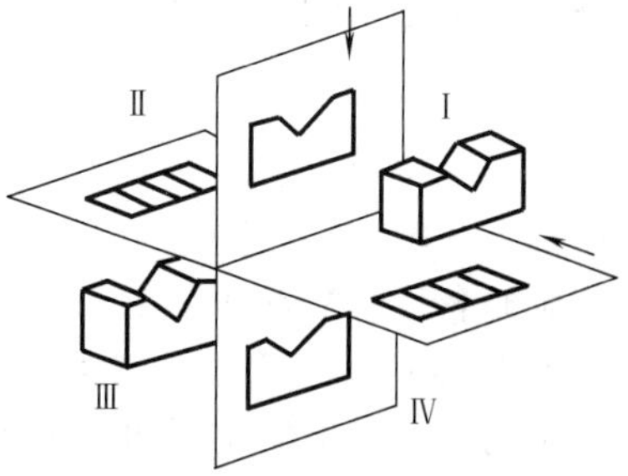

图 13-1 第三角画法与第一角画法对比

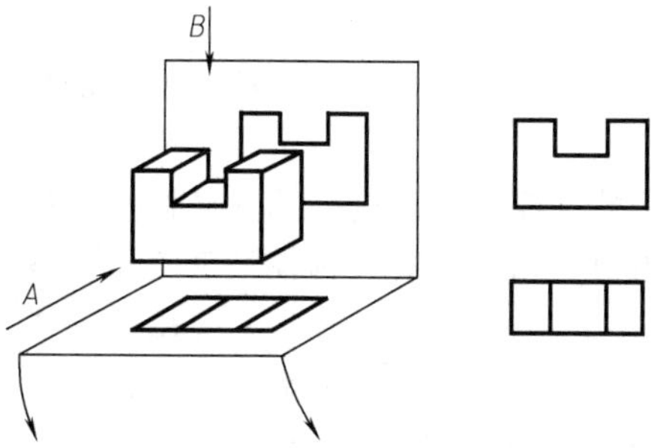

图 13-2 第一角画法

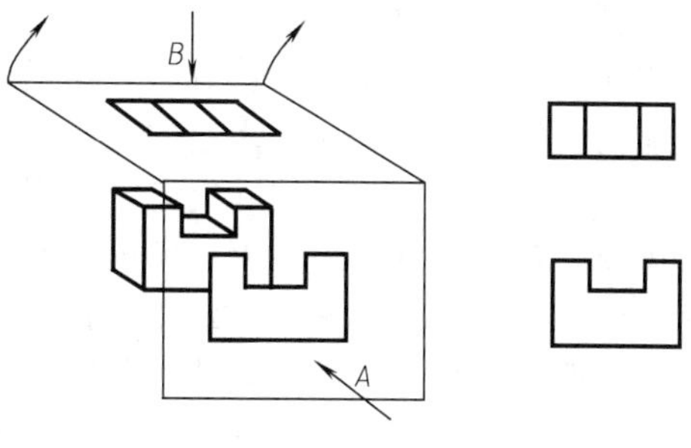

图 13-3 第三角画法

对比第三角投影法和第一角投影法可知它们间有共同点：各视图间均保持“长对正、高平齐、宽相等”的投影规律。两者之间差异如下。

① 观察（投射）顺序不同　第一角投影法：观察者——机件——投影；第三角投影法：观察者——投影——机件。

② 投影面展开的方式不同　将两者对比可知，H 面的旋转方向相反。

③ 三视图名称和配置不同　第一角投影法的三视图：主、俯、左视图，俯视图配置在主视图下方，左视图则在主视图右方；第三角投影法的三视图：前、顶、右视图，顶视图配置在前视图上方，右视图则在前视图右方，例见图 13-4。

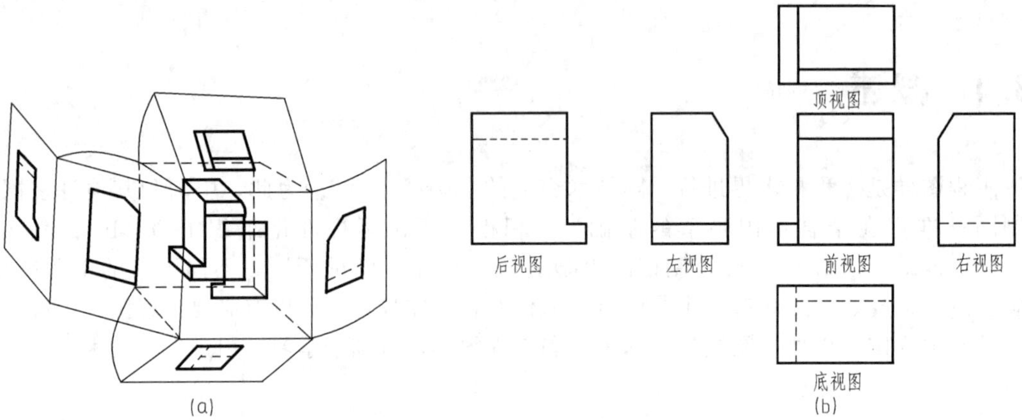

图 13-4　第三角画法的六面基本视图

④ 视图中反映的方位关系不同　第一角投影法：俯、左视图远离主视图的一侧为机件的前方；第三角投影法：顶、右视图中远离前视图的一侧为机件的后方。

13.3　第三角投影法的基本视图与投影法特征标记

同中国机械制图标准一样，为表达各种形状的机件，第三角画法也有六个基本视图。将机件向六个基本投影面进行投射，然后按图 13-4（a）所示方向展开，即得六个基本视图，它们相应的名称与配置如图 13-4（b）所示。

由图 13-5 所示，第三角的前视图相当于第一角的主视图，第三角的后视图与第一角的后视图相同，第三角的左视图与第一角的右视图相同，第三角的右视图与第一角的左视图相同，而第三角的俯视图与第一角的俯视图一致，第三角的仰视图和第一角的仰视图一致。

第三角画法同第一角画法一样，表达机件除六个基本视图外，也有局部视图、斜视图以及断裂画法、局部放大等。

表达机件内部形状时，也有各种剖视与剖面，以适应形状不同、复杂程度不一的机件的表达需要。第三角中的这些表达方法与第一角画法相似。

为了便于广泛地进行国际交流，使用第三角画法的国家现逐渐地向第一角画法靠拢。在这些国家，产品图纸有采用第三角画法的，也有采用第一角画法的。为使读者不致误解，读图时应注意在图纸图框的上方或下方的标记，如图 13-6 所示。日本图纸则常在标题栏的投影项中写明“三角法”字样，即表明该图用第三角画法。读图时应首先对此加以注意，方可避免出错。如图 13-7 所示，只有在搞清楚该图是采用第一角画法，还是采用第三角画法时，才能确切知道该机件的圆盘上的小孔 A 是在前边还是在后边。

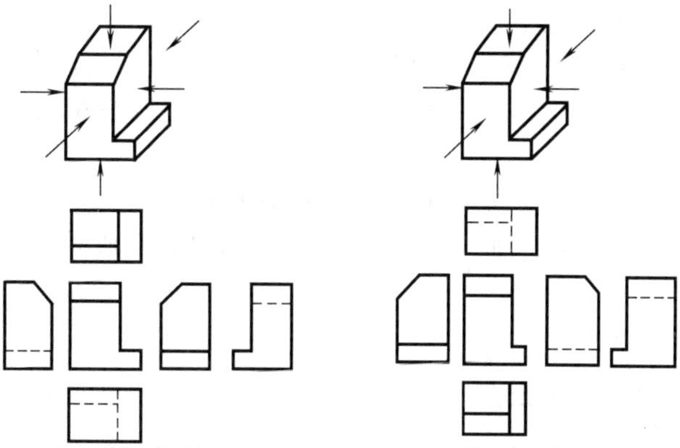

第三角画法　　第一角画法

图 13-5　第三角与第一角的六面视图比较

第一角画法标记　　第三角画法标记

图 13-6　画法标记

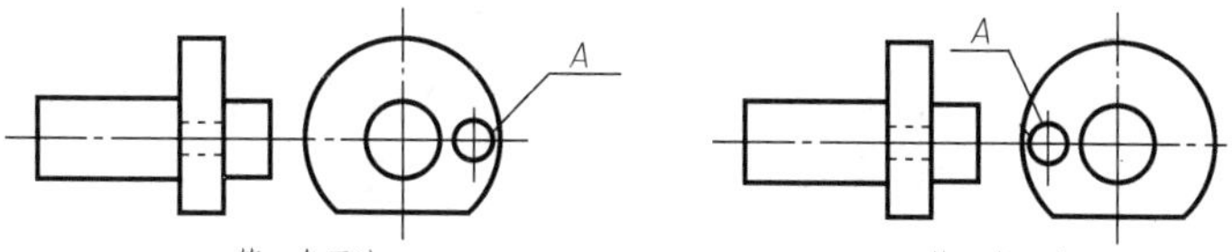

第一角画法　　第三角画法

图 13-7　机件在第一角、第三角中的画法

13.4　国际标准 ISO 128《图示原理》

（1）两种投影法　有第一角投影法和第三角投影法。在两种投影法中可等效使用其中一种。下面介绍时均按第一角投影法来配置图形。

（2）基本视图　按 ISO 标准规定，第三角画法的六面基本视图的配置及名称，如图 13-4（b）所示。

（3）特殊视图　ISO 标准中，有一种辅助视图，相当于斜视图或不按规定配置要求的基

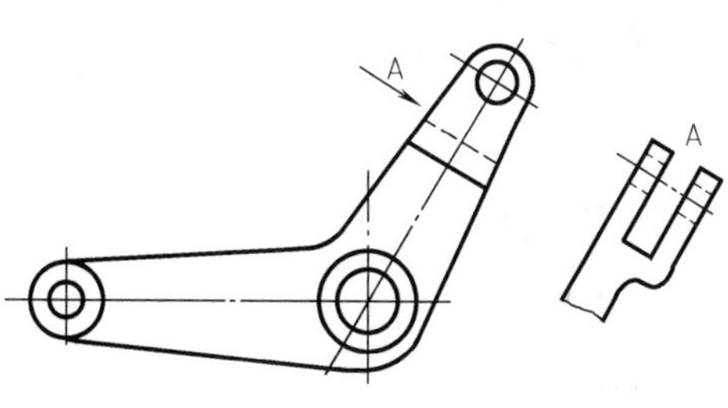

图 13-8　辅助视图

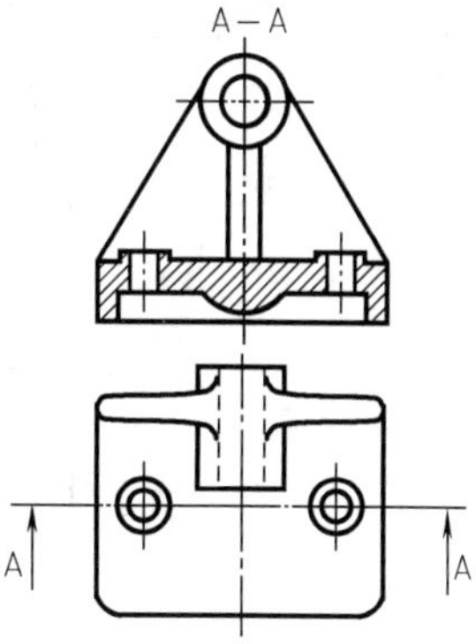

图 13-9　剖视图

本视图，图 13-8 中所示即为特殊视图的一种。

（4）剖视图　剖视图分为三种，剖切面分为五种，与中国的标准相同。只是表示剖切位置所用的剖切符号有所不同，它采用了 H 型线，并在起讫两端粗实线的当中给出箭头，如图 13-9 所示。

（5）断面图　与中国标准相同，也分为重合断面与移出断面两种，但当移出断面经旋转后画出时，不需在 A—A 的后面加“⌒”符号，如图 13-10 所示。

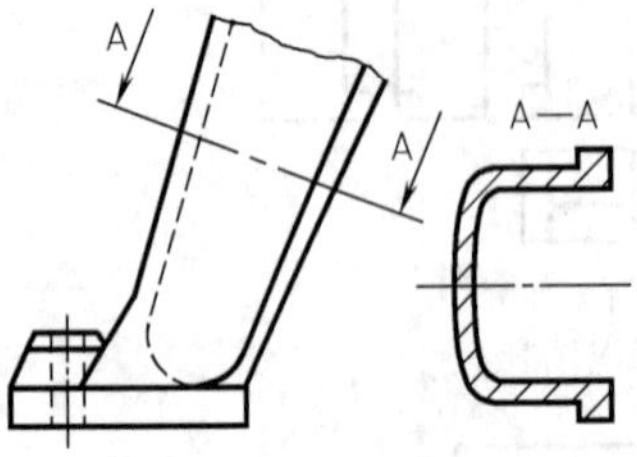

图 13-10　断面图

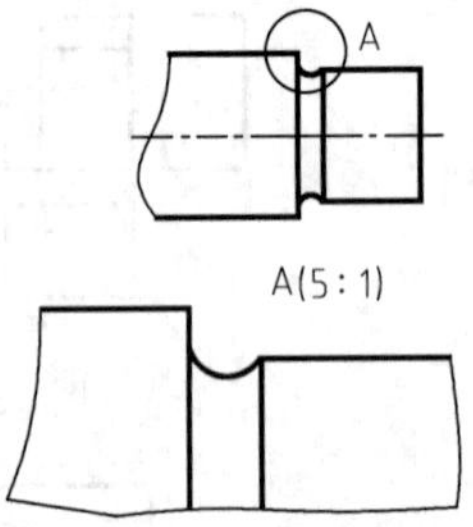

图 13-11　局部放大图

（6）局部放大图　用细实线圆表示出要放大的部位，并注出字母，在相应的放大图上注出相同的字母和比例，如图 13-11 所示。

（7）尺寸注法　如图 13-12 所示，应注意以下几点。

① 尺寸数字可以水平书写，常写在尺寸线中断处；

② 相邻尺寸可以错开注写，并允许只在尺寸线一端画箭头；

③ 对未按比例注写的尺寸要在尺寸数字下画横线（粗实线）。

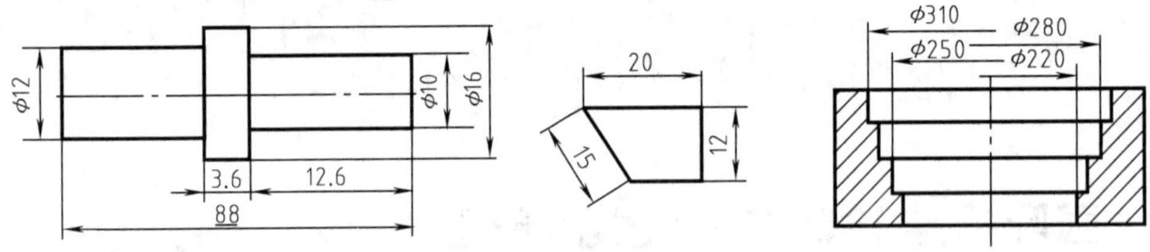

图 13-12　尺寸标注示例

13.5　美国标准 ANSI Y14.3《多面视图和剖视图》

（1）视图

① 六面视图　美国普遍采用第三角投影法，其六面视图的名称和配置与 ISO 标准相同。

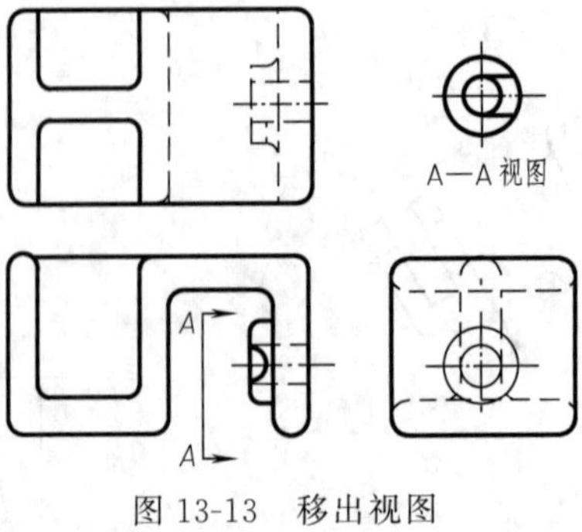

图 13-13　移出视图

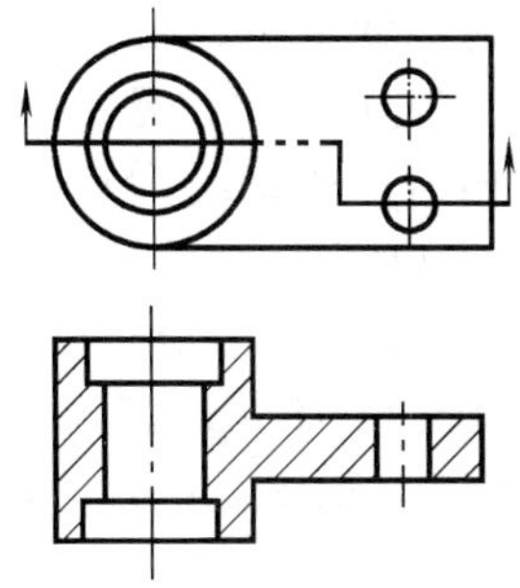

图 13-14　剖视图

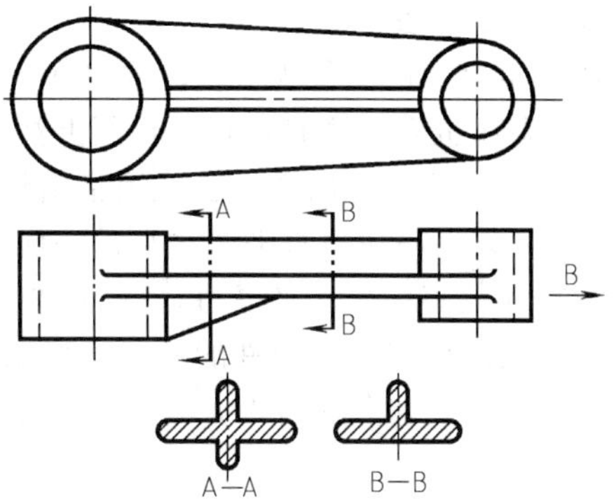

图 13-15　断面图

② 移出视图　当机件的某一局部形状需要进一步阐明时，可作移出视图，如图 13-13 所示，其标注方法与中国标准不同。

(2) 剖视图和断面图　在美国标准中，剖视图和断面图均用 Section 这个词。剖视图和断面图的标注方法与中国有所不同，如图13-14、图 13-15 所示。

剖切平面符号采用粗双点画线，两端画箭头表示投射方向，再在起讫处注上大写拉丁字母，并在剖视图下方用同样字母注写图名。剖切平面若有转折，则剖切符号转折处，不注写字母，如图 13-16 所示。剖切平面位置明显时，可省略剖切符号等的注写。

装配图中，零件序号的指引线的一端用箭头指向零件轮廓线，零件序号的编排，可不按顺序排列，如图 13-17 所示。

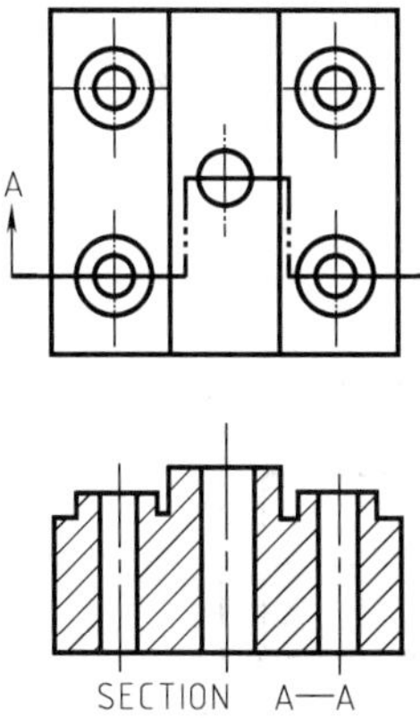

图 13-16　剖视图画法

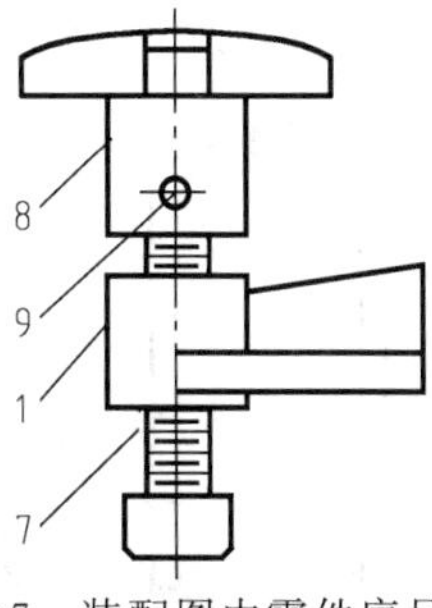

图 13-17　装配图中零件序号的编注

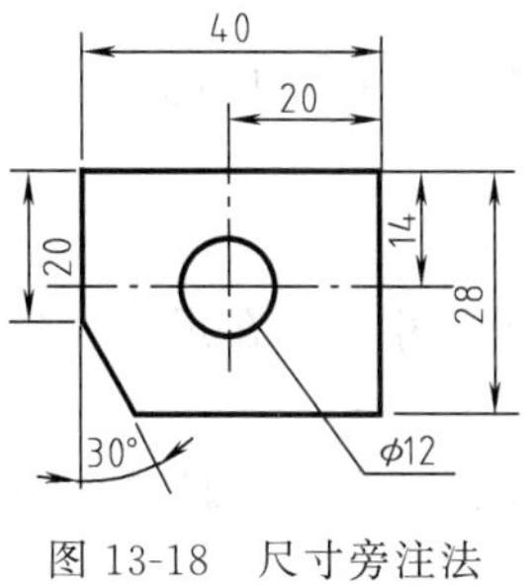

图 13-18　尺寸旁注法

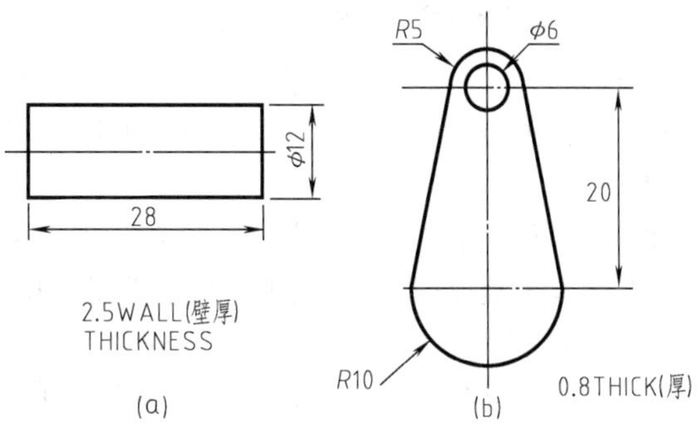

图 13-19　壁（板）厚的尺寸注法

（3）尺寸注法

① 规定尺寸的单位为 mm，但也允许采用十进制英寸为尺寸单位。同一张图样中数字后的单位有注也有不注时，则须在图上注明：除注明外，所有的尺寸单位是 mm（或 in）。

② 尺寸标注也可用旁注法，用指引线引出，其一端指向所注轮廓线，另一端画一短水平线，尺寸数字写在短水平线之端部一侧，如图 13-18 中的“ϕ12”。

③ 尺寸数字一律水平书写，如图 13-18 所示。

④ 圆筒的壁厚、薄板件的板厚，可以采用文字说明，如图 13-19（a）所示。

⑤ 注直径、半径尺寸时，也可用带箭头的尺寸线指向圆心，如图 13-19（b）所示。

13.6 日本 JISB 0001 制图标准简介

（1）图样画法

1）投影画法　在第三角投影画法的图样中，特殊情况下，可局部采用第一角投影画法，但应注明该部分投射方向、拉丁字母 A 等。

2）斜视图、局部视图、局部放大图

① 斜视图、局部视图与基本视图投影对准时一般不标注，见图 13-20。

② 被放大部分用细实线画出，并用 A、B 等大写拉丁字母依次标明。局部放大图上方需标出相应字母和应用比例，如 A（5∶1）。

3）剖视图

① 剖视图的标注和剖面线画法与 ISO 128 标准中规定相同。

② 在零件图和装配图中，在不致引起误解的前提下，允许不画剖面线。

③ 在装配图中，零（部）件序号的编写方法与美国相同。

④ 装配图中，有时还可添加某些零件的视图和尺寸。

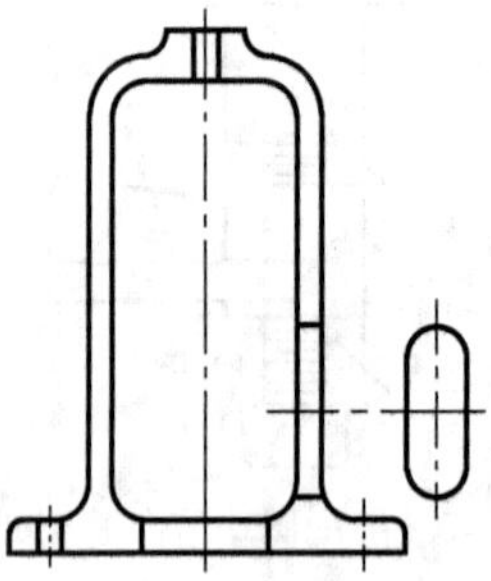

图 13-20　局部视图的画法

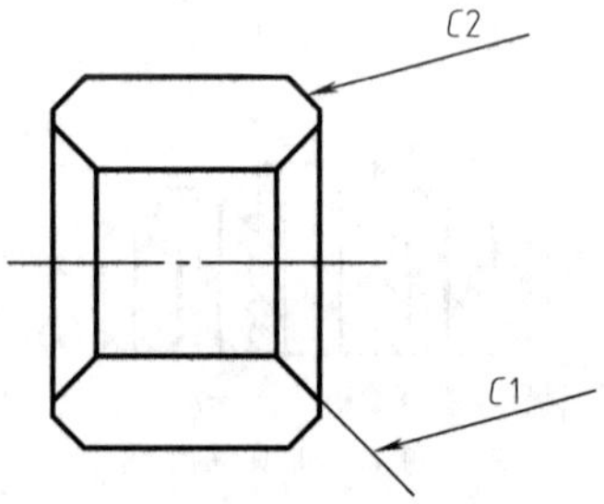

图 13-21　45°倒角尺寸注法

（2）尺寸注法

① 标注直径、半径时，需在尺寸数字前加注“Φ”“R”等，但图形明确时，上述符号或文字可省略。

② 45° 倒角尺寸，需在尺寸数字前加注符号 C，见图 13-21。

③ 板状零件未画板厚时，可在图形上方或图形中注明厚度尺寸，并在尺寸数字前加注厚度符号 t，如“t10”。

④ 需表示钻孔、铰孔、冲孔、通孔等区别时，可在尺寸数字后注明，如“6-6キソ”表示 6 孔 ϕ6 钻出。

⑤ 未按比例注写的尺寸，应在尺寸数字下加画粗实线，这与 ISO 标准相同。

13.7　螺纹的画法

ISO 标准和俄罗斯标准均与中国标准相同，表 13-1 中介绍了美国和日本的标准。

表 13-1　螺纹的画法和标注

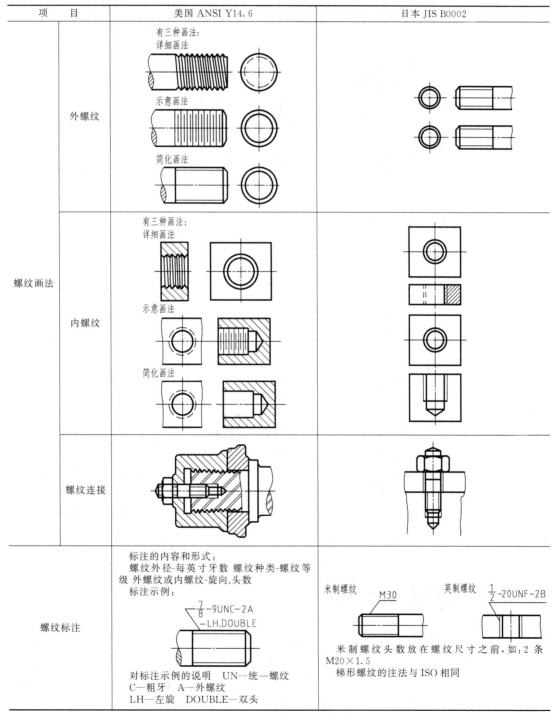

<table>
<tr><th colspan="2">项　　目</th><th>美国 ANSI Y14.6</th><th>日本 JIS B0002</th></tr>
<tr><td rowspan="3">螺纹画法</td><td>外螺纹</td><td>有三种画法:
详细画法
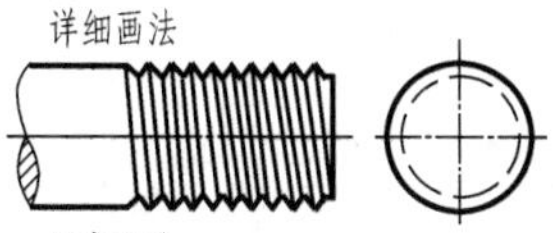
示意画法
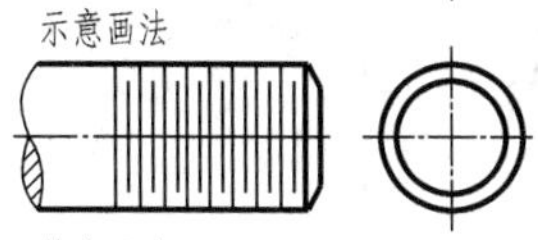
简化画法
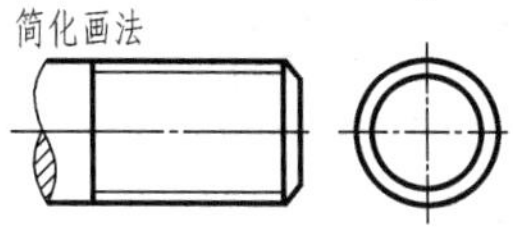</td><td>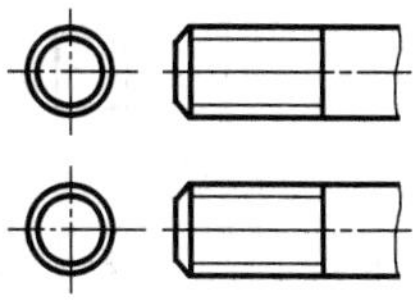</td></tr>
<tr><td>内螺纹</td><td>有三种画法:
详细画法
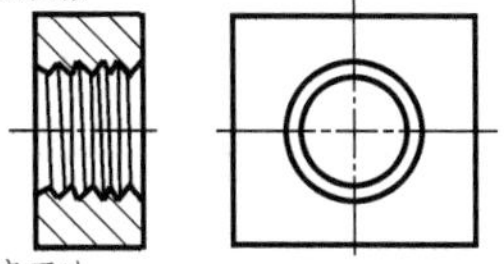
示意画法
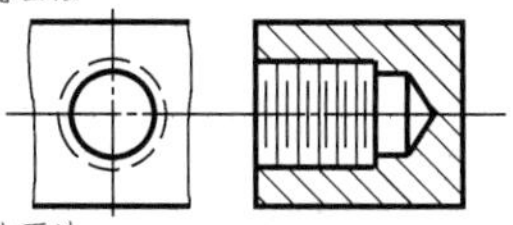
简化画法
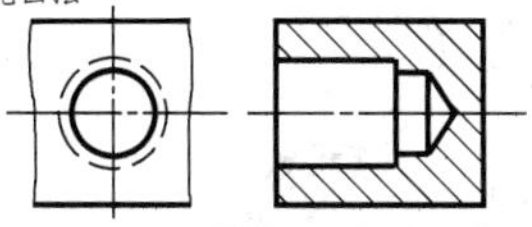</td><td>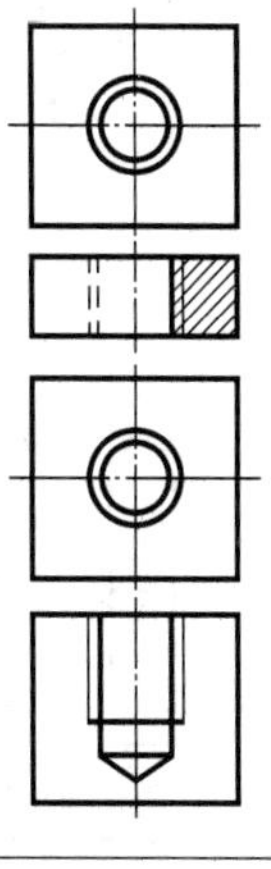</td></tr>
<tr><td>螺纹连接</td><td>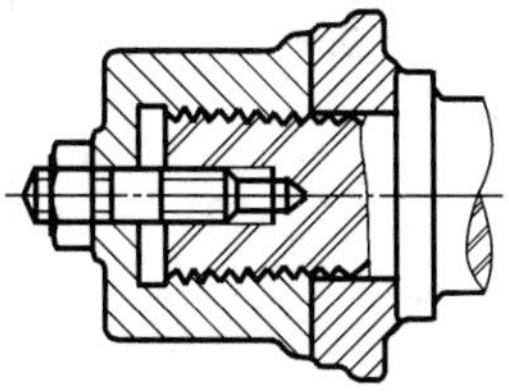</td><td>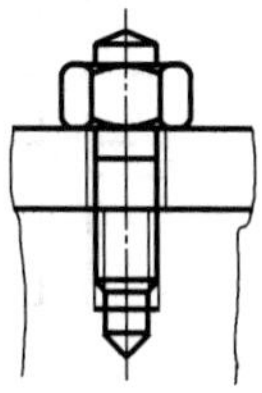</td></tr>
<tr><td colspan="2">螺纹标注</td><td>标注的内容和形式：
螺纹外径-每英寸牙数 螺纹种类-螺纹等级 外螺纹或内螺纹-旋向.头数
标注示例：
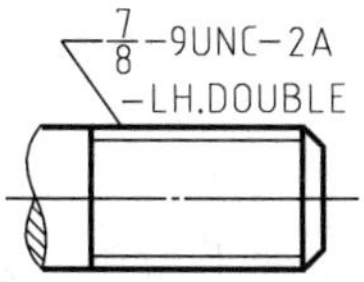

对标注示例的说明　UN—统一螺纹
C—粗牙　A—外螺纹
LH—左旋　DOUBLE—双头</td><td>米制螺纹
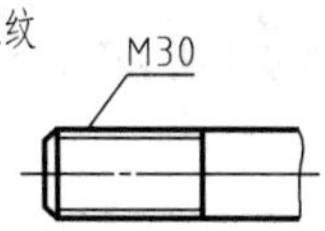

英制螺纹
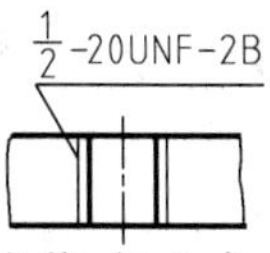

米制螺纹头数放在螺纹尺寸之前，如：2 条 M20×1.5
梯形螺纹的注法与 ISO 相同</td></tr>
</table>

13.8 齿轮的画法

表 13-2 所示为 ISO 、美国等标准规定的齿轮的画法。

表 13-2 齿轮的画法（前苏联画法与 ISO 相同，表中未列）

项　　目	ISO 2203	美国 ANSI Y14.7	日本 JIS B0003
单个齿轮	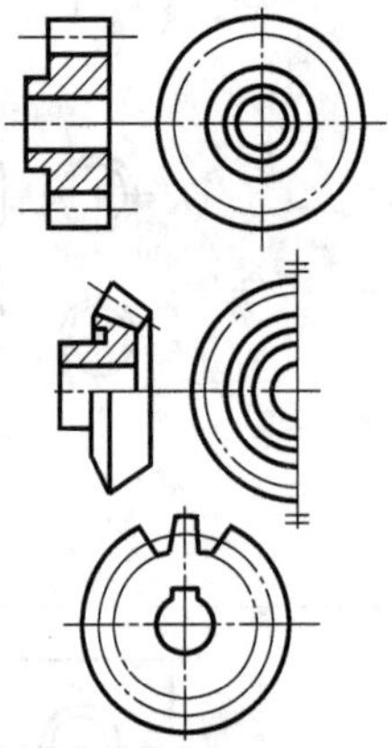	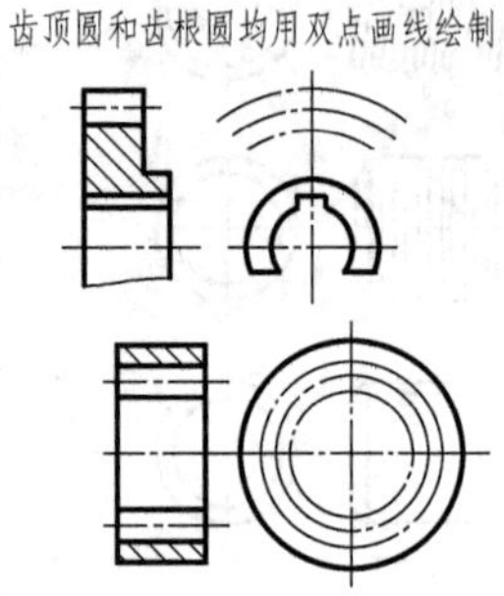	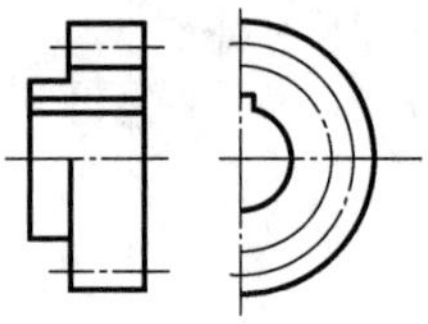
齿轮啮合	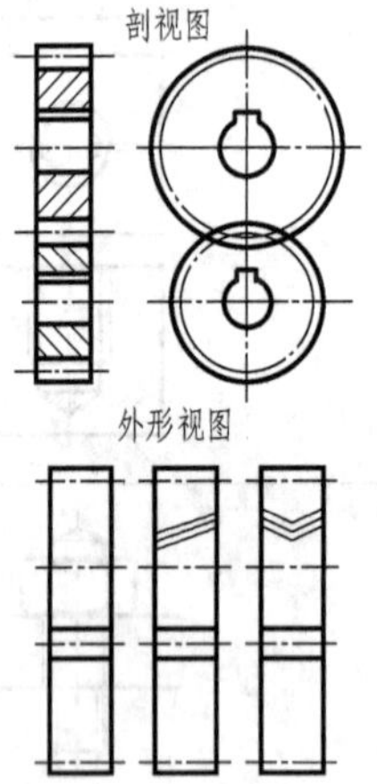	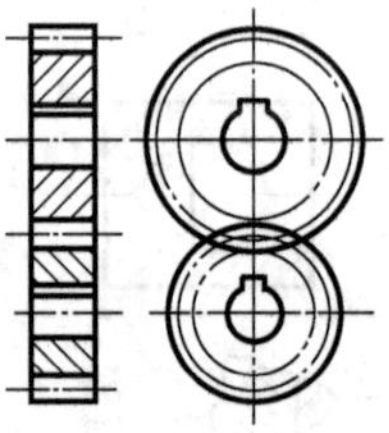	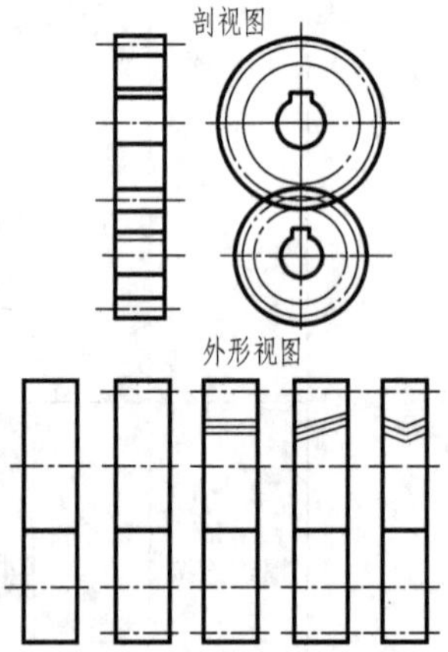

13.9 国外图样画法示例

上述常见的美国及日本图样的画法及尺寸标注方法等，例见图 13-22 及图 13-23。图 13-22的标题栏中未画出投影法特征标记，因美国标准采用第三角画法，60-45-15 为可锻铸铁的材料牌号，图中以 in 为尺寸单位，图中的加工符号沿用了老标准。图 13-23 的标题栏中写出了本图采用的投影法，FC15 为普通铸铁的材料牌号。

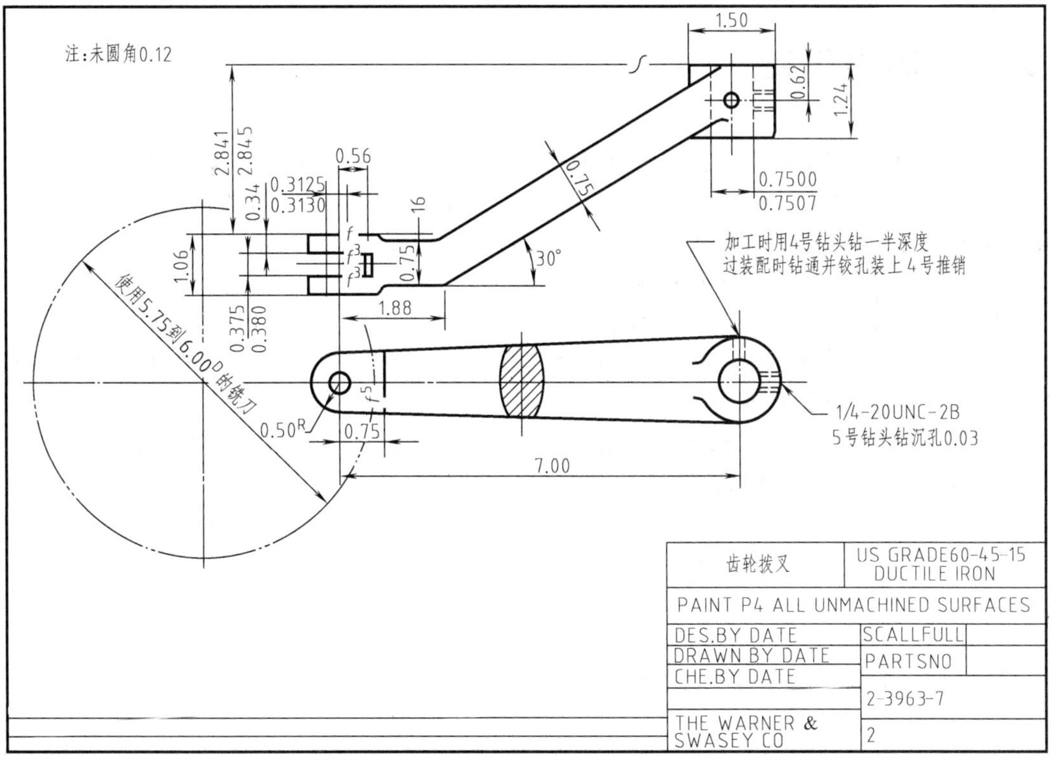

图 13-22　美国零件图示例

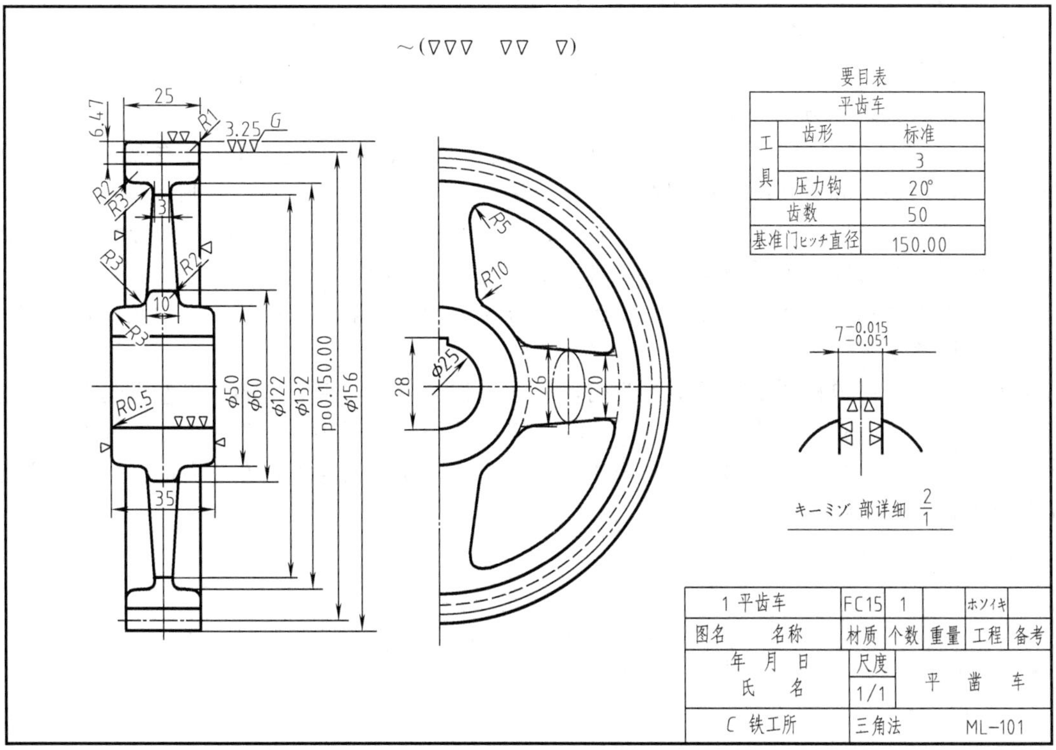

图 13-23　日本零件图示例

13.10 本章小结

本章主要由第三角投影法和第一角投影法的对比、第三角投影法的基本视图与投影法特征标记、国际标准 ISO128《图示原理》、美国标准 ANSIY14.3《多面视图和剖视图》、日本 JISB0001 制图标准简介、螺纹的画法、齿轮的画法、国外图样画法示例等内容组成。

(1) 第三角和第1角投影形成的区别

① 第一角把物体放在正平面的前方、水平面的上方进行投射。第三角把物体放在正平面的后方、水平面的下方进行投射。这两种画法都是正投影法，但观察者、物体、投影面三者之间的相互位置关系不同。

② 顶、右视图中靠近前视图为“前”，远离前视图为“后”。第三角画法表示的前、后“方位”关系正好与第一角画法相反。

③ 三视图中表示上与下，左与右的“方位”关系在第一角画法中和在第三角画法中是一致的。

(2) 视图的名称和配置的区别

① 视图的名称不同　第三角画法在 V 面上的投影图称为前视图，第一角画法称为主视图；在 H 面上的投影图称为顶视图，第一角画法称为俯视图；在 W 面上的投影图称为右视图，第一角画法称为左视图。

② 投影面展开的不同　第三角画法投影面 V 保持不动，把 H 面绕着 X 轴往上旋转 90°、把 W 面绕着 Z 向前旋转 90°，使 H、V 和 W 面处于同一平面上。第一角画法时，H 面绕着 X 轴向下旋转 90°，W 面绕着 Z 轴向后旋转 90°，其展开方向与第三角正好相反。

③ 三视图配置不同　根据第三角的投影面展开规定，顶视图在前视图的上方，右视图配置在前视图的右方；第一角画法的俯视图在主视图的下方，左视图在主视图的右方。

(3) 投影关系和方位关系的异同

① 三视图的“三等”关系　第三角画法的前视图和右视图保持同高，前视图和顶视图保持同长，顶视图和右视图保持同宽，这种投影的“三等”关系与第一角画法是一致的。

② 三视图的“方位”关系　由于第三角画法的投影面展开方向和视图配置与第一角画法不相同，因此物体的前后位置关系在视图上对应也不相同。

第一角画法：俯视图的下方、左视图的右方表示物体的前面，则俯、左视图靠近主视图为“后”远离主视图为“前”。

第三角画法：顶视图中靠近下方为前，靠近上方为后。右视图中的靠近左方为前，靠近右方为后。则顶、右视图中靠近前视图为“前”，远离前视图为“后”。第三角画法表示的前、后“方位”关系正好与第一角画法相反。三视图中表示上与下，左与右的“方位”关系在第一角和第三角画法中是一致的。

附 录

附录 1　国家标准有关内容

为了便于进行生产和技术交流，国家标准“技术制图与机械制图”（简称“国际”，“代号 GB”）规定了机械图中使用的图纸幅面及格式、绘图比例、字体、图线等内容，要正确绘制机械图样，必须遵守国家标准中各项规定。附录中摘录了有关标准以便于学习。

附 1.1　图纸幅面和格式

绘制图样时应优先采用附表 1 所规定的幅面尺寸，其格式如附图 1 所示。

附表 1　图纸幅面/mm

幅面代号	A0	A1	A2	A3	A4
$B\times L$	841×1189	594×841	420×594	297×420	210×297
e	20		10		
a	25				
c	10			5	

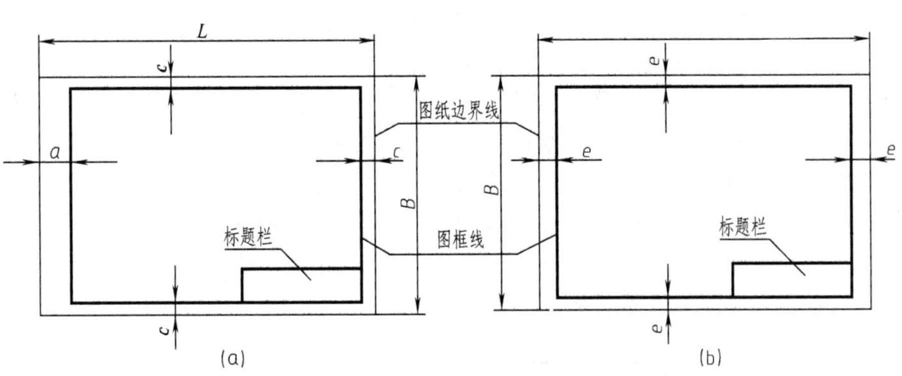

附图 1　规定的幅面尺寸

在图纸上必须用粗实线画出图框，其格式分为不留装订边（附图 1a）和留装订边（附图 1b）两种。在图框的右下角必须画出标题栏，标题栏中的文字方向一般为看图的方向。国家标准规定的生产上用的标题栏内容较多，一般均印好在图纸上，不必自己绘制。

在学校的制图作业中可以简化，建议采用附图 2 所示的简化标题栏及带标题栏的明细表格式。

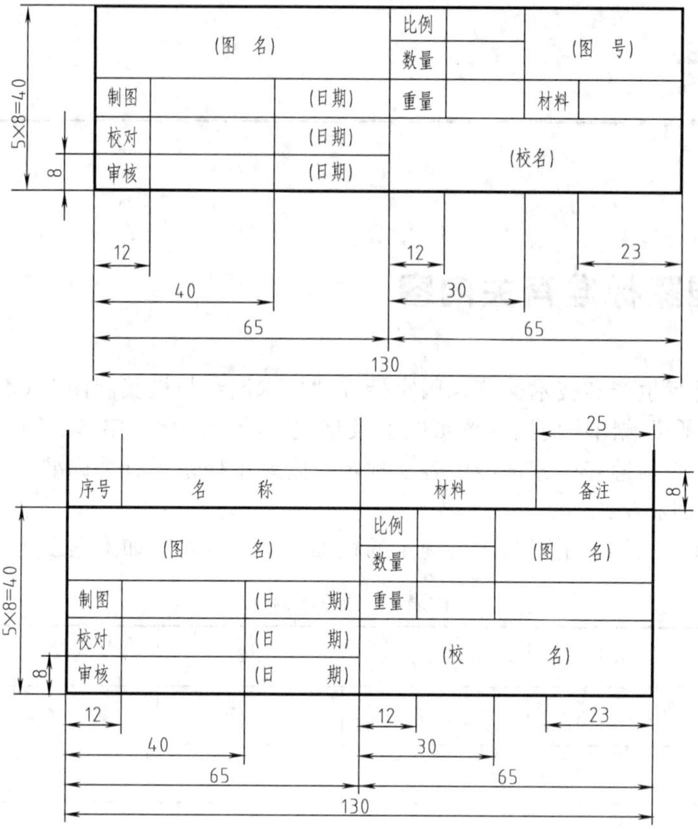

附图 2 简化标题栏及带标题栏的明细表格式

附 1.2 比例

绘图时采用的比例，为图中图形与实际机件相应要素的线性尺寸之比。比值为 1 的比例称为原值比例，即 1∶1，见附图 3（a）。比值小于 1 的比例称为缩小比例，如 1∶2 等，见附图 3（b）。比值大于 1 的比例称为放大比例，如 2∶1 等，见附图 3（c）。但在标注尺寸时，仍应按机件的实际尺寸标注，与绘图的比例无关（附图 3）。

国家标准规定，当需要按比例绘制图样时，应由附表 2 规定的系列中选取适当的比例，或采用表中比值的 10^n 倍数（n 为正整数），如 1∶2×10^n、5×10^n∶1 等。绘制同一机件的各个视图一般应采用相同的比例，并在标题栏的比例一栏中填写。若某个视图需采用不同的比例时，则应在该视图的上方另行标注。

附表 2 比例

种类	应选取的比例	允许选取的比例
原值比例	1∶1	
缩小比例	1∶2,1∶5,1∶10	1∶1.5,1∶2.5,1∶3,1∶4,1∶6
放大比例	5∶1,2∶1	4∶1,2.5∶1

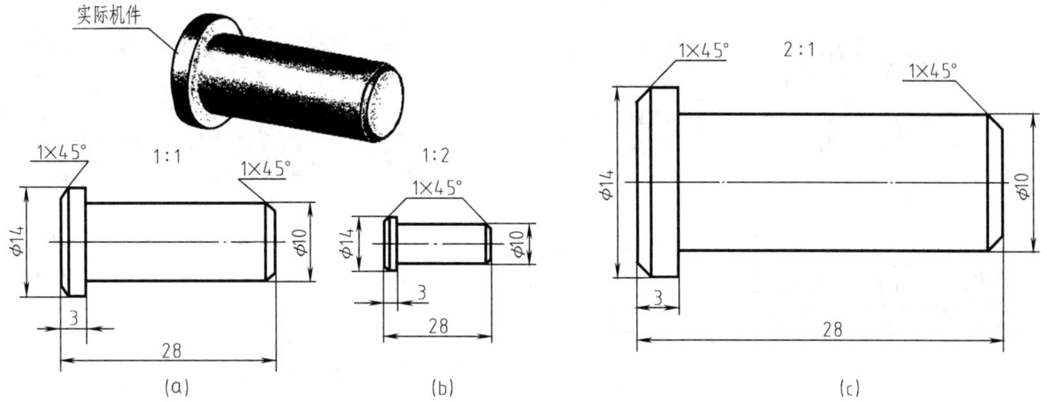

附图 3　绘图的比例

附 1.3　字体

图样中书写的汉字、数字、字母都必须做到：字体工整、笔画清楚、间隔均匀、排列整齐。字体高度（用 h 表示）的公称尺寸系列为 1.8mm、2.5mm、3.5mm、5mm、7mm、10mm、14mm、20mm。字体高度代表字体的号数。汉字应写成长仿宋体字，并应采用国家正式公布推行的简化字。汉字的高度 h 不应小于 3.5，其字宽为 $h/\sqrt{2}$。附图 4 为 10 号与 7 号长仿宋体汉字书写示例。字母和数字分 A 型和 B 型。A 型字体的笔画宽度（d）为字高（h）的 1/14，B 型字体的笔画宽度（d）为字高（h）的 1/10。在同一图样上，只允许选用一种形式的字体。字母和数字可写成斜体和直体。斜体字的字头向右倾斜，与水平成 75°，用作指数、分数、极限偏差、注脚等的数字及字母，一般应采用小一号的字体。附图 5 为 B 型斜体字母、数字及字体的应用示例。

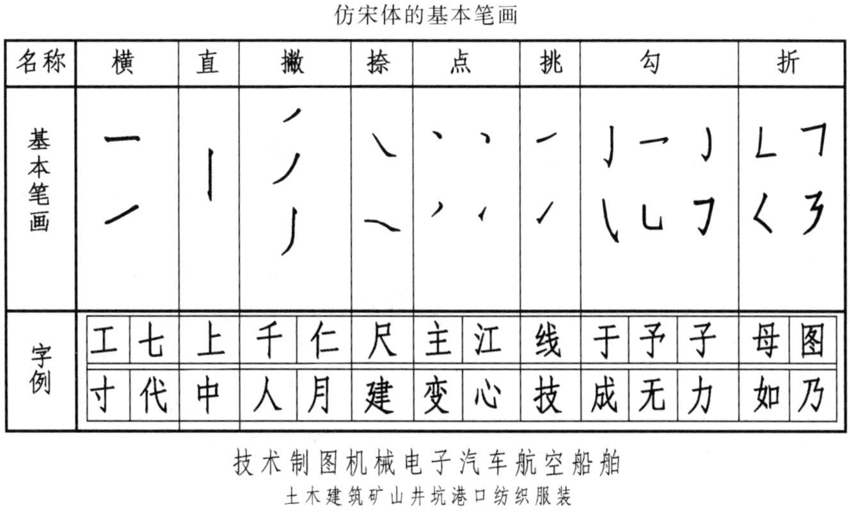

附图 4　长仿宋体汉字书写示例

附 1.4　图线

附 1.4.1　图线的形式及应用

GB/T 17450—1998，GB/T 457.4—2002 规定了图线的名称、形式、结构、标记及画法规则，适用于各种技术图样，如机械、电气、建筑和土木工程图样等。各行业的具体标准在

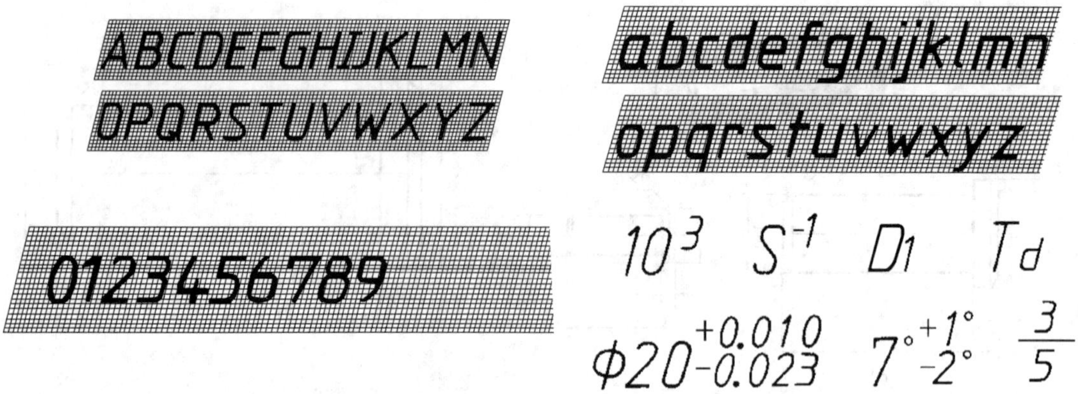

附图 5　B 型斜体字母、数字及字体的应用示例

此不作进一步介绍，读者需要使用时，可自行参阅有关资料。附表 3 为各种图线名称、形式、宽度及其一般应用，供绘图时选用。图线分为粗、细两种，粗线的宽度 d 应按图的大小和复杂程度，在 0.5～2mm 之间选择，细线的宽度为 $d/2$。图线宽度的推荐系列为：0.13、0.18、0.25、0.35、0.5、0.7、1、1.4、2（单位：mm）。制图中一般常用粗实线宽度 d 为 0.7mm 和 1mm。

附 1.4.2　图线的画法

1）同一图样中，同类图线的宽度应基本一致。虚线、点画线的线段长度和间隔应各自大致相等，建议按附表 3 中所标注的线段长度及间隔进行作图。

2）绘制圆的对称中心线时，圆心应为线段的交点。点画线的首末两端应是线段而不是短画线，且应超出图形外 2～5mm。在较小的图形上绘制点画线或双点画线有困难时，可用细实线代替（附图 6）。

附表 3　图线的形式及应用

图线名称	图 线 形 式	一 般 应 用
粗实线		(1)可见轮廓线 (2)可见过渡线
虚线	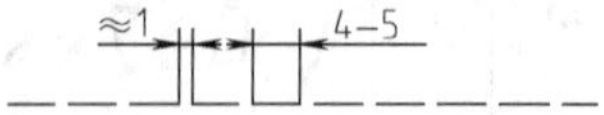	(1)不可见轮廓线 (2)不可见过渡线
细实线		(1)尺寸线及尺寸界线 (2)剖面线 (3)重合剖面的轮廓线 (4)螺纹的牙底线及齿轮的牙根线 (5)引出线 (6)局部放大部位的范围线
波浪线		(1)断裂处的边界线 (2)视图和剖视的分界线
细点画线	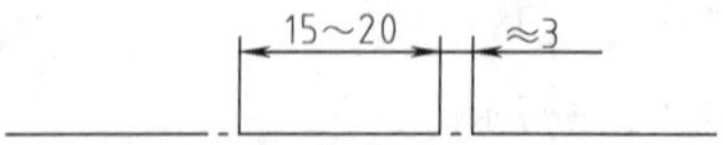	(1)轴线 (2)对称中心线 (3)轨迹线
双点画线	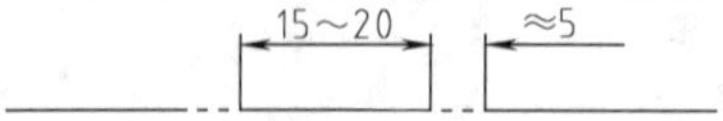	(1)相邻辅助零件的轮廓线 (2)运动机件极限位置轮廓线
双折线		断裂处的边界线
粗点画线		有特殊要求的线或表面的表示线

3）虚线的画法如附图 6 所示。当虚线与虚线、或虚线与粗实线相交时，应该是线段相交。当虚线是粗实线的延长线时，在连接处应断开。

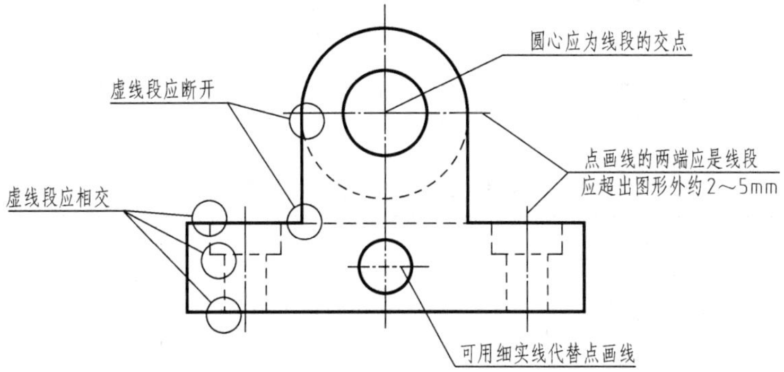

附图 6　虚线的画法

附录 2　剖面符号

国家标准规定了各种材料的剖面符号，附表 4 为各种剖面符号及其画法。

附表 4　各种剖面符号及其画法

金属材料（已有规定剖面符号者除外）	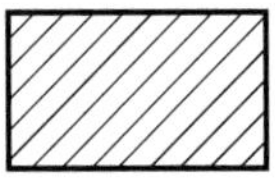	转子、电枢、变压器和阻流器等的迭钢片	
塑料、橡胶、油毡等非金属材料（已有规定剖面符号者除外）	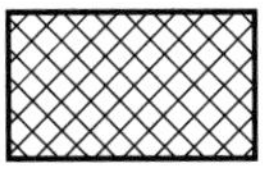	木材　纵剖面	
		木材　横剖面	
玻璃及其他透明材料	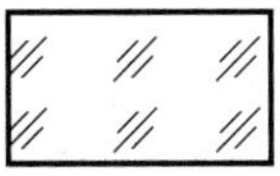	胶合板（不分层）	
格网（筛网、过滤网等）	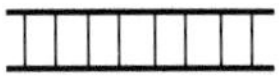	砖	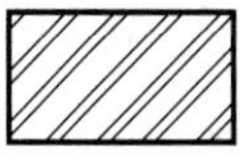
液体	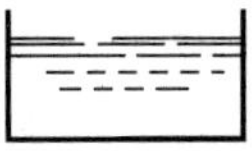	混凝土	
型砂、填沙、砂轮、陶瓷、硬质合金及粉末冶金		钢筋混凝土	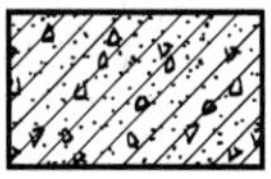
线圈绕组元件	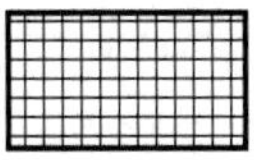	基础周围泥土	
在剖视或剖面图中，剖面厚度在 2mm 以下的，可以将剖面涂黑代替剖面符号。当两相邻的剖面均需涂黑时，则两剖面之间应留出空隙。如为玻璃或其他透明材料不宜涂黑时，允许不画剖面符号		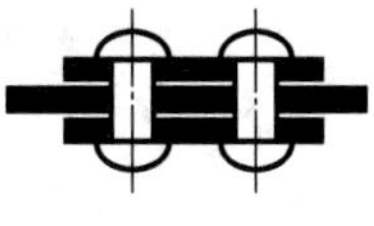	

附录3 几何作图

在绘制机械图样中经常遇到的画斜度和锥度、圆弧连接及椭圆等的几何作图参见附表5。

附表5 几何作图方法与步骤

题目和作图过程	作图步骤说明
(1)过 A 作对 AB 成 1∶4 斜度的直线 AC 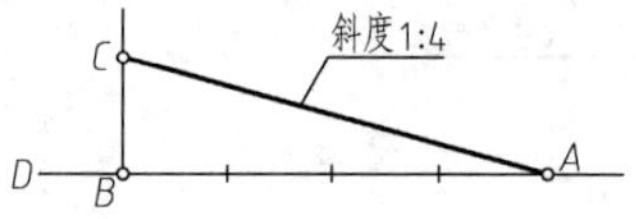	(1)过 A 点在 AD 上量四个单位长度,得 B 点 (2)过 B 点作 AD 的垂直线上量一个单位长度得 C 点 (3)作 AC 线,即为所求
(2)过底圆 O 作锥度 1∶3 的圆锥 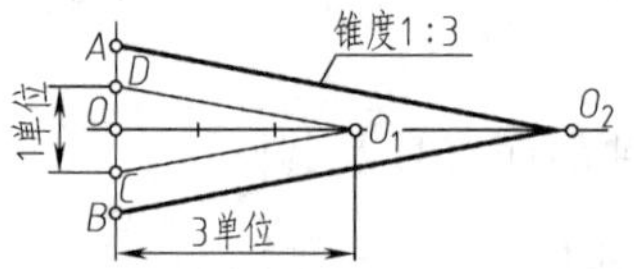	(1)过 O 点在轴上取三个单位长度,得 O_1 点 (2)在底圆直径 AB 上从 O 点向两边量半个单位长度,得 C、D 点 (3)连接 O_1D 和 O_1C,过 A、B 分别作 O_1D 和 O_1C 的平行线,即为所求

圆弧直线连接

题目和作图过程	作图步骤说明
(1)半径为 R 的圆弧连接两直线 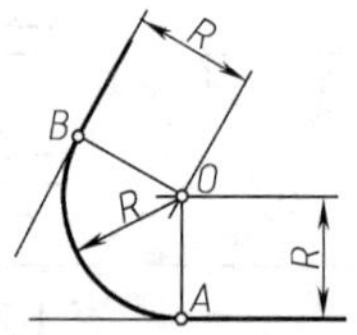	(1)分别在两已知直线的内侧作平行线,使与已知直线的距离均为 R,则它们的交点 O 即为连接圆弧的圆心 (2)自 O 向两已知直线作垂直线,得切点 A 和 B (3)以 O 为圆心,OA 为半径画弧连接 A 和 B,即为所求
(2)以直线连接半径为 R_1、R_2 的两圆弧 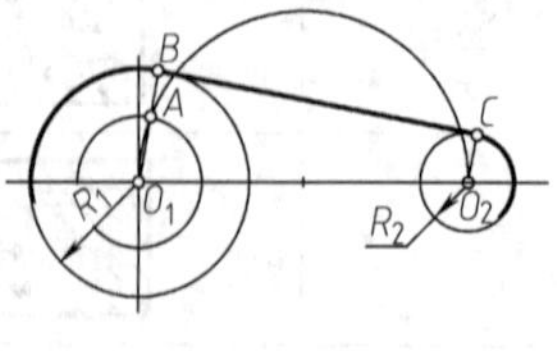	(1)以 O_1 为圆心,R_1-R_2 为半径作辅助圆;再以 $\frac{1}{2}O_1O_2$ 为半径作圆,交辅助圆周得 A (2)延长 O_1A 交已知圆得切点 B (3)自 O_2 点作直线平行于 O_1B 交已知圆于切点 C,连接 BC,即为所求
(3)以半径为 R 的圆弧顺接半径为 R_1、R_2 的两圆弧 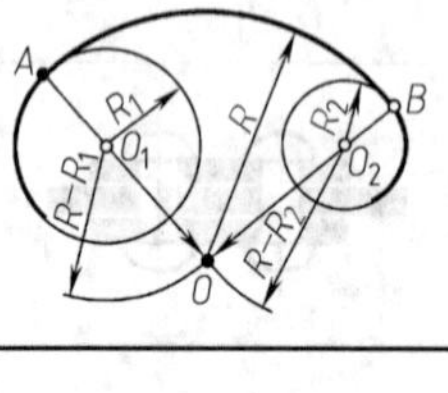	(1)以 $R-R_1$ 和 $R-R_2$ 为半径,分别作两已知圆弧的同心辅助圆弧,两辅助圆弧的交点 O 即为连接圆弧的圆心 (2)连接 O、O_1 和 O、O_2,并延长与已知圆弧交得切点 A 和 B (3)以 O 为圆心,R 为半径画弧连接 A 和 B,即为所求

续表

题目和作图过程	作图步骤说明
(4)以半径为 R 的圆弧反接半径为 R_1、R_2 的两圆弧 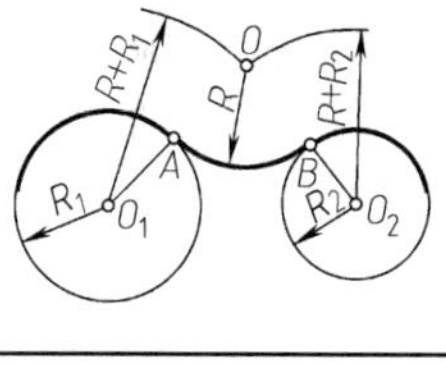	(1)以 $R+R_1$ 和 $R+R_2$ 为半径，分别作两已知圆弧的同心辅助圆弧，两辅助圆弧的交点 O 即为连接圆弧的圆心 (2)连接 O、O_1 和 O、O_2，与已知圆弧交得切点 A 和 B (3)以 O 为圆心，R 为半径画弧连接 A 和 B，即为所求

椭圆画法

题目和作图过程	作图步骤说明
(1)已知长、短轴 AB 和 CD，作椭圆(同心圆法) 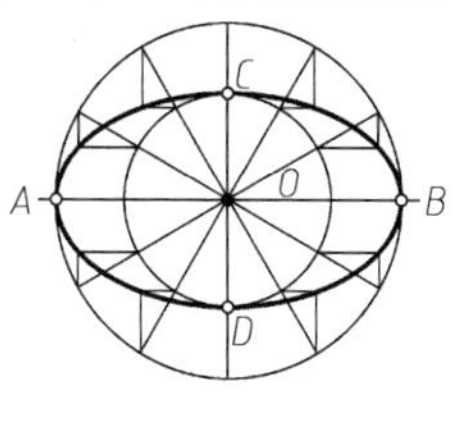	(1)以 O 为圆心，OA 和 OC 为半径，分别画两辅助圆 (2)过圆心 O 作若干直线与两辅助圆相交 (3)过各直线与大圆的交点引平行于 CD 的直线，又各直线与小圆的交点引平行于 AB 的直线，则它们的交点即为椭圆上的点 (4)用曲线板光滑地连接所得各点，即为所求
(2)已知长、短轴 AB 和 CD 作近似椭圆(四心圆法) 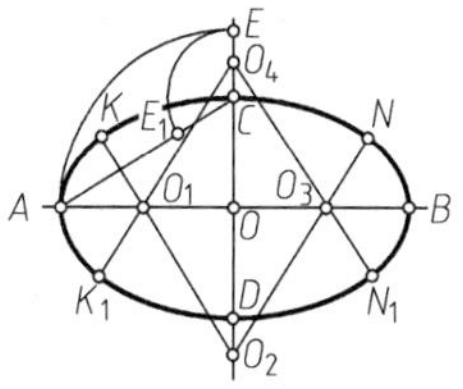	(1)连接 AC，并在 AC 上取 $CE_1=OA-OC$ (2)作 AE_1 的垂直平分线，与长短轴分别交于 O_1 和 O_2，再作对称点 O_3 和 O_4 (3)以 O_1、O_2、O_3、O_4 各点为圆心，O_1A、O_3B、O_2C、O_4D 为半径，分别画弧，即得所求的近似椭圆。圆心的连接与圆弧的交点 K、K_1、N、N_1 为连接点

附录 4　尺寸注法

图样上必须标注尺寸以表达零件的各部分大小。国家标准规定了标注尺寸的一系列规则和方法，绘图时必须遵守，参见附表 6。

附表 6　尺寸注法

图　例	说　明
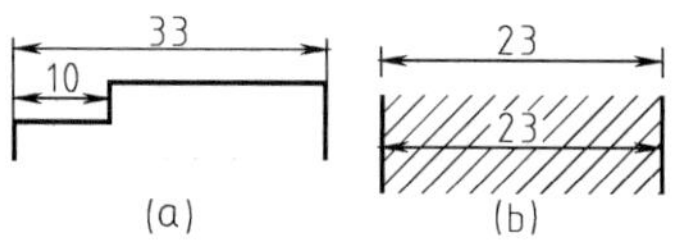(a)　(b)	尺寸数字一般写在尺寸线的上方或中断处(在同一张图中应统一) 尺寸数字不可被任何图线通过；当不可避免时，必须把图线断开，如图(b)所示

续表

图　例	说　明
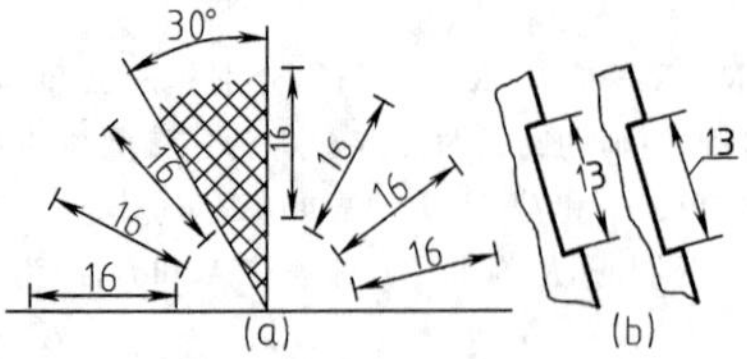	不同方位的尺寸数字应按图(a)所示方向注写 在图(a)所示的30°范围内，应尽量避免标注；当无法避免时可以按图(b)所示标注
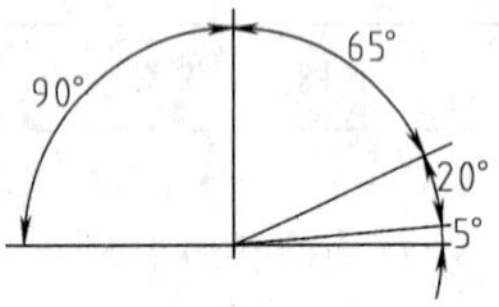	角度尺寸数字应水平注写在尺寸线的中断处；如角度小，为清楚起见，允许注写在尺寸线的外面
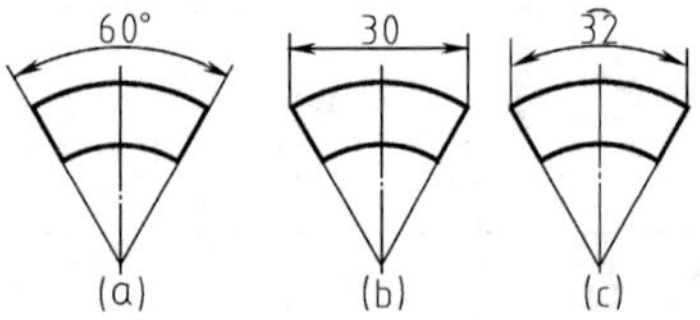	角度尺寸界线应沿径向引出，如图(a)弦长及弧长尺寸界线应平行于该弦或弧的垂直平分线，如图(b)、(c)，弧长尺寸应在尺寸数字上方加注符号“⌒”，如图(c)所示
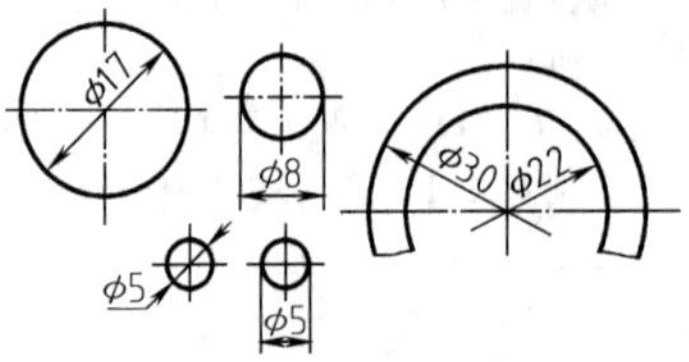	圆的直径尺寸应加直径符号“ϕ”，标注方法如图所示 如图的直径过大未能全部画出时，尺寸线也可部分断去
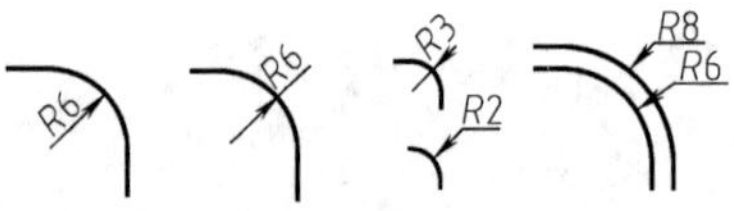	圆角半径尺寸应加注半径符号“R”，圆角半径尺寸的标注方法如图所示
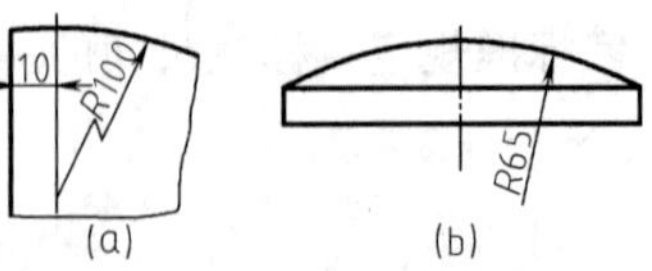	圆弧的半径过大时，可以采取图(a)所示的标注方法；若圆弧中心不需要标明时，半径尺寸线可以中断，如图(b)所示
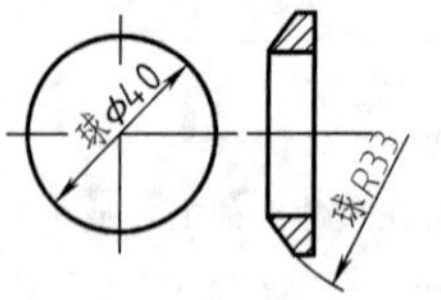	标注球面的直径或球面的半径尺寸时，应在“ϕ”或“R”前面再加注“球”字
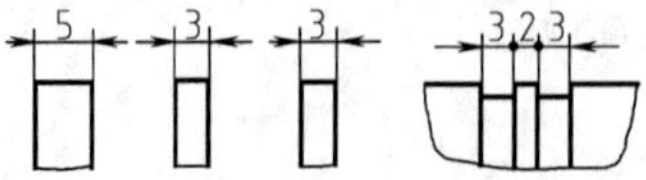	小尺寸的标注方法如图所示

续表

图　　例	说　　明
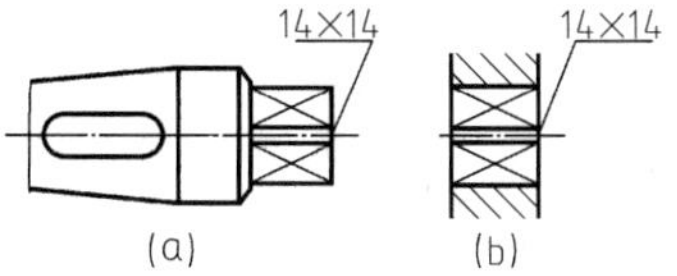	对正方形，在没有表示出正方形实形的视图上，尺寸标注可用“边长×边长”表示。图(a)和(b)中 14×14 表示正方形的边长为 14mm
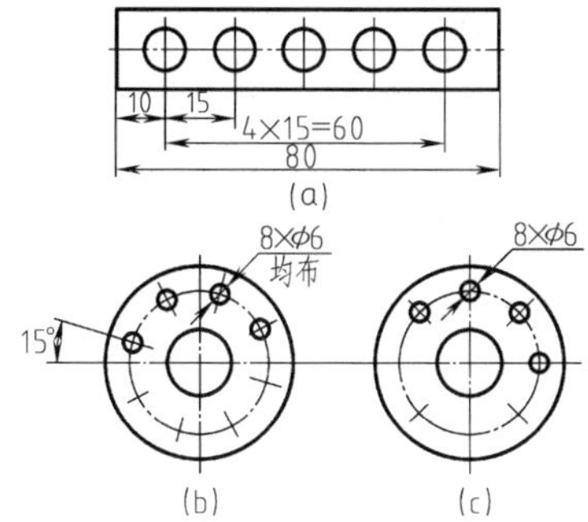	均匀分布且直径相同的孔，需要定位者，可按图(a)、(b)标注 直径相同的孔，其分布和定位情况在图中已明确时，可省略标注其定位尺寸和“均布”两字，如图(c)所示
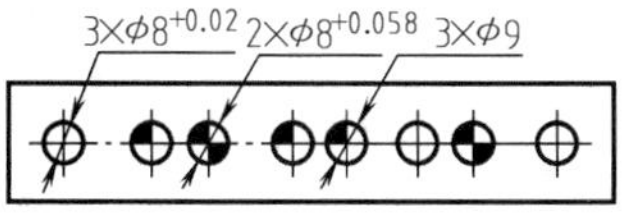	在同一零件中具有几种尺寸而又部分重复的孔时，可采用涂色分类标记的方法
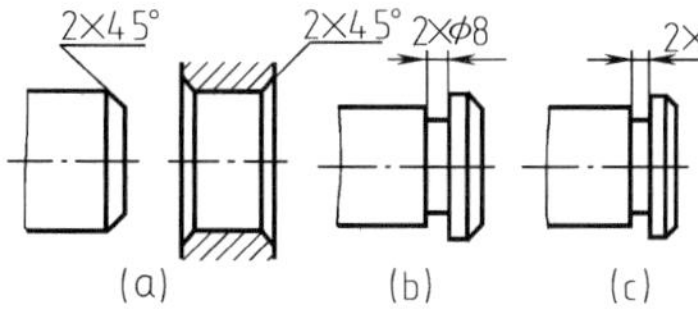	轴与孔上 45°倒角尺寸，可按图(a)标注，尺寸中的 2 即为倒角的深度 槽的尺寸可按图(b)、(c)标注，图(b)所注为“槽宽×直径”，图(c)所注为“槽宽×槽深”
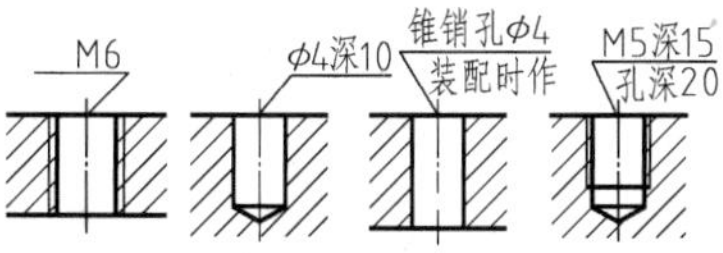	尺寸较小的螺孔、销孔可采用旁注的方法表示 不通孔应加注深度尺寸，如“深××”；在不通螺孔上除注出螺孔深度外，还要加注“孔深××”
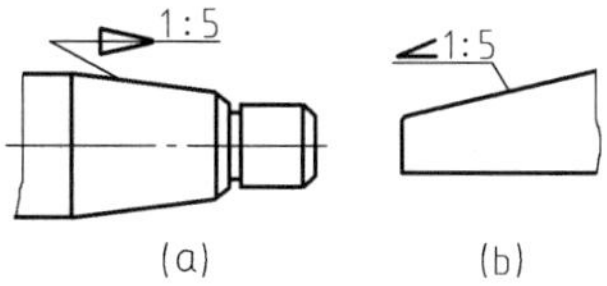	标注锥度时，应加注锥度符号“◁”，符号的方向应与锥度的方向一致，如图(a)所示 标注斜度时，应加注斜度符号“∠”，符号的方向应与斜度的方向一致，如图(b)所示 锥度和斜度也可用文字表示
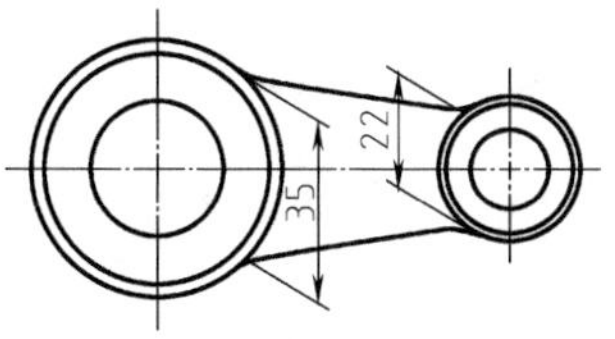	在零件上光滑过渡处标注尺寸时，须用细实线将轮廓线延长，从它们的交点处引出尺寸界线，必要时尺寸界线允许倾斜，如图所示

参 考 文 献

[1] 林大钧．实验工程制图．北京：化学工业出版社，2009.
[2] 曹岩．AutoCAD2010基础篇．北京：化学工业出版社，2009.
[3] 林大钧，于传浩，杨静，等．化工制图．第2版．北京：高等教育出版社，2013.
[4] 毛昕，黄英，肖平阳．画法几何及机械制图．北京：高等教育出版社，2010.
[5] 何铭新，钱可强，徐祖茂．机械制图．北京：高等教育出版社，2011.
[6] 朱冬梅，胥北澜，何建英．画法几何及机械制图．北京：高等教育出版社，2010.
[7] 大学工程制图．钱自强，林大钧，蔡祥兴，等．上海：华东理工大学出版社，2005.
[8] 东华大学工程图学教研室等．画法几何及工程制图．第五版．上海：上海科学技术出版社，2003.
[9] 崔洪斌，肖新华．AutoCAD2010实用教程．北京：人民邮电出版社，2009.
[10] 林大钧．计算机实验工程图形学（上）．北京：机械工业出版社，2014.
[11] 林大钧．计算机实验工程图形学（下）．北京：机械工业出版社，2014.
[12] 张日晶．AutoCAD2010中文版三维造型实例教程．北京：机械工业出版社，2009.
[13] 赵大兴．现代工程图学教程．武汉：湖北科学技术出版社，2002.
[14] 林大钧．多校联合工程制图习题解析与指导．北京：科学出版社，2013.
[15] 张晓峰．AutoCAD2010机械图形设计．北京：清华大学出版社，2009.